21世纪高等职业技术教育规划教材——机电类

机电设备控制技术

主　编　李益民　张　龙
副主编　张爱民
参　编　林健荣　王秀丽
陈　静　张丽娜

西南交通大学出版社
·成　都·

图书在版编目（CIP）数据

机电设备控制技术 / 李益民，张龙主编. —成都：西南交通大学出版社，2007.2（2017.1 重印）
21 世纪高等职业技术教育规划教材. 机电类
ISBN 978-7-81104-526-0

Ⅰ. 机… Ⅱ. ①李…②张… Ⅲ. 机电设备－控制系统－高等学校：技术学校－教学参考资料 Ⅳ. TP271

中国版本图书馆 CIP 数据核字（2007）第 021384 号

21 世纪高等职业技术教育规划教材——机电类
机电设备控制技术
主编 李益民 张 龙
*
责任编辑 李晓辉
封面设计 本格设计
西南交通大学出版社出版发行
四川省成都市二环路北一段 111 号西南交通大学创新大厦 21 楼
邮政编码：610031 发行部电话：028-87600564
http://www.xnjdcbs.com
四川森林印务有限责任公司印刷
*
成品尺寸：185 mm×260 mm 印张：16.25
字数：404 千字
2007 年 2 月第 1 版 2017 年 1 月第 5 次印刷
ISBN 978-7-81104-526-0
定价：35.00 元

图书如有印装问题 本社负责退换

前　言

本书是根据机械加工技术、机电一体化专业高职《机电设备控制技术课程教学大纲》编写的，融入了机械加工技术、机电一体化技术等专业教学改革的有关经验和成果，同时参照了行业技能鉴定规范及中级技术工人等级考核标准。

本书在内容的选材和处理上，遵循浅显易懂、少而精、理论联系实际和学以致用的原则。在较全面地阐述液压、气动与机床电气控制基本内容的基础上，力求多介绍一些反映我国液压、气动与机床电气控制行业技术发展的最新动向。

本书在编写中力图体现以下特色：

◎ 紧扣高等职业教育的人才目标，对课程体系进行整体优化、精选内容，选取最基本的概念、工作原理、系统类型、元器件结构和用途、控制系统的组成及大量应用实例作为教学内容，以教学大纲要求为基础，编写内容以“必需、够用”为度，编写语言通俗易懂。

◎ 以能力培养为主线，通过典型系统将跨学科的各部分教学内容有机联系、渗透和互相贯通；在课程结构上打破原有课程体系，以实训取代验证性的实验，提高学生理论联系实际的能力和工作作风，突出学生对所学知识的应用能力。

◎ 加强感性认识，保证学生对基础知识的掌握，完全取消理论和元器件选择及控制系统设计的计算，通过强调基本元器件用途及系统常见故障与维护和保养等较实用的基本知识，引入新的国家标准以及当今行业对本课程的要求，体现教材的实用性、先进性及广泛适用性。

◎ 增加新技术、新知识介绍的选修内容，开拓学生视野，满足不同经济发展地区或优秀学生的需要。

◎ 强调课堂实物演示、拆装和现场教学等方法，加强教学的直观性和互动性。

本书由西安铁路职业技术学院李益民、太原铁路机械学校张龙主编（李益民编写第一章、第二章四、五、六节，第五章第七节和第七章；张龙编写第三、第四章）。参加编写工作的还有西安铁路职业技术学院王秀丽（编写第二章的第一、二、三节）、张爱民（编写第八章），苏州铁路高等职业技术学校林健荣（编写第五章第一至第六节和第八节），西安铁路职业技术学院张丽娜、陈静（分别编写第六章第一节至第四节、第五节至第七节）。

本书在编写过程中，得到了有关同志的大力帮助，在此一并表示感谢。

本书可作为五年制高职或三年制高职、成人教育的机械加工技术、数控技术、机电一体化技术、电气自动化技术等专业的教材，也可供相关专业工程技术人员参考。

由于编者学识和水平有限，错漏之处在所难免，敬请批评指正。

编　者

2007 年 1 月

目　录

第一章　绪　论 ······ 1

第一节　机电设备控制技术概述 ······ 1

第二节　本课程的性质、任务和基本要求 ······ 4

思考题 ······ 4

第二章　液压与气压传动基础 ······ 5

第一节　液压传动的工作原理、系统组成及图形符号 ······ 5

第二节　液压元件 ······ 7

第三节　液压的基本回路 ······ 26

第四节　气源装置 ······ 40

第五节　气动元件 ······ 44

第六节　气动基本回路 ······ 62

思考题 ······ 69

第三章　常用低压电器 ······ 70

第一节　接触器 ······ 70

第二节　继电器 ······ 74

第三节　熔断器 ······ 79

第四节　开关与主令电器 ······ 81

思考题 ······ 87

第四章　继电器-接触器基本控制线路 ······ 88

第一节　电气控制系统图的有关知识 ······ 88

第二节　三相笼型异步电动机的直接起、停控制 ······ 93

第三节　三相笼型异步电动机的降压起动控制 ······ 98

第四节　三相笼型异步电动机制动控制线路 ······ 102

第五节　电液组合控制电路 ······ 105

第六节　三相绕线转子异步电动机起动控制电路 ······ 108

思考题 ······ 110

第五章　典型设备的电气控制系统 ······ 112

第一节　电气图的识图方法和步骤 ······ 112

第二节　M7130 型平面磨床的电气控制线路 ······ 118

第三节　CA6140 车床的电气控制线路 ······ 123

第四节 X62W 铣床的电气控制线路 127
第五节 Z3050 摇臂钻床的电气控制线路 135
第六节 T68 型卧式镗床的电气控制线路 141
第七节 组合机床的电气控制电路 147
第八节 用机床控制线路分析故障 152
思考题 159

第六章 交流电梯的电气控制 161
第一节 电梯的基本结构、分类和基本参数 161
第二节 电梯的机械系统与安全保护系统 169
第三节 电梯的主要电器部件 173
第四节 电梯电气控制的基本环节 177
第五节 交流双速信号控制电梯的电气控制 181
第六节 电梯电气设备的安装与维护 197
第七节 电梯电气控制系统的常见故障及分析 203
思考题 206

第七章 机-电-液联合控制实例 208
第一节 典型气动系统应用分析 208
第二节 典型液压传动系统 212
第三节 机-电-液联合控制实例 217
思考题 224

第八章 电动机控制技术 225
第一节 直流电动机控制技术 225
第二节 交流电动机控制技术 231
第三节 步进电动机控制技术 237
思考题 241

附录 1 常用液压与气动图形符号摘录（摘自 GB/T786.1—1993） 242

附录 2 低压电器产品型号的编制方法 248

参考文献 251

第一章 绪 论

机电设备控制技术是指对生产现场中所使用的各种机电设备进行控制，使设备按照规定的加工与制造工艺要求，完成相应动作的技术。它包括机械传动、液压传动、气压传动和电气传动与控制等实用技术。这些技术的集成使用，可以大大提高生产设备的制造能力、技术水平和控制的自动化程度，有效地保证产品质量，提高经济效益。因此，机电设备控制技术在生产过程及其他领域中应用十分广泛。本书只研究机电设备控制技术中的液压传动、气压传动和电气传动与控制部分。

第一节 机电设备控制技术概述

一、液压传动的应用、特点及发展趋势

液压传动在工程机械、交通运输机械、起重机械、矿山机械、建筑机械、钢铁冶炼与轧制机械、钻探机械、农业机械、各种加工机床、轻工业机械、机械手与机器人、飞行器、舰艇等领域都有广泛的应用。

1. 液压传动的优点

(1) 液压传动装置工作平稳，反应速度快，冲击小，能快速启动、制动，并且适应频繁换向。

(2) 在输出功率相同的条件下，液压传动装置的体积小、重量轻、结构紧凑、运动惯性小。

(3) 易于实现直线的往复运动、旋转运动和摆动。

(4) 液压传动装置可以方便地实现无级调速，调速范围最大可达 1 : 2 000（一般为 1 : 100）。

(5) 液压传动装置的控制、调节比较简单，操纵方便、省力，易于实现自动化。它与电气联合控制时，能实现复杂的自动工作循环和远距离控制。

(6) 液压系统易于实现过载保护。由于它采用油液作为传动介质，液压元件还能自行润滑，故元件的使用寿命较长。

(7) 液压元件易于实现标准化、系列化、通用化，便于设计、制造和选用。

2. 液压传动的缺点

(1) 液压系统中油液的泄漏和可压缩性使得液压系统无法实现严格的定比传动。

（2）液压油的粘度随油温而变化，使得液压系统对环境温度有一定要求，一般工作温度在－15～60℃范围内较合适。

（3）液压元件的制造工艺和维修工艺要求比较高。

（4）对油液的污染比较敏感，系统出现故障时也不易查找原因。

（5）液压传动中的能量需要两次转换（机械能→压力能→机械能），系统总效率较低。当管路长或流速大时，压力能损失增大，故液压传动不适宜进行单独的远距离传动。

总的来说，液压传动的优点是主要的。随着计算机技术的发展，液压技术得到了很大的发展，并渗透到各个工业领域中。液压技术开始向高压、高速、大功率、高效率、低噪声、低能耗、经久耐用、高度集成化等方向发展。同时，新型液压元件和液压系统计算机辅助设计（CAD）、计算机辅助测试（CAT）、计算机辅助直接控制（CDC）、机电一体化技术、计算机仿真和优化设计技术、可靠性技术，以及污染控制技术等方面，也是当前液压传动及控制技术发展和研究的方向。

二、气压传动的应用、特点及发展趋势

液压与气压传动都是以流体（液压液或压缩空气）作为工作介质，对能量进行传递和控制的一种传动形式。工业领域内使用液压与气压传动的出发点是不尽相同的：有的是利用它们在传递动力上的长处，如工程机械、压力机械和航空工业采用液压传动的主要原因是因其结构简单、体积小、重量轻，输出功率大；有的是利用它们在操作控制上的优点，如机床上采用液压传动是因其能在工作过程中实现无级变速、易于实现频繁的换向，易于实现自动化；在采矿、钢铁和化工等部门采用气压传动是因其空气工作介质具有防爆、防火等特点。此外，不同精度要求的主机也会选用不同控制类型的液压或气压传动。

气压传动具有一些独特的优点，主要有：

（1）空气容易得到，而且用过的空气可以直接排放到大气中去，处理方便。若空气管路有泄漏，除引起部分功率损失外，不致产生不利于工作的严重影响，也不会污染环境。

（2）空气的粘度很小，在管道中的压力损失较小，因此压缩空气便于集中供应（空压站）和远距离输送。

（3）因压缩空气的工作压力较低（一般 0.3～0.8 MPa），对气功元件的材料和制造精度上的要求较低。

（4）气动系统维护简单，管道不易堵塞，也不存在介质变质、补充、更换等问题。

（5）使用安全，没有防爆的问题，便于实现过载自动保护。

（6）气动元件采用相应的材料后，能够在恶劣的环境（强振动、强冲击、强腐蚀和强辐射等）下进行正常工作。

气压传动也存在以下的一些缺点：

（1）气动装置中的信号传递速度较慢，仅限于声速的范围内。所以气动技术不宜用于信号传递速度要求十分高的复杂线路中。同时，实现生产过程的远距离控制也比较困难。

（2）由于空气具有可压缩的特性，因而其运动速度的稳定性较差。

（3）因为工作压力较低，设备的结构尺寸不宜过大，因而气压传动装置的总推力一般不可能很大。

(4) 目前技术下气压传动的效率较低。

总的来说，气压传动的优点是主要的，它们的缺点也经过人类多年的不懈努力，得到了克服或很大的改善。

三、机床电气传动控制的应用、特点及发展趋势

机床电气控制主要应用在各种机床设备中。机床因其组成部件的运动情况和生产工艺有所不同，其电气控制也显现出不同的特点。

1. 机床电气控制的优点

(1) 控制器件结构简单、制造方便、价格低廉、维护方便、抗干扰能力强。

(2) 控制方式直接，操作简单、方便。

(3) 可以方便地使机床实现生产过程自动化，还可以实现集中控制和远距离控制。

(4) 产品已标准化、系列化。

(5) 系统设计简单。

2. 机床电气控制的缺点

(1) 因触点动作寿命的限制，可靠性差、维修不易。

(2) 设备体积庞大，耗电量和噪声较大。

(3) 控制输入/输出的能力范围较窄。

(4) 因控制接线固定而灵活性差，难以适应复杂和程序可变的控制对象需要。

(5) 在易燃、易爆场合必须设置保护装置，避免因打火导致事故发生。

(6) 控制方式不能连续、准确地反映信号，达不到机床对高精度加工的要求。

大规模集成电路及微型计算机技术的发展，给机床电气控制技术开辟了新的前景。微型计算机体积小、重量轻、耗电省、可靠性高且维护方便的特点，使其广泛应用于机床的局部控制或整机控制，减少了机械部件，提高了生产效率，减轻了工人的劳动强度，成为机床电气控制系统的发展方向之一。数控机床的控制系统就是典型的例子。

表 1.1 为液压、气压、电气及机械传动与控制的性能比较。

表 1.1 液压、气压、电气及机械传动与控制的性能比较

比较项目 传动方式		操作力	动作快慢	环境要求	构造	负载变化影响	操纵距离	无级调速	工作寿命	维护	价格
液压传动		最大	较慢	不怕振动	复杂	有一些	短距离	良好	一般	要求高	稍贵
气压传动		中等	较快	适应性好	简单	较大	中距离	良好	长	一般	便宜
电气传动	电气	中等	快	要求高	稍复杂	几乎没有	远距离	良好	较短	要求较高	稍贵
	电子	最小	最快	要求特高	最复杂	没有	远距离	良好	短	要求更高	最贵
机械传动		较大	一般	一般	一般	没有	短距离	较困难	一般	简单	一般

总之，机电设备控制技术正在向机、电、液、气技术相结合的方向发展，正在尽量充分

发挥每一种控制方式的优点。在尽可能降低制造成本和方便维护的基础上，要求它能满足不同的控制要求，不断提高设备控制的自动化程度。

第二节 本课程的性质、任务和基本要求

“机电设备控制技术”是机械加工技术、机电一体化技术等专业的一门主干课程。本课程主要以液压传动、气压传动和机床电气控制为研究对象，介绍液压、气压和机床电气控制的基本原理、实际控制线路及常见故障的排除方法；以控制元件的基本结构、作用、主要技术参数、应用范围、选用为基础，从应用角度出发，讲授上述几方面的内容，培养学生对设备控制系统进行日常维护与分析、排除常见故障及正确选用常用元器件的基本能力。

本课程的主要任务是使学生具备高素质机械加工操作者必备的机电设备控制技术基本知识和基本技能，为学生毕业后胜任工作岗位、适应职业变化和继续学习打下一定的基础。本课程内容涉及面较广、实践性很强，只有通过理论联系实际地学习和训练，才能理解得深入透彻，才能达到下列基本要求。

1. 知识目标

(1) 掌握液压传动、气压传动和机床电气控制的基本知识。
(2) 掌握常用液压元件、气压元件的基本结构、工作原理以及液压、气压的基本回路。
(3) 掌握常用低压控制电器元件的基本结构、工作原理和电气控制基本电路。
(4) 掌握常用液压元件、气压元件和低压控制电器元件的用途、图文符号及适用场合。

2. 能力目标

(1) 具有阅读简单液压系统图和电气控制线路图的能力。
(2) 具有常用设备控制系统的维护能力。

思考题

1. 液压传动的优缺点各是什么？
2. 气压传动的优缺点各是什么？
3. 机床电气控制的优缺点各是什么？
4. 本课程的知识目标、能力目标是什么？

第二章　液压与气压传动基础

液压与气压传动是利用密闭系统中的流体（受压液体或压缩空气）作为工作介质，传递运动和动力的一种传动方式。密闭系统无论处于静止状态或是匀速、匀加速运动状态都对其工作没有影响。

液压系统以液压液作为工作介质，而气动系统以空气作为工作介质。两种工作介质的不同在于液体几乎不可压缩，而气体却具有较大的可压缩性。液压与气压传动在基本工作原理、元件的工作原理以及回路的构成等诸方面是极为相似的。

第一节　液压传动的工作原理、系统组成及图形符号

一、液压传动的工作原理（以液压千斤顶为例）

1. 液压千斤顶的组成

图 2.1（a）所示为液压千斤顶的工作原理图，图 2.1（b）是其简化模型图。液压千斤顶由液压泵和液压缸两部分构成。液压（手动柱塞泵）由杠杆 1、泵体 2、小活塞 3 及单向阀 5 和 7 组成。液压缸由缸体 10 和大活塞 9 组成。为确保液压千斤顶正常工作，活塞与缸体、活塞与泵体接触面之间的配合既要使活塞在缸体和泵体中移动，又要形成可靠的密封。

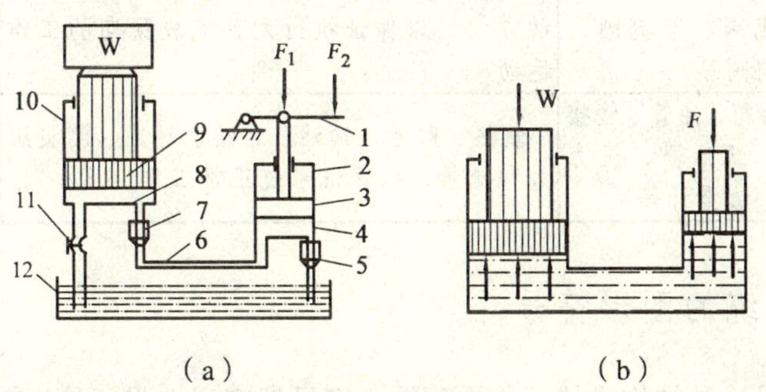

1—杠杆；2—泵体；3—小活塞；4、8—油腔；5、7—单向阀；6—油管；9—大活塞；10—缸体；11—放油阀；12—油箱

图 2.1　液压千斤顶

2. 液压千斤顶的工作原理

液压千斤顶工作时，先关闭放油阀 11，接着上提杠杆 1，小活塞 3 就会被带动上升使得

油腔 4 的密封容积增大，此时单向阀 7 因受油腔 8 中的油液压力作用而关闭，使油腔 4 形成局部真空；油箱 12 中的油液在大气压力作用下，推开单向阀 5，沿着吸油管道进入油腔 4。接着下压杠杆 1，小活塞 3 下移，油腔 4 的密封容积减少，油液受到外力挤压作用而产生压力，迫使单向阀 5 关闭；当压力大于油腔 8 中的油液对单向阀 7 的作用力时，单向阀 7 打开，油腔 4 中的油液经油管 6 被压入油腔 8，迫使它的密封容积变大，从而推动大活塞 9 连同重物 W 一起上升。反复上提、下压杠杆 1，油液就不断地被压入油腔 8，使大活塞 9 和重物 W 不断上升。

若将放油阀 11 打开，油腔 8 与油箱 12 接通，油液在重物 W 的作用下，使油腔 8 中的油液流回油箱，大活塞 9 下降并回到原位。

结论： 液压传动是依靠密封的变化来传递运动、依靠油液内部的压力来传递动力的。液压传动装置实质上就是一种能量转换装置，它先将机械能转换为便于输送的液压能，然后又将液压能转换为机械能，以驱动工作机构完成各种要求动作。

二、液压系统的组成

通过对液压千斤顶的工作原理分析可以看出，液压传动系统除工作介质外，主要由动力元件、执行元件、控制调节元件和辅助元件 4 部分组成。各部分的名称和所包含的主要液压元件及作用如表 2.1 所示。

表 2.1　液压传动系统的组成及各部分作用

序号	组成		作用	图 2.1 中对应元件
1	动力元件	液压泵	将原动机输入的机械能转换为液压能，为液压系统提供压力油，是液压系统的动力源	手动柱塞泵
2	执行元件	液压缸、液压马达	将液体的压力能转换为机械能，在压力油的推动下输出力和速度，以驱动工作部件	液压缸
3	控制调节元件	各种阀类元件，如溢流阀、节流阀、换向阀等	控制液压系统中液压油的压力、流量和流动方向，以保证执行元件完成预期的工作运动	放油阀 11 和单向阀 5、7
4	辅助元件	油箱、油管、管接头、滤油器、压力计、流量计等	散热、贮油、输油、连接、过滤、测量压力和流量，以保证系统正常工作	油箱 12 油管 6

三、液压系统的图形符号

图 2.1 反映的是一种结构式的工作原理图。它虽然直观性强、易为初学者接受，但因图形复杂（元件较多时会更繁琐）、不易绘制，国内外广泛采用元件的图形符号来绘制液压系统的工作原理图。附录 1 中部分摘录了我国目前采用的液压元（辅）件的图形符号（GB/T 786.1—1993）。

图形符号脱离了元件的具体结构，只表示元件的职能，使系统图大大简化，也使得工作原理简单明了，便于阅读、分析、设计和绘制。按照规定，液压元件图形符号应以元件的静止位置或零位来表示；液压元件无法用图形符号表达时，仍允许采用结构式的工作原理图表示。

第二节 液压元件

液压元件是液压系统的重要组成部分。本节将简要讲述液压元件的结构、工作原理、性能和图形符号等方面的知识。

一、液压泵和液压马达

1. 概 述

液压泵和液压马达都是液压系统中的能量转换元件。液压泵是将电动机（或其他原动机）输入的机械能转换为液体压力能的能量转换装置，是液压系统中的动力元件；液压马达则是将输入液体的压力能转换为机械能（扭矩）的能量转换装置，是液压系统中的执行元件。

(1) 液压泵的工作原理

液压泵的工作原理如图 2.2 所示。泵体 4 和柱塞 5 构成一个密封的油腔 a，偏心轮 6 由原动机带动旋转。当偏心轮向下转动时，柱塞 5 在弹簧 2 的作用下也向下移动，油腔 a 的容积逐渐增大，形成局部真空，油箱内的油液在大气压作用下，顶开单向阀 1 进入油腔 a 中，实现吸油。当偏心轮向上转动时，推动柱塞 5 向上移动，油腔 a 的容积逐渐减小，油液受柱塞 5 挤压而产生压力，使单向阀 1 关闭，油液顶开单向阀 3 而输入液压系统，完成压油。这样液压泵就把原动机输入的机械能转换为油液的压力能。

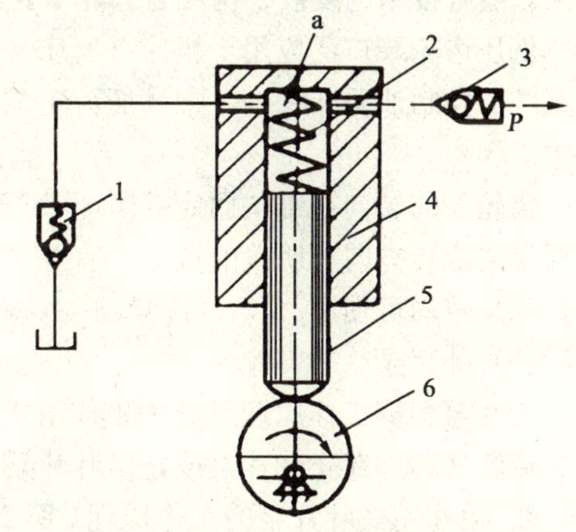

1、3—单向阀；2—弹簧；4—泵体；5—柱塞；6—偏心轮

图 2.2 液压泵的工作原理图

由此分析可知液压泵工作的基本条件是：

① 密封油腔 a 的容积变化是液压泵实现吸油和压油的根本原因。

② 在吸油过程中，为保证吸油充分，油箱必须和外界大气相通。

③ 单向阀 1、3 是液压泵的配流装置，不可或缺。它们保证在吸油过程中使油腔 a 与油箱相通，而切断压油管路；在压油工程中使油腔 a 与压油管路相通，而切断吸油管路。

(2) 液压泵的分类

液压泵可按其结构形式不同分为齿轮泵、叶片泵和柱塞泵 3 类；它也可按输出流量能否变化分为定量泵和变量泵两类。

2. 常用液压泵

(1) 齿轮泵

齿轮泵按结构差异，可分为外啮合和内啮合两种；按其工作压力高低，分为低压齿轮泵

（工作压力 p<2.5 MPa）、中压齿轮泵（工作压力 p=2.5～8.0 MPa）和高压齿轮泵（工作压力 p=8.0～14 MPa）。

① 齿轮泵的工作原理。图 2.3 为齿轮泵的工作原理图。泵体内装有一对啮合齿轮，齿轮两侧面由端盖密封。泵体、端盖和齿轮的各个啮合槽组成了多个密封工作腔，两齿轮的接触线把密封工作腔分为吸油腔和压油腔。当主动齿轮在电动机带动下按图示方向旋转时，右侧吸油腔由于相互啮合的轮齿逐渐脱开，密封工作容积逐渐增大，形成局部真空。因此，油箱中的油液在大气压力的作用下，经吸油口进入吸油腔，充满齿槽间，并随着齿轮旋转，把油液带到左侧压油腔内。在压油腔一侧，齿轮在这里逐渐进入啮合，使密封工作容积逐渐减小，齿槽间的油液便经压油口挤出泵外。当电动机带动齿轮泵不断旋转时，轮齿脱开啮合的一侧，密封腔容积变大并不断地从油箱中吸油；轮齿进入啮合的一侧，密封腔容积减小并不断地压油，这就是外啮合齿轮泵的工作原理。

内啮合齿轮泵的工作原理与之类似，也是利用齿间密封容积的变化来实现吸油和压缩的，但它主要由外转子和内转子组成，本书不再详细介绍。

② 齿轮泵的特点及应用。外啮合齿轮泵结构简单、制造方便、价格低廉、工作可靠、自吸能力强，对油液污染不敏感，因此目前应用比较广泛。但同时它也存在噪声大、输油量不均匀以及泄漏多等缺点。内啮合齿轮泵噪声较小，输油量均匀、体积大、重量轻，但制造复杂。随着技术的发展，内啮合齿轮泵正逐渐得到广泛应用。

低压齿轮泵广泛应用于机床（磨床）的传动系统和各种补油、润滑及冷却场合中以及液压系统的控制油源装置中。中高压齿轮泵主要用于工程机械、农业机械、轧钢设备和航空技术中。

齿轮泵的转向视结构而定。国产“CB”系列液压泵的吸油口、压油口是不能互换的，因此对泵的旋转方向有明确的规定。有些泵（如“HY01”型）其吸、压油侧的结构是对称的，正转和反转均可使用。

（2）叶片泵

叶片泵根据工作原理可分为单作用式和双作用式两种。前者又称非卸荷式叶片泵或变量泵，后者又称卸荷式叶片泵或定量叶片泵。

① 单作用式叶片泵的工作原理。图 2.4 为单作用式叶片泵的工作原理图。传动轴带动转子 1 转动，叶片 3 装在转子 1 的径向狭槽内，并可在槽内滑动，转子 1 装在定子 2 内，两者

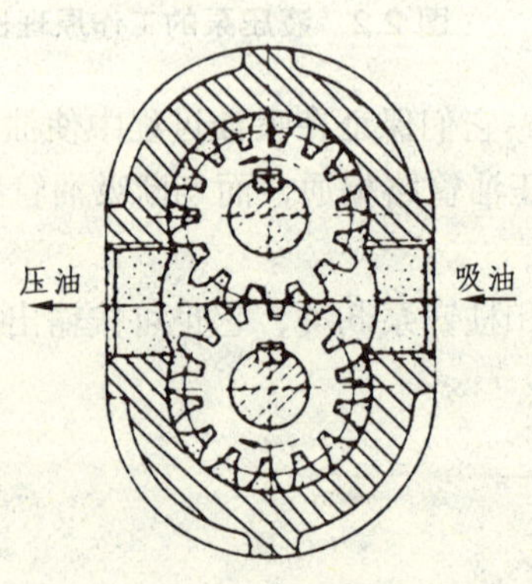

图 2.3 齿轮泵的工作原理图

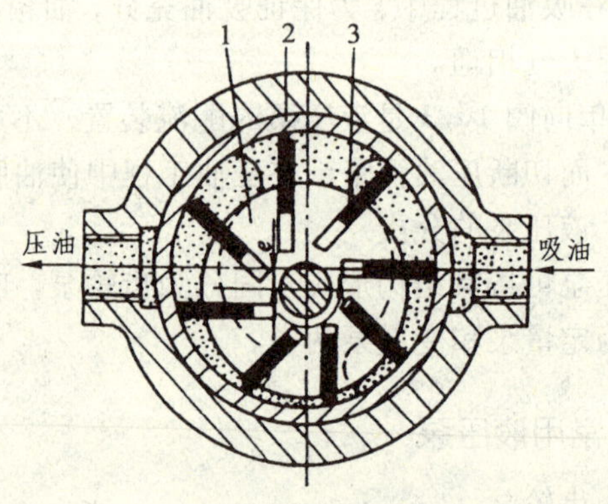

图 2.4 单作用式叶片泵的工作原理图

有一个偏心距 e，在转子两侧装有固定的配油盘。当转子回转时，由于离心力的作用（有时还在叶片根部通进压力油）使叶片顶部紧靠在定子内壁上，这样在定子、转子、叶片和配油盘间形成了若干密封容积。配油盘上开有互不相通的两个油窗。吸油窗与吸油口相通，配油盘起配流装置作用。当转子按图示方向回转时：在图的右部，叶片逐渐伸出，叶片间的密封容积逐渐增大，容积形成局部真空，吸油口则吸油，这是吸油区；在图的左部，叶片被定子内壁逐渐压进槽内，密封容积逐渐缩小，将油液从压油口出，这是压油区。在吸油区和压油区之间，有一段封油区，用来把吸油区和压缩油区分开。

这种叶片泵的转子每转一周，每个密封容积完成一次吸油和压油，因此被称为单作用式叶片泵。由于转子单向承受压油作用，径向压力不平衡，所以单作用式叶片泵又称非卸荷式叶片泵，这种泵的最大特点是只要改变转子和定子中心的偏心距大小及偏心方向，就可以改变输油量和输油方向。

② 双作用式叶片泵的工作原理。图 2.5 为双作用式叶片泵的工作原理图。它由定子 1、转子 2、叶片 3、配油盘（图中未画出）和泵体等组成，转子和定子中心重合。定子内表面近似椭圆形（腰圆形），由两段长半径、两段短半径和 4 段过渡曲线所组成。两侧的配油盘上各开有两个吸油窗口和两个压油窗口。由图中可以看出，在泵的转子每转一周的过程中，每个密封容积完成两次吸油和压油，所以称为双作用式叶片泵。这种泵由于两个吸油区和两个压油区，并且转子及轴承所承受的液压力正好位置对称，所以作用在转子上的液压力互相平衡，因此这种泵也叫卸荷式叶片泵。由于这种泵的转子和定子是同轴的，所以它不能改变油量，只能作定量泵用。

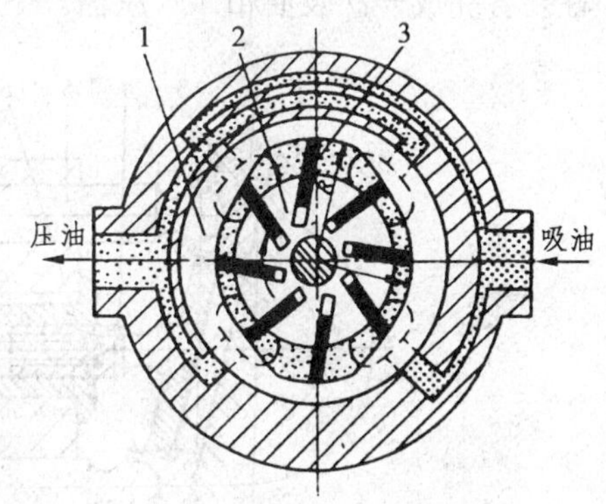

1—定子；2—转子；3—叶片

图 2.5 双作用式叶片泵的工作原理图

③ 双联叶片泵。双联叶片泵由两个单级叶片泵装在一个泵体内在油路上并联组成。两个叶片泵的转子由同一传动轴带动旋转，并各有独立的出油口，两个泵可以是相等流量的，也可以是不等流量的。

双联叶片泵的输出流量可以分开使用，也可以合并使用。在快速轻载时，由两个泵同时供给低压油；在重载低速时，高压小流量泵单独供油，大流量泵卸荷。这与采用一个高压大流量的泵相比，可以节省能源、减少液的发热量。双联叶片泵也常用于机床液压系统中需要两个互不影响的独立油路中。

④ 叶片泵的特点及应用。叶片泵的主要优点在于结构紧凑、体积小、流量均匀、运动平衡、噪声较小、重量轻、使用寿命长、容积效率较高等。缺点是对油液污染较敏感，自吸能力比齿轮泵差一些，结构也较复杂，工艺要求高。泵片一般用于中压系统，如机床、工程机械、船舶、压铸机和冶金设备等的液压传动系统中。

(3) 柱塞泵

柱塞泵是利用柱塞泵在缸体内往复运动，引起密封容积发生变化而实现吸油和压油的。柱塞泵按柱塞排列运动方式不同，分为轴向柱塞泵和径向柱塞泵两种。轴向柱塞泵又分为直轴式（斜盘式）和斜轴式两种，其中直轴式应用较广。下面以轴向柱塞泵为例，介绍柱塞泵的工作原理和应用特点。

① 轴向柱塞泵的工作原理。图 2.6 为轴向柱塞泵的工作原理图。轴向柱塞泵的柱塞泵线与传动轴的轴线平行。它主要由斜盘 1、柱塞 5、缸体（转子）7、配油盘 10 等组成。斜盘 1 和配油盘 10 固定不动，斜盘法线和缸体轴线间的夹角为 r。缸体由传动轴 9 带动旋转，缸体上均匀分布了若干各轴向柱塞孔，孔内装有柱塞 5；内套筒 4 在弹簧 6 的作用下，通过压板 3 而使柱塞头部的滑履 2 和斜盘 1 靠牢，同时外套筒 8 则使缸体 7 和配油盘 10 紧密接触，起密封作用。轴塞在根部弹簧和液压力作用下，保持头部和斜盘紧密接触。当缸体传动时，由于斜盘和弹簧作用，迫使柱塞在缸体内往复运动，通过配油盘的吸油窗口和压油窗口进行吸油和压油。当缸体相对配油盘逆时针转动时，柱塞在转角 0～180° 范围内柱塞向外伸出，柱塞根部密封容积增大，通过配油盘吸油窗口吸油；当柱塞转角在 180°～360° 范围内柱塞被斜盘逐渐压入缸体，柱塞根部容积较小，经配油盘压油窗口而压油。泵的缸体每转一周，每个柱塞各完成一次吸油和　　压油。

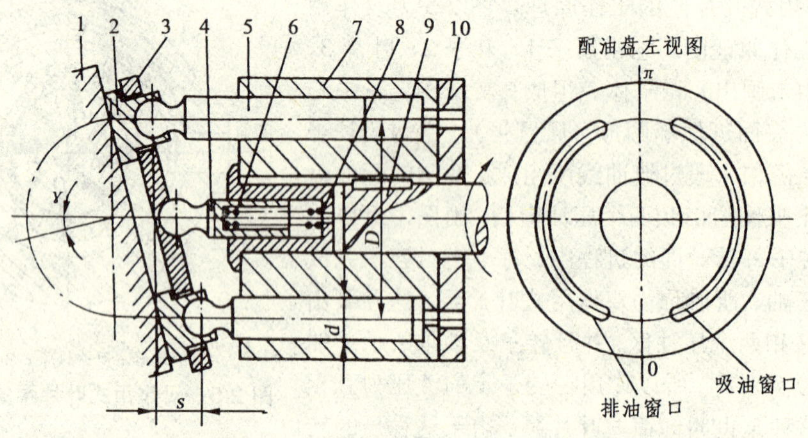

1—斜盘；2—滑履；3—压板；4—内套筒；5—柱塞；6—弹簧；7—缸体；8—外套筒；9—传动轴；10—配油盘

图 2.6　轴向柱塞泵的工作原理图

改变斜盘倾角 r 大小，就能改变柱塞的行程，也就改变了泵的排量。改变斜盘倾角方向，就能改变吸油和压油方向，从而成为双向变量轴向柱塞泵。

② 柱塞泵的特点及应用。柱塞和柱塞孔均为圆柱面，容易得到高精度的配合，密封性能好，在高压下工作有较高的容积效率。同时，只要改变柱塞的工作行程 s 就能改变泵的流量，故易于实现流量的调节及液流方向的改变。所以，柱塞泵具有压力高、结构紧凑、效率高以及流量调节方便等优点。缺点是结构复杂、价格较高。柱塞泵一般用于需要高压大流量或流量需要调节的液压系统中。

3. 液压马达

液压马达是液压系统的执行元件，用来拖动负载做功。从原理上讲，液压泵和液压马达是可逆的，结构上两者也基本相同，但由于功用不同，实际结构也就有差别。

(1) 液压马达的分类

液压马达按结构不同可分为齿轮式、叶片式和柱塞式 3 类；它也可以按额定转速分为高速和低速两大类。额定转速高于 500 r/min 的属于高速液压马达，低于 500 r/min 的属于低速液压马达。

(2) 叶片式液压马达的工作原理

图 2.7 为叶片式液压马达的工作原理图。压力油进入叶片之间时，位于进油腔叶片 5 由于两面均受到油压的作用而不产生扭矩。位于封油区的叶片，一面受高压油的作用，另一面受排回油箱低压油的作用，由于液压力不平衡，因而产生扭矩。同时，叶片 1、3 和叶片 2、4 的受力方向相反，叶片 1、3 产生的扭矩使转子顺时针旋转，叶片 2、4 产生的扭矩使转子逆时针旋转。单叶片 1、3 的伸出长度较长，作用面积较大，产生的扭矩大于叶片 2、4 所产生的扭矩，因而转子可作顺时针旋转。叶片 1、3 和叶片 2、4 的扭矩差，就是液压马达的输出扭矩。

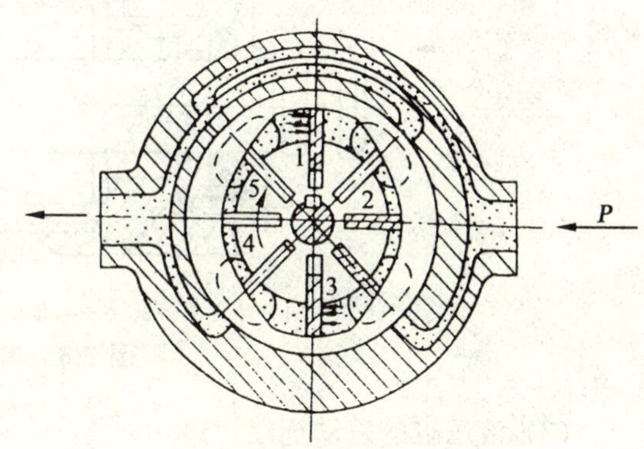

图 2.7 叶片式液压马达的工作原理图

叶片式液压马达的定子长半径和短半径的差值越大或转子的直径越大或输入油液的压力越高，液压马达的输出扭矩也就越大。改变供油方向，液压马达即可返回转动。

二、液压缸

液压缸是液压系统中常用的一种执行元件，它是把液压体的压力能转变为机械能的转换装置。一般用于实现直线往复运动或摆动。

液压缸按结构特点不同，可分为活塞缸、柱塞缸和摆动缸 3 类。活塞缸和柱塞缸用以实现往复运动，输出推力和速度；摆动缸能实现小于 360° 的往复运动，输出转矩和角速度。

液压缸按其作用方式的不同，可分为单作用式和双作用式两种。单作用式液压缸中的液压压力只能使活塞（或柱塞）单方向运动，而反向运动必须靠外力（如弹簧或自重）来实现。双作用液压缸可由液压力实现两个方向的运动。

液压缸可以单个使用，还可以几个组合起来甚至与其他机构组合起来，完成特殊的功用。

1. 活塞式液压缸

活塞液压缸分为活塞杆和单活塞两种。其固定方式有缸体固定和活塞杆固定两种。

(1) 双活塞杆液压缸

这种液压缸的特点是：被活塞分开的液压缸两腔都有活塞杆伸出，且两活塞杆直径通常是相等的，因此当分别流入两腔中的液压油流量相等时，活塞的往复运动速度和推力相等。

(2) 单活塞杆液压缸

这种液压缸仅一端有活塞杆，所以两腔作用面积不相等。有实心单杆和空心单杆两种。图 2.8 为一种简易实心单杆液压缸结构图。它由缸筒 3、整体式活塞 4、端盖 2 和 6 等零件组成。它的工作原理是：右腔通入压力油，活塞向左运动；左腔通入压力油，活塞向右运动。

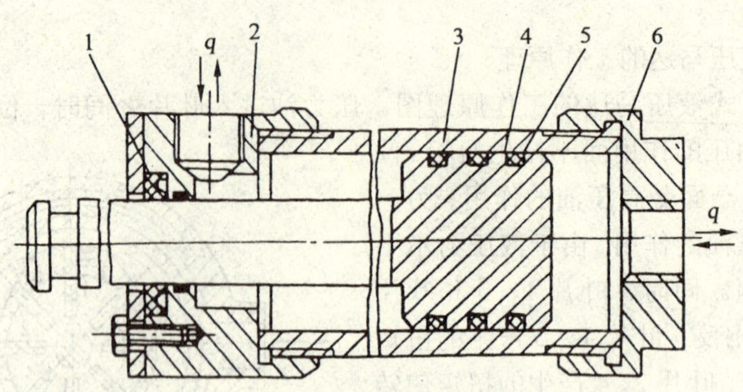

1—防尘圈；2、6—端盖；3—缸筒；4—活塞；5—密封圈

图 2.8 单活塞杆液压缸

(3) 液压缸的差动连接

当单活塞杆液压缸的左右两腔同时通入压力油时，由于活塞两侧的推力不等，活塞在推力差作用下向右移动；同时，从液压缸右腔排出的油液也流入左腔，使单位时间内流入左腔的油液流量增加，活塞实现快速运动，这种连接方式就称为**差动连接**。

差动连接的液压缸常用于需要获得“快进（差动连接）→工进（无杆腔进油）→快退（有杆腔进油）”工作循环的组合机床和各类专用机床的液压系统中。

2. 柱塞式液压缸

柱塞式液压缸是一种单作用液压缸。图 2.9 所示为柱塞式液压结构示意图。工作时，压力油从进油口 1 进入缸筒 2 中，推动柱塞 3 向右运动。但反向退回时必须靠外力或自重（垂直放置时）驱动。为了获得双向往复运动，柱塞式液压缸通常成对使用。

柱塞式液压缸的柱塞与缸筒无配合要求，缸筒内壁可以不加工或仅粗加工，常用于要求行程较长的导轨磨床、龙门刨床和液压机等设备的液压系统中。

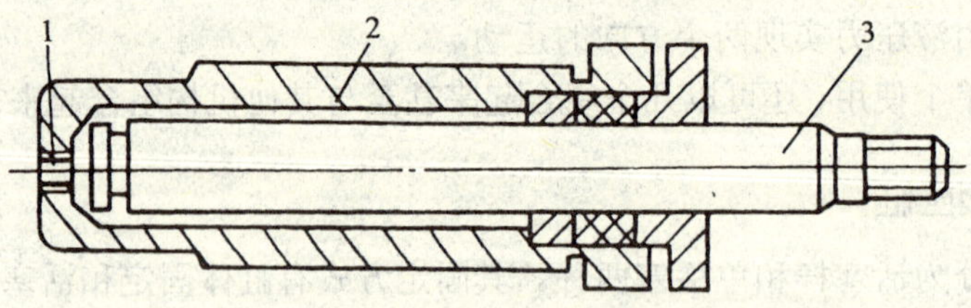

1—进油口；2—缸筒；3—柱塞

图 2.9 柱塞式液压结构示意图

3. 摆动缸

摆动式液压缸又称为摆动式液压马达或回转液压缸。它把液压油的压力能转变为摆动运动的机械能。常用的摆动式液压缸有单叶片式和双叶片式两种。

图 2.10（a）所示为单叶片式摆动缸，它的摆动角度较大（可达 330º）。图 3.14（b）所示为双叶片式摆动缸，它的摆动角度较小（最高 150º），输出转矩是单叶片式的 2 倍，而角速度则是单叶片式的 1/2。

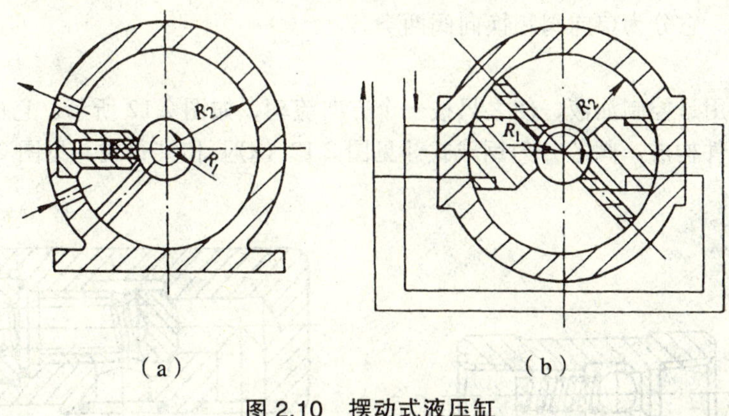

图 2.10　摆动式液压缸

摆动式液压缸一般用于中、低压的工件夹紧装置、送料装置、间歇进给机构以及需要周期性进给的系统中。

4. 增压缸

增压缸能将输入的低压油转变为高压油，供液压系统中的某一分支油路使用。它由复合缸与具有特殊结构的活塞等零件组成，如图 2.11 所示。

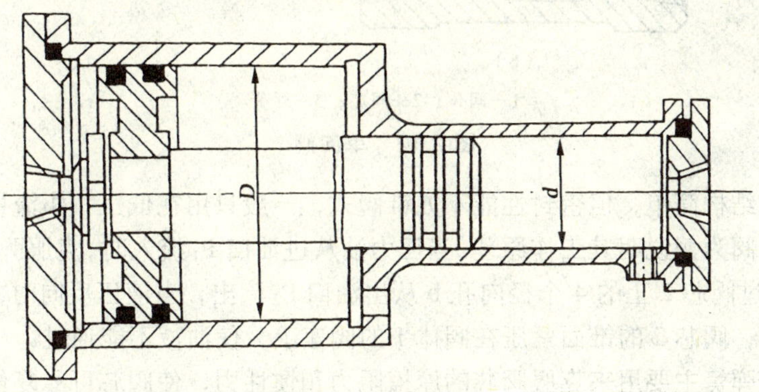

图 2.11　增压缸

增压缸只能从高压端输出的油液中获取大的推力，其本身不能直接作为执行元件。所以，安装时应尽量使它靠近执行元件。

三、液压控制阀

液压控制阀是液压系统的控制元件，用来控制和调节油液的流动方向、压力和流量，从而控制执行元件的方向、输出的力或力矩、运动速度、运动顺序，以及限制和调节液压系统的工作压力，防止过载等。根据用途和工作特点的不同，液压控制阀主要分为方向控制阀、压力控制阀和流量控制阀。

1. 方向控制阀

方向控制阀主要用来通断油路或改变油液流动的方向，从而控制执行元件的启动、停止或改变运动方向。它分为单向阀和换向阀两类。

（1）单向阀

单向阀的功用是控制油液，使之只按一个方向流动，如图 2.12 所示。它由阀体 1、阀芯 2 和弹簧 3 等零件构成。阀芯分为钢球式［见图 2.12（a）］和锥阀式［见图 2.12（b）、(c)］两种。

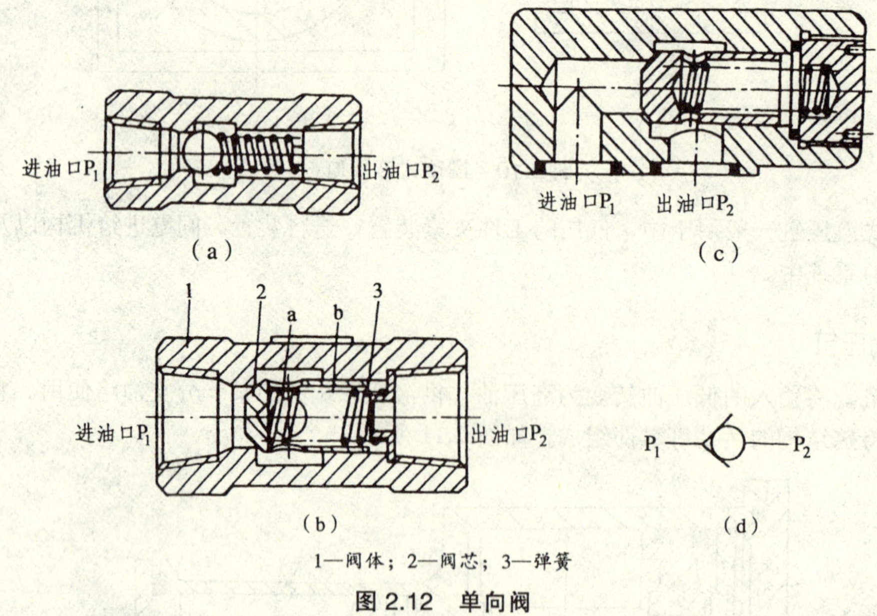

1—阀体；2—阀芯；3—弹簧

图 2.12 单向阀

钢球式阀芯结构简单，但密封性能不如锥阀式，一般只用在低压、小流量的系统中。下面以锥阀式单向阀为例说明其工作原理。当压力油从进油口 P_1 流入时，克服弹簧 3 的作用力，顶开阀芯 2，经过阀芯 2 上的 4 个径向孔 b 从出油口 P_2 流出；当液压反向时，在弹簧和压力油的共同作用下，阀芯 2 的锥面紧压在阀体 1 的阀座上，使油液不能通过。

单向阀中的弹簧主要用来克服阀芯的摩擦阻力和惯性力，使阀芯可靠复位。为了减小压力损失，弹簧的刚度通常较小。单向阀的开启压力一般为 0.03～0.05 MPa。图 2.12（d）所示为单向阀的图形符号。

单向阀的连接方式有管式和板式两种。图 2.12（a）、(b）所示为管式连接，图 2.12（c）所示为板式连接。除了上述的单向阀外，还有液控单向阀，如图 2.13（a）所示。当控制油口 K 不通压力油时，油只能从油口 P_1 进入，顶开阀芯 3，从油口 P_2 流出，不能倒流。当控制油口 K 接通压力时，由于控制活塞 1 左腔受油压作用，活塞右腔 a 与泄油口（图中未画出）相通，所以活塞 1 向右移动，并通过顶杆 2 将阀芯 3 向右顶开，P_1 和 P_2 两油口相通，油液可在两个方向自由流通。控制油口 K 处的油液不通过 P_1 和 P_2。图 2.13（b）所示为液控单向阀的图形符号。

（2）换向阀

换向阀的功用是利用阀芯和阀体间相对位置的改变，控制油流量的运动方向，接通或关闭油路，从而改变液压系统的工作状态。换向阀的分类如表 2.2 所示，其中滑阀式换向阀使用较多，一般所说的换向阀就是指滑阀式换向阀。

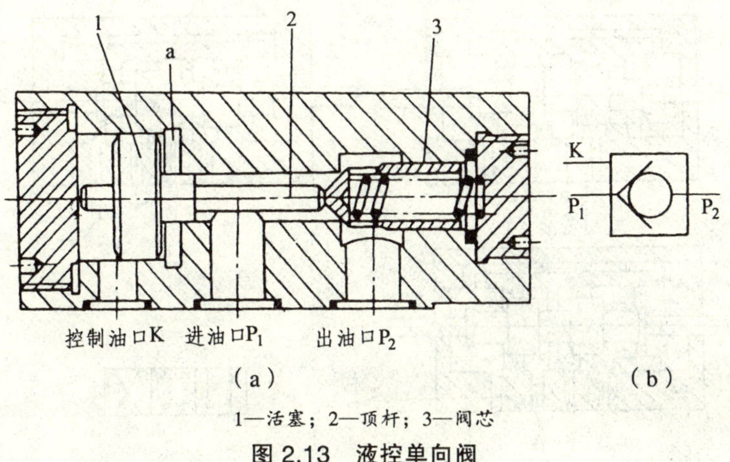

1—活塞；2—顶杆；3—阀芯

图 2.13　液控单向阀

表 2.2　换向阀分类表

分　类　方　式	类　型
按阀芯的运动方式分类	滑阀、转阀
按阀的位置数和通路数分类	二位二通、三位四通、三位五通等
按阀的操纵方式分类	手动、机动、电磁、液动、电液动
按阀的安装方式分类	管式、板式、法兰式

① 换向阀的结构与换向原理。滑阀式换向阀是靠阀芯在阀体内沿轴向作往复滑动而实现换向作用的，因此这种阀芯又称滑阀，如图 2.14 所示。滑阀是一个带多段环形槽的圆柱体，直径大的部分称为凸肩。有的滑阀还在阀芯的中心处加工出回油通路孔。阀体内孔与滑阀凸肩相配合，阀体上加工出若干段环形槽。阀体上有若干个与外部相通的通路口，它们各自与相应的环形槽相通。

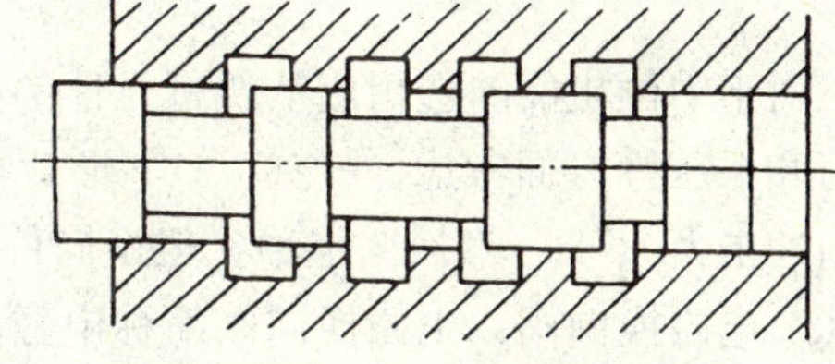

图 2.14　滑阀结构

下面以图 2.15 所示三位四通阀为例，说明换向阀的换向原理。该三位四通换向阀有 3 个工作位置和 4 个通路口。3 个工作位置就是滑阀在中间及移到左、右两端时的位置，4 个通路口即 P、T、A、B。由于滑阀相对阀体做轴向移动，改变了位置，所以各油口的连接关系就改变了，这就是滑阀式换向阀的换向原理。

② 换向阀图形符号表达的意义。实线方框“□”表示阀芯的可变“位”数。“↓、↑、⊥、T”与方框的交点数为油口的通路数，但不表示流向。控制方式和复位弹簧的符号画在方框的两端。P 表示压力油的进油口，T 表示与油箱联通的回油口，A、B 为连接其他换向阀的位置和通路符号，图 2.16 所示为换向阀操纵方式符号。

在液压系统中，三位换向阀的阀芯在阀体中有左、中、右 3 个位置。左右位置使执行元件产生不同的运动方向。当阀芯在中间位置时，可以利用不同形状及尺寸的阀芯结构，得到多种油口的连接方式，除了使执行元件停止运动外，还可以具有其他一些不同的功能。因此，三位阀在中位时的油口连接关系又称为**中位机能**。

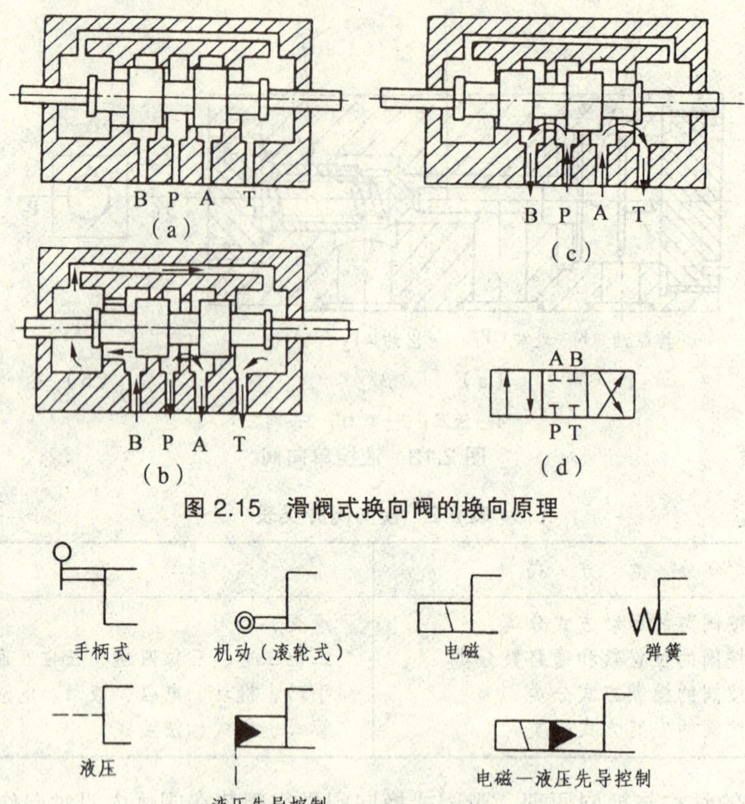

图 2.15 滑阀式换向阀的换向原理

图 2.16 换向阀操纵方式符号

对于中位机能的选用应从执行元件的换向平稳性要求，换向位置精度要求，起动冲击、卸荷和保压等方面考虑。例如“O”形，执行元件可在任意位置锁住。换向位置精度高，但换向冲击大。“H”形换向平稳，但换向位置精度低。

③ 电磁换向阀。电磁换向阀简称电磁阀，它是利用电磁铁推动阀芯移动来控制油液流通方向的，电磁铁能接受控制按钮、行程开关、压力继电器等电力元件的信号而通电或断电，使换向阀自动换向，应用广泛。

图 2.17（a）所示二位三通电磁换向阀结构。当电磁铁断电时，阀芯 2 被弹簧 3 推向左

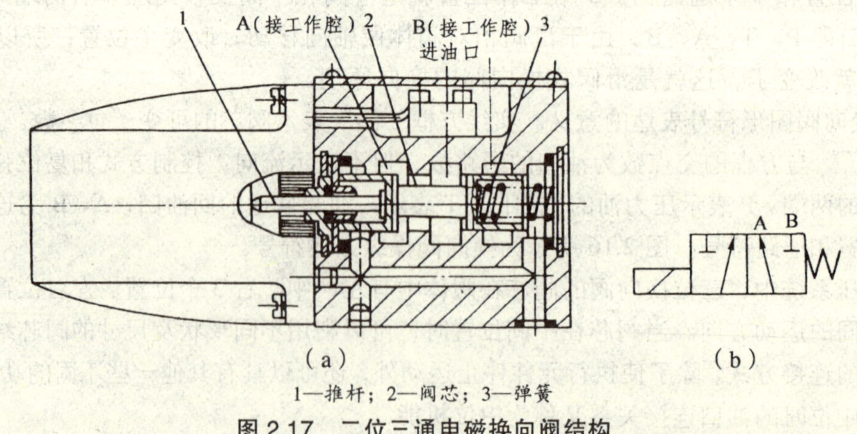

1—推杆；2—阀芯；3—弹簧

图 2.17 二位三通电磁换向阀结构

端，使油口 P 和 A 相通，油口 B 断开；当电磁铁通电吸合时，推杆 1 将阀芯 2 推向右端，油口 P 和 A 断开，而与 B 相通。图 2.17（b）所示为二位三通电磁阀的图形符号。

图 2.18（a）为三位四通电磁换向阀的工作原理示意图。当右侧电磁线圈 4 通电时，吸合衔铁 5 将阀芯 2 推向左端，这时油口 P 和 A 相通，而油口 B 和 T 相通。

当左侧电磁铁通电时，阀芯 2 被推向右端，这时油口 P 和 A 相通，而油口 B 和 T 相通；当两侧电磁铁都不通电时，阀芯 2 靠两侧弹簧 3 的作用而处于中间位置，这时油口 P、A、B、T 之间均不相通。图 2.18（b）所示为三位四通电磁阀的图形符号。流量 1.05×10^{-3} m^3/s 以下的液压系统采用电磁换向阀，流量大的则多采用液动或电液换向阀。

④ 液动换向阀。液动换向阀是靠油液压力推动阀实现换向的。图 2.19（a）为三位四通液动换向阀的工作原理示意图。当控制油路的压力油从阀左端的油口 K_1 进入滑阀左腔时，阀芯被推向右端，P 和 A 相通，B 和 T 相通，实现油路的换向；当两个控制压力油口都不通压力油时，阀芯在两端弹簧作用下恢复中间位置。图 2.19（b）所示为三位四通液动换向阀的图形符号。

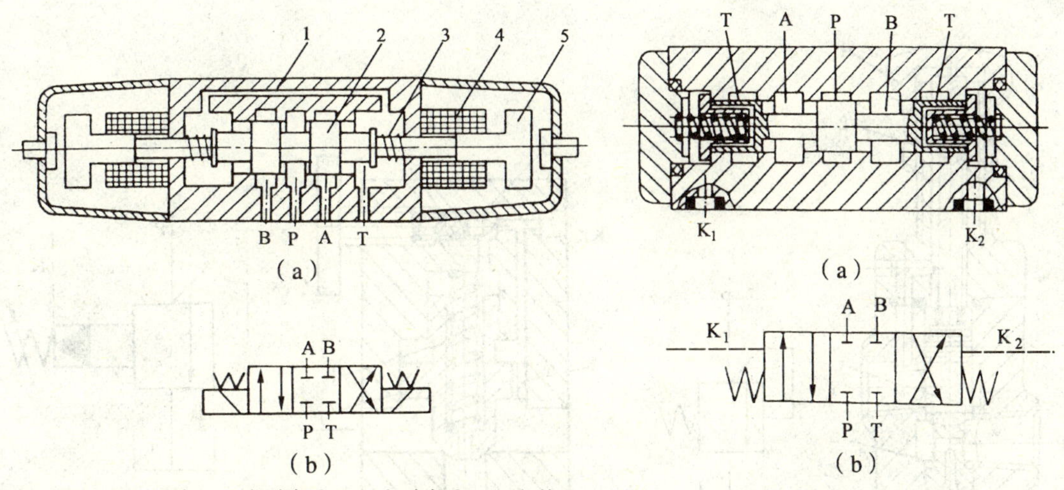

1—阀门；2—阀芯；3—电磁线圈；4—电磁线圈；5—衔铁

图 2.18　三位四通电磁换向阀的工作原理图

图 2.19　三位四通液动换向阀的工作原理图

2. 压力控制阀

压力控制阀是一种用来控制和调节液压系统油液的压力，或以油液压力作用为信号控制其他元件动作的阀类。这类阀的共同特点是利用液压力和弹簧力相平衡的原理进行工作的。压力控制阀主要有溢流阀、减压阀、顺序阀、压力继电器等。

（1）溢流阀

溢流阀的主要功用是保持系统压力的恒定和防止液压系统过载，起安全保护作用。按工作原理不同，溢流阀分为直动式和先导式两种。

① 直动式溢流阀的结构及工作原理。图 2.20 所示为直动式溢流阀的结构和图形符号。阀芯 3 在弹簧 2 的作用下压在阀座上，阀体上开有进油口 P 和回油口 T，进油口和系统相连，回油与油箱相连。调节弹簧 2 的预压力，便可调整溢流压力。

直动式溢流阀的工作原理：压力油从进油口 P 经阻尼小孔 a 作用在阀芯 3 的底面。当进油压力小于弹簧作用的阀芯上的调定压力时，油口 P 和 T 被阀芯隔断不相通。当外界负载增大，系统压力增到超过溢流阀的调定压力时，阀芯 3 便在油压作用下克服调压弹簧的作用而上升，使油口 P 和 T 相通，液压泵输出的多余油液经此回油口溢流回油箱，从而保证系统管路中的油压不超过调定压力，起到安全保护作用。当系统油压降至低于调定压力时，阀芯关闭油口 P 和 T 的通路，使油压重新升高，直到使油口 P 和 T 重新接通而溢流。所以溢流阀工作时，阀芯随着系统压力的变化而上下移动，从而维持系统压力近于恒定。

直动式溢流阀结构简单，工作时易产生振动和噪声，所控制的压力随流量的变化而有较大的变化，而且压力的调节较费力，因而它适用于低压、小流量的场合，一般作安全阀或先导阀使用较多。

② 先导式溢流阀。图 2.21 所示为先导式溢流阀的结构和图形符号。它由先导阀和主阀两部分组成。液压力同时作用于主阀芯及先导阀芯上。压力油从 P 口进入，通过阻尼孔 3 作用先导阀 4 上，当进油口压力较低，先导阀上的液压作用力不足以克服其右边弹簧 5 的作用力时，先导阀关闭，没有油液流过阻尼孔，所以主阀芯 2 两端压力相等，在较软的主阀弹簧 1 作用下主阀芯 2 处最下端位置，溢流阀阀口 P 和 T 隔断，没有溢流。

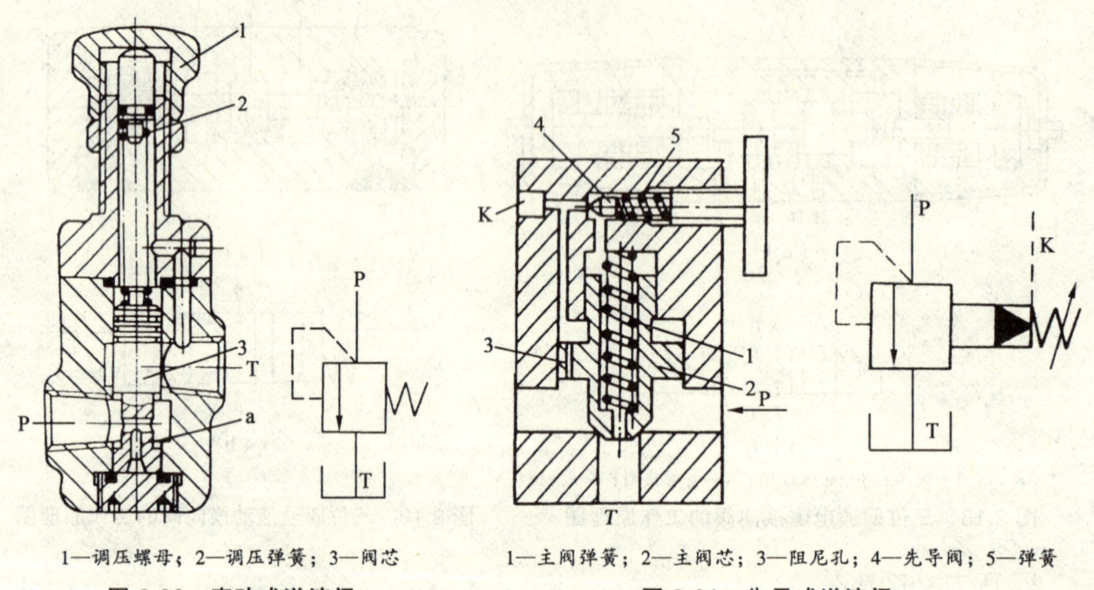

1—调压螺母；2—调压弹簧；3—阀芯

图 2.20 直动式溢流阀

1—主阀弹簧；2—主阀芯；3—阻尼孔；4—先导阀；5—弹簧

图 2.21 先导式溢流阀

当进油口压力升高到使作用在先导阀上的液压力大于弹簧 5 的作用力时，先导阀打开，压力油就可能通过阻尼孔 3 经先导阀流回油箱。由于阻尼 3 的作用，使主阀芯上端的压力小于下端压力，在压差作用下主阀芯上移，打开阀口，实现溢流。调节先导阀弹簧 5 的预紧力，就可调节溢流阀的溢流压力。

溢流阀有一个远程控制口 K，如果将 K 口接另一个远程控制阀，可对系统压力实现远程控制。如果 K 口通过二位二通阀接油箱时，主阀芯上端的压力接近于零，主阀芯在很小的液压力作用下便可移动，打开阀门实现溢流与卸荷。

先导式溢流阀弹簧软、刚度小，在很小的外力作用下即可被压缩；主阀芯的位移量很小，对系统的压力影响较小，因此压力调整方便。但是先导式溢流阀要先导阀和主阀都动作后才能起控制作用，因此反应不如直动式溢流阀灵敏。

（2）减压阀

减压阀是用来降低并稳定液压系统中某一支路的油液压力，使出口压力低于进口压力的一种压力控制阀，以满足不同执行机构的工作压力要求。减压阀在各种夹紧系统、控制系统(如控制离合器、制动器的油路)、润滑系统中应用广泛。

减压阀也有直动式和先导式之分。先导式减压阀的性能较好，最为常用。图 2.22 所示为先导式减压阀的结构及图形符号。主阀在弹簧力的作用下处于最下端位置，高压油从进油口 P_1 流入，经减压阀出油口 P_2 流出，同时出油口侧也有一部分二次压力油经主阀下端中间阻尼小孔进入主阀上端。当出油口压力超过调定压力时，先导阀打开，油液从泄油口流回油箱，使主阀上端油腔压力降低，进而主阀向上移动，减小了阀体与主阀的开口（即节流口变小），降低了出油口压力；当压力达到新的稳定值时，先导阀关闭，主阀上、下两端压力相等，主阀在弹簧作用下处于最下端，阀处于非工作状态。由此可见，减压阀的减压原理是：利用油液通过缝隙（节流口）时的液阻来达到减压目的。

（3）顺序阀

顺序阀的功用是利用油路本身的压力作为控制信号，来控制执行元件动作的先后顺序。当油路压力达到顺序阀的调定压力值时，顺序阀动作，压力油经过顺序阀流入另一油路，实现系统的自动控制。依控制压力的不同，顺序阀可分为内控式和外控式。顺序阀也有直接式和先导式两种。

图 2.23 所示为直接式顺序阀的结构和图形符号。当进油口的压力低于弹簧 6 的调定压力时，阀芯 5 在弹簧作用下处于下端位置，进油口和出油口不相通。当进油口的油液压力大于弹簧 6 的预紧力时，阀芯 5 向上移动，阀口打开，油液从出油口流出，从而使顺序阀出油口端的执行元件动作。

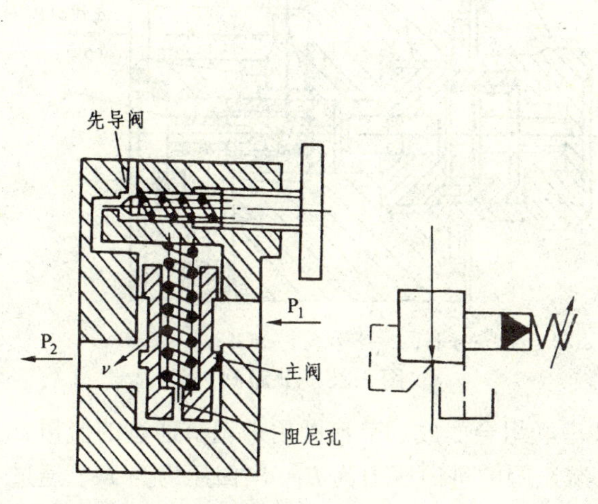

图 2.22　先导式减压阀

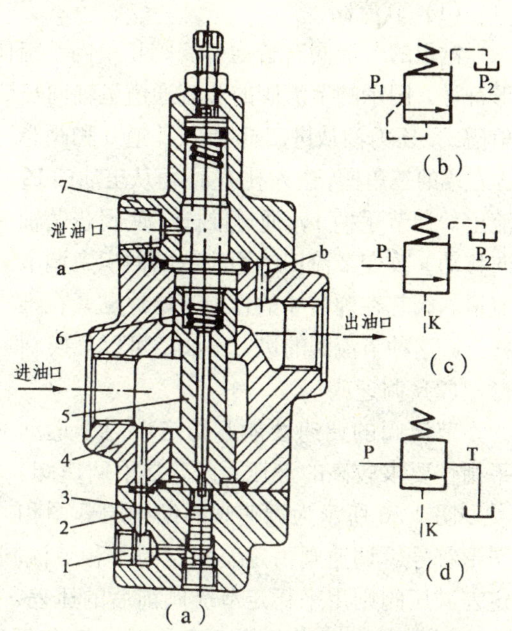

1—丝堵；2—下阀盖；3—控制活塞；4—阀体；5—阀芯；6—弹簧；7—上阀盖

图 2.23　直接式顺序阀

顺序阀和溢流阀的结构基本相似，但顺序阀的出油口通向系统的另一压力油路，而溢流阀的出油口与油箱相连接。此外，顺序阀的进、出油口均为压力油，所以它的泄油口必须单独外接油箱。

(4) 压力继电器

压力继电器是一种将压力信号转换为电信号的压力控制元件。当液压系统中的油压达到压力继电器的预调压力时，压力继电器发出的电信号使电气元件（如电磁铁、电磁离合器）动作，以实现液压—电气系统的自动控制和安全保护作用。压力继电器的种类有柱塞式、膜片式、弹簧管式和波纹管式等。

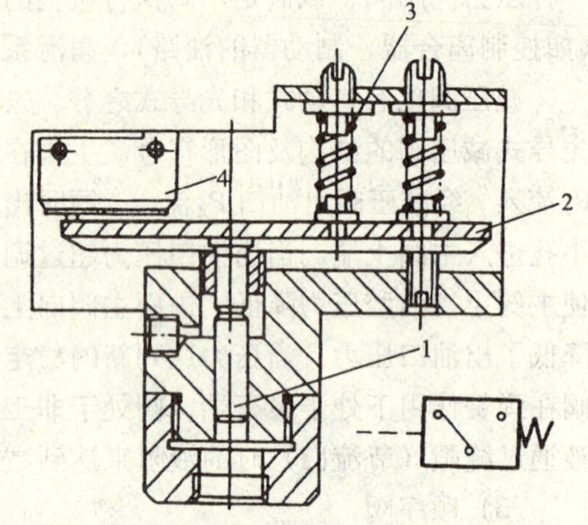

1—柱塞；2—杠杆；3—弹簧；4—开关

图 2.24 柱塞式压力继电器

图 2.24 所示为柱塞式压力继电器的结构和图形符号。当从压力继电器下端进油口通入的油液压力达到调定压力时，油液压力推动柱塞 1 向上移动，此位移通过杠杆 2 放大后推动开关 4 动作。改变弹簧 3 的压缩量即可调节压力继电器的动作压力。

3. 流量控制阀

流量控制阀通过改变阀口通流截面积的大小来控制流量，以达到控制与调节执行元件运动速度之目的。常用的流量控制阀有节流阀、分流阀和调速阀以及它们与单向阀或行程阀的各种组合式流量阀。

(1) 节流阀

常用的节流阀有普通节流阀和单向节流阀两种。图 2.25 所示为一种普通节流阀的结构和图形符号。图示的节流阀的节流通道呈轴向三角槽式。压力油从进口 P_1 流入孔道 b 和阀芯 3 左端的三角槽，进入孔道 a，再从出油口 P_2 流出。调节手柄 1，通过推杆 2 使阀芯做轴向移动，改变节流口的通流截面面积来调节流量。阀芯在弹簧 4 的作用下始终贴紧在推杆上。这种节流阀的进、出油口可以互换。

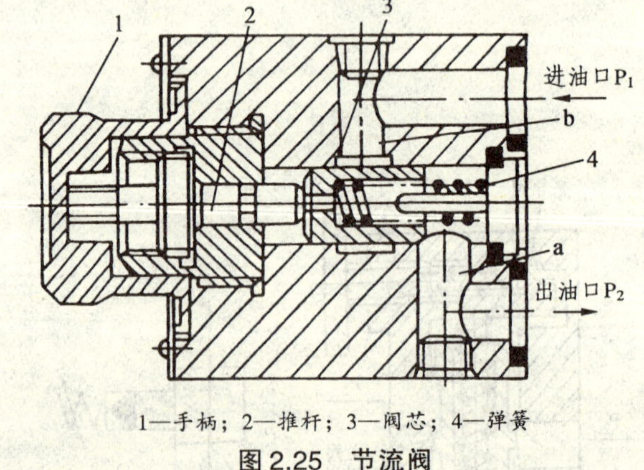

1—手柄；2—推杆；3—阀芯；4—弹簧

图 2.25 节流阀

(2) 调速阀

节流阀的调速性能不稳定。对于运动平衡性要求较高的液压系统，常用调速阀。

图 2.26 所示为调速阀的结构原理图和图形符号。调速阀由定差减压阀 1 和节流阀 2 串联组合而成。节流阀用来调节通过的流量，定差减压阀则用来稳定节流阀前后的压差。设减压阀的进口压力为 P_1，出口压力为 P_2，通过节流阀降为 P_3。当负载 F 变化时，P_3 和调速阀进口压差 (P_1-P_2) 随之变化，但节流阀两端压差 (P_2-P_3) 却不变。例如，当负载 F 增大时，P_3 增大，减压阀芯弹簧腔液压力增大，阀芯下移，阀口开度加大，使 P_2 增加，结果 (P_2-P_3) 保持不变；反之亦然。

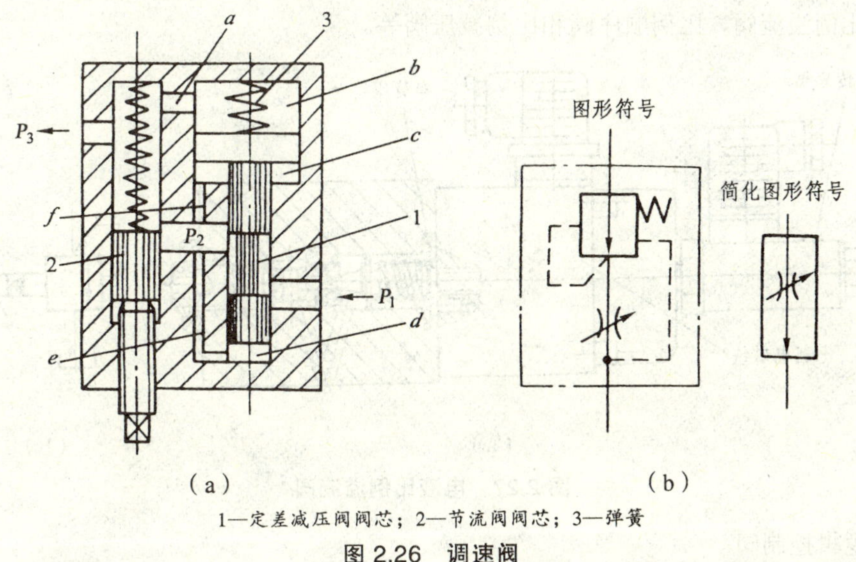

1—定差减压阀阀芯；2—节流阀阀芯；3—弹簧

图 2.26 调速阀

调速阀和节流阀在液压系统中的应用基本相同，主要与定量泵、溢流阀组成节流调速系统。调节节流阀的开口面积，便可调节执行元件的运动速度。节流阀适用于一般的节流调速系统，而调速阀适用于执行元件负载变化大而运动速度要求稳定的系统中，也可用于容积节流调速回路中。

四、其他液压阀和辅助元件

除传统的开关式定值控制阀（普通液压阀）外，还有伺服阀、电液比例阀、电液数字阀、逻辑阀和叠加阀等液压阀。本节只简要介绍电液比例阀、逻辑阀和叠加阀。

1. 其他液压阀

(1) 电液比例阀

电液比例阀是一种按输入的电气信号连续地、按比例地对油液的压力、流量或方向进行远距离控制的阀。与手动调节的普通液压阀相比，它能够提高液压系统参数的控制水平；与电液伺服阀相比，虽在某些性能方面稍差一些，但它的结构简单、成本低，所以广泛应用于要求对液压参数进行连续控制或程序控制,但对控制精度和动态特性要求不高的液压系统中。

电液比例阀的构成，相当于在普通液压阀上装一个比例电磁铁以代替原有的控制部分。根据用途和控制特点不同，它主要有控制压力、流量、方向 3 类。现以电液比例溢流阀为例作简单介绍。

电液比例溢流阀用比例电磁铁取代直动型溢流阀的手调装置，如图 2.27 所示。

比例电磁铁的推杆通过弹簧座对调压弹簧施加推力。随着输入信号强度的变化，比例电磁铁的电磁力将随之变化，从而改变调压弹簧的压缩量，使锥阀的开启压力随输入信号的变化而变化。若输入信号连续地、按比例地或按一定程序变化，则比例溢流阀所调节的系统压力也连续地、按比例地或按一定的程序运行。因此，比例溢流阀多用于系统的多级调压或实现连续的压力控制。把直动型比例溢流阀作先导阀与其他普通的压力阀的主阀相配，便可组成先导型比例溢流阀、比例顺序阀和比例减压阀等。

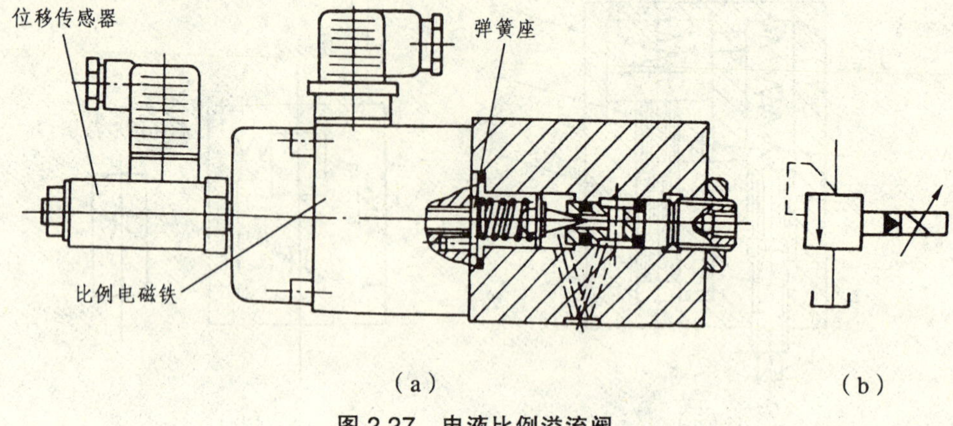

图 2.27 电液比例溢流阀

(2) 逻辑控制阀

逻辑阀是以锥阀为基本单元，以芯子插入式为基本连接形式，配以不同先导阀来满足各种动作要求的阀类，又称插装阀。它的结构及图形符号如图 2.28 所示。

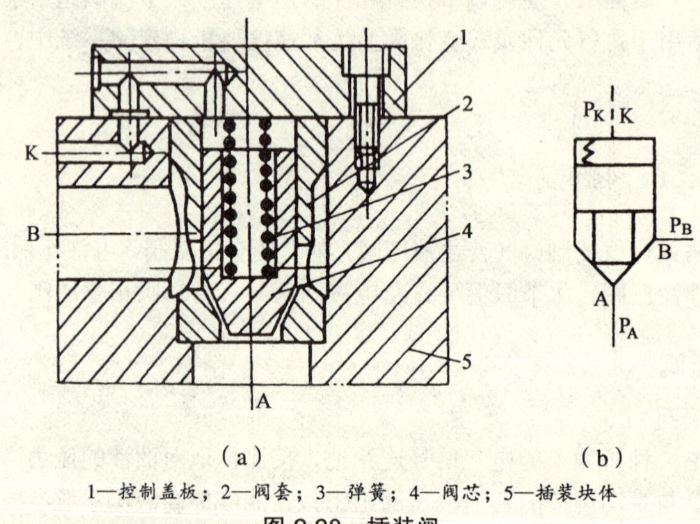

1—控制盖板；2—阀套；3—弹簧；4—阀芯；5—插装块体

图 2.28 插装阀

它由控制盖板、插装单元（由阀套、弹簧、阀芯及密封件组成）、插装块体和先导控制元件组成。由于这种阀的插装单元在回路中主要起通断作用，故又称二位二通插装阀。它的工作原理相当于一个液控单向阀。图中 A 和 B 为主油路中仅有的两个工作油口，K 为控制油口（与先导阀相接）。当 K 口无液压力作用时，阀芯受到的向上液压力大于弹簧力，阀芯开启，A 与 B 相通。至于液流的方向，则视 A、B 口的压力大小而定。反之，当 K 口有液压力作用时，且 K 口的油液压力大于 A 和 B 口的油液压力，才能保证 A 与 B 之间关闭。我们可以利用控制口 K 压力的大小来控制锥阀的启闭以及开口的大小，把这种关系用逻辑代数去处理，可以实现逻辑阀的不同功能。特别是对于复杂的液压控制系统或是与电气控制系统相结合的场合，运用逻辑设计方法去简化各种控制问题，可以得到既满足动作要求，又使所用元件最少、最为合理的液压回路。

插装阀与各种先导阀组合，便可组成方向控制阀、压力控制阀和流量控制阀。现以方向控制阀为例介绍其应用。图 2.29 所示为插装阀组成的方向控制阀。图 2.29（a）所示为单向阀，当 $P_A>P_B$ 时，阀芯关闭，A 与 B 不通；而当 $P_B>P_A$ 时，阀芯开启，油液从 B 流向 A。图 2.29（b）所示为二位二通阀，当二位二通电磁阀断电时，阀芯开启，A 与 B 接通；电磁阀通电时，阀芯关闭，A 与 B 不通。图 2.29（c）所示为二位三通阀，当电磁阀断电时，A 与 T 接通；电磁阀通电时，A 与 P 接通。图 2.29（d）所示为二位四通阀，电磁阀断电时，P 与 B 接通，A 与 T 接通；电磁阀通过电时，P 与 A 接通，B 与 T 接通。

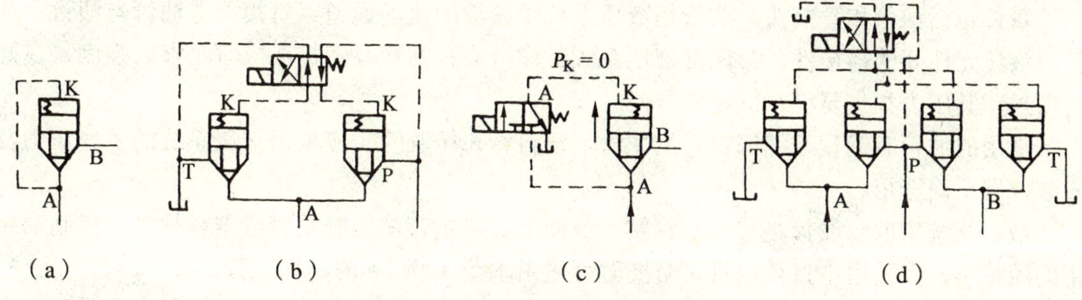

图 2.29 插装阀用作方向控制阀

（3）叠加阀

液压控制有多种连接方式。管式连接和法兰式连接的阀，占用空间大、装拆不便，因而很少被使用。而板式连接和插装连接的阀应用则越来越广泛。板式连接的液压阀，可以安装在集成块上，利用集成块上的孔道实现油路间的连接。叠加阀是在板式阀集成化基础上发展起来的一种新型元件。首先将阀体都做成标准尺寸的长方体，使用时再将所用的阀在底板上叠积，然后用螺栓紧固。这种连接方式从根本上消除了阀与阀之间的连接管路，组成的系统简单紧凑，配置方便灵活，工作可靠。

叠加阀液压系统如图 2.30 所示。标准式换向在最上面，与执行元件连接的底板在最下方，而叠加阀则安装在换向阀与底板之间。

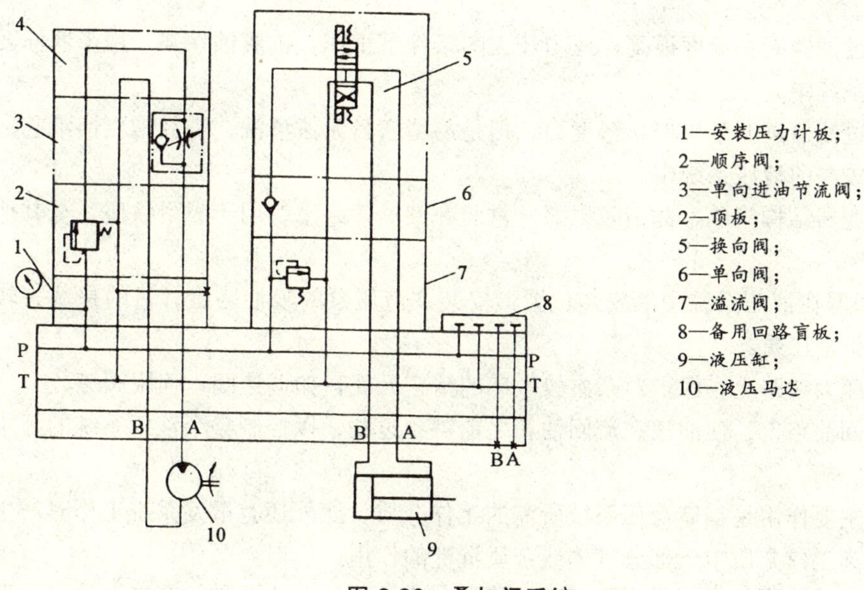

图 2.30 叠加阀系统

2. 辅助元件

液压系统的辅助元件有管件、滤油器、蓄能器、油箱、密封件、压力计和压力计开关、热交换器等。除油箱通常需要自行设计外，其余均为标准件，和其他液压元件一样，都是液压系统中不可缺少的组成部分。事实上，它们对系统的性能、效率、温度、噪声和寿命等的影响很大。

(1) 管　件

管件包括油管和管接头。油管是液压系统中油液的流动通道。管接头是油管与油管、油管与液压元件间的连接件。为保证液压系统工作可靠，油管及管接头应有足够的强度、良好的密封，其压力损失要小，拆装要方便。

常用的油管有钢管、纯铜管、尼龙管、塑料管和橡胶管，应根据液压系统的工作压力及安装位置正确选用。

液压系统中的吸油管路和回油管路一般使用焊接钢管、橡胶软管或塑料软管。控制油路中的流量小，多采用小直径铜管，必要时可采用承受 40 MPa 的高压软管。

液压系统中的油箱泄漏多发生在管路的连接处，因此管接头的设计与质量十分重要。常用的管接头有焊接管接头、卡套管接头、扩口管接头、胶管接头和快速管接头等。

(2) 过滤器

过滤器的作用是过滤掉油液中的杂质，降低液压系统中油液的污染程度，保证系统正常工作。

① 分类。按滤芯材料和结构形式的不同，过滤器可分为网式、线隙式、烧结式、纸芯式及磁性过滤器等。

网式过滤器结构简单、通油能力大，但过滤效果差。通常安装在泵的吸油管路上，以保护液压泵。

线隙式过滤器结构简单、过滤效果好、通油能力大，但不易清洗。一般用于中、低压系统。

烧结式过滤器能在温度很高、压力较大的条件下工作，抗腐蚀性强。用于滤油要求质量较高的液压系统中。

纸芯式过滤器过滤效果好、精度高，但是易堵塞且无法清洗，需经常更换纸芯。用于滤油要求质量较高的液压系统中。

磁性过滤器结构简单、滤清效果好。常装在回油管路上，用于吸附铁屑，与其他滤油器配合使用。

② 过滤器在液压系统中的安装位置。安装在液压泵的吸油路上，目的是滤去较大的颗粒杂质，保护液压泵。

安装在压力油路上，保护对杂质较敏感的精密元件，如调速阀、伺服阀等。

安装在回油路上，使油液在流回油箱之前得到过滤，以控制整个液压系统的污染程度。

(3) 油　箱

油箱的主要作用是存储液压系统所需的工作介质，此外还有散发系统工作时产生的一部分热量、分离工作介质中一部分气体或杂质沉淀的作用。

根据油箱的液面与大气是否相通，油箱可分为开式和闭式两种。开式油箱应用普遍，油箱内液面与大气相通。为了减小油箱的污染，在油箱上盖板上设置了空气过滤器。油箱一般用 2.5～4 mm 的钢板焊接而成，内壁采取防锈处理。

(4) 热交换器

液压系统中油液的工作温度一般以 40～60 ℃ 为宜（最高不超过 65 ℃，最低不低于 15 ℃），油温过高、过低都会影响系统正常工作。为控制油液温度，油箱上常安装冷却器和加热器。

冷却器有蛇形管冷却器、直管冷却器和风冷式冷却器等。图 2.31 所示为强制对流式多管冷却器。油液从油口 C 进入，从油口 b 流出；冷却水从右端盖 4 中部的孔 d 进入；通过多根水管 3 从左端盖 1 上的孔 a 流出；油在水管外面流过，3 块隔板 2 用来增加油液的循环距离，以改善散热条件、提高冷却效果。

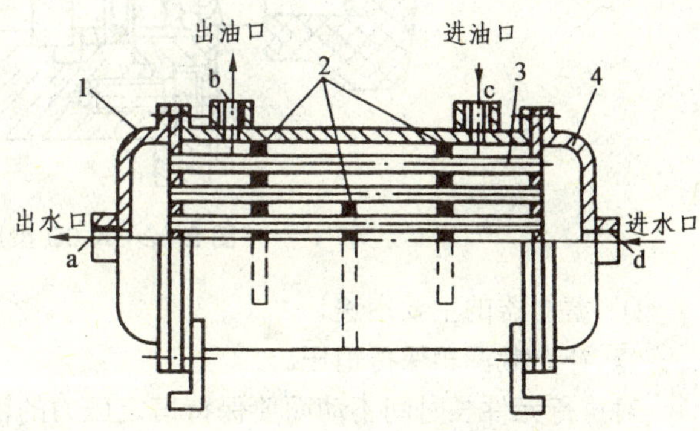

1—左端盖；2—隔板；3—钢管；4—右端盖

图 2.31 对流式多管冷却器

电加热器要水平安装，发热部分应全部浸入油中，安装位置以使油箱内的油液有良好自然对流为宜。单个加热器的功率不能太大，以避免其周围油液过度受热而变质。

(5) 密封装置

密封装置的功用在于防止液压元件和液压系统的液压油的泄漏。密封装置的种类很多，有间隙密封、密封圈密封、密封胶密封、金属密封垫圈密封、油封等。其中最常用的是橡胶密封圈，它既可用于静密封，也可用于动密封。

(6) 压力计和压力计开关

① 压力计。压力计用来观测液压系统中各个工作点的压力，以便调整和控制。最常用的压力计是弹簧管式压力计。

工作原理：压力油进入弹簧弯管，弯管变形，曲率半径加大，管端位移通过杠杆使扇形齿轮产生摆动。扇形齿轮与小齿轮吻合，小齿轮带动指针转动，从刻度盘上便可读出压力值。另外，为防止压力冲击损坏压力计，常在连接压力计的通道上设置阻尼器。使用时压力计应垂直安装。

② 压力计开关。压力计开关的作用是接通或断开压力计和被测油路之间的通道。压力计开关按测压点数不同，分为 1 点、3 点、6 点等。按连接方式不同，分为管式和板式两种。

图 2.32 所示为有 6 个测压点的板式压力计开关结构图。图示位置为非测量为止，此时压力计进油管径沟槽 a、小孔 b 与油箱接通。若将手柄向内推进，切断压力计与油箱的通路，经沟槽 a 可将测量点与压力计连通，这时可测量一个点的压力。将手柄转到另一个位置，便可测出另一点的压力。压力计的进油通道很小，可防止表针的剧烈摆动。液压系统正常工作后，应将手柄拉出以切断压力计与系统的油路。

(7) 蓄能器

蓄能器是液压系统中的储能元件。它可将液压系统中的能量先储存起来，在需要的时候再向系统输出。

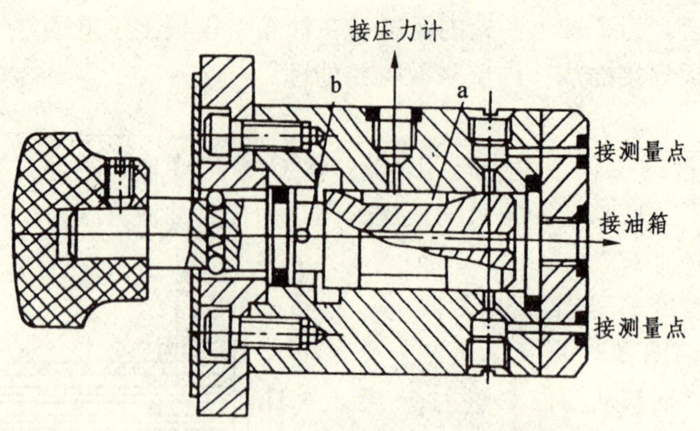

图 2.32 K-6B 型压力计开关

① 蓄能器的主要用途:

◎ 补充泄漏和保持恒压。

对执行元件长时间不动而要保持恒定压力的液压系统，可用储能器来补偿泄漏，从而使压力保持恒定。

◎ 作应急能源。

液压装置在工作时突然停电或者阀、泵等元件发生故障时，蓄能器可作为应急能源供给液压系统油液或保持系统压力或完成执行元件的某一动作，从而避免事故发生。

◎ 吸收与缓和系统压力的脉动与冲击。

② 常用蓄能器的结构及特点:

活塞式蓄能器的特点是: 结构简单、寿命长。用带密封件的浮动活塞把气体与油液隔开，可以在很宽的温度范围内使用。但活塞的摩擦损失及活塞质量较大，所以不能充分吸收压力脉动和冲击。

皮囊式蓄能器的特点是: 压力容器内设置气囊把气体与油液隔开，能在各种条件下使用，是所有蓄能器中使用最多的一种。气囊用特制的合成橡胶被做成各种形状，有大容量用的折叠式、小容量用的隔膜式和适用于吸收高频脉动的管式。

③ 蓄能器在使用和安装时应注意的问题:

◎ 蓄能器一般应垂直安装且油口向下。

◎ 装在油路上的蓄能器需用支板或支架固定。

◎ 用于吸收冲击压力脉动的蓄能器应尽可能安装在振源附近。

◎ 蓄能器与管路之间应安装截止阀以供充气和检修使用。

◎ 蓄能器和液压泵之间应安装单向阀以防止液压泵停车时蓄能器内的压力油倒流。

第三节　液压的基本回路

任何复杂的液压系统，都是由一些基本回路组成的。所谓基本回路，就是由液压元件组成，用来完成特定功能的典型回路。常用基本回路按功能分为方向控制回路、压力控制回路和速度控制回路。熟悉和掌握这些基本回路的结构原理和性能，对于分析液压系统是非常必要的。本节重点介绍常用液压基本回路的类型、作用、工作原理和特点。

一、方向控制回路

在液压系统中，控制执行元件的启动、停止（包括锁紧）及换向的回路，称为方向控制回路。方向控制回路是利用控制进入执行元件的液流通断及改变液流方向来实现方向控制的。在机械设备中，常用的方向控制回路是换向回路和锁紧回路。

1. 换向回路

换向回路的功用是改变执行元件的运动方向。对换向回路的要求是保证换向迅速、准确与平衡。

(1) 用二位三通换向阀控制的换向回路

图 2.33 所示为二位三通换向阀起换向作用的换向回路。换向阀处于左位时，油液进入液压缸左腔，活塞在油压作用下向右运动；换向阀处于右位时，左腔中的油液由换向阀回油口流回油箱，活塞靠弹簧力返回（注意：弹簧力必须比活塞返程时的摩擦力大）。

(2) 用二位四通换向阀控制的换向回路

图 2.34 所示为用二位四通换向阀控制的换向回路。当换向阀的电磁铁处于断电状态（图中所示位置）时，液压泵输出的油液从换向阀左位进入液压缸左腔推动活塞右移，右腔油液由换向阀回油口流回油箱；当电磁铁通电时，换向阀右位接入系统，液压泵输出的油液进入液压缸右腔，推动活塞左移，左腔油液由换向阀回油口流回油箱。

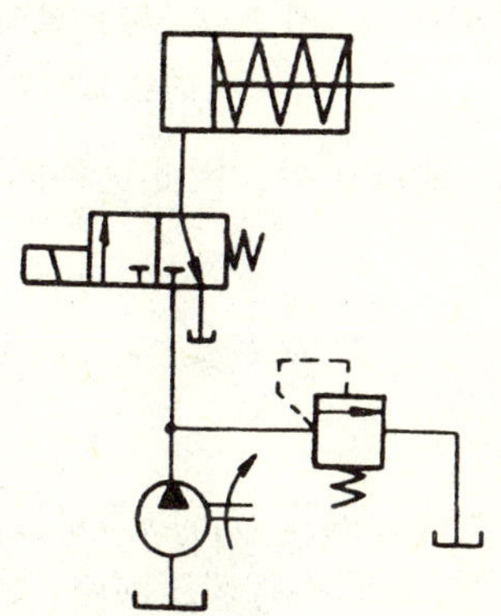

图 2.33　用二位三通换向阀控制的换向回路

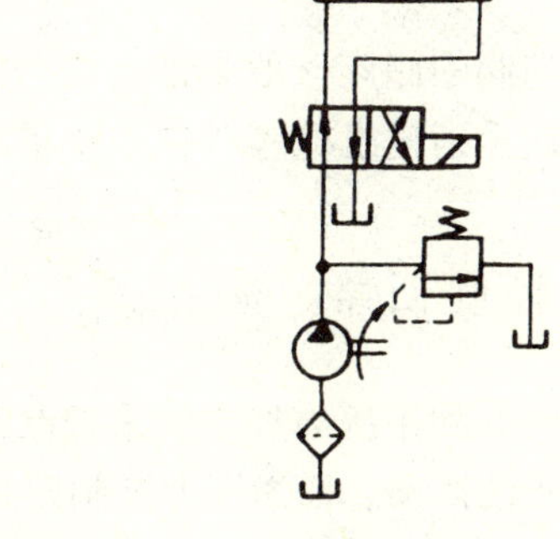

图 2.34　用二位四通换向阀控制的换向回路

2. 锁紧回路

锁紧回路的功用是使执行元件能在任意位置停留，且停留后即使有外力作用也不会改变位置。对锁紧回路的要求是可靠、迅速、平衡与持久。

(1) 单向锁紧回路

图 2.35 所示为单向锁紧回路。该回路利用单向阀将液压缸单向锁紧。图示状态只能向右运动，向左运动由单向阀锁紧；换向阀换向后，活塞可向左运动，向右运动则被锁紧。

(2) 换向阀中位机能为 O 形或 M 形的锁紧回路

图 2.36 所示为换向阀中位机能为 O 形的锁紧回路。当 1YA、2YA 电磁铁都断电时，阀芯处于中间位置，液压缸的两个油口均被封闭。由于液压缸两腔都充满了油液，且油液不可压缩，所以向左或向右的外力都不能使活塞移动，活塞被双向锁紧。

这种锁紧回路结构虽然简单，但常因活塞密封性不好（存在泄漏），故锁紧效果较差。

(3) 液控单向阀控制的锁紧回路

图 2.37 所示为液控单向阀控制的锁紧回路。当换向阀处于左位时，压力油经液控单向阀 1 进入液压缸左腔，同时压力油亦进入液控单向阀 2 的控制油口后，打开阀 2，液压缸右腔的回油可经阀 2 及换向阀流回油箱，活塞向右运动；反之，活塞向左运动。

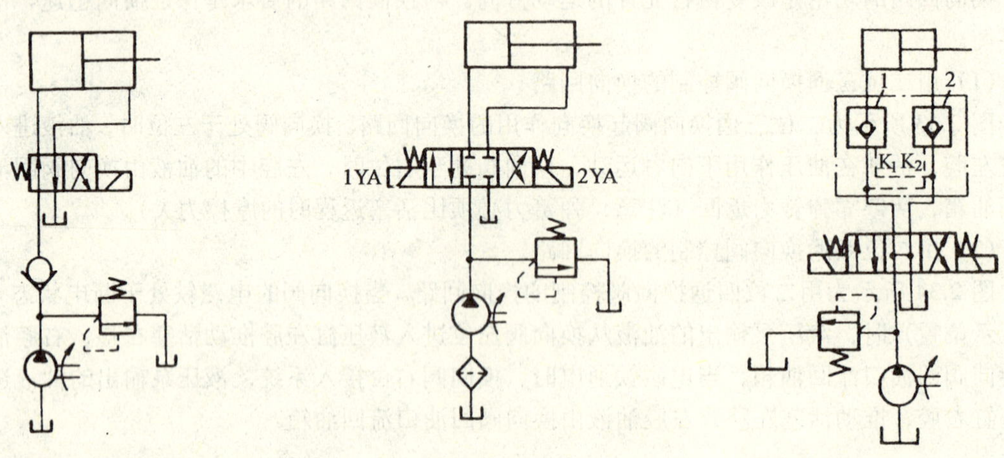

图 2.35 单向锁紧回路　　图 2.36 换向阀中位机能为 O 形的锁紧回路　　图 2.37 液控单向阀控制的锁紧回路

由于液控单向阀的阀座一般为锥阀式结构，密封性好、泄露极少，因此这种回路被广泛用于工程机械、起重运输机械等有锁紧要求的场合。

二、压力控制回路

在液压系统中，利用压力控制阀来控制系统整体或某一部分的压力，以满足液压执行元件对力或转矩要求的回路，称为压力控制回路。常用的压力控制回路有调压回路、减压回路、增压回路、卸荷回路和平衡回路。

1. 调压回路

调压回路的功用是调定或限制系统的整体或局部的最高压力。利用该回路可以实现多级压力的调节、控制和切换。

(1) 单向调压回路（见图 2.38）

在定量泵 1 出口处并联溢流阀 2，即可组成单级调压回路，调节溢流阀 2 便可调节泵的供油压力（溢流阀的调定压力必须大于液压缸最大工作压力和油路上各种压力损失的总和），对整个系统起安全保护作用。这种回路功率损失小、应用广，可实现系统压力的无级调节，适合于功率较大的场合。

（2）二级调压回路

图 2.39 所示为二级调压回路，由先导式溢流阀 2 和直动式溢流阀 4 各调一级，当二位二通电磁阀 3 处于图示位置时，系统压力由阀 2 调定。当阀 3 得电后处于右位时，系统压力由阀 4 调定。但阀 4 调定的压力必须小于阀 2 的调定压力，否则不能实现调压。

（3）多级调压回路

图 2.40 所示为三级调压回路。当电磁阀处于常态（1YA、2YA 均不得电）时，系统压力由阀 1 调定；当 1YA 得电，由阀 2 调定系统压力；当 2YA 得电时，由阀 3 调定系统压力。但在这种调压回路中，阀 2 和阀 3 的调定压力要小于阀 1 的调定压力，即 $P_2<P_1$，$P_3<P_1$。

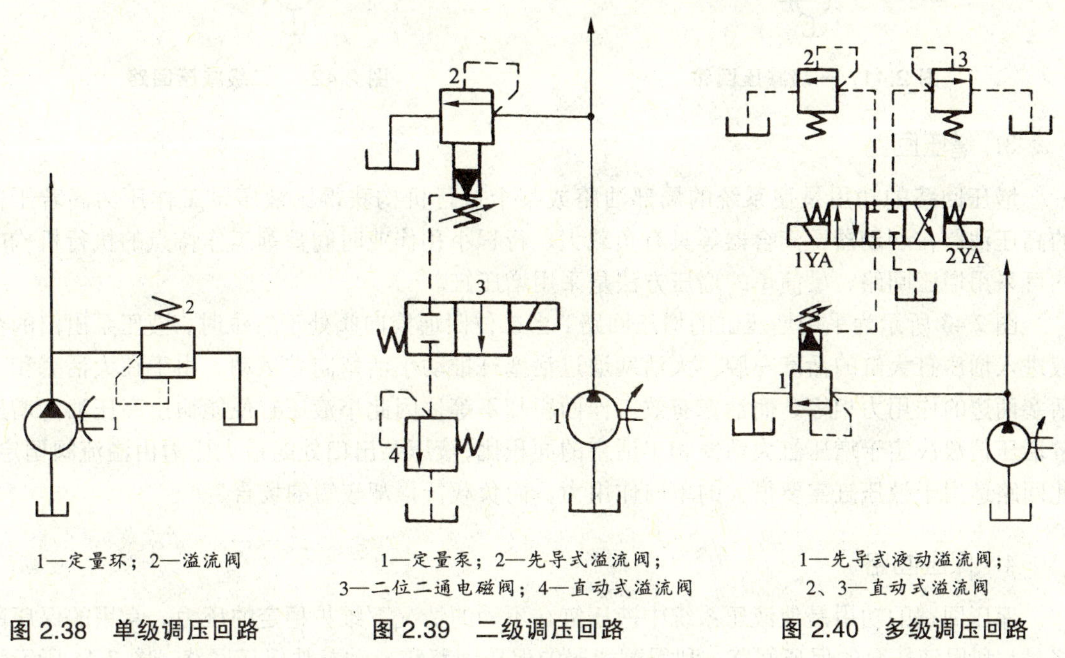

1—定量环；2—溢流阀

图 2.38　单级调压回路

1—定量泵；2—先导式溢流阀；3—二位二通电磁阀；4—直动式溢流阀

图 2.39　二级调压回路

1—先导式液动溢流阀；2、3—直动式溢流阀

图 2.40　多级调压回路

2．减压回路

减压回路的功用是使液压系统的某一支路获得低于系统主油路工作压力的压力油。液压系统中的定位、夹紧、控制、润滑、制动及各种辅助油路一般都要求使用较低的压力油。由于减压口处有功率损失，故这种回路不宜用在压降大、流量大的场合。

（1）一级减压回路

图 2.41 所示为一级减压回路。它在主油路并联的支油路上串联一个减压阀 J，这样主油路的压力由溢流阀调定，而支油路的压力由减压阀 J 调定。工作时，液压泵同时向 C_1 和 C_2 两个液压缸供油，当活塞杆伸出时 C_2 液压缸所需的压力较高，C_1 液压缸所需压力较低。C_1 液压缸的压力可通过减压阀 J 获得。

（2）二级减压回路

图 2.42 所示为二级减压回路。在先导式减压阀的遥控口处接上远程调压阀，系统压力由先导式溢流阀调定为 P，减压阀的出口调定压力为 P_1，远程调压阀的调定压力为 P_2，且满足 $P<P_1<P_2$ 关系。

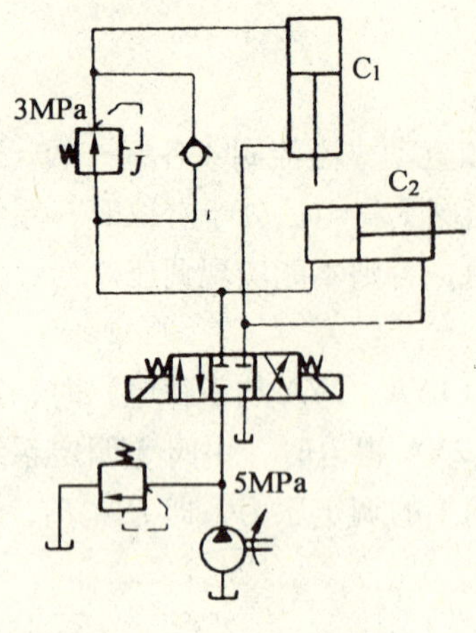

图 2.41 一级减压回路

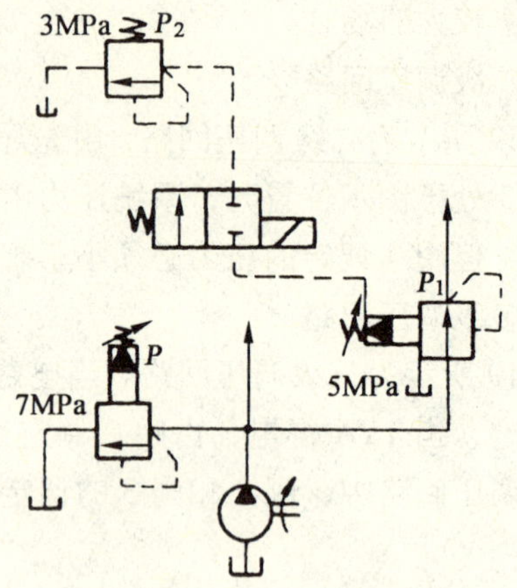

图 2.42 二级减压回路

3. 增压回路

增压回路的功用是使系统的局部油路或某个执行机构获得比液压泵工作压力高若干倍的高压油。在制动器、离合器等具有负载大、行程小和作业时间短等工作特点的执行机构中均可采用增压回路。最简单的增压方法是采用增压缸。

图 2.43 所示为采用增压缸的增压回路。当二位四通换向阀处于右位时，液压泵出口的油液进入增压缸大缸的活塞左腔，大活塞通过活塞杆推动小活塞向右运动。由于在大活塞和小活塞两边的作用力相等，而活塞有效工作面积却不等，因此小液压缸便能输出高压油。增压缸增压倍数决定于增压缸大活塞和小活塞的面积比，液压泵出口处的最大压力由溢流阀调定。此回路适用于液压缸需要很大的单向作用力，而负载行程却较短的场合。

4. 保压回路

保压回路的功用是使液压系统中液压缸在不动的情况下维护稳定的压力。常用的保压回路是：利用液压泵的保压回路、利用蓄能器的保压回路和自动补油保压回路。图 2.44 所示为蓄能器保压回路。

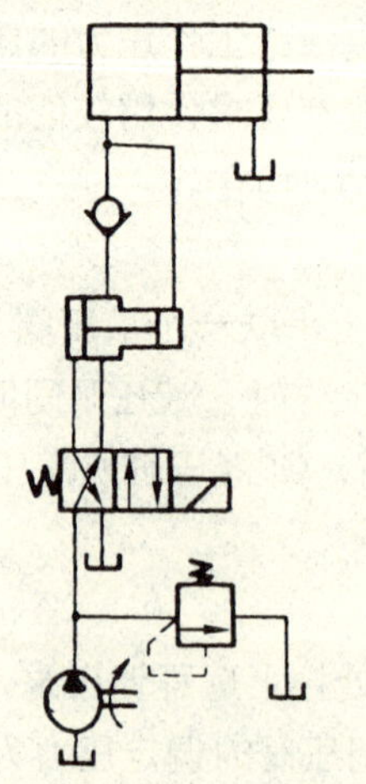
图 2.43 双作用增压缸增压回路

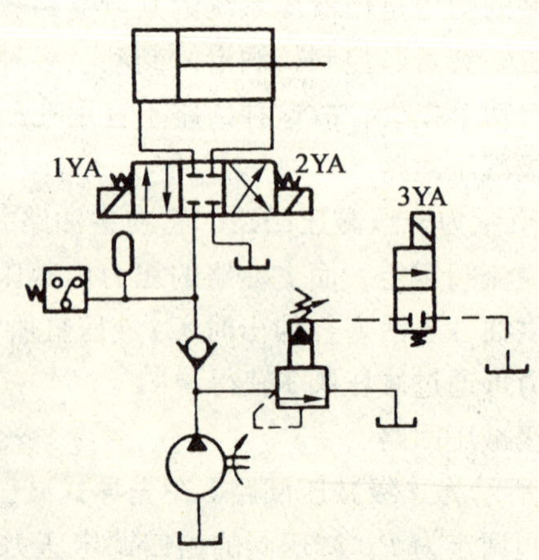

图 2.44 蓄能器保压回路

当电磁铁1YA通电时，泵向液压缸左腔和蓄能器同时供油，并推动活塞右移。当接触工件后，系统压力升高。当压力升至压力继电器调定值时，3YA通电，通过先导式溢流阀使泵卸荷，此时液压缸中油液压力由蓄能器保压。液压缸压力不足时，压力继电器复位使泵重新工作。保压时间的长短取决于蓄能器的容量。调节压力继电器的工作区间，即可调节缸中压力的最大值和最小值。

5. 卸荷回路

卸荷回路的功用是在液压泵驱动电动机不频繁启闭的情况下，使液压泵在功率损耗接近于零的情况下运转。

(1) 采用换向阀中位机能的卸荷回路（见图2.45）。

(2) 采用先导式电磁溢流阀的卸荷回路（见图2.46）。

当二位二通换向阀电磁铁YA通电时，溢流阀控口与油箱接通，溢流阀全开，液压泵经溢流阀排出的油以很低的压力流回油箱。

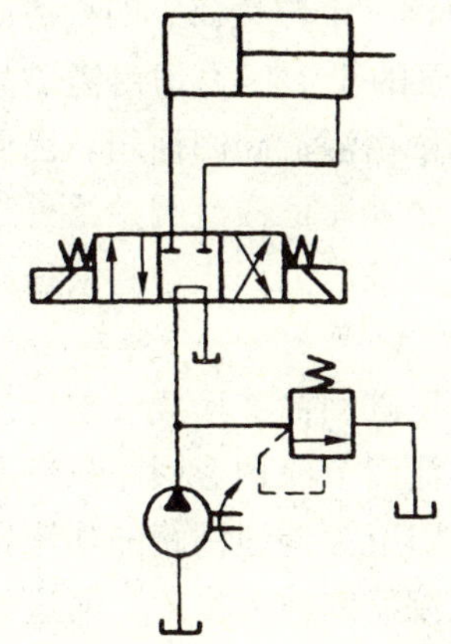

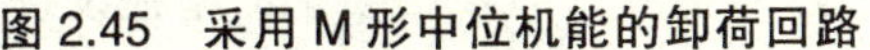

图2.45　采用M形中位机能的卸荷回路

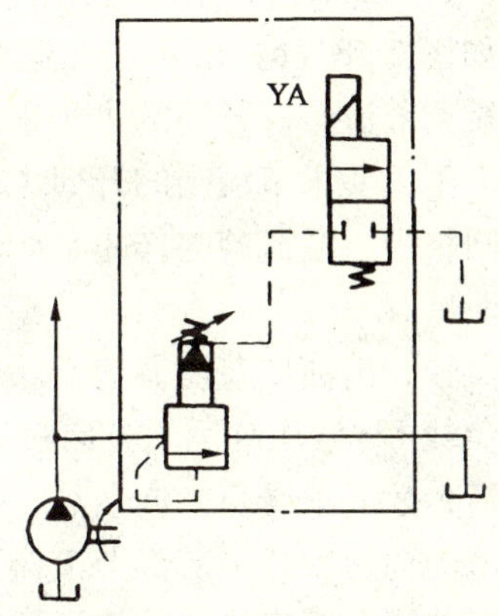

图2.46　采用先导式电磁溢流阀的卸荷回路

6. 平衡回路

平衡回路的功用是使液压缸保持一定的背压，以便平衡重力负荷，防止运动部件超速下滑。对平衡回路的要求是结构简单、闭锁性好、工作可靠。

图2.47所示为单向顺序阀组成的平衡回路。单向顺序阀的调定压力应稍大于由工作部件自重在液压缸下腔中所形成的压力，这样工作部件在静止时，顺序阀关闭而不会自行下滑。工作部件下行时，顺序阀开启使液压缸下腔产生的背压能平衡自重，不会产生超速现象。用单向顺序阀的平衡回路由于回油腔有背压，所以功率损失大。

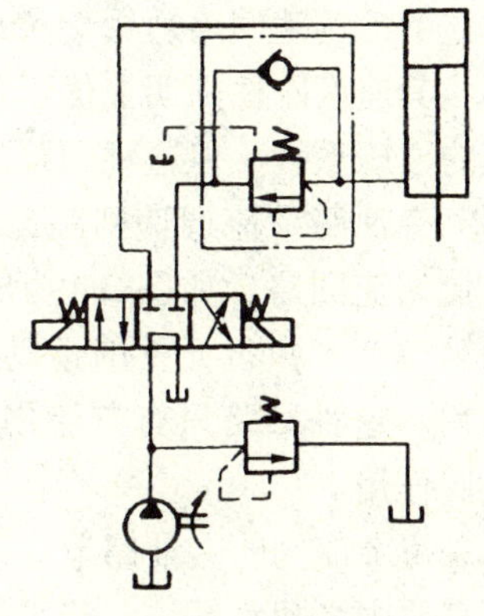

图2.47　平衡回路

三、速度控制回路

速度控制回路是调节和变换执行元件运动速度的基本回路。按被控制执行元件的运动状态、运动方式以及调节方法，速度控制回路有调速、制动、限速和同步回路、快速回路等。

1. 调速回路

调速回路的功用是调节执行元件的工作速度。液压缸的运动速度是由输入油液的流量决定的，液压马达的转速是由输入的油液流量和液压马达自身的排量决定的。因此，要想调节液压缸的运动速度或液压马达的转速，可用改变输入液压缸或马达流量和改变马达本身排量的方法来实现。

(1) 节流调速回路

节流调速回路是用定量泵供油，采用流量控制阀调节执行元件的流量，实现速度调节的回路。节流调速回路按照流量阀安装位置的不同，又分为进油路节流调速回路、回油路节流调速回路和旁油路节流调速回路 3 种。

① 进、回油路节流调速回路。在执行元件的进油路上串接一个流量阀即构成进油路节流调速回路，如图 2.48 (a) 所示；在执行元件的回路上串接一个流量阀，即构成回油路节流调速回路，如图 2.48 (b) 所示。在这两种回路中，定量泵的供油压力均由溢流阀调定。液压缸的速度靠调节流量阀开口的大小来控制，泵多余的流量由溢流阀回油箱。因此，为了完成调速功能，不仅要求节流阀的开口大小能够调节，而且必须保证溢流阀始终处于开启溢流状态。在该回路中，溢流阀的作用：一是调整基本恒定的系统压力；二是将液压泵输出的多余流量溢回油箱。

两者相比较，出油口节流调速回路中的节流阀能使液压缸回油腔形成一定背压，因而能承受负方向负载（与液压缸运动方向相同的负载力）；而进油口节流调速回路只有在回油路上设置背压阀后，才能承受负方向负载，但这是以增加进油口节流调速回路的功率损失为代价的。出油口节流调速回路中流经节流阀而发热的油液可直接流回油箱冷却，而进油口节流调速回路中流经节流阀而发热的油液还要进入液压缸，这对热变形有严格要求的精密设备会产生不良影响。对于单柱杆液压缸来说，在出油口节流调速回路中，当负载变为零时，液压缸的背腔压力（有杆腔）将会增大，这对密封不利。

该节流调速回路适用于负载变化不大、低速小功率的场合。若用调速阀代替回路中的节流阀，其速度刚性则明显优于相应的节流调速回路，可用于速度较高、负载较大且负载变化较大的液压系统。但这种回路的效率比使用节流阀时更低。

② 旁油路节流调速回路。将流量阀设置在与执行元件并联的旁油路上，即构成了旁油路节流调速回路，如图 2.49 所示。该回路采用定量泵供油，流量阀的出口接油箱。调节节流阀就调节了执行元件的运动速度，同时也调节了液压泵流回油箱油量的多少，起到溢流的作用。这种回路只有节流损失，无溢流损失。在回路上不需要溢流阀“常开”溢流，起安全阀作用。

采用节流阀的旁油路节流调速回路宜用于负载大一些、速度高一些，但速度的平稳性要求不高的中等功率系统。若采用调速阀代替节流阀，旁油路节流调速回路的速度刚性会有明显提高。

(2) 容积调速回路

利用改变变量泵或变量液压马达的排量来调节执行元件运动速度的回路，称为容积调速回路。这种调度回路无溢流损失和节流损失，故效率高、发热少。但它难于获得较高的运动平稳性，且变量泵结构复杂、价格较高，适用于大功率液压系统中。

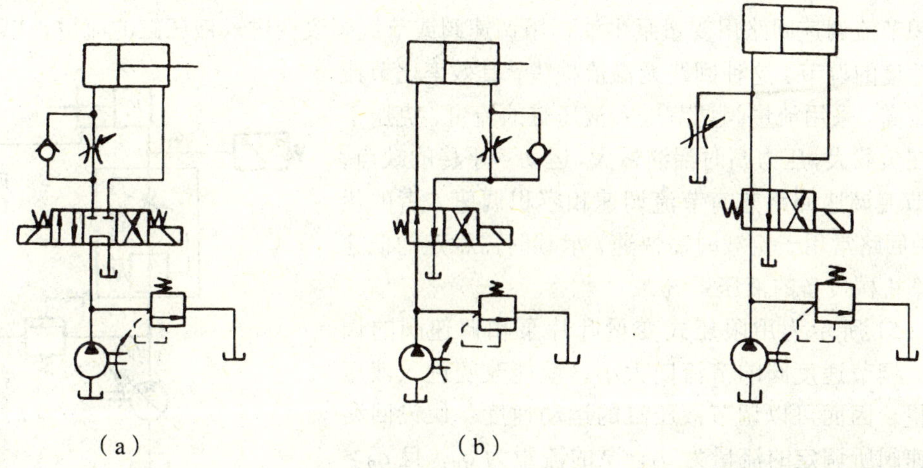

图 2.48　进、回油路节流调速回路　　图 2.49　旁油路节流调速回路

容积调速回路按油液压循环方式的不同，分开式和闭式两种。在开式回路中，液压泵从油箱中吸油，执行元件的回油直接返回油箱；在闭式回路中，液压泵的吸油口与执行元件的回油口直接连接，油液在密封的油路系统内循环。根据变量泵和变量马达的组合形式不同，容积调速回路分为变量泵调速回路、变量马达调速回路和变量泵—变量马达调速回路 3 种。

图 2.50 (a) 所示为变量泵调速回路。变量泵输入的压力油全部进入液压缸中，推动活塞运动。调节泵的输出流量即可调节活塞的运动速度。系统中的溢流阀起安全保护作用，在系统过载时才打开溢流。

在变量泵调速回路中，若执行机构为定量马达，则当调节泵的流量时，马达的转速也同样可以调节。

图 2.50（b）所示为变量马达调速回路，定量泵输出的压力油全部进入液压马达，输入流量不变。若改变液压马达的排量，则可调节它的输出速度。

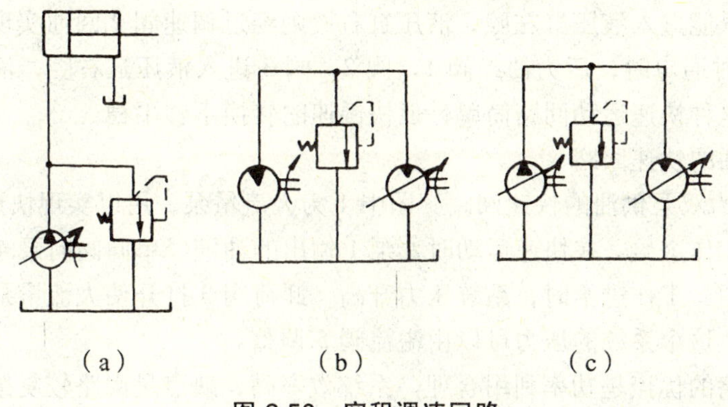

图 2.50　容积调速回路

图 2.50（c）所示为变量泵—变量马达调速回路，它是上述两种回路的组合，调速范围较大。

(3) 容积节流调速回路

容积节流调速回路用变量泵供油、用调速阀或节流阀改变进入液压缸的流量，以实现执行元件速度的调节。这种回路无溢流损失，其效率比节流调速回路高。采用流量阀调节进入液压缸的流量，克服了变量泵在负载大、压力高时漏油量大、运动不平稳的缺点，故容积节流调速回路兼有节流调速和容积调速二者的优点。这种回路常用于空载时需快速，承载时需稳定的低速中等功率机械设备的液压系统。

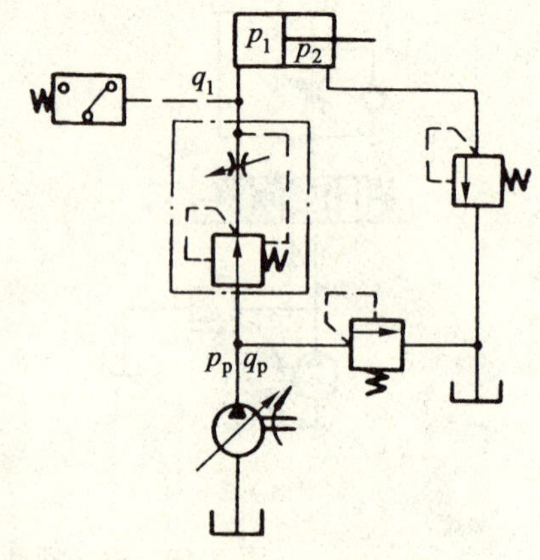

图 2.51 调速回路

图 2.51 所示为用限压式变量叶片泵和调速阀的调速回路。调节速度阀的节流口大小，就能改变进入液压缸的流量，因而可以调节液压缸的运动速度。假设回路中的调速阀所调定的流量为 q_1，泵的流量为 q_p，且 $q_p > q_1$。由于泵出口油路中多余的油液没有去处，势必使泵和调速阀之间的油路压力升高，迫使泵的流量自动减小，直到 $q_p = q_1$ 为止，形成新的稳定工作状态。

可见，在容积节流调速回路中，泵的供油量与系统的需油量是相适应的。因此，容积节流调速回路的效率高、发热小，且进入液压缸的流量能保持恒定，活塞运动速度基本上不跟随负载变化，因而运动平稳。

2. 快速运动回路

快速运动回路的功用在于加快工作机构空载运行时的速度，以提高系统的工作效率。快速运动有多种增速方法。下面介绍几种常见的快速回路。

(1) 液压缸差动连接的快速运动回路

图 2.52 所示为采用单杆活塞缸差动连接实现快速运动的回路。当图中只有电磁铁 1YA 通电时，换向阀 3 左位工作，压力油可进入液压缸的左腔，亦经阀 3 的左位与液压缸右腔相通，因活塞左端受力面积大，故活塞差动快速右移。这时如果电磁铁 3YA 也通电，阀 3 换为右位，则压力油只能进入液压缸左腔，液压缸右腔则经过调速阀 2 回油实现活塞慢速运动。当 2YA、3YA 同时通电时，压力油经阀 1、阀 2、阀 3 进入液压缸右腔，液压缸左腔回油，活塞快速退回。这种快速运动回路简单，但快慢速的转换不够平稳。

(2) 双泵供油的快速回路

图 2.53 所示为双泵供油的快速回路。图中 1 为大流量泵，用以实现快速运动；2 为小流量泵，用以实现工作进给。在快速运动时，泵 1 输出的油液经单向阀向泵 4 与泵 2 输出的油液共同向系统供油。工作进给时，系统压力升高，卸荷阀 3 打开使大流量泵 1 卸荷，由泵 2 单独向系统供油。这个系统的压力可以由溢流阀 5 调整。

这种快速回路的优点是功率利用合理、系统效率高，缺点是回路较复杂、成本高。常用在快、慢速差值较大的组合机床、注射机等设备的液压系统中。

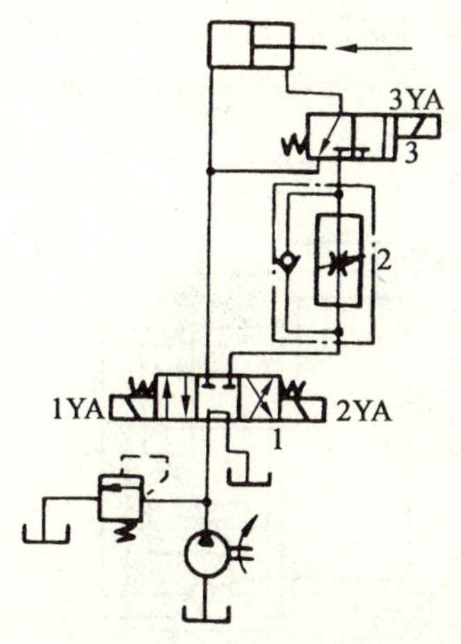

图 2.52　液压缸差动连接的快速回路

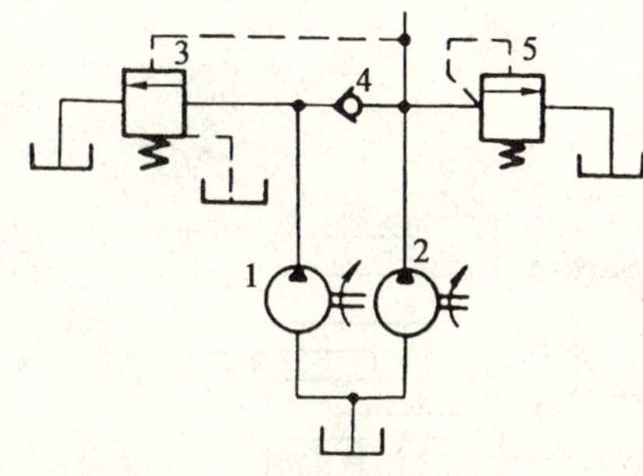

图 2.53　双泵供油的快速回路

(3) 采用蓄能器的快速运动回路

图 2.54 所示为采用蓄能器的快速运动回路。采用蓄能器的目的是可以使系统采用流量较小的液压泵。当换向阀 5 的阀芯处于中间位置时，液压缸不工作，液压泵 1 经单向阀 3 向蓄能器 4 充油。当蓄能器内的油液压力达到液控顺序阀 2 的调定压力时，阀 2 被打开，使液压泵卸荷。当换向阀 5 的阀芯处于左或右位置时，液压缸工作，液压泵 1 和蓄能器 4 同时向液压缸 6 供油，使其实现快速运动。这种快速回路可用于短时间内需要大流量的液压系统，其特点是可用较小流量的液压泵获得较高的运动速度。但蓄能器充油时，液压缸不能工作。

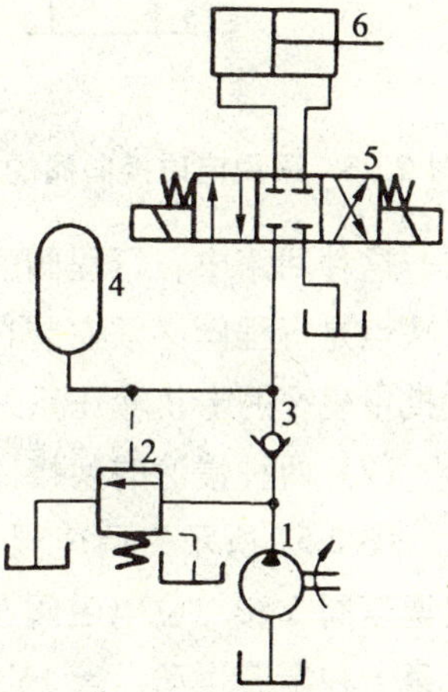

图 2.54　采用蓄能器的快速运动回路

3. 速度换接回路

速度换接回路的功用是使液压执行元件在一个工作循环中从一个速度转换到另一种运动速度。速度换接不仅包括液压执行元件由快速到慢速的换接，而且还包括两个慢速之间的换接。实现这种作用的回路应该具有较高的速度换接平稳性。

(1) 快速换接回路

图 2.55 所示是用二位二通电磁阀与调速阀并联的快慢速换接回路。当电磁铁 1YA、3YA 同时通电时，压力油经阀 4 进入液压缸左腔，液压缸右腔回油，工作部件实现快进；当运动部件上的挡块碰到行程开关使 3YA 电磁铁断电时，阀 4 油路断开，调速阀 5 接入油路。压力油经调速阀 5 进入液压缸左腔，液压缸右腔回油，工作部件以阀 5 调节的速度实现工作进给。当工作进给结束后，运动部件碰到挡块停留，液压缸工作腔压力升高，压力继电器发出信号，使 1YA 断电，2YA、3YA 通电，工作部件快速退回。

这种速度换接回路的速度换接快、行程调节比较灵活，便于自动控制，应用较广泛。其缺点是平稳性差。

图 2.56 所示是用行程阀切换的速度换接回路。在图示状态下，液压缸快进，当活塞上的

挡块压下行程阀 6 时，行程阀关闭，液压缸右腔的油液经调速阀 5 流回油箱，液压缸则由快进转换为慢速。当换向阀 3 左位接入油路时，压力油经单向阀 4 进入液压缸右腔，活塞快速向左运动。

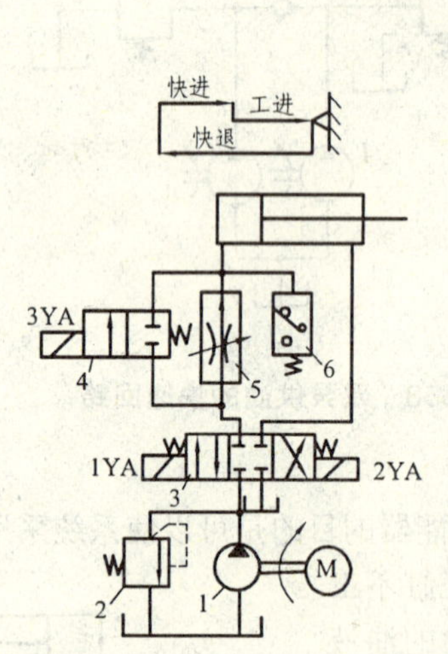

图 2.55 采用电磁换向阀的快慢速换接回路

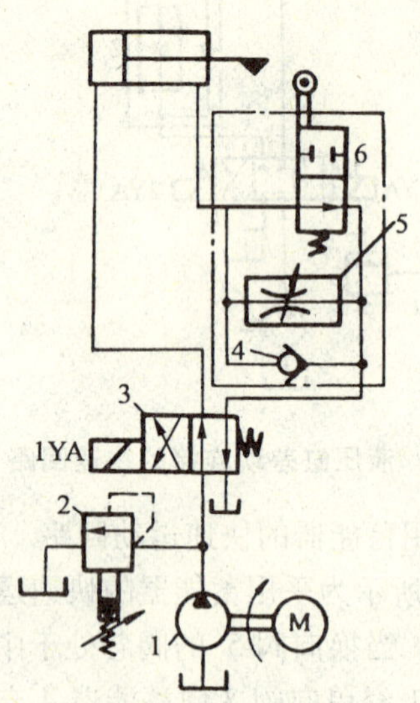

1—液压泵；2—溢流阀；3—换向阀；4、5、6—单向行程调速阀

图 2.56 用行程阀切换的速度转换回路

这种回路中，行程阀的阀口是逐渐关闭的，速度换接比较平稳，比采用电气元件可靠。其缺点是行程阀必须安装在运动部件附近，管路接的越长，压力损失越大。这种回路多用于大批量生产的专机液压系统中。

（2）两种慢速的换接回路

图 2.57 所示为调速阀 3 和 4 串联组成的慢速转换回路。当 1YA 电磁铁通电时，压力油经调速阀 3 和二位电磁阀左位进入液压缸左腔，液压缸右腔回油，运动部件得到由阀 3 调节的第一种慢速运动。当 1YA、3YA 电磁铁同时通电时，压力油须经调速阀 3 和调速阀 5 进入液压杠的左腔，液压缸右腔回油。由于调速阀 4 的开口比调速阀 3 的开口小，因而运动部件得到由阀 4 调节的第二种更慢的速度，实现了两种慢速的转换。该种回路用于组合机床中实现二次进给的油路中。

图 2.58 所示为调速阀并联的慢速换接回路，图中调速阀 4 和 5 并联。当 1YA 电磁铁通电时，压力油经调速阀 4 进入液压缸左腔，液压缸右腔回油，工作部件得到由阀 4 调节的第一种慢速，这时阀 5 不起作用；当 1YA、3YA 电磁铁同时通电时，压力油经调速阀 5 进入液压缸左腔，液压缸右腔回油，工作部件得到由阀 5 调节的第二种慢速运动，这时阀 4 不起作用。

这种回路当一个调速阀工作时，另一个调速阀油路被封死，其调速阀中的减压阀阀口全开。当电磁换向阀换位、出油口与油路接通的瞬间，压力会突然减小，调速阀中的减压阀阀口不及时关小，瞬时流量增加，使工作部件出现前冲现象。

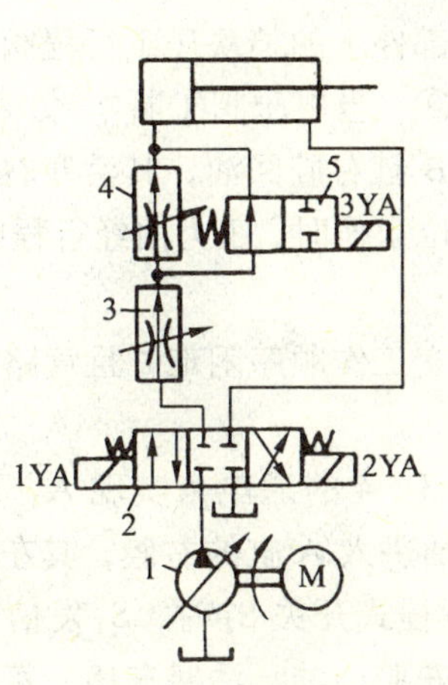

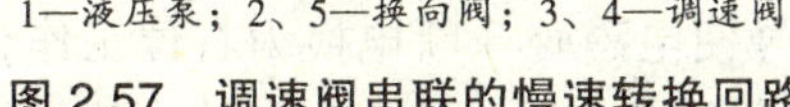

1—液压泵；2、5—换向阀；3、4—调速阀

图 2.57　调速阀串联的慢速转换回路

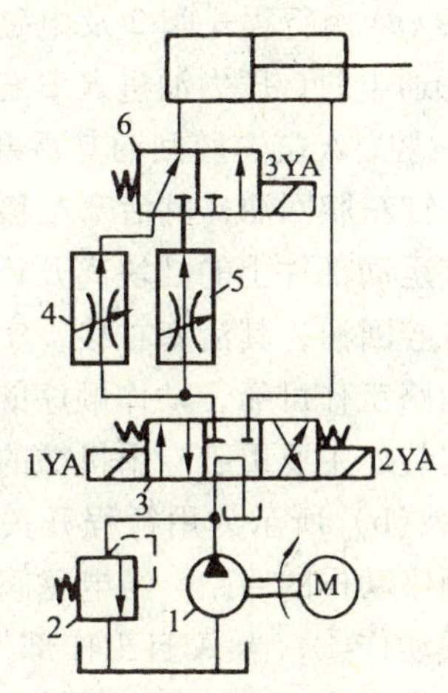

1—液压泵；2—溢流阀；3、6—换向阀；4、5—调速阀

图 2.58　调速并联的慢速转换回路

四、多缸工作控制回路

液压系统中，一个油源往往要驱动多个液压缸或液压马达工作。系统工作时，要求这些执行元件或顺序动作，或同步动作，或互锁或防止互相干扰，因而需要实现这些要求的各种多缸工作控制回路。

1. 顺序动作回路

顺序动作回路的功用是使多缸液压系统中的各液压缺按规定的顺序动作。它可分为行程控制和压力控制两大类。

(1) 行程控制的顺序动作回路（见图 2.59）

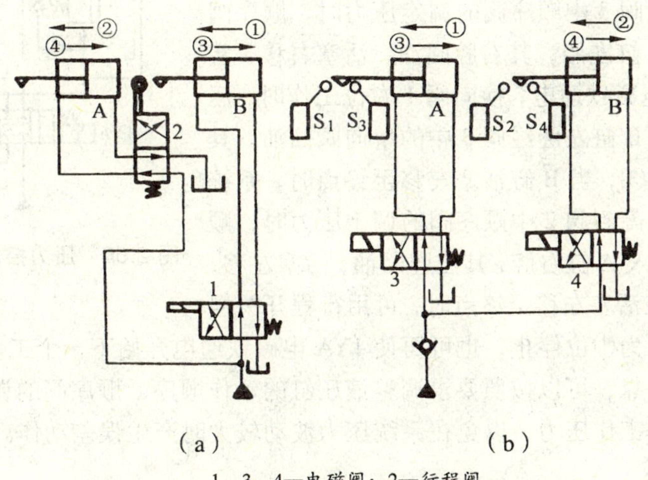

1、3、4—电磁阀；2—行程阀

图 2.59　行程控制顺序动作回路

图 2.59 (a) 用行程式阀 2 及电磁阀 1 控制 A、B 两液压缸实现①②③④工作顺序的回路。当电磁阀①通电时，压力油进入 B 缸右腔，B 缸工作部件上的挡块压下行程阀 2 后，压力油进入 A 缸右腔，A 缸左腔回油其活塞左移，实现动作②；当电磁阀①断电时，压力油进入 B 缸左腔，B 缸左腔回油，其活塞左移实现动作①；当 B 缸右腔回油，其活塞右移，实现动作③；当 B 缸运动部件上的挡块离开行程阀使其恢复下位工作时，压力油经行程阀进入 A 缸左腔，A 缸右腔回油，其活塞右移，实现动作④。

这种回路工作可靠，动作顺序的换接平稳。但改变工作顺序困难，且管路长、压力损失大，不易安装。主要用于专用机械的液压系统。

图 2.59（b）所示为用行程开关控制电磁换向阀 3、4 的通电来实现 A、B 两液压缸按①②③④顺序动作的回路。当电磁阀 3 通电时，压力油进入 A 缸的右腔，其左腔回油，活塞左移，实现动作①；当 A 缸工作部件上的挡块碰到行程式开关 S_1 时，S_1 发信号使电磁阀 4 通电换为左位工作，这时压力油进入 B 缸右腔，B 缸左腔回油，活塞左移，实现动作②；当 B 缸工作部件的挡块碰到行程开关 S_2 时，S_2 发信号使电磁阀 3 断电换为右位工作，这时压力油进入 A 缸左腔，其右腔回油，活塞右移，实现动作③；当 A 缸工作部件上的挡块碰到行程开关 S_3 时，S_3 发信号使电磁阀 4 断电换为右位工作，这时的压力油又进入 B 缸左腔，其右腔回油，活塞右移，实现动作④。当 B 缸工作部件上的挡块碰到行程开关 S_4 又发信号使电磁阀 3 通电时，开始下一个工作循环。

这种回路的优点是控制灵活方便，其动作顺序更换容易，液压系统简单，易于实现自动控制。但顺序转换时有冲击声，位置精度不高。

（2）压力控制的顺序动作回路

压力控制的顺序动作可以由顺序阀或压力继电器来实现，如图 2.60 所示。普通单向顺序阀 2 和 3 与电磁换向阀 1 配合动作，使 A、B 两液压缸实现①②③④顺序动作。当 1YA 电磁铁通电，阀 1 左位移时，压力油进入 A 缸左腔，其右腔经阀 2 中的单向阀回油，活塞右移，实现动作①；当活塞行到终点停止时，系统压力升高，当压力升高到阀 3 中顺序阀的调定压力时，顺序阀开启，压力油进入 B 缸左腔，其右腔回油，活塞右移，实现动作②；当 2YA 电磁铁通电，换向阀 1 右位工作时，压力油进入 B 缸右腔，B 缸左腔经阀 3 中的单向阀回油，其活塞左移，实际动作③；当 B 缸活塞左移至终点时，系统压力升高，当压力升高到阀 2 中顺序阀的调定压力时，顺序阀开启，压力油进入 A 缸右腔，其左腔回油，活塞左移，实现动作④。当 A 缸活塞左移至终点时，可用行程开关控制电磁换向阀 1 断电为中位停止，也可再使 1YA 电磁铁通电开始下一个工作循环。

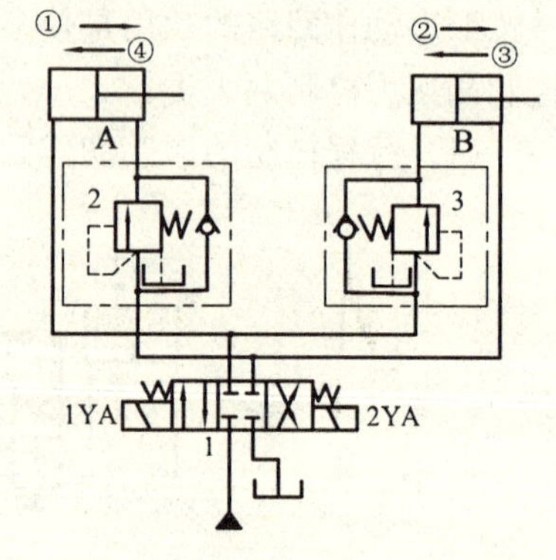

图 2.60　压力控制的顺序动作回路

这种回路工作可靠，可以按照要求调整液压缸的动作顺序。顺序阀的调整压力应高于先动作的液压缸的最高工作压力，以免在系统压力波动较大时产生误差动作。

2. 同步回路

同步回路的功用是保证系统中两个或两个以上液压缸在运动中位移量相同或以相同的

速度运动。

（1）用调速阀控制的同步回路

图 2.61 所示为用两个单向调速阀控制并联液压缸的同步回路。图中两个调速阀可分别调节进入两个并联液压缸下腔的流量，使两缸活塞向上伸出的速度相等同。这种回路结构简单、使用方便、易于调速。其缺点在于受油温变化和调速阀性能差异影响，控制精度也较低。

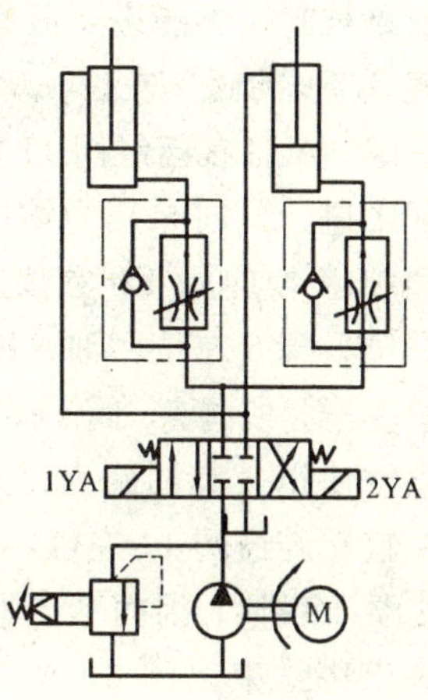

图 2.61　调速阀控制的同步回路

（2）同步阀及用同步阀控制的同步回路

如图 2.62 所示为几种同步阀的符号。同步阀的作用是保证两个或多个液压缸（马达）达到速度同步的流量控制阀。根据用途不同，它可分为分流阀、集流阀和分流集流阀，如图 2.30（a）、（b）、（c）所示。这种元件具有结构简单，安装、使用、维护方便等优点。

图 2.63 所示为采用等量分流阀的同步回路。图中电磁换向阀 3 左位工作时，压力油经等量分流阀 5 后以相等的流量进入两液压缸的左腔，两缸右腔回油，两活塞同步向右伸出。当换向阀 3 右位工作时，压力油进入两缸的右腔，两缸左腔分别经单向阀 6 和 4，两活塞快速退回。分流阀的同步精度约为 2%～5%。这种回路的优点是简单方便，能承受变动负载与偏载。

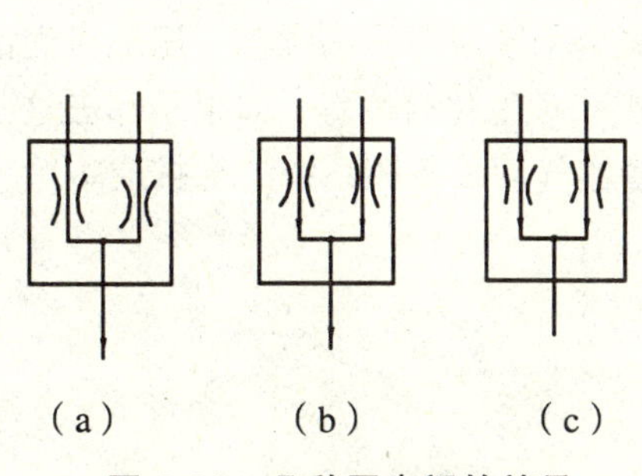
（a）　（b）　（c）

图 2.62　几种同步阀的符号

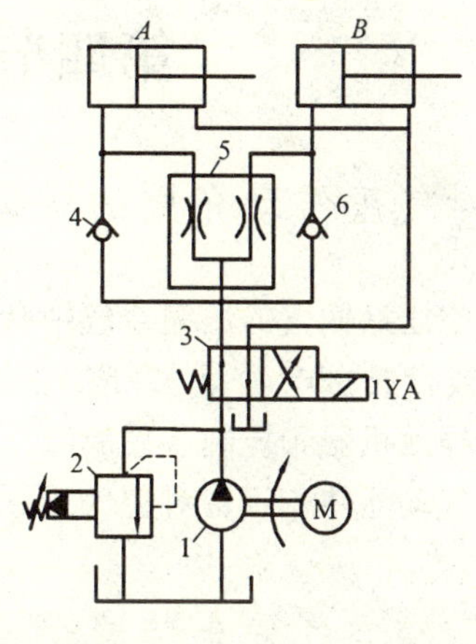

1—液压泵；2—溢流阀；3—换向阀；4、6—单向阀；5—等量分流阀

图 2.63　用等量分流阀的同步回路

3. 多缸快慢速互不干扰回路

多缸快慢速互不干扰回路的功用是防止液压系统中的几个液压缸因速度快慢不同而在运动作上相互干扰。

图 2.64 所示为采用双泵分别供油的快慢速互不干扰回路。液压缸 A、B 均需要完成“快进→工进→快退”自动工作循环。图示位置电磁阀 7、8、11、12 均不通电，液压缸 A、B 活塞均处于左端位置。当阀 11、阀 12 通电左位工作时，泵 2 供油，压力油经阀 7、阀 11 与 A 缸两腔连通，使 A 缸活塞差动快进；同时泵 2 压力经阀 8、阀 12 与 B 缸两腔连通，使 B

缸活塞差动快进。当阀 7、阀 8 通过左位工作，阀 11、阀 12 断电换为左位时，液压泵 2 的油路被封闭不能进入液压缸 A、B。泵 1 供油，压力油径调速 5、换向阀 7 左位，单向阀 9、换向阀 11 右位进入 A 缸左腔，A 缸右腔经阀 11 右位、阀 7 左位回油，A 缸活塞实现工进，同时泵压力油径调速阀 6、换向阀 8 左位，单向阀 10、换向阀 12 右位进入 B 缸左腔，B 缸右腔经阀 12 右位、阀 8 左位回油，B 缸活塞实现工进。这时若 A 缸工进完毕，使阀 7、阀 11 均通电换为左位，则 A 缸换为泵 2 供油快退。其油路为：泵油经阀 11 左位进入 A 缸右腔，A 缸左腔经阀 11 左位、阀 7 左位回油。这时由于 A 缸不由泵 1 供油，因而不会影响 B 缸工进速度的平稳性。当 B 缸工进结束，阀 8、阀 12 均通电换为左位时，也由泵 2 供油实现快退。由于快退时为空载，对速度的平稳性要求不高，故 B 缸转为快退时对 A 缸快退无太大影响。两缸工进时的工作压力由泵 1 出口处的溢流阀 3 调定，压力较高；两缸快退时的工作压力由泵 2 出口处的溢流阀 4 限定，压力较低。该油路的特点是：两缸的“快进”和“快退”均由低压大流量泵 2 供油，两缸的“工进”均由高压小流量泵 1 供油。快速和慢速供油渠道不同，因而避免了相互干扰。

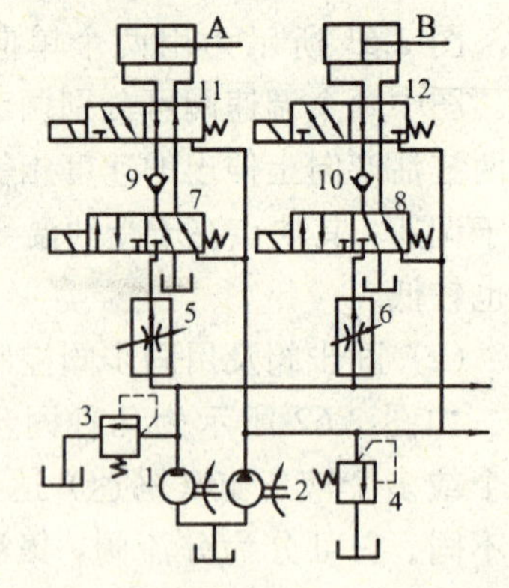

图 2.64 双泵供油的互不干扰回路

第四节 气源装置

一、对气压传动介质的质量要求

通常从空压站输出的压缩空气中有不少污染物，如灰尘和铁屑等固态颗粒、压缩机润滑油（矿物油或合成物）、冷凝水和酸性冷凝液以及其他油类和碳氢化合物等。如果不除去这些污染物，将导致机器和控制装置故障，损害产品质量，增加气动设备和系统的维护成本。

不同的气动元件和设备对空气质量的要求不同。

二、压缩空气发生装置

1. 空气压缩机类型

空气压缩机是气压发生装置，是一种将机械能转换为气体压力能的转换装置。

(1) 分　类

① 按工作原理，可分为容积型空气压缩机和速度型空气压缩机。容积型空气压缩机的工作原理是压缩空气的体积，使单位体积内空气分子的密度增加以提高压缩空气的压力。速度型空气压缩机的工作原理是提高气体分子的运动速度以增加气体的动能，然后将分子动能转化为压力能以提高压缩空气的压力。

② 按结构形式，其分类如表 2.3 所示。

表 2.3　空气压缩机的结构类型

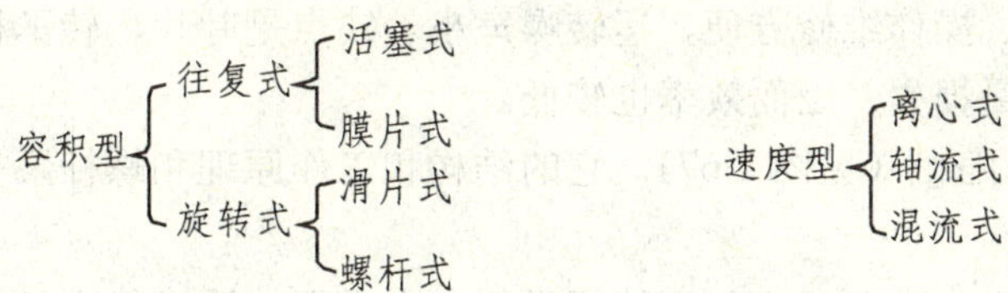

③ 按输出压力大小，可分为：低压空气压缩机（0.2～1.0 MPa）；中压空气压缩机（1.0～10 MPa）；高压空气压缩机（10～100 MPa）；超高压空机（>100 MPa）。

④ 按输出流量（排量），可分为：

微型（<1 m^3/min）；小型（1～10 m^3/min）；中型（10～100 m^3/min）；大型（>100 m^3/min）。

(2) 工作原理

下面介绍常见的活塞式空气压缩机、叶片式空气压缩机和螺杆式空气压缩机。

① 活塞式空气压缩机。图 2.65 所示为活塞式空气压缩机，它的工作原理与前述单柱式液压泵的工作原理相仿。在这里，活塞的往复运动由电动机带动曲柄滑块机构形成，曲柄 7 的旋转运动转换为滑块 5（活塞）的往复运动。

活塞式空气压缩机的优点是结构简单、使用寿命长，并且容易实现大容量和高压输出。缺点是振动大、噪声大，且输出有脉冲，需要设置储气罐。

② 叶片式空气压缩机。图 2.66 为叶片式空气压缩机的工作原理图。它的结构和工作原理与叶片液压泵类似，在回转过程中不需要活塞式空气压缩机中具有的吸气阀和排气阀。在转子的每一次回转中，进行多次吸气、压缩和排气，所以输出压力的脉动小。

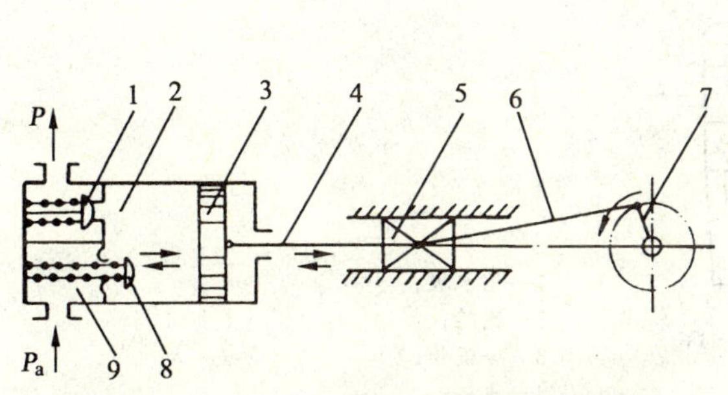

1—排气阀；2—气缸；3—活塞；4—活塞杆；5—滑块；6—连杆；7—曲柄；8—吸气阀；9—阀门弹簧

图 2.65　活塞式空气压缩机的工作原理图

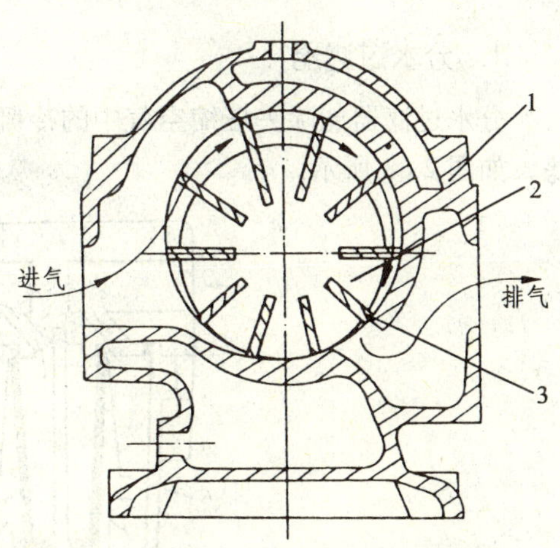

1—机体；2—转子；3—叶片

图 2.66　叶片式空气压缩机的工作原理图

通常情况下，叶片式空气压缩机需采用润滑油对叶片 3、转子 2 和机体 1 内部进行润滑、冷却和密封，所以排出的压缩空气中含有大量的油分。因此，在排气口需要安装油分离器和冷却器。在进气口设置流量调节阀，根据排出气体压力的变化自动调节流量，使输出压力保持恒定。

叶片式空气压缩机的优点是能连续排出脉动小的压缩空气，一般无需设置储气罐，并且结构简单、制造容易、操作维修方便、运转噪声小。缺点是叶片、转子和机体之间机械摩擦较大，产生较高的能量损失，因而效率也较低。

③ 螺杆式空气压缩机（见图 2.67）。它的结构和工作原理和螺杆泵类似（这里所举的结构螺杆数为两根）。

螺杆式空气压缩机与叶片式空气压缩机类似，也需要加油进行冷却、润滑及密封，所以在出口处也要设置油分离器。

螺杆式空气压缩机的优点是排气压力脉动小、输出流量大、无需设置储气罐、结构中无易损件、寿命长、效率高；缺点是制造精度要求高、运转噪声大，且由于结构刚度的限制，只适用于中低压范围内。

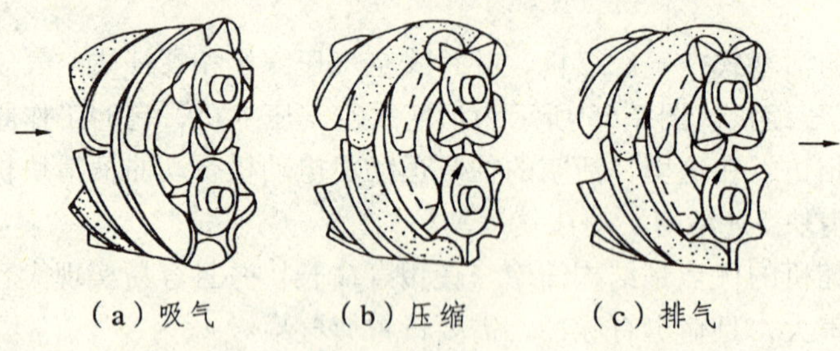

（a）吸气　（b）压缩　（c）排气

图 2.67　螺杆式空气压缩机的工作原理图

三、常用气动三联件

1. 分水过滤器

分水过滤器能除去压缩空气中的冷凝水、颗粒较大的固态杂质和油滴，用于空气的粗过滤，如图 2.68 所示。

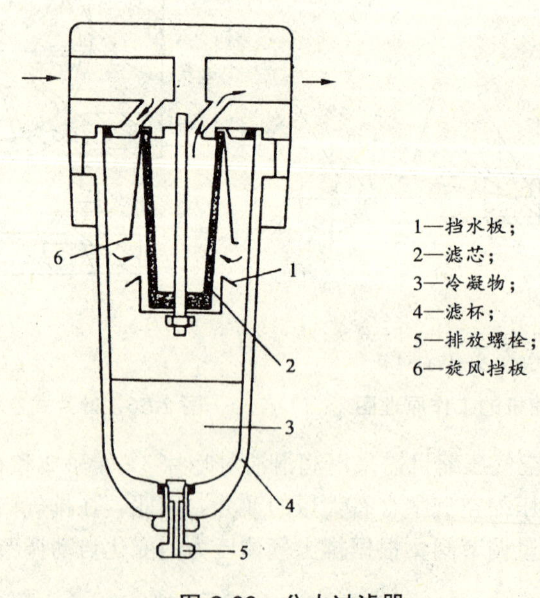

图 2.68　分水过滤器

工作原理：当压缩空气从输入口流入后，由导流板（旋风挡板）引入滤杯中。旋风挡板使气流沿切线方向旋转，于是空气中的冷凝水、油滴和颗粒较大的固态杂质等因质量较大受离心力作用被甩到滤杯内壁上，并流到底部沉积起来；随后，空气流过滤芯，进一步除去其中的固态杂质，并从输出口输出。挡水板的作用是防止已沉积于滤杯底部的冷凝水再次被混入气流输出。拧开排放螺栓，可排放掉沉积的冷凝水和杂质。

2．油雾器

（1）普通型油雾器（也称全量式油雾器）

普通型油雾器（也称全量式油雾器）能把雾化后的油雾全部随压缩空气输出，油雾粒径约为 20 μm。

（2）微雾型油雾器（也称选择式油雾器）

微雾型油雾器（也称选择式油雾器）仅能把雾化后的油雾中油雾粒径为 2～3 μm 的微雾随空气输出。

3．减压阀

减压阀的作用是将较高的输入压力调整到低于输入压力的调定压力输出，并能保持输出压力稳定，以保证气动系统或装置的工作压力稳定，不受输出空气流量变化和起源压力波动的影响。

减压阀的调压方式有直动式和先导式两种。直动式是借助改变弹簧力来直接调整压力，而先导式则用预先调整好的气压来代替直动式调压弹簧来进行调压。一般先导式减压阀的流量特性比直动式好。

直动式减压阀，适用于管径在 20～25 mm 以下，输出压力在 0～0.63 MPa 范围内。超过这个范围必须使用先导式。

图 2.69 为直动式减压阀的结构原理图。阀在原始状态时，进气阀 8 在复位弹簧 9 作用下处于关闭状态，输入和输出不同，输出口无气压输出。若顺时针调节手柄 1，调压弹簧 3 被压缩，推动阀杆 7 下移，进气阀被打开，空气流过进气阀，开口降压，并在输出口有气压输出。同时，输出气压经反馈导管 6 作用在膜片 5 上产生向上的推力。该推力和调压弹簧相平衡时，阀便有稳定的压力输出。若输出压力超过调定值时，膜片离开平衡位置向上变形，使得溢流阀口 4 和阀杆 7 脱开，多余的空气经溢流口 10 排入大气。输出压力

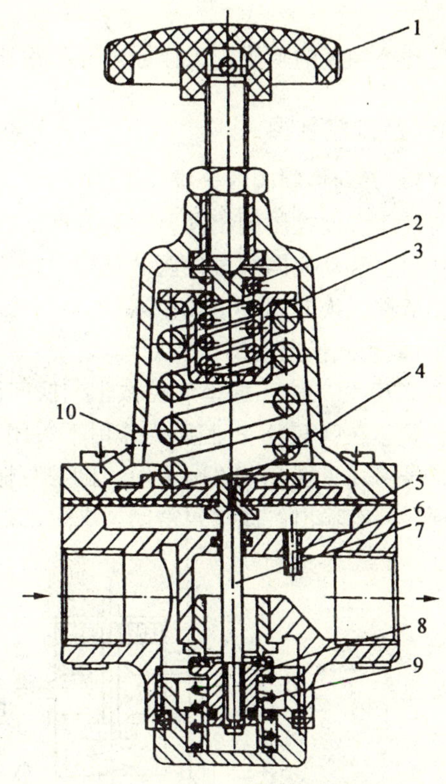

1—调节手柄；2、3—调节弹簧；4—溢流阀口；5—膜片；6—反馈导管；7—阀杆；8—进气阀；9—复位弹簧；10—溢流口

图 2.69　直动式减压阀

降到调定值时，溢流阀口关闭，膜片上的受力保持平衡状态。若逆时针旋转调节手柄，调压弹簧放松，作用在膜片上的气压大于弹簧力，溢流阀口打开，输出压力降低直到为零。

反馈导管可以用来提高减压阀的稳压精度，另外还可以改善减压阀的动态特性。当负载突然改变或变化不定时，反馈导管的阻尼作用避免了振荡现象发生。

当减压阀的接管口径很大或输出压力的给定值较高时，相应的膜片等结构尺寸也很大。若用调压弹簧直接调压，则弹簧过硬，不仅调节费力，而且当输出流量较大时，输出压力波动也很大。因此，接管口径 20 mm 以上且输出压力较高时，一般宜用先导式结构。在需要远距离遥控时，可采用遥控先导式减压阀。

先导式减压阀是使用预先调整好压力的空气来代替直动式调压弹簧进行调压的。其调节原理和主阀部分的结构与直动式减压阀相同。先导式减压阀的调压空气一般是由小型的直动式减压阀供给的。若将这种直动式减压阀装在主阀内部，则称为内部先导式减压阀。若将之装在主阀外部，称为外部先导式或远距离控制（遥控）的减压阀。

第五节　气 动 元 件

一、常用气动控制阀

气动控制阀的功用、工作原理等和液压控制阀相似，仅在结构上有些不同。

1. 方向控制阀

(1) 方向控制阀的分类

与液压方向控制阀相同，气动方向的控制阀也分为单向阀和换向阀。但由于气压传动独有的特点，气动换向阀可按阀芯结构、控制方式等进行分类。从阀芯结构来看，以截止式换向阀和滑柱式换向阀应用较多。

① 截止式换向阀的工作原理。

图 2.70 为二位三通单气控截止式换向阀的工作原理图。图 2.70（a）为无控制信号时的状态，阀芯在弹簧及 P 腔压力作用下关闭，气源被切断，A、T 相通，阀没有输出；当加上控制信号 K［见图 2.70（b)］时，阀芯克服弹簧力和 P 腔压力而向下运动，打开阀口使 P、A 相通，阀有输出。此阀属常闭型二位三通阀，若将 P、T 换接，则为常通型二位三通阀。

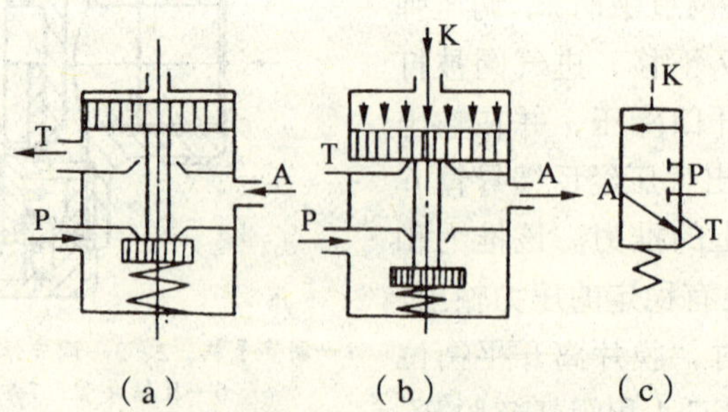

图 2.70　单气控截止式换向阀

② 滑柱式换向阀工作原理。

图 2.71 为二位五通双气控滑柱式换向阀的工作原理图。有控制信号 K_1 时，滑柱停在左右端，通路状态时 P-B、A-T1，B 腔进气，A 腔排气；当有控制信号 K_2 时，滑柱左移，通路状态变为 P-A、B-T2，A 腔进气，B 腔排气。显然，这种双气控滑柱式换向阀具有记忆功能，即控制信号消失后，阀仍然保持着有信号时的工作状态。

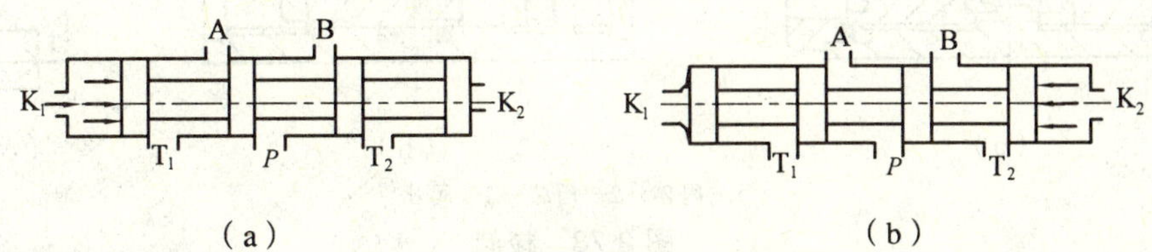

图 2.71　双气控滑柱式换向阀

(2) 单向型控制阀

单向型方向控制阀包括单向阀、梭阀、双压阀和快速排气阀等。

① 单向阀。单向阀是最简单的一种单向型方向阀，图 2.72 所示为单向阀的典型结构。当气流由 P 口进气时，气体压力克服弹簧力和阀芯与阀体之间的摩擦力，阀芯左移，P、A 接通。为保证气流稳定流动，P 腔与 A 腔应保持一定压力差，使阀芯保持开启。当气流反向时，阀芯在 A 腔气压和弹簧力作用下右移，P、A 关闭。

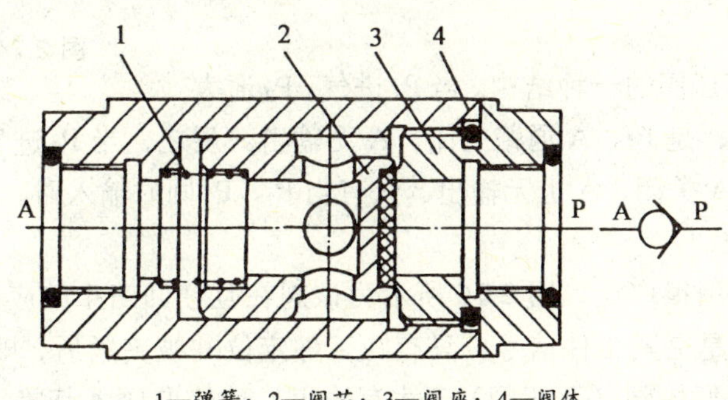

1—弹簧；2—阀芯；3—阀座；4—阀体

图 2.72　单向阀

密封性是单向阀的重要性能，设计时最好采用平面弹性密封，尽量不采用钢球或金属阀座密封。

② 梭阀（或门）。梭阀相当于由两个单向阀组合而成，有两个输入口和一个输出口，在气动回路中起逻辑“或”的作用，所以又称或门型梭阀。

图 2.73 所示为梭阀的两种结构。当 P_1 腔进气，P_2 腔通大气时，阀芯推向左边，A 有输出；P_2 腔进气，P_1 腔通大气，阀芯推向右边，A 也有输出。当 P_1、P_2 都进气，且气压相等时，视压力加入的先后次序，阀芯可停在左边或右边；若压力不等，则开启高压口通路。这两种情况下 A 都有输出。

图 2.73 (a) 的结构在切换过程中有串气现象。但因摩擦阻力小，最低工作压力低，广泛应用于执行回路和不会造成误动作的控制回路中。图 2.73（b）避免了串气现象，但摩擦阻力较大，最低工作压力增高，多用于控制回路，特别是逻辑回路中。图 2.73（c）为该阀的图形符号。

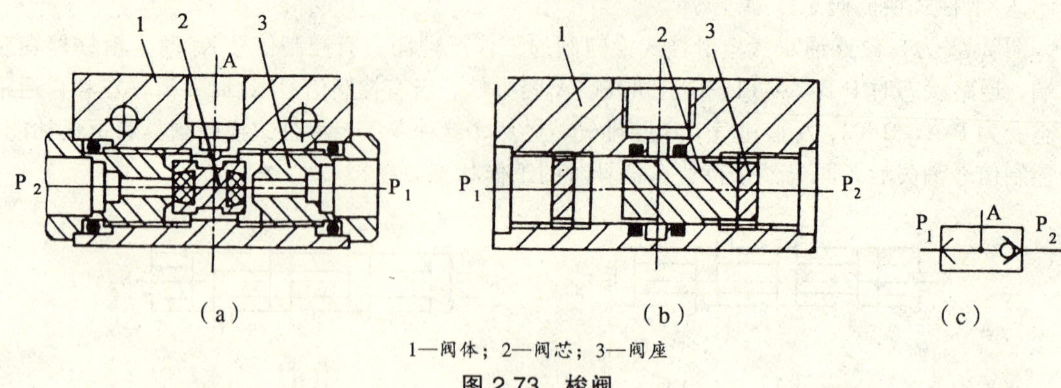

1—阀体；2—阀芯；3—阀座

图 2.73 梭阀

或门型梭阀在逻辑回路和程序控制回路中被广泛采用。图 2.74 是在手动、自动回路的转换中常应用的或门型梭阀。当其用于高低压转换回路中时应注意：若一个输入口进气，另一个输入口则必须排气。

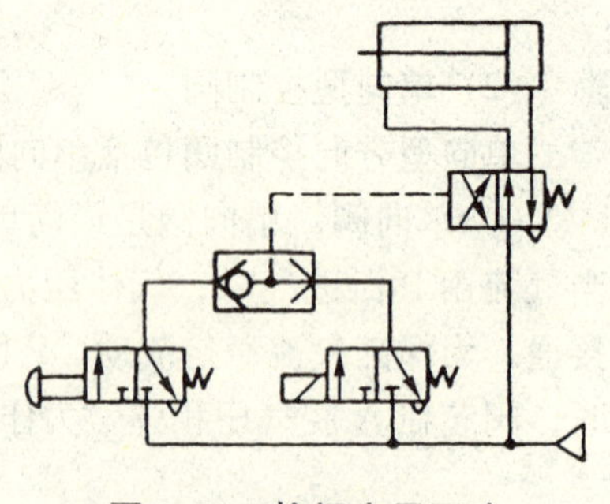

图 2.74 梭阀应用回路

③ 双压阀（与门）。双压阀又称与门型梭阀，其有两个输入口 P_1、P_2 和一个输出口 A。当 P_1、P_2 都有输入时，A 才有输出。使用于互锁回路中，起逻辑“与”的作用。

图 2.75 所示为双压阀的一种结构。当 P_1 进气，P_2 通大气时，阀芯推向右侧，是 P_1、A 通路关闭，A 无输出。反之，当 P_2 进气而 P_1 通大气时，阀芯推向左侧，是 P_2、A 关闭，A 也无输出。只有当 P_1、P_2 同时输入时，气压低者的一侧才与 A 相通，是 A 有输出。

与门型梭阀的应用很广泛，图 2.76 所示为该阀在互锁回路中的应用。行程阀 1 为工件定位信号，行程阀 2 是夹紧工件信号。只有在工件定位并被夹紧后，即只有当 1、2 两个信号同时存在时，与门型梭阀（双压阀）3 才有输出，使换向阀 4 切换，钻孔缸 5 进给，钻孔开始。

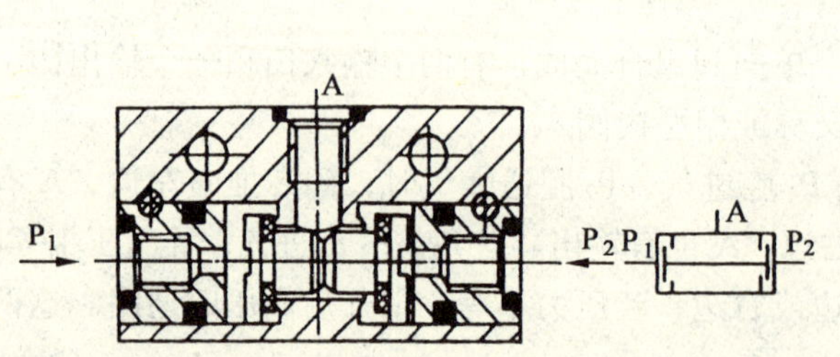

图 2.75 双压阀

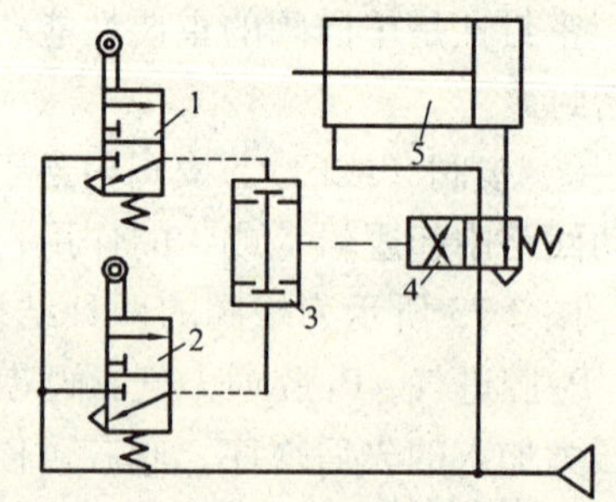

1、2—行程阀；3—双压阀；4—换向阀；5—钻孔缸

图 2.76 双压阀应用回路

④ 快速排气阀。图 2.77 所示为快速排气阀，当 P 腔进气后，活塞上移，阀口 2 开启，阀口 1 关闭，P 口和 A 口接通，A 有输出。当 P 腔排气时，活塞在两侧压差作用下迅速向

下运动，将阀口 2 关闭，阀口 1 开启，A 口和排气口接通，管路中的气体经 A 通过排气口排出。

快速排气阀主要用于气缸排气，以加快气缸动作速度。通常，气缸的排气是从气缸的腔室经管路及换向阀而排出的，若气缸到换向阀的距离较长，排气时间亦较长，气缸的动作速度缓慢。采用快速排气阀后，则气缸内的气体就直接从快速排气阀排向大气。

快速排气阀的应用回路如图 2.78 所示，在实际使用中，快速排气阀应配置在需要快速排气的气动执行元件附近，否则会影响快排效果。

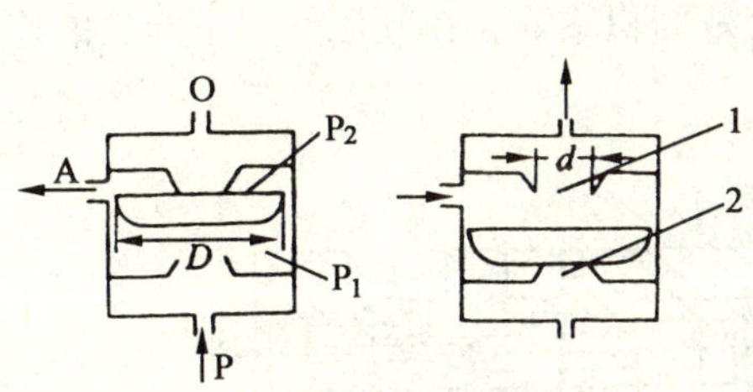

图 2.77　快速排气阀

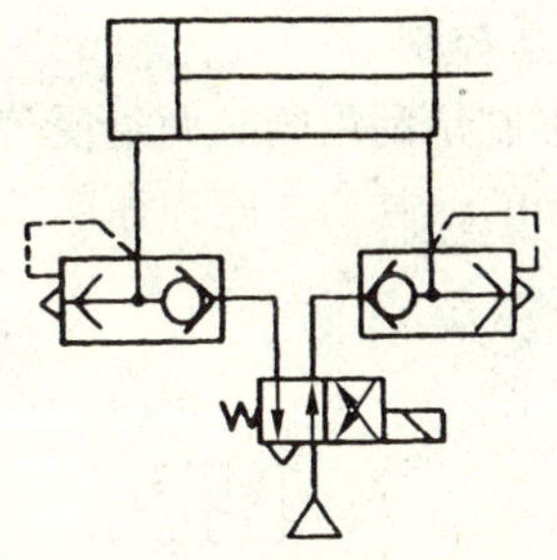

图 2.78　快速排气阀应用回路

(3) 换向型控制阀

换向型方向控制阀的功能是改变气体通道，使气体流动方向发生变化，从而改变气动执行元件的运动方向，以完成规定的操作。

① 气压控制换向阀。气压控制换向阀是利用气体压力，来获得轴向力使主阀芯迅速移动换向而使气体改变流向的，按施加压力的方式不同可分为加压控制、泄压控制、差压控制和延时控制等。

◎ 加压控制

加压控制是指加在阀芯控制端的压力信号的压力值是渐升的，当压力升至某一定值时使阀芯迅速移动换向阀的控制。其有单气控和双气控之分。动作原理如图 2.79 所示，阀芯沿着加压方向移动换向。

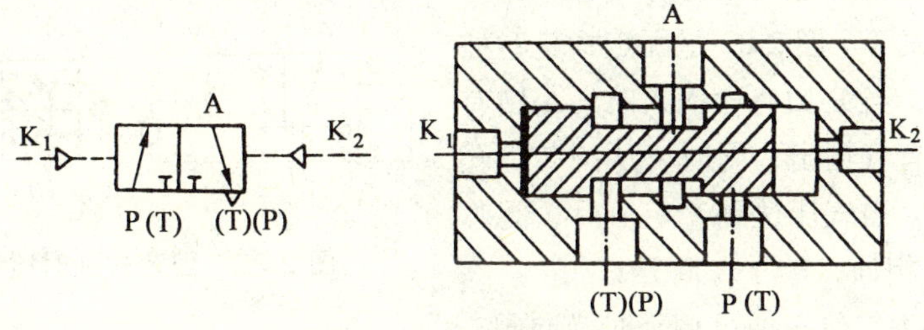

图 2.79　加压控制原理

◎ 泄压控制

泄压控制是指加在阀芯控制端的压力信号的压力值是渐降的，当压力降至某一定值时，使阀芯迅速移动只加在阀芯控制，其也有单气控和双气控之分。动作原理如图 2.80 所示，阀芯沿着降压方向移动换向。

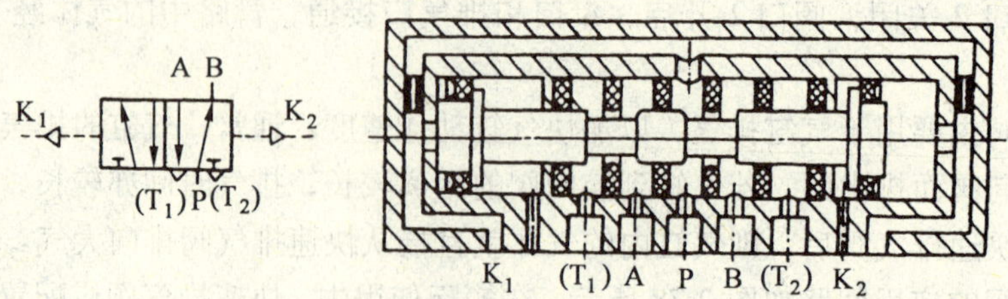

图 2.80 泄压控制原理

◎ 差压控制

差压控制是利用阀芯两端受气压作用的有效面积不等，在气压作用下产生的作用力之差而使阀切换的，其动作原理如图 2.81 所示。

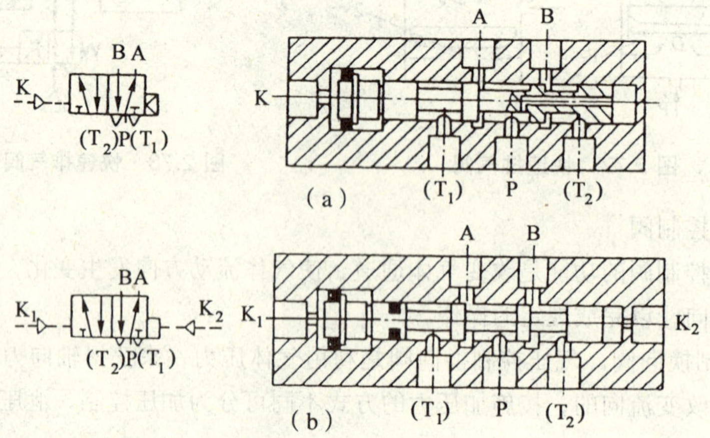

图 2.81 差压控制原理

◎ 延时控制

延时控制是指利用气流经过小孔或缝隙后再向气容充气，经过一定的延时，当气容内压力升至一定值后再推动阀切换，从而达到信号延时的目的。延时控制分为固定式和可调式两种，可调延时又分为固定气阻可调气容式和固定气容可调气阻式等。图 2.82 是固定式延时控制换向阀原理图，当 P 口有气输入时，A 口有气输入时，A 口有气输出；同时，从阀芯小孔不断向气容充气，当气压达到一定值后，阀芯左移，使 A 与 T 相通，P 与 A 断开。

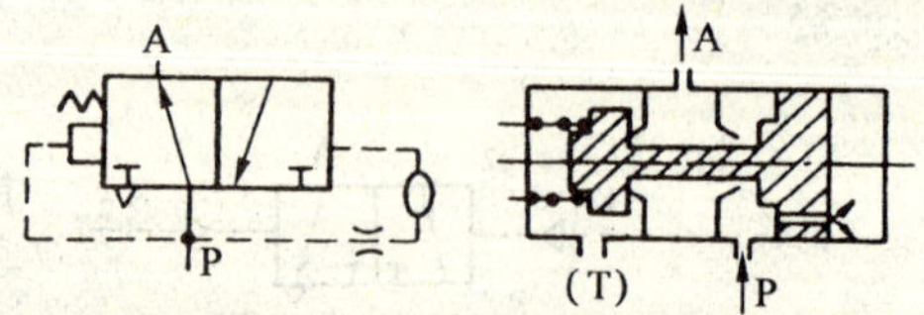

图 2.82 固定式延时控制原理

图 2.83 所示为二位三通可调延时换向阀，它由延时部分和换向部分组成。当无控制信号 K 时，P 与 A 断开，A 腔排气；当控制信号进入 K 腔后，气体从 K 腔输入经可调节流阀节流后到气容 c 内，使气容不断充气，直到气容内的气压上升到某一值时，使阀芯由左向右移动，P 与 A 接通，A 有输出。当气控信号消失后，气容内气压经单向阀迅速排空。这种阀的延时时间可在 1～20 s 内调节。若 P、T 换接，就成为常通延时断型阀。

图 2.84 为滑柱式脉冲换向阀的工作原理图。它与上述延时阀相似，也是靠气流流经气阻、气容的延时作用，使压力输入长信号变为短暂的脉冲信号输出的阀类。当有气压从 P 口输入时，阀芯在气压作用下向上移动，A 口有气输出。同时，气流从阀芯中间小孔不断向气容充气，在充气压力达到动作压力时，阀芯下移，使 P 与 A 断开，A 与 T 相通，输出消失，从而将通入 A 腔中的保持信号转化为脉冲信号排出。这种脉冲阀的工作气压范围为 0.15～0.8 MPa，脉冲时间短于 2 s。

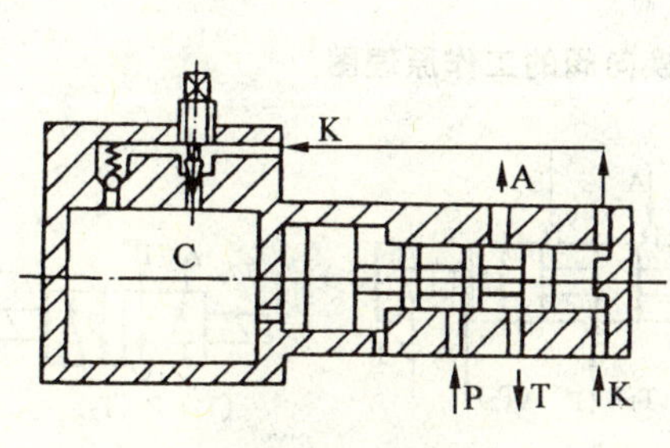

图 2.83 延时换向阀

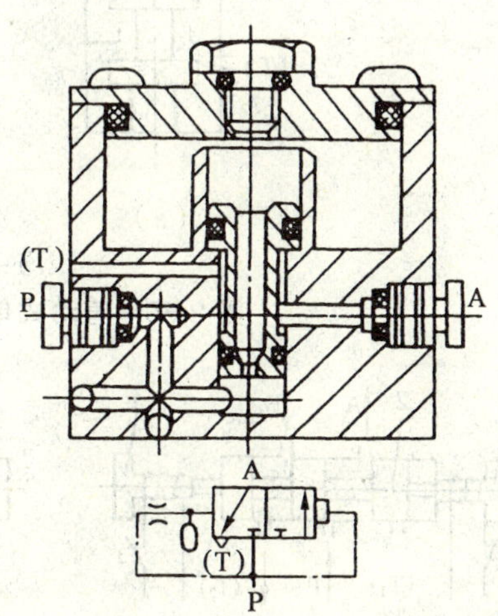

图 2.84 滑柱式脉冲阀

显然，气压控制阀在易燃、易爆、潮湿等工作环境中比电磁阀安全，但远距离控制较困难。

② 电磁控制换向阀。电磁控制换向阀是利用电磁力来获得轴向力使阀芯迅速移动方向的，与液压传动中的电磁控制换向阀类似，也由电磁铁控制部分和主阀两部分组成。按电磁力作用于主阀阀芯方式不同，它可分为电磁铁直接控制（直动）式电磁阀和先导式电磁阀两种。它们的工作原理分别与液压阀中的电磁换向阀和电液换向阀相似。

◎ 直动式电磁阀

用电磁铁产生的电磁力直接推动换向阀阀芯换向的阀称为直动式电磁阀。根据阀芯复位的控制方式差异，它可分为直动式单电磁控制弹簧复位和直动式双电磁控制两种。

单电磁控制换向阀的工作原理如图 2.85 所示，图 2.85（a）为断电时的状态，阀芯在弹簧的作用下隔断 P、A 通路，接通 A、T 通路，阀排气；图 2.85（b）为通电时的状态，电磁铁将阀芯推向下位，接通 P、A 通路，隔断 A、T 通路，阀进气；图 2.85（c）为该阀的图形符号。从图中可知，这种阀的阀芯的移动靠电磁铁，而复位靠弹簧，因而换向冲击较大，故一般只制成小型的阀。若将阀中的复位弹簧改成电磁铁，就成为双电磁控制换向阀，如图 2.86 所示。图 2.86（a）为 1 通电、3 断电时的状态，此时气压信号进入主控阀左端，阀芯右移，P、A 腔接通，A 腔进气；B、T_2 腔接通，B 腔排气。图 2.86（b）为 3 通电、1 断电时的状态，动作相反。图 2.86（c）为其图形符号。由此可见，这种阀的两个电磁铁只能交替通电工作，不能同时通电，否则会产生误动作，但可同时断电。在两个电磁铁均断电的中间位置，通过改变阀芯的形状和尺寸，可形成 3 种气体流动状态（类似于液压阀的中位机能），即中间封闭（O型），中间加压（P型）和中间泄压（Y型），以满足气动系统的不同要求。

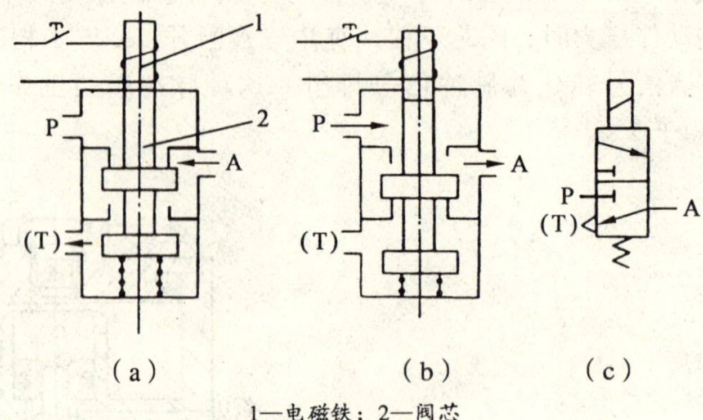

1—电磁铁；2—阀芯

图 2.85 直动式单电磁控制换向阀的工作原理图

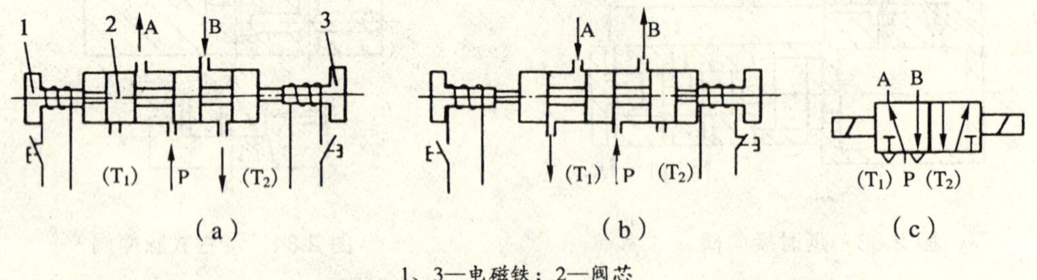

1、3—电磁铁；2—阀芯

图 2.86 直动式双电磁控制换向阀的工作原理图

直动式电磁控制换向阀的特点是结构简单，它与先导式电磁阀相比，在控制相同通径主阀时，所需的电磁铁较大，主阀芯行程要与电磁铁衔铁吸合行程一致，当主阀芯换向不灵或卡住时，易烧毁线圈。

◎ 先导式电磁阀

由微型直动式电磁铁控制输出的气压，推动主阀阀芯实现阀通路切换的阀类，称为先导式电磁阀。它实际上是由电磁控制和气压控制（加压、泄压、差压等）组成的一种复合控制，通常称为先导式电磁控制。其特点是启动功率小，主阀阀芯行程不受电磁控制部分影响，不会因主阀芯卡住而烧毁线圈。先导式电磁阀也分单电磁气控和双电磁气控两种，图 2.87 为单电磁气控的先导式换向阀的工作原理图，图 2.88 为双电磁气控的先导式换向阀的工作原理。

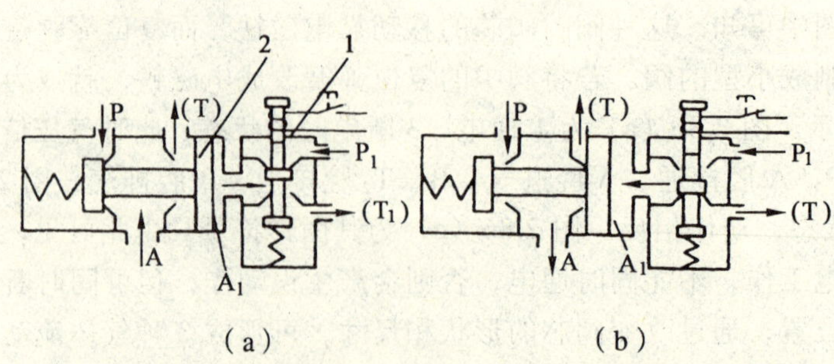

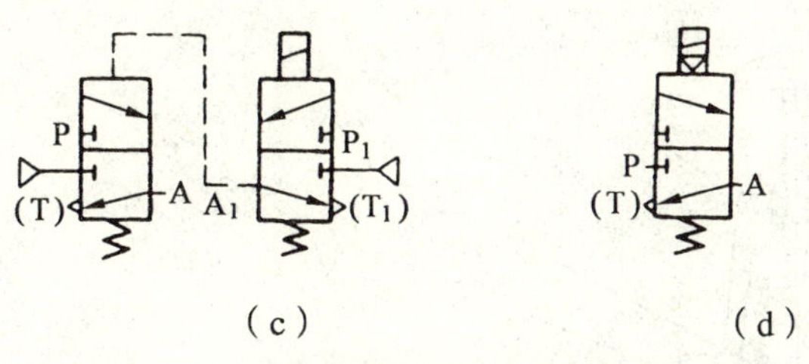

1—电磁先导阀；2—主阀

图 2.87　单电控电磁控制换向阀的工作原理图

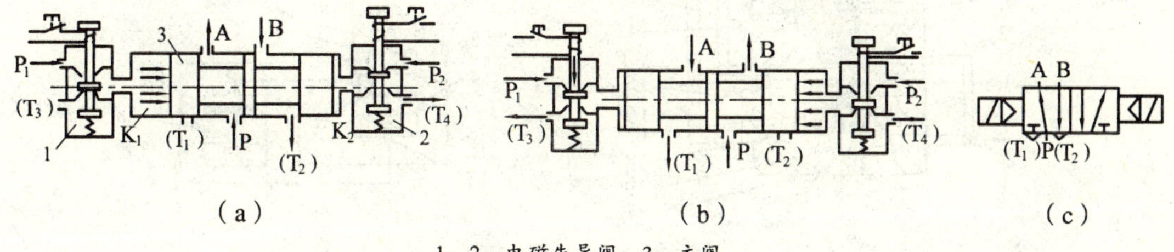

1、2—电磁先导阀；3—主阀

图 2.88　双电控电磁控制换向阀的工作原理图

机械控制和人力控制换向阀是靠机动（行程挡块等）和人力（手动或脚踏等）来使阀产生切换动作的，工作原理略。

2. 压力控制阀

(1) 气动压力控制阀的分类

从阀的作用来看，气动压力的控制阀可分为 3 大类。

① 减压阀（又称调压阀）。调节或控制气压的变化，并保持降压后的压力值稳定在需要的值上，确保系统压力的稳定性，这类阀称为减压阀（又称调压阀）。对于低压控制系统（如气动测量），除用减压阀降压外，还需要精密减压阀（又称定值器）以获得更稳定的供气压力。

② 安全阀（又称溢流阀）。保持一定的进口压力。能实现这种功能的阀，当管路中的压力超过规定值时，为保证系统工作安全，需将部分空气放掉，称为安全阀（又称溢流阀）。

③ 顺序阀。在有两个以上分支回路，而气动装置中又不便安装行程阀，需要依据气压的大小，使执行元件按设计规定的程序进行顺序动作，具有此种功能的阀称为顺序阀。

(2) 气动减压阀

(3) 定值器

① 结构组成。在气动测量、调节仪表及低压、微压装置中，需要供给精确的气源压力或信号压力，一般减压难以满足要求，这时使用的精密减压阀称为定值器。定值器是一种内部先导式的高精密减压阀，如图 2.89（b）所示。其右半部分就是前文述及的直动式减压的主阀部分，左半部分除了有喷嘴挡板放大装置（由喷嘴 4、上挡板 8、膜片 5、气室 G、H 等组成）外，还增加了由活门 12、膜片 3、弹簧 13、气室 E、F 和恒节流孔 14 组成的恒压降装置，该装置可产生稳定的气源流量，进一步提高稳压精度。

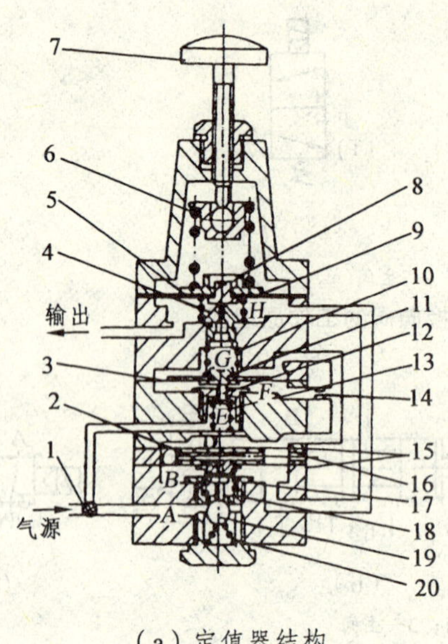

(a) 定值器结构

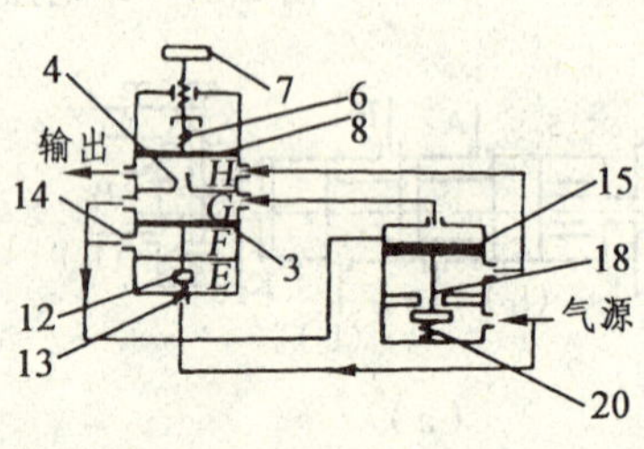

(b) 原理简图

1—过滤网；2—溢流阀；3、5—膜片；4—喷嘴；6—调压弹簧；7—旋钮；8—上挡板；
9、10、13、17、20—弹簧；11—下挡板；12—活门；14—恒节流孔；
15—膜片（上有排气孔）；16—排气孔；18—阀杆；19—进气阀

图 2.89 定值器

② 工作原理。非工作（无输出）状态下，旋钮 7 被旋松，净化过的压缩空气经一般减压阀减至定值器的输入压力，从进气口经滤网 1 进入气室 A、E，A 室中的锥形弹簧 20 压在球阀 19 上，封闭了 A、B 两气室间的通路。这时流溢阀 2 上溢流空气在弹簧 17 的作用下，离开阀杆 18 而被打开，而进入 E 室的气流经活门口 12、F 室、恒节流孔 14 进入 G 室和 D 室。由于旋钮放松，膜片 5 上移，喷嘴 4 被打开，进入 G 室的气流经喷嘴 4 到 H 室、B 室，再经溢流阀 2 上的孔及排气孔 16 排出，从而使 G 室和 D 室的压力降低。另一部分则从 H 室的输出口输出。由于从恒节流孔 14 过来的微小流量的气流在经过喷嘴 4 之后的压力已很低，故 H 室出口处的输出压力近似为零，这一压力即漏气压力，要求越小越好，一般不超过 0.002 MPa。

工作（有输出）状态下，顺时针旋转旋钮 7，压缩弹簧 6，使上挡板 8 压向喷嘴 4，从恒节流孔过来的气流使 G 室和 D 室的压力升高。D 室中的压力克服弹簧 17 的反力，迫使膜片 15 和阀杆 18 下移，首先关闭溢流阀 2，然后打开进气阀 19，于是 B 室和大气隔开而和 A 室经气阻接通，A 室的压缩空气经过气阻（球阀与阀座之间的间隙大小控制气阻的大小）降压后再从 B 室到 H 室而输出。进入 B、H 室的气体由于反馈作用，使膜片 15、5 又都上移，直到反馈作用和弹簧 6 的作用平衡为止，此时定值器便可获得一定的输出压力。显然，弹簧 6 的压力与出口输出压力之间有一定的关系。

当负载不变，气源的输入压力有波动（如当气源压力增加）时，若活门 12、进气阀 19 开度不变，则 B、H、F 室的压力增加。H 室的压力增加将使膜片 5 上抬，喷嘴挡板距离加大，G、D 室的压力下降，E、F 室的压力增加，使活门 12、膜片 3 向上推移，活门 12 的开度减小，F 室的压力回降。D 室压力下降，B 室压力升高，使膜片 15 上移，进气阀 19 的开度减小，即气阻加大，使 H 室的压力回降到原来的输出压力。同理，若输入压力因某种原因减小时，与上述过程正好相反，将使 H 室的压力会降到原先的输出压力。

当输入压力不变，输出压力因负载加大而下降，即 H、B 室压力下降，将使膜片 5 下移，挡板靠向喷嘴，G、D 室压力上升，活门 12 和进气阀 19 的开度增加，输出压力回升到原先的数值。反之，通过相反的调节，也将使输出压力回降到原先的数值。

与普通内部先导式减压阀不同，由于定值器内部附加了特殊的稳压装置，即保持恒节流孔 14 两端的压降恒定的装置，从而大大提高了定值器的稳压精度。当气源压力在 ±10% 范围内变化时，定值器输出压力的变化不超过最大输出压力的 0.3%；当气源压力为额定值，输出压力为最大值的 80%；输出流量在 0～600 L/h 范围内变化时，所引起的输出压力的变化不大于最大输出压力的 ±1%。

(4) 安全阀（溢流阀）

图 2.90 所示为安全阀示意图。阀的输入口与控制系统（或装置）连接。当系统中的气体压力为零时，作用在阀芯上的弹簧力（或重锤）使它紧压在阀座上。当系统中的气体压力上升到调定压力（开启压力），使安全阀开启，压缩空气从排气口急速排出。阀开启后，若系统中的压力继续上升到安全阀的全开压力时，阀芯全部开启，从排气口排出额定的流量。此后，系统中压力逐渐降低，当低于系统工作压力的调定值（即阀的关闭压力）时，阀门立即关闭。

(5) 顺序阀

图 2.91 是顺序阀的示意图。当输入口 P 的气体压力作用在阀的活塞上的作用力大于弹簧的调定值时，P、A 接通，阀开启，气体输向下一个执行元件，实现顺序动作。

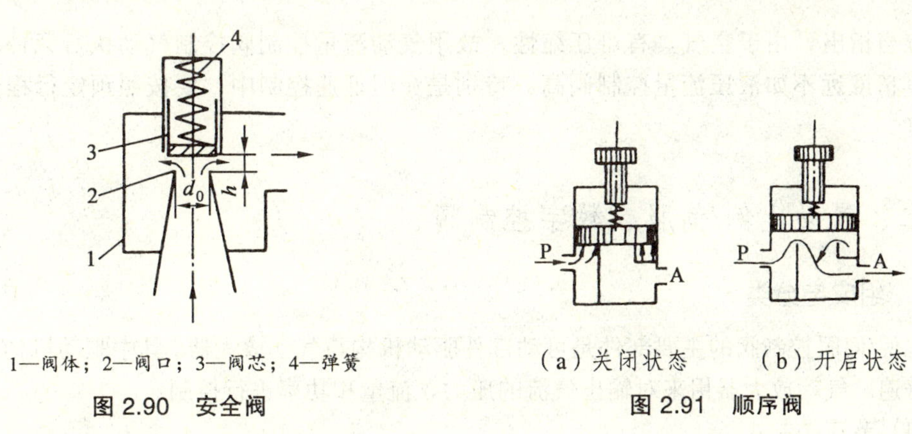

1—阀体；2—阀口；3—阀芯；4—弹簧

图 2.90　安全阀

(a) 关闭状态　(b) 开启状态

图 2.91　顺序阀

3. 流量控制阀

气压传动系统中，通过调节压缩空气的流量，实现对执行元件的运动速度、延时元件的延时时间等的控制方法称为流量控制。实现流量控制的装置很多，大致可分为两类。一类是不可调节的流量控制（如细长管、孔板等）；另一类是可以调节的流量控制（如喷嘴挡板机构、流量控制阀等）。气动系统中，一般利用流量控制阀实现流量控制。

气动流量控制阀主要包括以下两种：一种设置在回路中，对回路所通过的空气流量进行控制，这类阀有节流阀、单向节流阀、柔性节流阀、行程节流阀；另一种连接在换向阀的排气口处，对换向阀的排气量进行控制，这类阀称为排气节流阀。由于节流阀、单向节流阀和行程节流阀的工作原理与液压阀中同类型阀相似，本书只介绍柔性节流阀和排气节流阀的工作原理。

(1) 柔性节流阀

图 2.92 所示为柔性节流阀的原理图，其节流作用主要依靠上下阀杆夹紧柔韧的橡胶管而产生。当然，也可以利用气体压力来代替阀杆压缩橡胶管。柔性节流阀结构简单，压力降小，动作可靠性高，对污染不敏感，通常工作压力范围为 0.3～0.63 MPa。

(2) 排气节流阀

排气节流阀的工作原理与节流阀类似，通过安装在元件的排气口（如换向阀的排气口），用改变排气流量来控制气缸的运动速度。

图 2.93 所示为一种排气消声节流阀。它由节流阀和消声器构成，直接拧固在换向阀的排气口上。由于其结构简单、安装方便，又能简化回路，故应用日益广泛。

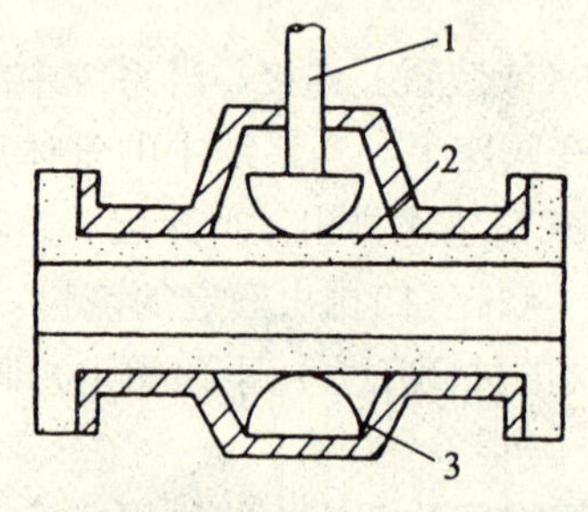

1—上阀杆；2—橡胶管；3—下阀杆

图 2.92 柔性节流阀

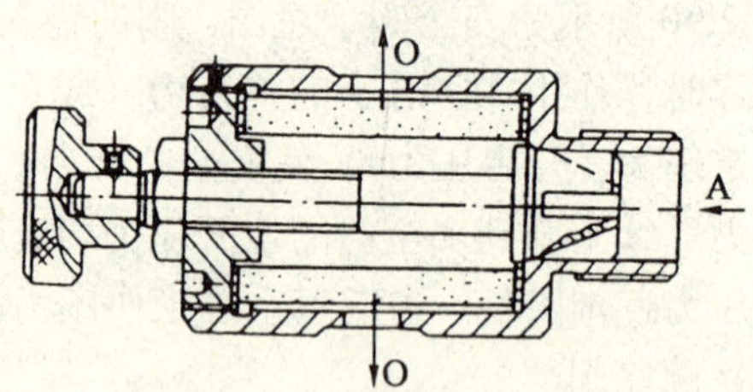

图 2.93 排气消声节流阀

应当指出，由于空气具有可压缩性，故用气动流量控制阀控制气动执行元件的运动速度，其精度远不如液压流量控制阀高。特别是在超低速控制中，要按照预定行程变化来控制速度。

二、气动比例/伺服、数字控制阀

1. 组成与分类

比例/伺服控制阀的主要部件是可动部件驱动机构与气动放大器。其中驱动机构以电磁式最为普遍。气动放大器用来对输出气流的压力、流量和功率进行控制。

(1) 节流控制式

通过改变可动部件的位置调节节流面积，来控制放大器输出气体的压力和流量。这类放大器有滑阀、喷嘴、挡板阀等。

(2) 射流控制式

它先将压力能转化为速度能，然后按输入信号大小进行分配，最后又将速度能转换为压力能进入执行元件。这类放大器的典型代表是射流管阀。

(3) 脉宽调制（PWM）控制式

这类阀的开闭时间与高频脉冲信号的调制量有一定的对应比例关系，即阀的输出功率平均效果与输入信号的调制量成比例。滑阀、球阀等都可作为脉宽调制阀。

通常，将比例电磁铁和气动放大器组成的控制阀称为**气动比例控制阀**（简称比例阀），将由极化式力矩马达和气动放大器组成的控制阀称为**气动伺服控制阀**（简称伺服阀）。两者都具有按输入信号控制气体压力和流量的作用。其中，压力式比例/伺服阀将输入的电信号线性地转换为气体压力，流量式比例/伺服阀将输入电信号转换为气体流量。

2. 电磁铁驱动的比例控制阀

图 2.94 为比例电磁铁驱动的比例控制阀结构原理图。其动作原理是，在直动式电磁阀的电磁线圈中通入与阀芯机械行程大小相应的电流信号，产生与电流信号大小成比例的吸力。该吸力和阀的输出口的输出压力及弹簧力相平衡，以调解阀的输出压力，或者阀口的开度。

该阀既可作为压力阀，又可作为流量阀。当作比例压力阀时，A 口通过反馈管路通至滑柱的右端，当 A 口有输出压力时，则有反馈力作用滑柱上，与电磁铁的推力平衡，起到稳定输出压力的作用。

当作比例流量阀时，既可作二通阀，又可作三通阀。用作二通阀时，R 口堵死，作三通阀时，可控制 R 口的排气流量。图 2.95 为电磁铁驱动的比例控制阀控制方式及特性曲线。

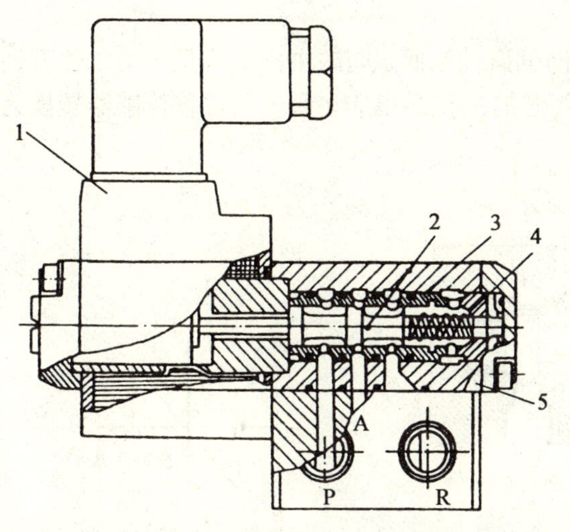

1—比例电磁铁；2—滑柱；3—阀套；4—弹簧；5—阀体

图 2.94　电磁铁驱动的比例控制阀

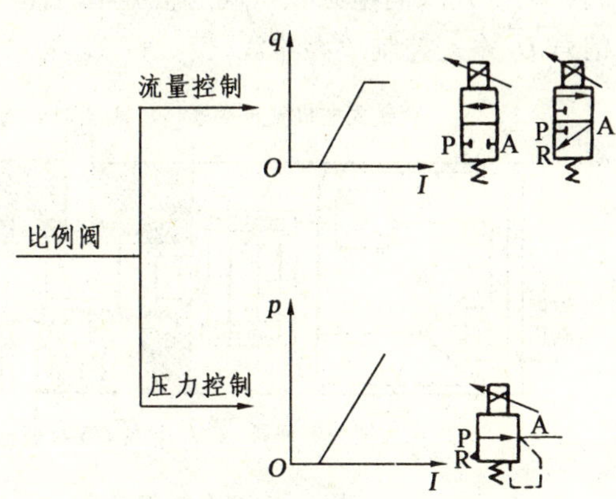

图 2.95　控制方式及特性曲线

3. 开关控制的比例压力阀

图 2.96 所示为开关控制的比例压力阀。该阀由主阀、开关阀（先导控制阀）、压力传感器和电子控制回路组成，这些部件集成于一体。

该阀是采用开关控制方式驱动主阀芯位移的。当压力传感器检测的输出口 A 的气压 P_A 小于给定值时，电子数字控制电路输出控制信号打开管阀 1，使主阀的上腔控制压力 P_o 增大，主阀芯 1 下移，气源向输出口充气，P_A 增高。当压力传感器监测到的输出口 A 的气压 P_A 大于给定值时，控制电路输出的控制信号打开开关阀 2（同时关闭开关阀 1），使主阀的控制压力 P_o 降低，主阀芯上移，控制输出排气，P_A 降低。上述的反馈调节过程一直持续到阀的输出口 A 的压力与给定压力相等为止。

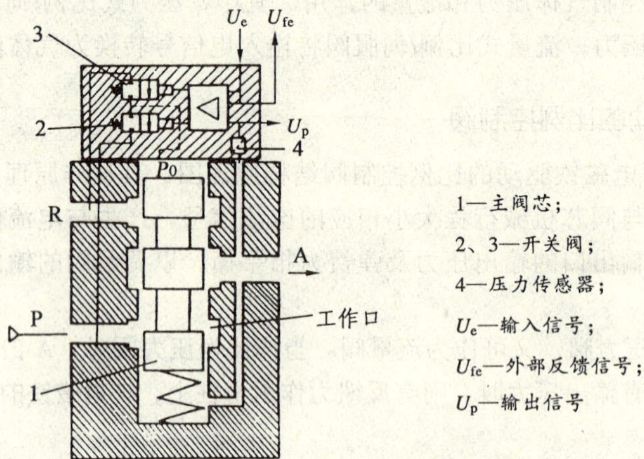

图 2.96　开关控制的比例压力阀

4. 气动伺服控制阀

(1) 带电反馈的气动伺服控制阀

图 2.97 所示为气动伺服控制阀，也称为方向伺服控制阀。阀的主阀结构是一个二位五通滑阀，动铁式双向电磁铁与阀芯固定在一起。阀芯的位移经集成在阀内的位移传感器转换为电信号 U_f 输入控制放大器。

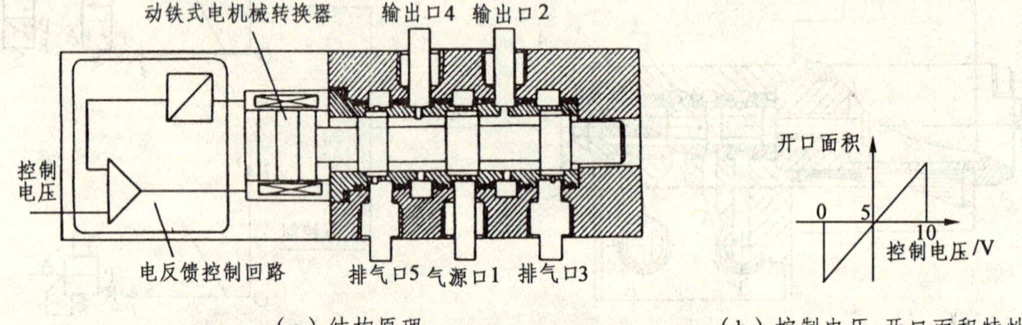

（a）结构原理　　（b）控制电压-开口面积特性

图 2.97　带反馈的气动伺服控制阀（FESTO 公司出品）

阀的工作原理是：在初始状态时，U_e=0，阀处于零位。此时，气源口与两个输出口 4、2 同时被关断，阀无输出。若给定信号 $U_e>0$，则偏差信号 ΔU 增大，使控制放大器的输出电流增大，比例电磁铁的输出推力亦增大，推动阀芯右移，而阀芯的右移又引起反馈电压 U_f 增大，直至反馈电压 U_f 与给定电压 U_e 相等，阀处于力平衡位置。若给定信号 $U_e<0$，经上述相类似的调解过程，使阀芯左移某个距离而处于平衡状态。

阀芯右移时，气源口 1 与输出口 4 相通，扣 2 与排气口 3 相通；阀芯左移时，1 与 2 相通，口 4 与排气口 5 相通。空气流过的输出口的开口量随阀芯的位移增大而增大。上述工作原理说明，带电位移反馈的伺服阀节流体开口量及气流方向受输入电压 U_e 的线性控制。

这种双向电磁铁具有优越的动态特性，阀的动态响应频率高。由于阀芯的复位靠双向电磁铁的磁路实现，电磁铁不受弹簧力负载，因此其功耗小。整套电控部分集成于阀上，使用时不再需要外加放大器。同时由于阀芯与阀套之间的摩擦力和气体流动力均处在阀的控制单元的大闭环之内，因此对阀的控制性能几乎不产生影响。

（2）脉宽调制气动伺服控制阀

与模拟式伺服控制不同，脉宽调制气动伺服控制是一种数字式伺服控制，采用的控制阀大多是开关式气动电磁阀。脉宽调制气动伺服系统的组成如图 2.98 所示。输入的模拟信号经脉宽调制器制成具有一定频率和一定幅值的脉冲信号，经数字放大后控制气动电磁阀。电磁阀输出的是具有一定压力和流量的气动脉冲信号，但已具有足够功率，能借助气动执行元件对负载做功。

在脉宽调制气动伺服系统中，脉宽调制伺服阀完成信号的转换与放大作用。常见的结构有四通滑阀型和二通球阀型。图 2.99 为滑阀式脉宽调制伺服阀的结构原理图。滑阀两端各有一电磁铁 1、5，脉冲信号电流轮流地加在两个电磁铁上，控制阀芯按脉冲信号的频率作往复运动，从而使受控的气动执行元件作相应的往返运动。脉宽调整气动伺服阀的工作频率一般为 10～30 Hz。

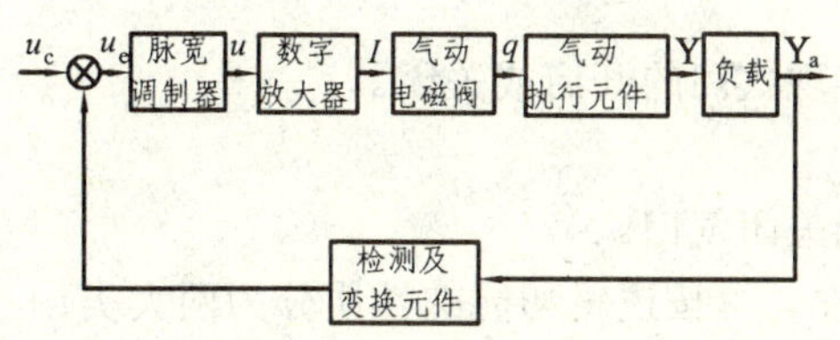

图 2.98　脉宽调制伺服系统方框图

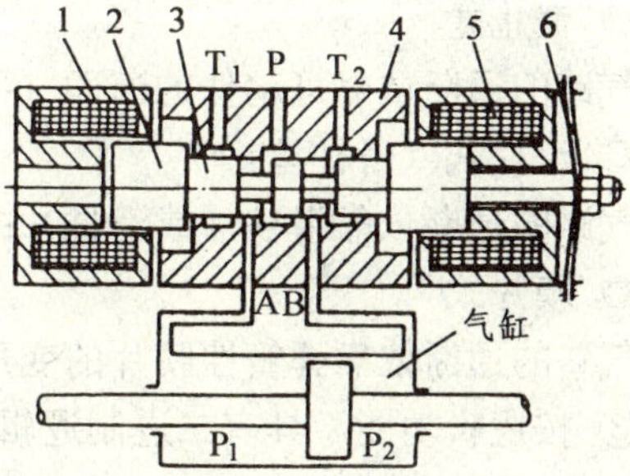

1、5—电磁铁；2—衔铁；3—阀芯；4—阀体；6—反馈弹簧

图 2.99　滑阀式脉宽调制伺服阀的结构原理图

脉宽调制控制与模拟控制相比有很多优点：控制阀在高频开关状态下工作，能消除死区和干摩擦等非线性因素：控制阀加工精度要求不高，降低了生产成本；控制阀节流口经常处于全开状态，抗污染能力强，工作可靠。缺点是功率输出小，机械振动和噪声较大。

三、气动逻辑控制元件

1. 逻辑控制

在实际生产中，任何一个实际的控制问题，都可以用逻辑关系来进行描述。从逻辑角度看，事物都可以表示为两个对立的状态，这两个对立的状态又可以用两个数字符号“1”和“0”表示。他们之间的逻辑关系遵循布尔代数的二进制逻辑运算法则。

同样地，任何一个气动控制系统及执行机构的动作和状态，亦可设定为“1”和“0”。例如将气缸的动作进设定为“1”，动作退役为“0”；管道有压设定为“1”，无压设定为“0”；元件有输出信号设定为“1”，无输出信号设定为“0”等。这样，一个具体的气动系统可以用若干个逻辑函数式来表达。由于逻辑函数式的运算是有规律的，对这些逻辑函数是进行运算和求解，可使问题变得明了、易解，从而可获得最简单的或最佳的系统。

总之，逻辑控制即是将具有不同逻辑功能的元件，按不同的逻辑关系组配，实现输入、输出口状态的变换。

2. 逻辑元件

气动逻辑元件使用压缩空气为介质，通过元件的可动部件（如膜片、阀芯）在气控信号作用下动作，改变气流方向以实现一定逻辑功能的气体控制元件。实际上气动方向控制阀也具有逻辑元件的各种功能，所不同的是它的输出功率较大、尺寸也大。而气动逻辑元件的尺寸较小，因此在气动控制逻辑系统中广泛采用各种形式的气动逻辑元件（逻辑阀）。

(1) 气动元件

气动逻辑元件的种类很多，可根据不同要求来进行分类。

① 按工作压力。高压型（工作压力 0.2～0.8 MPa）；低压型（工作压力 0.05～0.2 MPa）；微压型（工作压力 0.005～0.05 MPa）。

② 按结构形式。元件的结构总是由开关部分和控制部分所组成。开关部分是在控制信号作用下来回动作，改变气流通路，完成逻辑功能。根据组成原理，气动逻辑元件的结构形式大致可分成 3 类:

◎ 截止式

气路的通断依靠可动件的断面（平面或锥面）与气嘴构成的气口的开启或关闭来实现。

◎ 滑柱式（滑柱型）

气路的通断依靠滑柱（或滑柱）的移动，实现气口的开启或关闭。

◎ 膜片式

气路的通断依靠弹簧性膜片的变形，开启或关闭气口。

③ 按逻辑功能。具有二进制逻辑功能的元件，可按逻辑功能的性质分为两大类:

◎ 单功能元件

每个元件只具备一种逻辑功能，如或、非、与等。

◎ 多功能元件

每个元件具有多种逻辑功能，各种逻辑功能由不同的连接方式获得。如三膜片多功能气动逻辑元件等。

(2) 高压截止式逻辑元件

高压截止式逻辑元件是依靠控制气压信号推动阀芯或通过膜片的变形推动阀芯动作，改变气流的流动方向以实现一定逻辑功能的逻辑元件。这类元件的特点是行程小、流量大、工作压力高、对气源净化要求低，便于实现集成安装和实现集中控制，其拆卸也很方便。

① 是门元件。元件的输入和输出信号之间始终保持相同的状态。是门元件一般在回路中用作波形整形以及信号的隔离和放大。

图 2.100 为是门元件的结构原理图。图中 a 为输入信号，P_S 为气源，S 为输出的信号。阀片 7 在气源压力（或弹簧 5）的作用下，紧压着下喷嘴 9，输出口 4 与排气口 2 相通，元件没有输出。当输入口 8 有输入信号 a 时，膜片 1 在控制信号压力作用下将阀片移动，紧压在上喷嘴 3 上，关闭输出口与排气口的通路，使输出与气源相通，输出口有输出信号 S。当输入信号 a 消失时，阀片复位，关

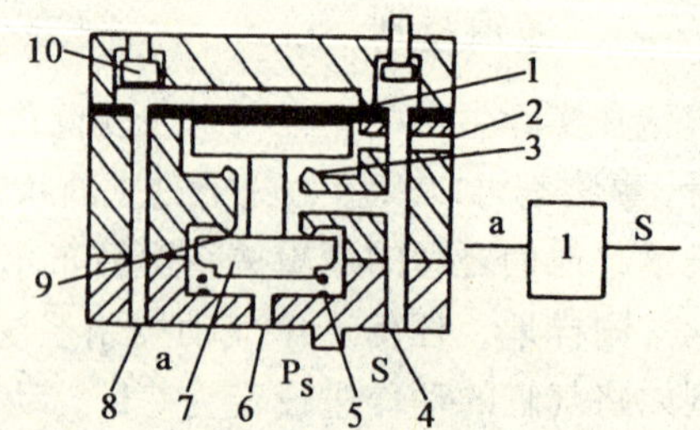

1—膜片；2—排气口；3—上喷嘴；4—输出口；5—弹簧；6—气源口；7—阀片；8—输入口；9—下喷嘴；10—指示杆

图 2.100 是门元件的结构原理图

闭气源与输出口的通路，打开输出口与排气口的通道，将输出通道中的有压气体经上喷嘴从排气口排出。在有输出信号 S 时，指示杆向上，手动按压有压力感。

② 非门和禁门元件。元件的输入和输出信号之间始终保持反相的状态。非门元件一般在回路中用作信号反相，信号隔离和放大。

图 2.101 为非门元件的结构原理图。图中 a 为输入信号，P_S 为气源，S 为输出信号。阀片 7 在气源压力（或弹簧 5）的作用下，紧压上喷嘴 2，输出口 4 与排气口 1 关闭，其源口 6 与输出口相通，元件有输出信号 S。

当输入口 8 有输入信号 a 时，膜片 9 在控制信号压力作用下，将阀片下移，紧压在下喷嘴 3 上，关闭气源与输出口的通道，元件没有输出，打开输出口与排气口的通路，将输出通道中的有压气体从排气口中排出。当输入信号 a 消失时，阀片复位，打开气源与输出口的通路，关闭输出口与排气口的通路，元件输出口恢复有输出状态。在有输出信号 S 时，指示杆向上，手动按压有压力感。

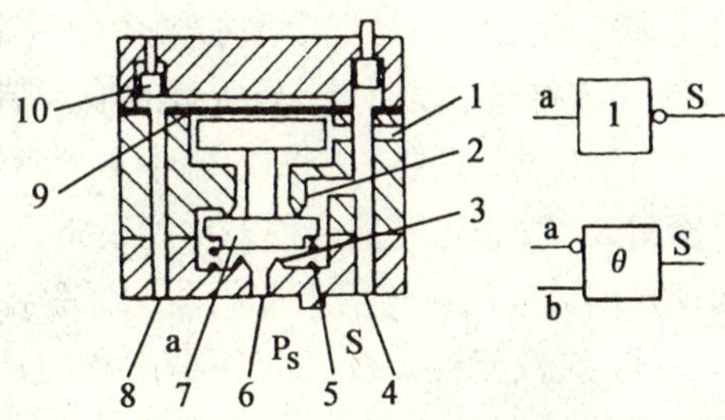

1—排气口；2—上喷嘴；3—下喷嘴；4—输出口；5—弹簧；6—气源口；7—阀片；8—输入口；9—膜片；10—指示杆

图 2.101　非门和禁门元件的结构原理图

若把中间孔不作气源孔 P_S，而改作另一输入信号孔 b，该元件即为“禁”门元件。也就是说，当 a、b 均有输入信号时，阀片在 a 输入信号作用下封住 b 孔，S 无输出；在 a 无输入信号而 b 由输入信号时，S 就有输出，既 a 的输入信号对 b 的输入信号起“禁止”作用。

③ 与门元件。与门元件是一种无源元件，没有气源输入，输出信号的气压由输入信号来提供。与门元件是当两个输入信号均有时，才有输出信号，用于逻辑控制回路中作“与”运算。

图 2.102 为与门元件结构原理图。

图中 a、b 为两个输入信号，S 为输出信号。当有输入信号 a、无输入信号 b 时，阀片 5 紧压上喷嘴 1，输出口 3 无信号输出。同样当有 b 没有 a 时，输出口 3 无信号输出。只有当两输入口同时有输入信号 a、b 时，元件的输出口有 S 输出。

如果采用是门元件代用时，将气源口 6 作输入信号 b，同样具有与门功能。

④ 或门元件。有两个输入口，当有一个输入或两个同时有输入信号时，元件就有输出。或门元件也是无源元件，用于逻辑回路中作“或”运算。

图 2.103 为或门元件的结构原理图。

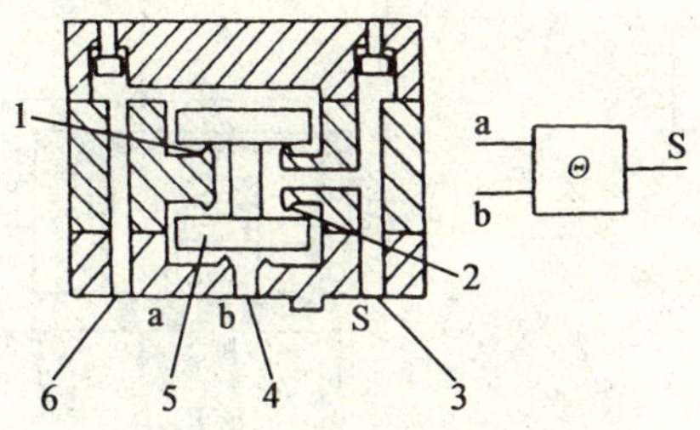

1—上喷嘴；2—下喷嘴；3—输出口；4、6—输入口；5—阀片

图 2.102　与门元件结构原理图

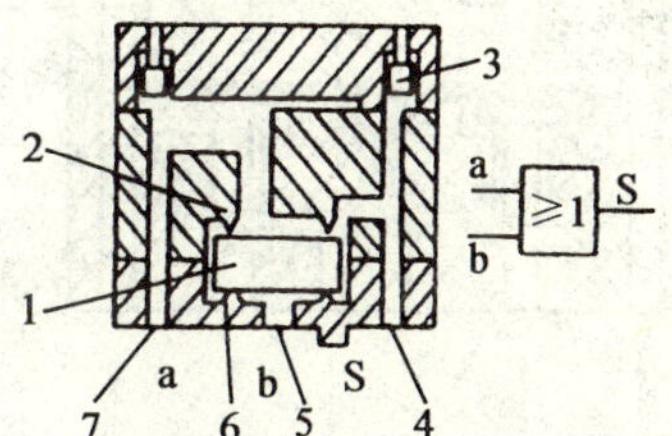

1—阀片；2—上喷嘴；3—指示杆；4—输出口；5、7—输入口；6—下喷嘴

图 2.103　或门元件结构原理图

图中a、b为两个输入信号，S为输出信号。其动作是，当a输入时，阀片1下移，打开上喷嘴2与输出口4的通路，输入a信号压力进入输出通道，使输出口有S输出；同样当b由输入时，阀片上移，打开下喷嘴6与输出口的通道，输入信号b进入输出通道，使输出口有S输出。a、b均有输入时，总有一个输入能进入输出通道，使输出口有S输出。

为保证元件工作可靠，输入信号之间不能相互串气，因此输入信号压力应等于额定工作压力。

⑤ 或非元件。图2.104所示为或非元件的工作原理图，它是在非门元件的基础上增加两个信号输入端，即具有a、b、c 3个输入信号。很明显，当所有的输入端都没有输入信号时，元件有输出S，只要3个输入端中1个有输入信号，元件就没有输出S。或非元件是一种多功能逻辑元件，用这种元件可以实现是门、或门、与门、非门及记忆等各种逻辑功能。

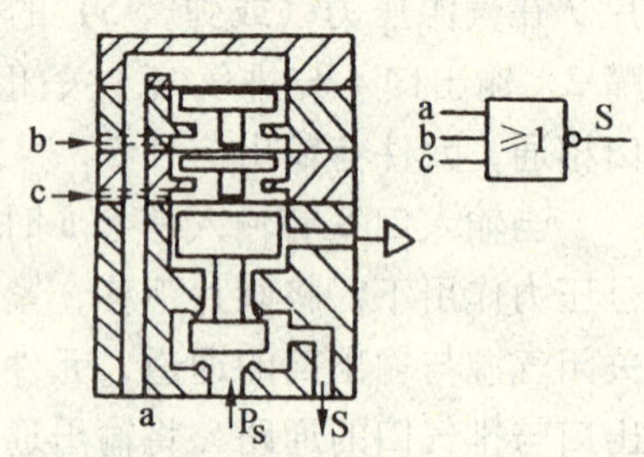

图2.104　或非元件的工作原理图

⑥ 双稳元件。双稳元件是一种时序元件，输出信号状态除了取决于输入信号的有无之外，也取决于输入信号输入前元件所处的状态。

双稳元件的功能有许多种，基本的双稳功能是：元件有输入信号a、b及两个互为反相的输出S和$\overline{S}$。当输入a时使S有输出，$\overline{S}$无输出，a信号消失，元件保持S有输出的状态；同样输入b时，使$\overline{S}$有输出，S无输出，b消失，元件保持$\overline{S}$有输出的状态。当两个输入同时进入时，元件状态取决于先输入的那个信号相对应的输出状态。

根据不同的要求派生有多种不同功能的双稳元件。双稳元件结构很多，以下介绍几种。

截止式双稳元件（见图2.105）。

图中有气源输入口P_S，两输入信号a、b，两输出信号S和$\overline{S}$。截止式双稳元件相当于两个“非”和两个“禁止”元件的组合。这种元件有固定置“0”的功能。只要一通入气源，一定是S有输出，元件为“0”态。此时S输出的气信号对$\overline{S}$有“禁止”的能力。当b有输入时，膜片1变形，开启密封片6，使S原来禁止$\overline{S}$的作用腔排空，促成$\overline{S}$有输出，$\overline{S}$输出禁止了S的输出，使元件稳定处于“1”态。只有当a端再次有输入信号时，元件再次转为“0”态。当a、b端同时有输入信号时，S和$\overline{S}$同时有输出。有两个手动按钮，便于手动操作。截止式双稳元件的特点是可以尽量减少密封面的泄漏量，采用工程塑料制造，成本低廉。

◎ 滑块式双稳元件（见图2.106）

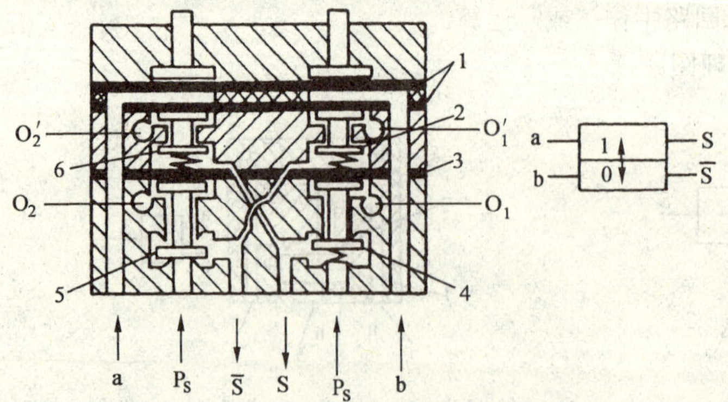

1—膜片；2、6—密封片；3—膜片；4、5—阀片

图2.105　截止式双稳元件的结构原理图

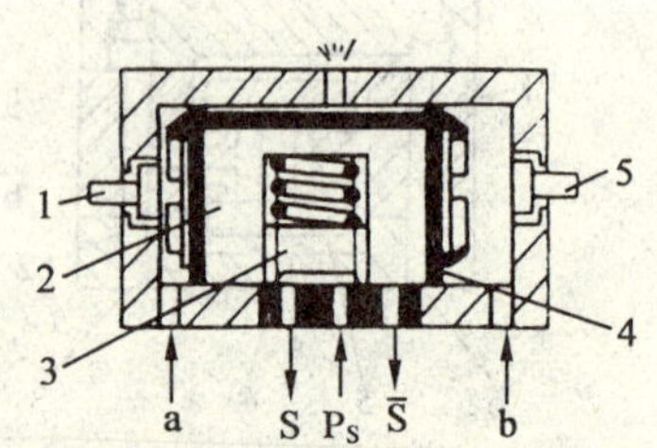

1、5—手动按钮；2—柱塞；3—滑块；4—密封环

图2.106　滑块式双稳元件的结构原理图

图中的 P_S 为气源输入，a、b 为信号输入，S、$\overline{S}$ 为两个输出端。气动作是：信号输入 a、b 推动柱塞 2 左右移动，柱塞带动滑块 3 移动，滑块依靠气源气压紧压在配气圆柱面上，滑块的移位使两个输出通路通断，并同时关闭或打开两输出端与排气端的通路。两输出端 S 和 $\overline{S}$ 互为反相。两端手动按钮 1、5 可推动柱塞实现换向。依靠柱塞的软质密封环 4 固定柱塞的位置，以获得双稳记忆功能。

⑦ 延时元件。延时元件的作用是使输出信号 S 的状态变化，与输入信号 a 形成一个时间差。

根据不同的需要，常用的延时元件共有 4 种：常开延时闭、常闭延时开、常开延时开和常闭延时闭。

以常闭延时开元件为例，图 2.107 表示该元件的结构原理。

图中有输入信号 a，气源 P_S，输出信号 S。其动作是：当气源输入 P_S 压力时，是门元件无输入；当输入信号 a 时，经单向节流，使气容 C 中压力逐渐上升，一定时间后压力上升超过是门元件的切换压力时，是门元件有输出。当 a 信号消失，气容中有压气体经单向阀迅速排出，是门元件迅速返回。

⑧ 脉冲元件。元件按照需要发出一定周期的连续脉冲气信号。

图 2.108 为脉冲元件的结构原理图。

图中有气源输入 P_S 和输出信号 S。其动作是：当通入气源 P_S 压力气体时，非门元件立即有输出 S。同时输出口 S 的有压气体经过节流阀 3，缓慢进入气容，使气容内压力缓慢上升，上升到非门元件的切换压力时，作用于膜片 4，使非门元件切换，输出 S 为“0”状态。输出 S 为“0”时，气容内有压气体经过节流阀缓慢排出，达到返回压力时，非门元件返回输出 S 为“1”状态。周而复始，元件不断输出气脉冲。气脉冲的周期和脉冲长度由节流阀调解。

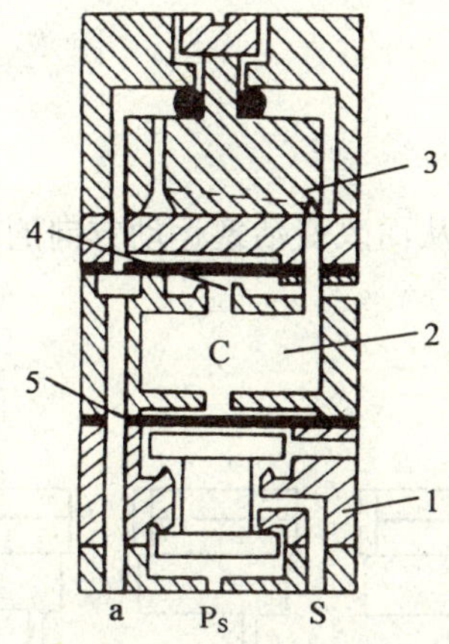

1—是门元件；2—气容；3—节流阀；4—单向阀；5—膜片

图 2.107　常闭延时开元件的结构原理图

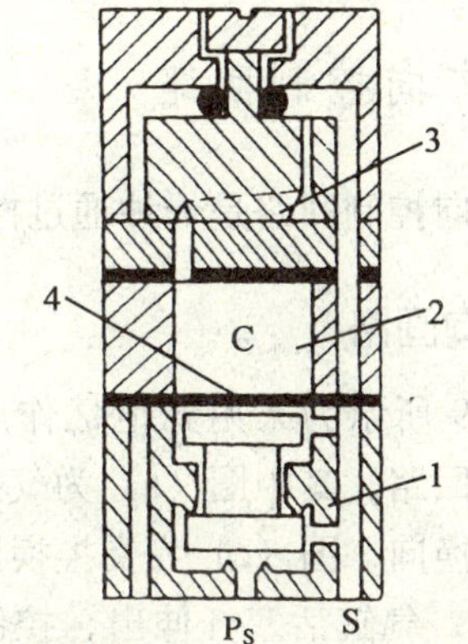

1—是门元件；2—气容；3—节流阀；4—膜片

图 2.108　脉冲元件的结构原理图

3．滑柱式逻辑元件

滑柱式逻辑元件在结构上与一般的气动换向阀相同，各种逻辑功能均由二位三通阀和二位五通阀两种基本单元组合而成。

4．逻辑元件的使用

(1) 气动逻辑元件的适用范围

由有可动部件的气动逻辑元件组成的气动逻辑控制系统，常用于工厂的设备中：高压逻辑元件用于输出功率比较大，气源要求净化条件不高的系统；低压逻辑元件用于与气动仪表配套的控制系统；微压逻辑元件用于与射流系统、气动传感器配套的系统。

(2) 气动逻辑系统运行的故障原因

① 程序逻辑错误。这是系统运行中出现量最多的一种故障形式，系统不能满足设备运行的程序要求。其主要原因是对输入信号的障碍没有消除，以致造成程序紊乱或运行中断。

② 互锁保护错误。系统不能满足设备的互锁、保护要求。特别是在复杂系统中，互锁、保护要求严格，由于设计人员考虑不周，或执行元件相互关系的复杂性而造成。

③ 阻容及负载的存在和变化造成的信号传递失误。实际系统中存在的气容、气阻和负载，以及它们在运行中的变化、局部漏气等，将影响系统各部位信号的传递速度和压力恢复，造成信号的相位误差。过大的相位误差会使系统程序紊乱或转换速度降低，特别是对于由延时脉冲等阻容元件组成的系统影响较大。

④ 系统的竞争和振荡。设计中较难判别系统可能发生的竞争和振荡。实际系统中的负载、阻容参数及元件性能参数的匹配，对竞争是否发生具有决定性影响。

四、气动辅件

气动辅件包括自动排水器、消声器和真空元件。

第六节 气动基本回路

一、方向控制回路

气动方向控制回路是一种通过控制气缸进气方向，从而改变活塞运动方向的回路。

1．换向回路

图 2.109 所示为采用无记忆作用的单控换向阀的换向回路，其中图（a）为气控换向；图（b）为电控换向；图（c）为受控换向。当加了控制信号后，气缸活塞杆伸出；控制信号一旦消失，不论活塞杆运动到何处，活塞杆立即退回。在实际使用中必须保证信号有足够的延续时间，否则会出现事故。

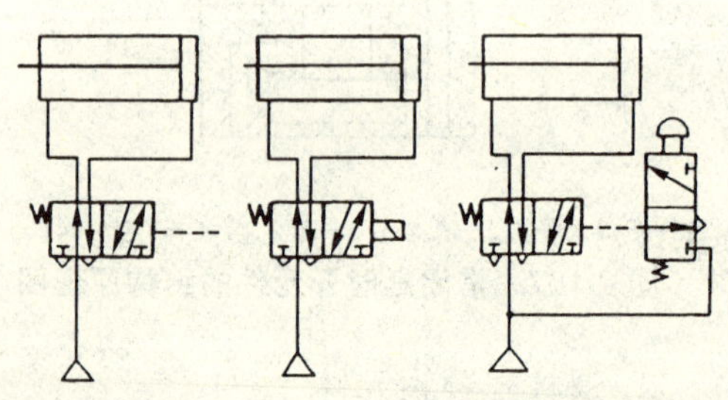

（a）气控换向 （b）电控换向 （c）手控换向

图 2.109 用单控阀的换向回路

图 2.110 所示为采用有记忆作用的双控换向阀的换向回路，其中图（a）为双气控换向；图（b）为双电控换向。回路中所用的主控阀具

有记忆功能，故可以使用脉冲控制信号（但脉冲宽度应能保证主控阀换向），只有加了相反的控制信号后，主控阀才会换向。

图 2.111 所示为自锁式换向回路，主控阀采用无记忆作用的单控换向阀，这是一个手控换向回路。当按下手动阀 1 的按钮后，主控阀右位接入，气缸活塞杆向左伸出，这时即使手动阀 1 的按钮松开，主控阀也不会换向。只有当手动阀 2 的按钮压下后，控制信号消失，主控阀换向复位，左位接入，气缸活塞杆向右退回。这种回路要求控制管路和手动阀不能有漏气现象。

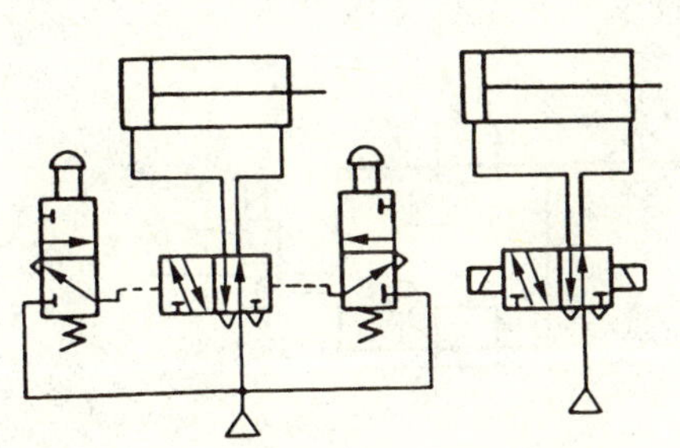

（a）双气控换向　（b）双电控换向

图 2.110　用双控阀的换向回路

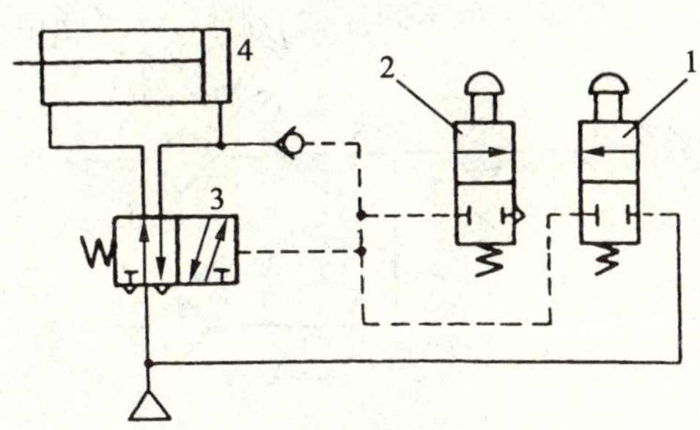

1、2—手动阀；3—主控阀；4—气缸

图 2.111　自锁式换向回路

2. 缓冲回路

缓冲回路适用于气缸行程长、速度高、负载惯性大的场合，即缓冲回路是气缸负载质量所具有的动能超出缓冲气缸所能吸收的能量时所采用的一种气缸外部缓冲的方法。图 2.112 所示为一种用机控阀的缓冲回路。主控阀 1 右位接入时，活塞杆外伸。当高速伸出的活塞杆上的挡块压下机控阀 4 滚轮后，机控二位二通阀关闭，气缸 3 排气腔的气体只能经过单向节流阀 2 和主控阀排入大气，气缸活塞减速。改变节流阀开度，可以调节缓冲速度，改变机控阀的安装位置可选择缓冲的起点。

图 2.113 所示为利用快速排气阀、顺序阀和节流阀组成的缓冲回路，来实现气缸再退回到终端时的缓冲。主控阀 1 处与图示为止，气缸活塞向左退回，开始时排气腔（左腔）压力较高，通过快速排气阀 3 的气体打开顺序阀 4，经节流阀 1 流入大气，排气腔压力快速下降。当接近行程终端时，因排气腔压力下降，顺序阀关闭，排气腔的气体只能经节流阀 2 和主控阀 1 排入大气，实现了气缸外部缓冲。

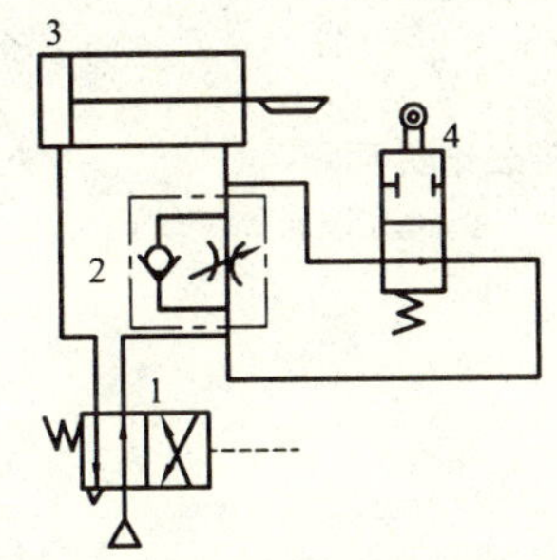

1—主控阀；2—单向节流阀；3—气缸；4—机控二位二通阀

图 2.112　用机控阀的缓冲回路

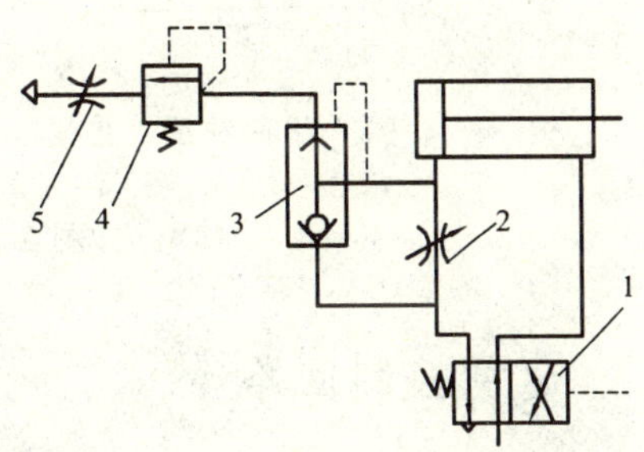

1—主控阀；2、5—节流阀；3—快速排气阀；4—顺序阀

图 2.113　用快速排气阀、顺序阀和节流阀的缓冲回路

二、压力与力控制回路

1. 压力控制回路

压力控制回路应用很广，凡是需要用到具有一定压力的压缩空气的场合，都采用这类回路。图 2.114（a）所示的压力控制回路是最基本的压力控制回路，由气动三大件——过滤器、减压阀和油雾气组成。如果气动系统有几个气缸动作，且工作压力相同，则可在油雾器后面通过气源分配器将压缩空气送到每个气缸所对应的主控阀气源口。图 2.114（b）中，两个减压阀 1、2 提供两种不同压力，进二位三通电磁阀 3 能实现自动选择压力。

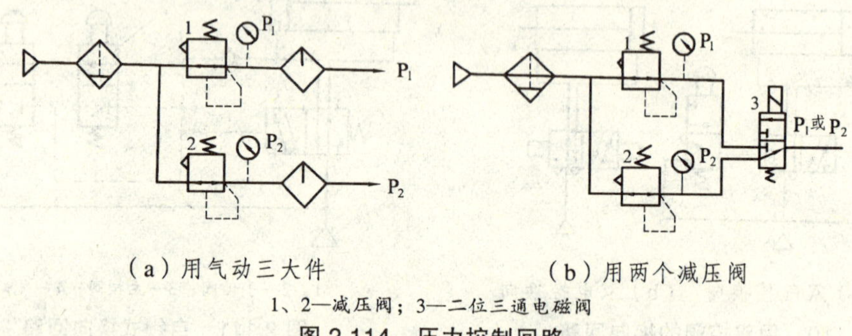

（a）用气动三大件　　（b）用两个减压阀

1、2—减压阀；3—二位三通电磁阀

图 2.114 压力控制回路

2. 力控制回路

图 2.115（a）所示为利用压力控制回路提供的两种不同压力，改变气缸活塞两侧压力差，实现对输出力的控制。图示位置，气缸无杆腔压力 P_A 由减压阀 1 提供，气缸有杆腔压力 P_B 由减压阀 5 提供，且调定 $P_A>P_B$，活塞杆伸出，轻夹工件。操纵手动换向阀 2 和 4，使有杆腔内压缩空气排空，气缸输出力增加。

也可以通过改变作用面积的方法来实现对输出力的控制。图 2.115（b）所示为三活塞串联气缸的增力回路，阀 8 用于串联气缸的换向，阀 6、7 用于串联气缸的增力控制。

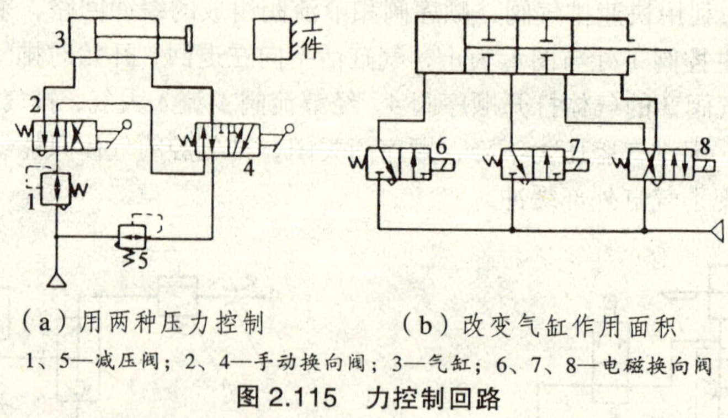

（a）用两种压力控制　　（b）改变气缸作用面积

1、5—减压阀；2、4—手动换向阀；3—气缸；6、7、8—电磁换向阀

图 2.115 力控制回路

三、速度控制回路

1. 单作用气缸的速度控制回路

图 2.116 所示为单作用气缸的速度控制回路。图（a）利用两个单向节流阀控制活塞杆的

伸出和退回速度。两个单向节流阀串联时，要注意单向阀的连接方向。图（b）利用一个节流阀和一个快速排气阀串联来控制活塞杆的伸出速度和快速退回。

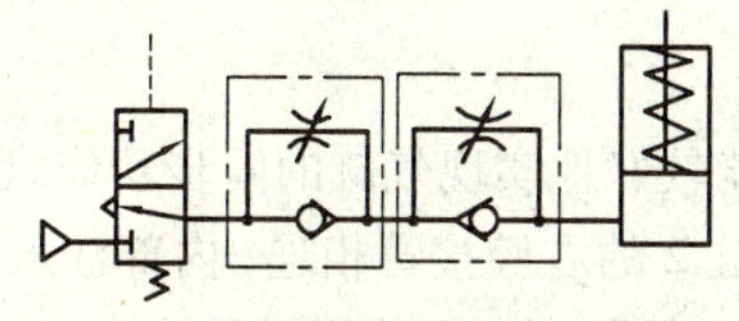

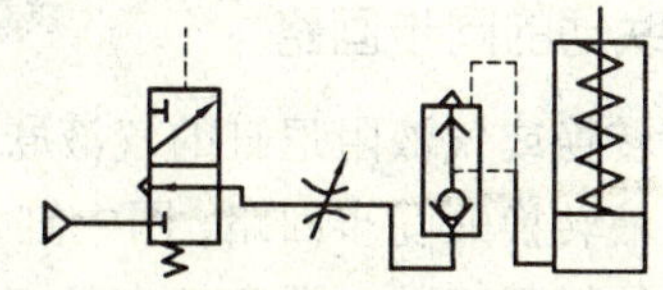

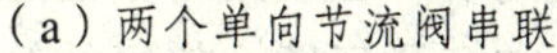

（a）两个单向节流阀串联　　（b）一个单向节流阀和一个快速排气阀串联

图 2.116　单作用气缸的速度控制回路

2. 排气节流调速回路

图 2.117 所示为排气节流调速回路。图（a）利用两个单向节流阀来实现气缸活塞杆伸出和退回两个方向的速度控制，气流经单向阀进气，通过节流阀节流排气。图（b）由带有消声器的排气节流阀实现排气节流的速度控制，排气节流阀安装在主控阀的排气口处。

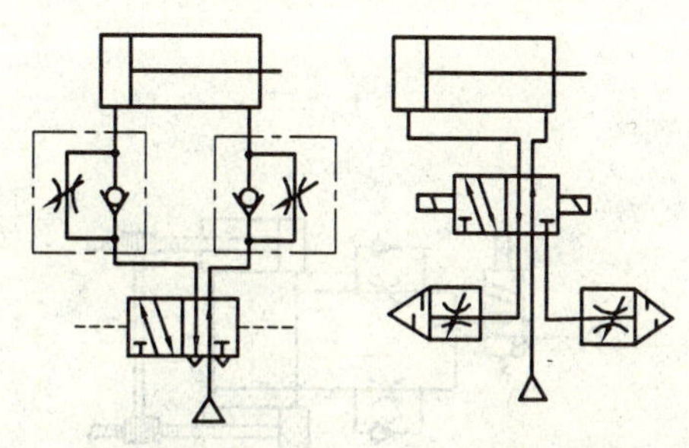

（a）两个节流阀　（b）带消声器的排气节流阀

图 2.117　排气节流调速回路

3. 气液联动调速回路

这种速度控制方法在气压传动中得到了广泛应用。它以气压为动力，利用气液转换器或气液阻尼缸把气压传动变为液压传动，控制执行机构的速度。

图 2.118 所示为利用气液转换器的调速回路，回路中执行元件是低压液压缸，其活塞杆伸出或退回的速度是通过调节节流阀的流量来控制的。

图 2.119 所示为利用气液阻尼缸的调速回路，其动作原理可参见本书第三章第一节的有关内容。

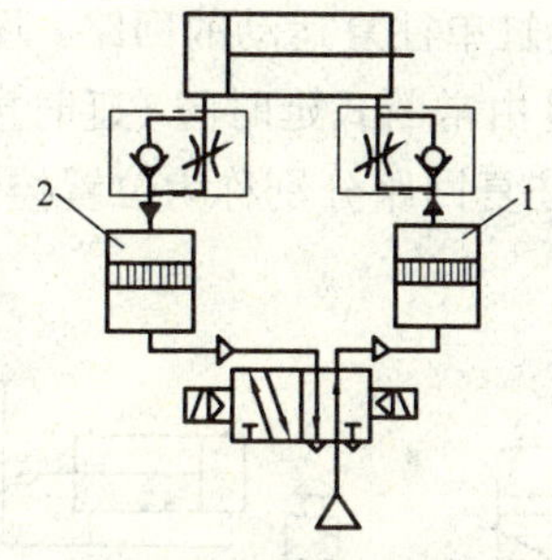

图 2.118　利用气液转换器的调速回路

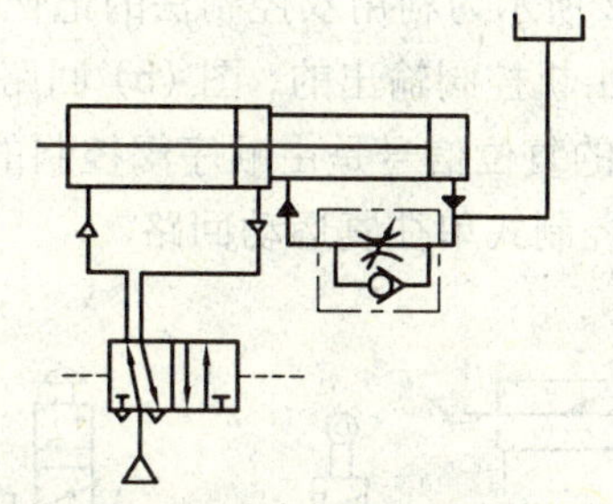

图 2.119　利用气液阻尼缸的调速回路

四、同步动作回路

1. 机械联结的同步回路

图 2.120 所示为利用齿轮条使两个活塞杆同步动作的回路。虽然存在由齿侧隙和齿轮轴

的扭转变形引起的误差，但同步可靠。它的缺点是结构较复杂，两缸布置的空间位置受到限制。

2. 气液联动的同步回路

使用气液转换或气液阻尼缸的气液联动的方法，能较好地实现气缸的同步动作。图2.121所示为采用气液转换的同步回路，图中缸1的左腔与缸2的右腔接管相连，内部注入液压油。只要保证两缸的缸径相同、活塞杆直径相等，就可以实现同步。但使用时要注意，如果发生液压油的泄漏或者油中混入空气都会破坏同步，因此要经常打开气堵6放气并补入油液。

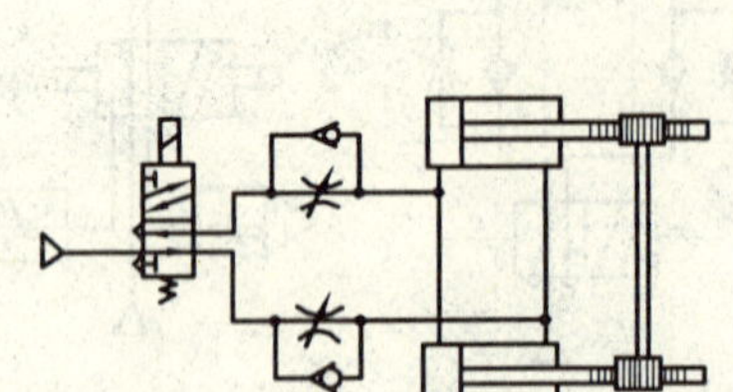

图2.120 机构联结的同步回路

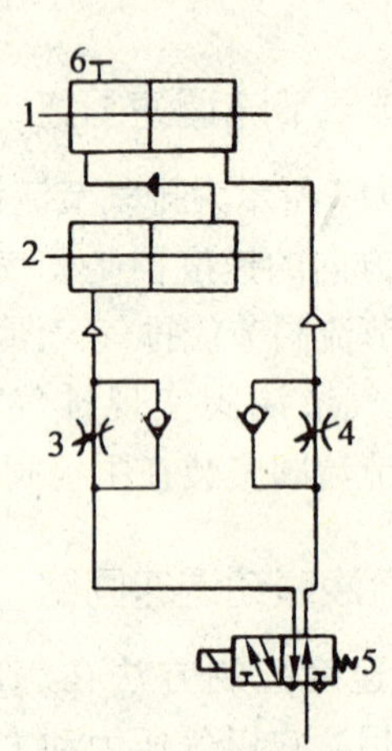

1、2—气缸；3、4—单向节流阀；5—电磁阀；6—气堵

图2.121 气液转换的同步回路

五、连续往复运动回路

1. 单往复运动回路

图2.122所示为利用双控制法的记忆功能，控制气缸单往复运动的回路。图（a）回路的复位信号是由机控阀输出的；图（b）回路的复位信号是由常断式延时阀（延时接通）输出的；图（c）回路的复位信号是由顺序阀控制的。这3种单往复回路分别称为位置控制式、时间控制式和压力控制式单往复运动回路。

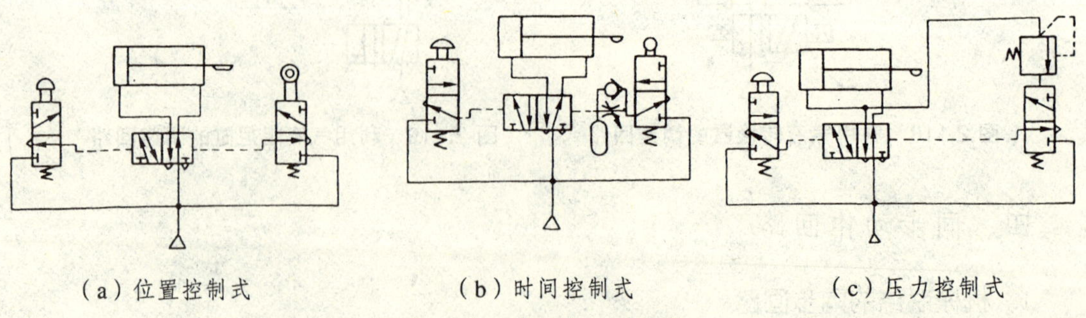

（a）位置控制式　（b）时间控制式　（c）压力控制式

图2.122 单往复运动回路

2. 多往复运动回路

图 2.123 所示为多往复运动回路，其中图（a）是用机控阀发信的位置控制式多往复动作回路，图（b）是用两个延时阀发信的时间控制式多往复动作回路。

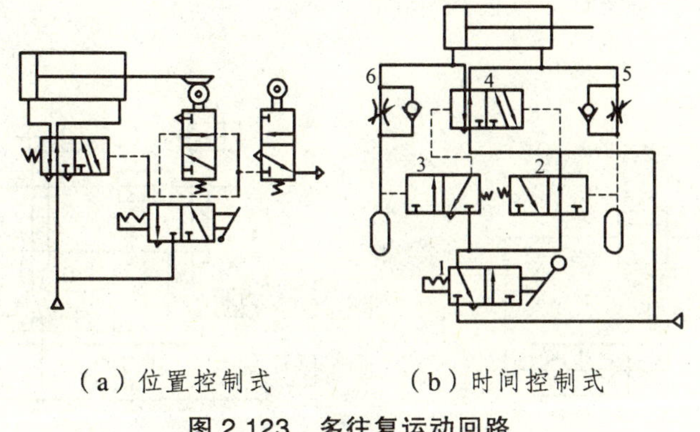

（a）位置控制式　　（b）时间控制式

图 2.123　多往复运动回路

六、其他回路

1. 安全保护回路

为了保护操作者的人身安全和保障设备的正常运转，常采用安全保护回路。

图 2.124 所示为双手操作回路。图（a）中，只有两手同时按下阀 1 和阀 2，主控阀 3 才换向。但是如果阀 1 或阀 2 的弹簧折断而不能复位，又单手操作另一个阀时，主控阀同样可以换向，这时就可能造成事故。因此这种安全保护回路的可靠性稍差。图（b）回路利用了气容允许放气的特点，在操作中只要阀 1 和阀 2 不同时被按下都会使气容 4 与大气接通而排气，使主控阀的控制口无信号。只有双手同时按下阀 1 和阀 2，气容与主控阀控制口才接通，才能换向。

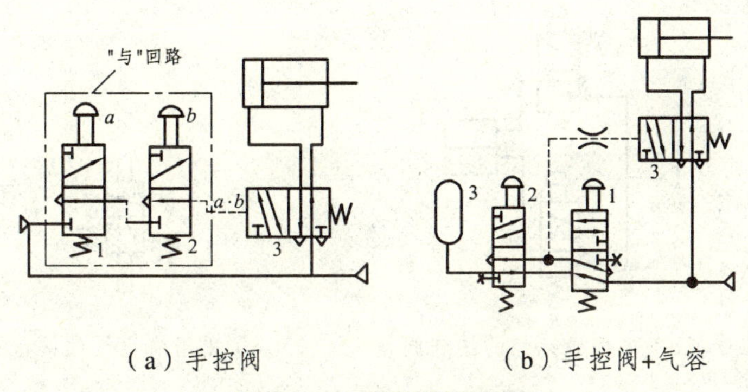

（a）手控阀　　（b）手控阀+气容

图 2.124　双手操作回路

图 2.125 所示为典型的过载保护回路。当气缸活塞杆在伸出图中遇到障碍时，无杆腔压力升高，顺序阀 2 打开，压缩空气经梭阀 3 使主控阀 1 右位接入而复位，从而气体输入气缸右腔而使气缸退回，保护设备的安全。

图 2.126 所示为联锁回路，回路保证只能有一个气缸动作，防止其他缸同时动作。回路

中利用了阀 1、2、3 及主控阀 4、5、6 进行联锁。如阀 7 被切换左位接通，则阀 4 换向左位接通（法的输出口 A_1 有输出，A_0 排出），气缸 A 伸出。与此同时，阀 4 的 A_1 输出使阀 1、2 动作，锁住主换阀 5、6。所以此时即使阀 8、9 有输入信号，缸 B、C 也不会动作。如果要更改缸的动作，必须提前使缸的气控阀复位。

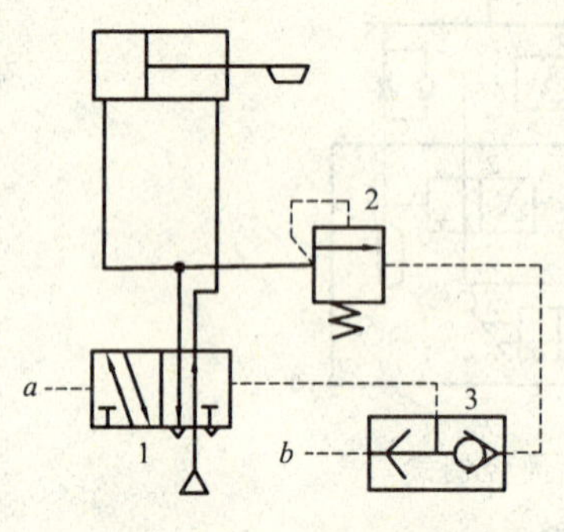

1—主控阀；2—顺序阀；3—梭阀

图 2.125 过载保护回路

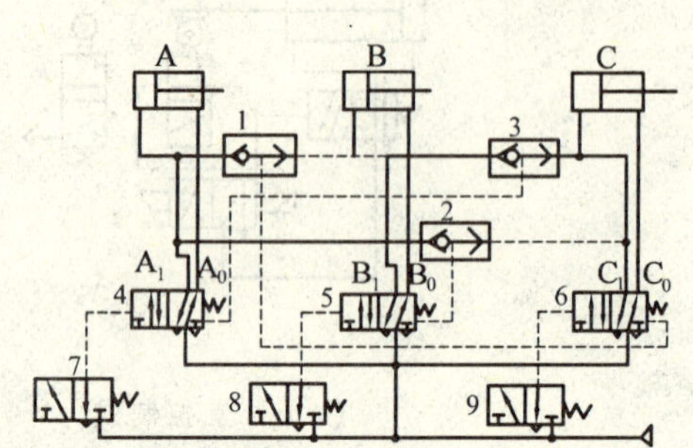

1、2、3—梭阀；4、5、6—主控阀；7、8、9—二位三通阀

图 2.126 联锁回路

2. 操作回路

(1) 起动停止回路

在全自动程序控制回路中，程序动作由外来起动信号 q 和工作程序最末节拍发生的信号相“与”后才能起动。需要中止程序连续循环运行时，只要去除起动信号 q 就可以了。图 2.127 所示为用于产生起动信号 q 的起动停止回路。图（a）中，按下手动阀 1 按钮产生的气信号经记忆元件 3 输出程序的起动信号 q；按下手动阀 2 产生的气信号使记忆元件 3 复位，无输出，程序运行至最后节拍即自动停止。图（b）采用了有记忆功能的手动阀，压下手柄，阀即输出启动信号 q；拉上手柄，阀复位，起动信号 q 消除。

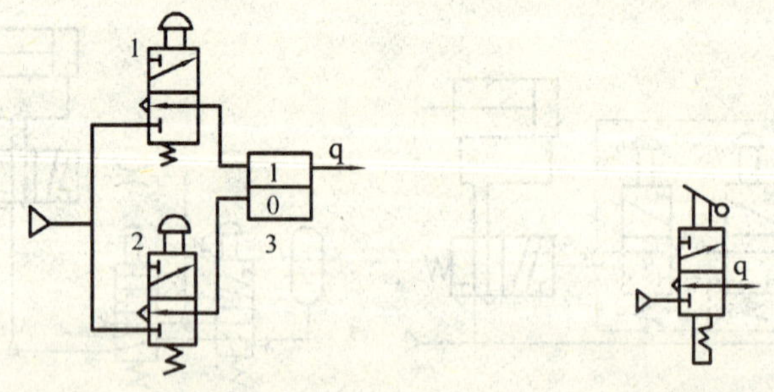

（a）采用无记忆的按钮阀　　（b）采用有记忆的按钮阀

图 2.127 起动停止回路

(2) 手动与自动操作转换回路

在调试或检修设备时，常要用手动阀单独操纵每个执行元件动作，这时可将手动信号与自动操作信号经逻辑“或”后切换主控阀，如图 2.128（a）采用手动与自动的转换阀，保证手动信号与自动信号两者联锁。

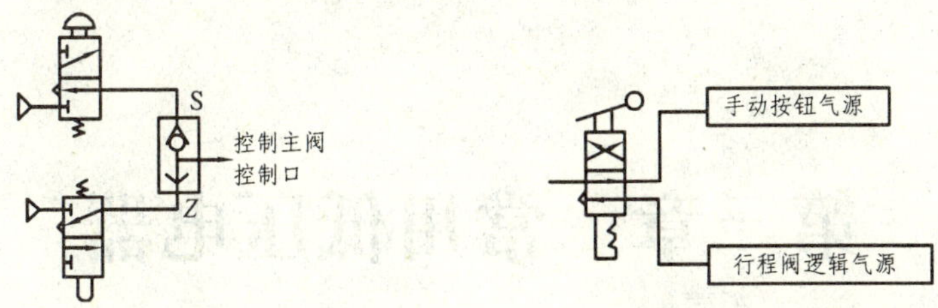

（a）手动信号和自动操作信号经逻辑“或”　　（b）用手动与自动转换阀

图 2.128　手动与自动操作转换回路

(3) 急停回路

它是气动自动化系统中重要的安全保护措施。在设备运行过程中出现意外事故时，按动急停按钮即可立即停车。图 2.129 所示为 3 种急停的方法。图（a）回路急停时，系统的信号源、控制和执行元件全部处于排气状态，便于维修和检查。图（b）回路急停时，因执行元件仍处于进气状态，气缸运动到终点时才能停车。图（c）回路急停时，执行元件处于浮动的位置。

急停后重新开车，要求系统继续按程序进行工作，可按动复位阀。

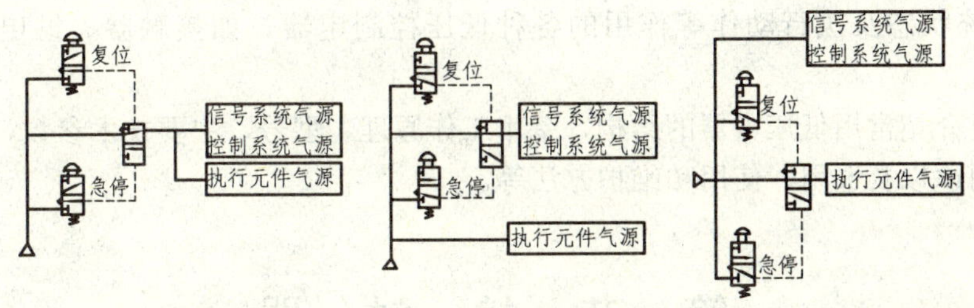

（a）切断系统全部气源　（b）切断信号系统气源　（c）切断执行机构气源

图 2.129　急停回路

思考题

1. 液压泵完成吸油和压油，必须具备什么条件？

2. 双杆活塞缸有什么特点？缸体固定和活塞固定各有什么特点？

3. 溢流阀、顺序阀、减压阀各有什么作用？它们在原理上和图形符号上有何异同？顺序阀能否当溢流阀用？

4. 为什么减压阀的调压弹簧腔要接油箱？如果把这个口堵死，将会怎样？

5. 为什么调速阀比节流阀调速性能好？两种阀各应用在什么场合较为合理？

6. 什么叫比例阀？比例阀是如何工作的？

7. 二位四通电磁换向阀用作二位三通或二位二通阀时应如何连接？

8. 气压传动系统中的调压阀是如何工作的？其中弹簧起什么作用？为什么要采用双弹簧结构？两个弹簧串联和并联对阀的调压性能有何影响？

9. 气动方向控制阀与液压方向控制阀有何相同与相异之处？

10. 快速排气阀为什么能快速排气？在使用和安装快速排气阀时应注意哪些问题？

11. 在气动控制元件中，哪些元件具有记忆功能？记忆功能是如何实现的？

12. 双电磁铁直动式换向阀与双电磁铁先导式气动换向阀在工作原理和使用性能方面有什么区别？

第三章 常用低压电器

电器是一种能够根据外界信号的要求，手动或自动接通或断开电路，断续或连续改变电路参数，以实现电路或非电对象的开关、控制、转换、保护、检测和调节作用的电工器械。简单地说，电器就是一种能控制电的器械。

电器按其工作电压等级分为高压电器和低压电器两种。低压电器是指工作在交流额定电压低于 1 200 V，直流额定电压低于 1 500 V 电路中的电器。在机电设备中，有应用在配电系统中，实现电能的输送、分配及电路和用电设备保护等作用的各种低压配电电器，如刀开关、组合开关、熔断器和低压断路器等；还有应用在电气控制系统中，实现发布命令、控制系统状态及执行动作等作用的各种低压控制电器，如接触器、继电器、主令电器等。

本章主要介绍常用低压电器的结构、基本工作原理、型号、主要技术参数、图形符号和文字符号的用途以及选用、使用和维护方法等。

第一节 接 触 器

接触器是各种机电设备中重要的控制电器之一，用来自动地接通或断开电路，以实现对控制对象的自动控制。接触器的触点系统可采用电磁铁、压缩空气或液体压力等驱动，因此它分为电磁式接触器、电空式接触器和液压式接触器 3 种。其中，应用最为广泛的是电磁式接触器。

电磁式接触器根据主触点通过的电流种类，分为交流电磁式接触器和直流电磁式接触器。

一、电磁铁的工作原理

图 3.1 所示为直流拍合式电磁铁。在线圈 3 未通电时，衔铁 1 在反力弹簧 7 的作用下，处于打开位置，衔铁 1 与极靴 2 之间保持一个较大的气隙。当线圈通电后，在导磁体中产生磁通 Φ，根据磁力线流入端为 S 极，流出端为 N 极的规定，在衔铁与极靴相对的端面具有异极性。由于异性磁极相吸，于是在铁心和衔铁间产生电磁力。当电磁力大于反力弹簧的反作用力时，衔铁被吸向铁心，直到与极靴接触为止。这个过程称为衔铁的吸合过程。当线

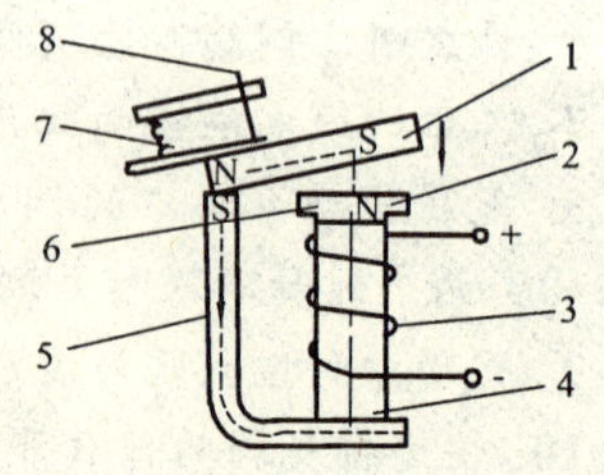

1—衔铁；2—极靴；3—线圈；4—铁心；5—磁轭；6—非磁性垫片；7—反力弹簧；8—调节螺钉

图 3.1 电磁铁的工作原理

圈中的电流减小或中断时，铁心中的磁通就变小，电磁力也随之减小，当电磁吸小于反力弹簧的反作用力时，衔铁就在反力弹簧作用下返回至打开位置，这个过程称为衔铁的释放过程。

二、交流接触器

1. 交流接触器的结构

交流接触器主要由电磁机构、触点系统、灭弧装置以及其他部分组成。图 3.2 为交流接触器外形图。

(1) 电磁机构

电磁机构是电器的感测部分，其作用是将电磁能转换为机械能，带动触点使之接通或断开。电磁机构主要包括铁心、线圈和衔铁等，其中铁心与线圈固定不动，衔铁可以移动。由于交流接触器的线圈一般通入交流电，交流磁场中存在磁滞和涡流损失，将导致铁心发热，因此铁心和衔铁采用电工钢片叠压制成。同时，在铁心极面上安装有分磁环以减小机械振动和噪声。

(2) 触点系统

触点是接触器的执行系统，其作用是接通或断开电路。交流接触器一般采用双断点桥式触点，如图 3.3 所示。交流接触器包括 3 对主触点，如图 3.3 中所示的 1、2、3，主触点接在主电路中，起接通或断开主电路的作用，允许通过较大的电流；4 对辅助触点接在控制电路中，完成一定的控制（如自锁、互锁等）要求，只允许通过小电流，如图 3.3 中所示的 4、5。

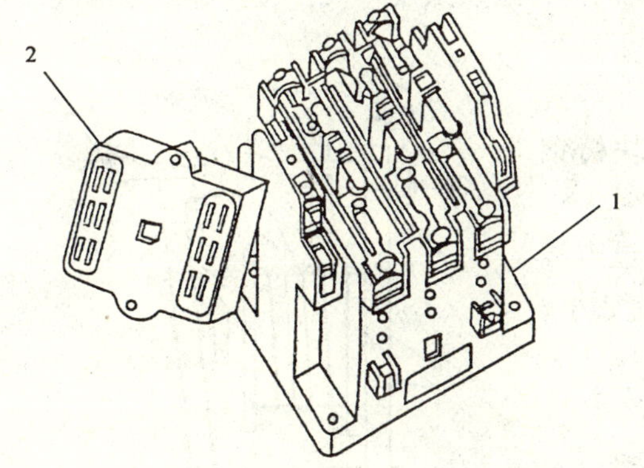

图 3.2　交流接触器外形图

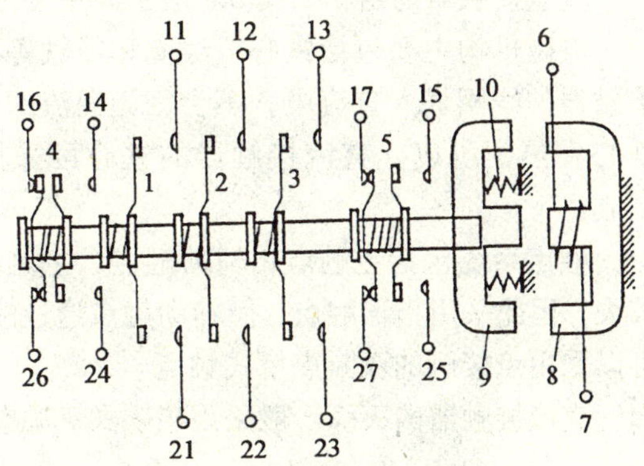

1、2、3—主触点；4、5—辅助触点；6、7—线圈；8—磁轭；9—衔铁；10—反力弹簧；11～17、21～27—接线柱

图 3.3　交流接触器原理示意图

触点除有主辅之分外，还可分为动合和动断两类。当线圈未通电时，处在相互脱开状态的触点叫动合触点，处在相互接触状态的触点叫动断触点。各种接触器的主触点都是常开的，辅助触点有动合和动断两种。在接触器中，动合和动断触点是联动的，即：当线圈通电时，所有的动断触点先分断，然后所有的动合触点才闭合；而当线圈断电时，在反力弹簧力的作用下，所有的动合触点先分断，然后所有的动断触点才闭合，触点都恢复到原来的状态。

(3) 灭弧装置

交流接触器在断开大电流电路时，一般会在动、静触点之间产生强烈的电弧。电弧一方面烧蚀触点，降低接触器的使用寿命和工作的可靠性，另一方面会使触点的分断时间延长，严重时会引起火灾或其他事故。因此，应采取适当措施熄灭电弧。

容量较小（10 A 以下）的交流接触器一般采用双断触点和电动力灭弧，容量较大（20 A 以上）的交流接触器一般采用灭弧栅灭弧。

(4) 其他部分

交流接触器的其他部分包括反力弹簧、底座和接线柱等。

2. 交流接触器工作原理

交流接触器的工作原理如图 3.3 所示，当交流接触器的线圈 6、7 间通入交流电时，铁心 8 被磁化，产生的电磁吸力大于反力弹簧 10 的反力时，将衔铁 9 吸合。一方面，带动了动合主触点 1、2、3 闭合，接通主电路；另一方面，带动动断辅助触点（4、5 左侧的触点）断开，接着动合辅助触点（4、5 右侧的触点）闭合。当线圈断电或线圈外加电压太低时，在反力弹簧的作用下，衔铁释放，动合主触点断开，切断主电路；动合辅助触点先断开，接着动断辅助触点恢复闭合。

三、直流接触器

1. 直流接触器的结构

直流接触器的结构如图 3.4 所示。主要由电磁机构、触点系统、灭弧装置等部分组成。

电磁机构主要包括铁心、线圈和衔铁等。由于直流接触器的线圈通入直流电，不会因为涡流的作用而导致铁心发热，所以，直流接触器的铁心可采用整块铸钢制成。

触点系统包括主触点和辅助触点。主触点通过电流较大，因此采用指形触点；而辅助触点通过的电流较小，可以采用点接触的双断点桥式触点。

直流接触器的灭弧一般采用磁吹式灭弧装置。

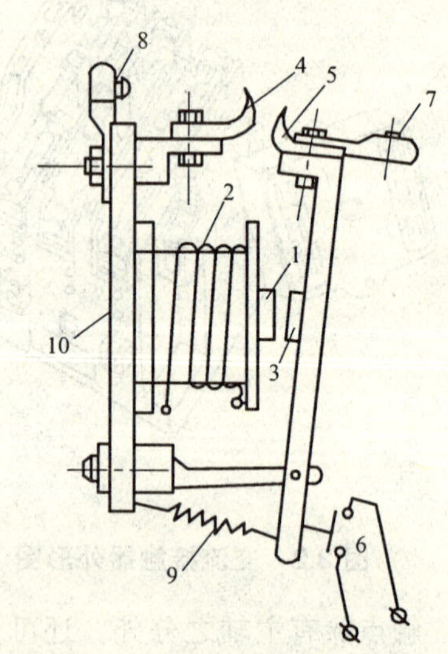

1—铁心；2—线圈；3—衔铁；4—静触点；5—动触点；6—辅助触点；7、8—接线柱；9—反力弹簧；10—底座

图 3.4 直流接触器的结构原理图

2. 直流接触器的工作原理

直流接触器的工作原理如图 3.4 所示，当直流接触器的线圈 2 通入直流电时，铁心 1 被磁化，产生的电磁吸力大于反力弹簧 9 的反力时，将衔铁 3 吸合。一方面，带动了动主触点 5 移动与静主触点 4 闭合，接通主电路；另一方面，带动辅助触点 6 接通或断开控制电路。而当线圈断电或线圈外加电压太低时，在反力弹簧的作用下，衔铁释放，动合主触点断开，切断主电路；辅助触点则恢复到原来的状态。

四、接触器的符号和主要技术参数

1. 接触器的符号

接触器的图形符号如图 3.5 所示，其中 KM 表示接触器的文字符号。

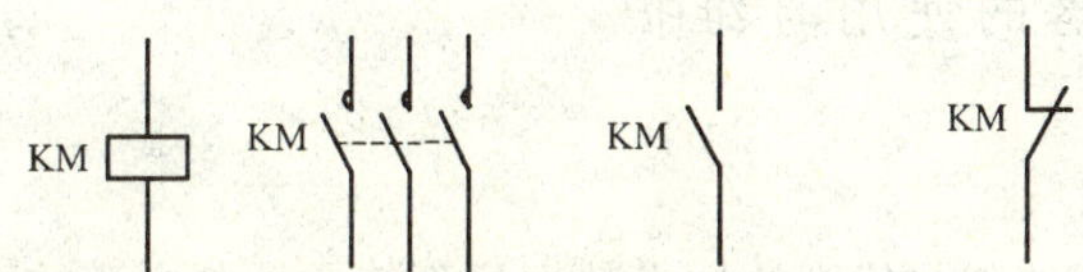

a—线圈；b—主触点；c—辅助动合触点；d—辅助动断触点

图 3.5　接触器图形符号

2. 接触器的技术参数

接触器的技术参数有额定电压（包括主触点、辅助触点和线圈）、额定电流、机械与电气寿命、操作频率、接通与分断能力等。目前，常用交流接触器有 CJ20 系列，常用直流接触器有 CZ18 系列。CJ20 系列交流接触器的主要技术参数见表 3.1，其他技术参数可查阅相关技术文献。

表 3.1　CJ20 系列交流接触器的主要技术参数

型　号	触点额定电压（V）	触点额定电流（A）	可控电动机的最大功率（kW）	线圈		
				额定电压（V）	起动功率（V · A/W）	吸持功率（V · A/W）
CJ20-10	220 380	10 10	2.2 4	36 127， 220 380		
	660	5.8	7.5			
CJ20-16	220 380	16 16	4.5 7.5			
	660	13	11			
CJ20-25	220 380	25 25	5.5 11		175/82.3	19/5.7
	660	14.5	13		175/82.3	19/5.7
CJ20-40	220 380	40 40	11 22		175/82.3	19/5.7
	660	25	22		175/82.3	19/5.7
CJ20-63	220 380	63 63	18 30		400/153	57/16.5
	660	40	35		400/153	57/16.5
CJ20-160	380	160	85		855/325	85.5/34
	660	100	85		855/325	855/325

五、交流接触器的选择原则

① 主触点的额定电压应大于或等于负载的额定电压。

② 主触点的额定电流应大于负载的额定电流，也可以根据查阅的相关技术文献选取。

③ 线圈的额定电压必须符合控制电源电压的要求。

④ 接触器触点的种类和数量应满足主电路和控制电路的要求。

六、交流接触器的使用与维护

1. 安装前的检查

① 检查交流接触器铭牌与线圈的技术数据是否符合控制电路的要求。

② 检查交流接触器的外观有无机械损坏。用手推动接触器活动部分时，应动作灵活，无卡住现象。

③ 新近购置或搁置已久的接触器，要将铁心上的防锈油擦干净，以免油污的粘性影响接触器的动作。

④ 检查接触器在 85% 的额定电压时能否正常动作，有无卡住现象；在失压或电压过低时能否正常释放。

⑤ 检查接触器的绝缘电阻。

2. 日常维护

① 定期检查接触器元件，观察螺丝钉有没有松动，可动部分是否灵活，对有故障的元件应及时处理。

② 当触点表面因电弧烧蚀而有金属小粒时，应及时清除。但以银或银基合金制作的触点表面因电弧而烧成黑色时，由于氧化银的导电性能很好，所以不用锉去，锉掉反而会缩短触点的寿命。

③ 灭弧罩往往较脆，拆卸时应注意。

第二节 继 电 器

继电器是一种自动控制电器，当输入信号（电量或非电量）达到规定值时，其触点自动地接通或断开所控制的电路，起到保护和控制电路的作用。

不论继电器的动作原理、结构形式、使用场合如何千差万别，它们都要根据外界输入的一定信号来控制电路中电流的“通”与“断”，这是继电器的共性。任何一种继电器都应由测量机构和执行机构两部分组成，测量机构是继电器输入量的装置，用于接收输入量，并将其转换成继电器工作所必需的物理量。执行机构是继电器输出的装置，作用于被继电器控制的相关电路中，以得到必需的输出量。

继电器品种规格繁多，原理、结构各异，按工作原理不同可分为电磁式继电器、感应式继电器、热继电器、电动式继电器和电子式继电器等；按输入信号不同可分为电压继电器、电流继电器、时间继电器、温度继电器、速度继电器、压力继电器等；按用途可分为控制继电器和保护继电器。

一、电磁式电流、电压、中间继电器

电磁式继电器的结构和工作原理与接触器基本相同。但由于继电器只是控制或保护小电流（一般在 5 A 以下）电路，因此它的体积小、动作灵敏，不需要灭弧装置，触点的数量多。电磁式继电器的图形符号如图 3.6 所示，其中 K 表示继电器的文字符号。

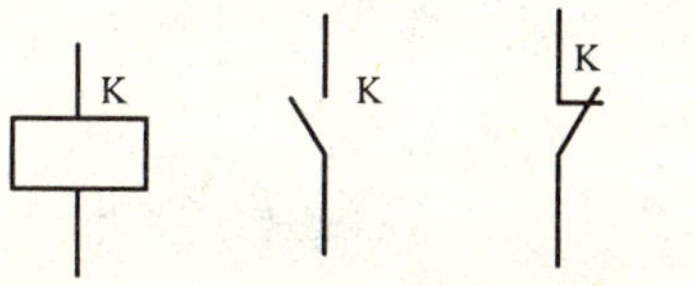

K　K　K

（a）线圈　（b）动合触点　（c）动断触点

图 3.6　电磁式继电器图形符号

1. 电磁式电流继电器

电流继电器是反映电流变化的控制电器。当继电器线圈上的电流达到吸合值时，电磁机构将衔铁吸合，触点系统动作；而当继电器线圈上的电流减小到释放值时，触点系统复位。

电流继电器的线圈与负载串联，反映负载的电流值，所以它的线圈匝数少而且导线粗。

电流继电器根据用途不同分为过电流继电器和欠电流继电器。一般来说，过电流继电器在电流为额定电流的 1.1～3.5 倍时动作，对电路进行过电流保护；欠电流继电器在电流降至额定电流的 10%～20% 时动作，对电路进行欠电流保护；在运用时，可调整其动作整定值，以达到控制的目的。

2. 电磁式电压继电器

电压继电器是反映电压变化的控制电器，当继电器线圈上的电压达到吸合值时，电磁机构将衔铁吸合，触点系统动作；而当电压减小到释放值时，触点系统复位。

电压继电器线圈与负载并联，反映负载电压值，所以它的线圈匝数多而导线细。

电压继电器根据用途不同分为过电压继电器、欠电压继电器和零电压继电器。一般来说，过电压继电器在电压为额定电压的 110%～120% 以上时动作，对电路进行过电压保护；欠电压继电器在电压降至额定电压的 40%～70% 时动作，对电路进行欠电压保护；零电压继电器在电压降至额定电压的 5%～25% 时动作，对电路进行零电压保护。运用时，可调整其动作整定值，以达到控制的目的。

3. 电磁式中间继电器

中间继电器在结构上是一个电压继电器，但中间继电器触点对数较多，容量较大（5～10 A），在电路中起到中间放大（触点对数和容量）和转换作用。

常用电磁式继电器产品有 JT 系列和 JL 系列电流、电压继电器，JZ 系列中间继电器等。选用时主要应根据控制需要区别过电流继电器、欠电流继电器、过电压继电器、欠电压继电器、零电压继电器、中间继电器等，同时还应考虑继电器线圈电压或电流满足控制线路的要求，还要注意交流和直流的区别。

二、时间继电器

在机电设备控制系统中，不但需要动作迅速的继电器，而且需要当线圈通电或断电以后，触点经过一定的时间后再动作的继电器，这种继电器就是时间继电器。时间继电器的种类很多，常用的有电磁式、空气阻尼式、半导体式等。时间继电器的图形符号如图 3.7 所示，其中 KT 表示时间继电器的文字符号。

（a）线圈的一般符号　（b）通电延时线圈　（c）断电延时线圈　（d）延时闭合动合触点

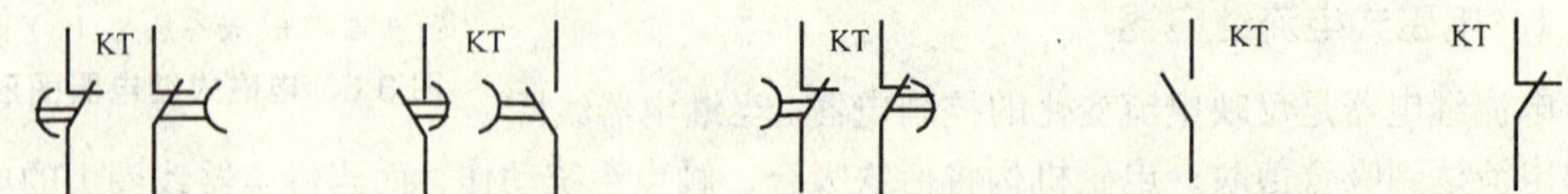

（e）延时闭合动断触点　（f）延时断开动合触点　（g）延时闭合动断触点　（h）瞬动动合触点　（i）瞬动动断触点

图 3.7　时间继电器的图形符号

时间继电器的延时方式有两种：一是通电延时型时间继电器，这种时间继电器接受到输入信号再延时一定时间后，输出信号才发生变化，而当输入信号消失后输出瞬时复原；二是断电延时型时间继电器，这种时间继电器接受到输入信号时瞬时产生相应的输出信号，而当输入信号消失后，延迟一定时间，输出才复原。

空气阻尼式时间继电器结构简单、寿命长久、价格低廉，应用较为广泛。空气阻尼式时间继电器是利用空气阻尼作用获得延时的，它是一种应用较广泛的时间继电器。图 3.8 所示为 JS7-A 系列空气阻尼式时间继电器结构图，它主要由电磁系统、触点系统、空气室、传动机构等部分组成。

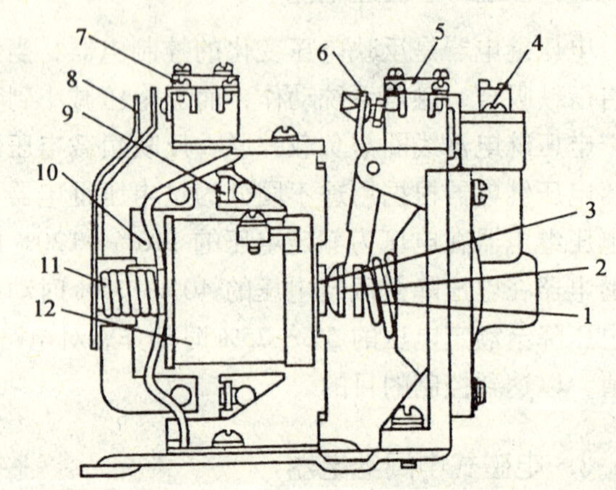

1—塔形弹簧；2—推杆；3—推板；4—调节螺钉；5—延时触点；6—杠杆；7—瞬时触点；8—弹簧片；9—铁心；10—衔铁；11—反力弹簧；12—线圈

图 3.8　JS7-A 系列空气阻尼式时间继电器的结构图

图 3.9 (a) 为通电延时型时间继电器的动作原理图。其动作过程为：当线圈 1 通电后，衔铁 3 克服复位弹簧 4 的阻力被吸上，同时推板 5 使微动开关 16 立即动作，活塞杆 6 在塔形弹簧 8 的作用下向上移动，使与活塞 12 相连的橡皮膜 10 也向上移动。但受到进气孔进气速度的限制，橡皮膜下面形成一定的真空，使橡皮膜上、下的空气产生压力差，对活塞的移动起到了阻碍作用，活塞及活塞杆缓慢地上移。随着空气由进气孔进入气囊，经过一段时间，活塞才能完成全部行程，压动微动开关 15，触点动作。从线圈得电，到触点动作所用的时间为延时时间。旋动节流孔调节螺钉 13，改变进气孔的大小，可以调节延时的时间。

当线圈断电时，衔铁在复位弹簧的作用下，通过活塞杆压动活塞，打开单向阀（活塞上移关闭，活塞下移打开），迅速排除橡皮膜下方的空气，使活塞迅速下移，微动开关 15、16 都能瞬时复位。

图 3.9 (b) 为断电延时时间继电器，它实际是通电延时时间继电器的动、静铁心倒装的结果。其结构和动作原理与通电延时型相似，所不同的是微动开关 15 在线圈断电后延时动作的。

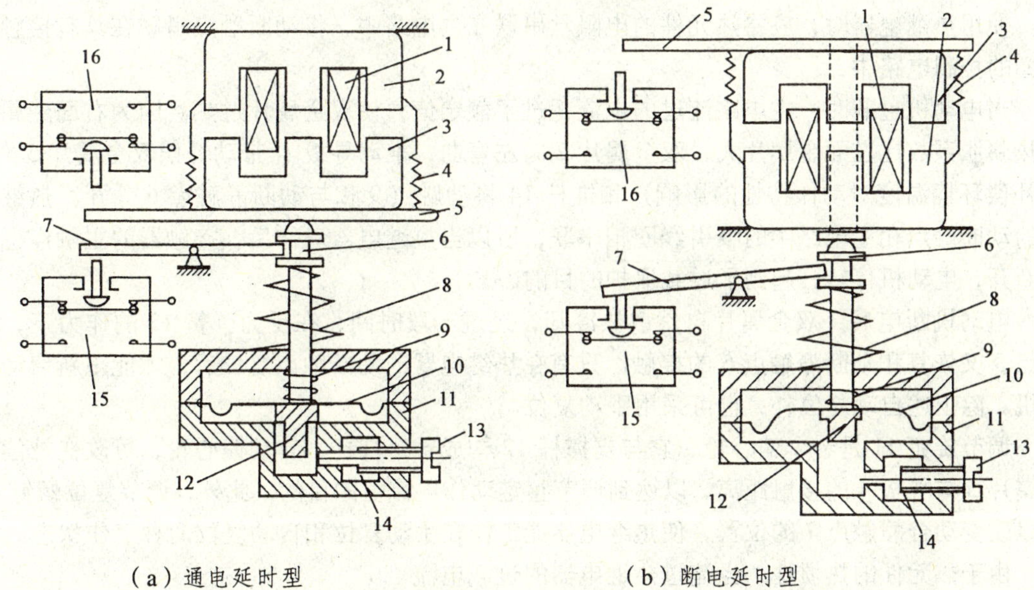

1—线圈；2—铁心；3—衔铁；4—复位弹簧；5—推板；6—活塞杆；7—杠杆；8—塔形弹簧；9—弱弹簧；10—橡皮膜；11—空气室壁；12—活塞；13—调节螺钉；14—进气孔；15、16—微动开关

图 3.9　空气阻尼式时间继电器动作原理图

三、热继电器

热继电器是利用电流流过发热元件时产生的热效应，使双金属片受热弯曲而推动机构动作的一种保护电器。主要用于电动机的过载、断相及电流不平衡的保护。图 3.10 所示为常见的双金属片结构式热继电器结构原理图，由图可见，热继电器主要由发热元件、动断触点、传动机构等部分组成。

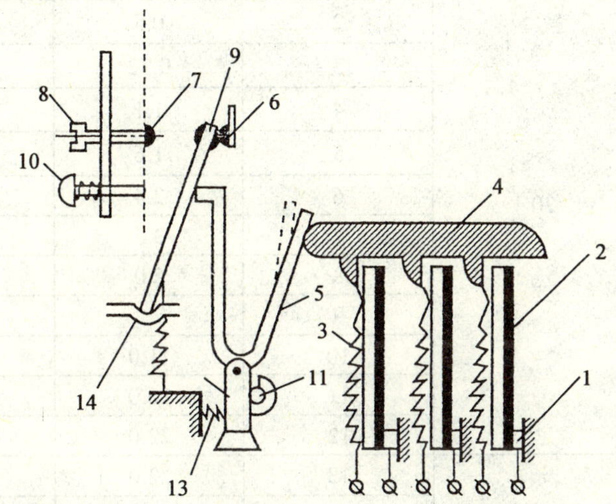

1—双金属片固定端；2—双金属片；3—热元件；4—导板；5—补偿双金属片；6—动断静触点；7—动合静触点；8—复位螺钉；9—动触点；10—按钮；11—调节旋钮；12—支撑杆；13—反力弹簧；14—推杆

图 3.10　双金属片结构式热继电器结构原理图

使用热继电器时，应将热元件的电阻丝串联在主电路中，将动断触点串联在具有接触器线圈的控制电路中。

当电动机过载时，主电路流过的电流超过了额定值，使双金属片过热。因为右面金属片的热膨胀系数比左面金属片大，双金属片 2 向左弯曲，推动导板 4 带动补偿双金属片 5（为了补偿环境温度对动作特性的影响）和推杆 14 将动触点 9 和与动断静触点 6 分开。热继电器的动断触点和主电路中的吸引线圈相串联，所以当热继电器动作后，接触器的主触点也随之断开，电动机停转，起到了过载保护的目的。

电动机断电后，双金属片自然散热冷却，经过一段时间，在反力弹簧 13 的作力下，动触点 9 又恢复和动断静触点 6 的接触。只有在热继电器的动断触点复位后，才能重新启动电动机。除上述自动复位外，也可采用手动复位。

调节旋钮 11 是一个偏心轮，它与支撑杆 12 构成一个杠杆，转动偏心轮，可改变补偿双金属片 5 与导板 4 的接触距离，以达到调节整定动作电流值的目的。此外，调节复位螺钉 8，可以改变动合静触点 7 的位置，使热继电器能工作在手动复位和自动复位两种工作状态。

由于热元件的热惯性，当流过热继电器的过载电流超过整定电流时，必须经过一定时间，热继电器才动作（这种特性符合电动机过载保护的需要），因此热继电器不能作短路保护用。热继电器的图形符号如图 3.11 所示，其中 FR 表示热继电器的文字符号。表 3.2 列出了 JR16 系列热继电器的主要技术数据。

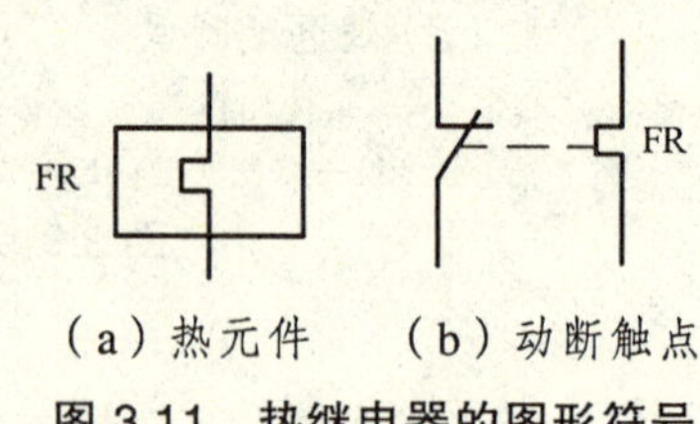

（a）热元件　（b）动断触点

图 3.11　热继电器的图形符号

表 3.2　JR16 系列热继电器的主要技术数据

型　号	额定电流（A）	热元件规格		
		编　号	额定电流（A）	整定电流调节范围（A）
JR16-20/3 JR16-20/3D	20	1	0.35	0.25～0.35
		2	0.5	0.32～0.5
		3	0.72	0.45～0.72
		4	1.1	0.68～1.1
		5	1.6	1.0～1.6
		6	2.4	1.6～2.4
		7	3.5	2.2～3.5
		8	5.0	3.2～5.0
		9	7.2	4.5～7.2
		10	11.0	6.8～11.0
		11	16.0	10.0～16.0
		12	22.0	14.0～22.0
JR16-60/3 JR16-60/3D	60	13	22.0	14.0～22.0
		14	32.0	20.0～32.0
		15	45.0	28.0～45.0
		16	63.0	40.0～63.0

注：表中型号中带有 D 的是指具有断相保护功能的热继电器。

四、速度继电器

速度继电器是当转速达到规定值时动作的继电器，主要用于电动机反接制动控制。由定子、转子和触点系统等 3 部分组成，其定子的结构与笼型异步电动机转子相似，由电工钢片叠成，并装有笼型绕组，转子是一个圆柱形永久磁铁。其结构原理示意如图 3.12 所示。

速度继电器的转轴 1 与被控电动机的轴相连接，而定子 3 空套在转子上。当电动机的转速达到一定值时，由于速度继电器的转子转动，其绕组切割磁场产生感应电动势和电流，此电流和永久磁铁的磁场作用产生转矩，定子在该转矩的作用下，使动断触点断开，动合触点闭合。当电动机转速下降到接近零时，转矩减小，定子在弹簧力的作用下恢复原位，触点也复位。速度继电器的图形符号如图 3.13 所示，其中 KS 表示速度继电器的文字符号。

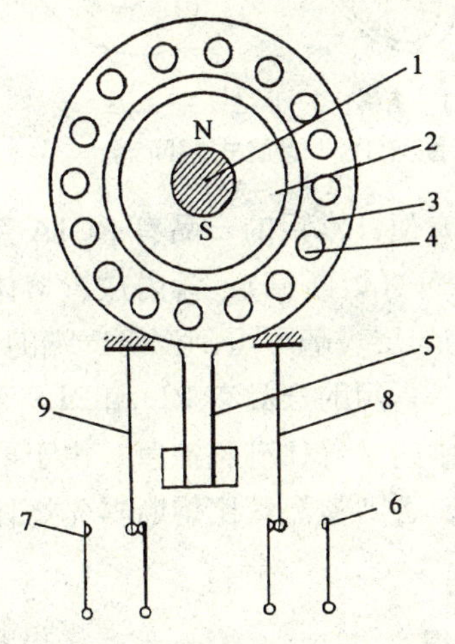

1—转轴；2—转子；3—定子；4—定子绕组；
5—摆锤；6、7—静触点；8、9—动触点

图 3.12　速度继电器的结构原理示意图

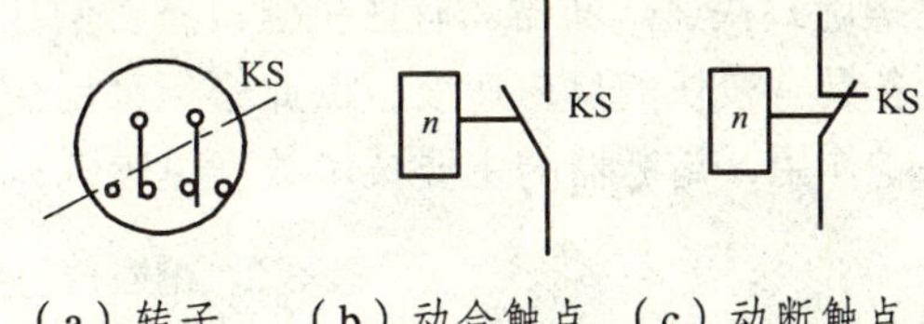

（a）转子　（b）动合触点　（c）动断触点

图 3.13　速度继电器的图形符号

常用的速度继电器有 JY1 和 JFZ0 型。速度继电器额定工作速度有 300～1 000 r/min 和 1 000～3 000 r/min 两种，动作转速在 120 r/min 左右，复位转速在 100 r/min 以下。

速度继电器根据电动机的额定转速和触点的种类、数目进行选择。

第三节　熔　断　器

熔断器又称保险丝，是一种广泛应用的最简单有效的保护电器。其主体是低熔点的金属丝或金属薄片制成的熔体，串联在被保护的电路中。熔断器在正常情况下相当于一根导线，当发生短路或过载而使电路电流增大时被熔断，切断电路，从而保护电路。

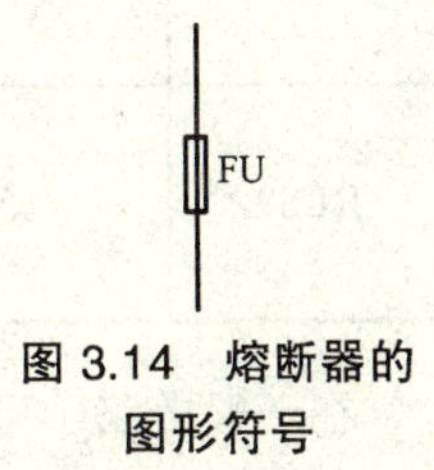

图 3.14　熔断器的图形符号

熔断器作为保护电器，具有结构简单、体小质轻、价格低廉、可靠性高、使用维护方便等优点。熔断器的图形符号如图 3.14 所示，其中 FU 表示熔断器的文字符号。

熔断器的常用的熔体材料有铅锑合金、铅锡合金、铜等，制成以后标以额定电流以便选用。常用的熔断器有瓷插式（见图 3.15）和螺旋式（见图 3.16）两种。

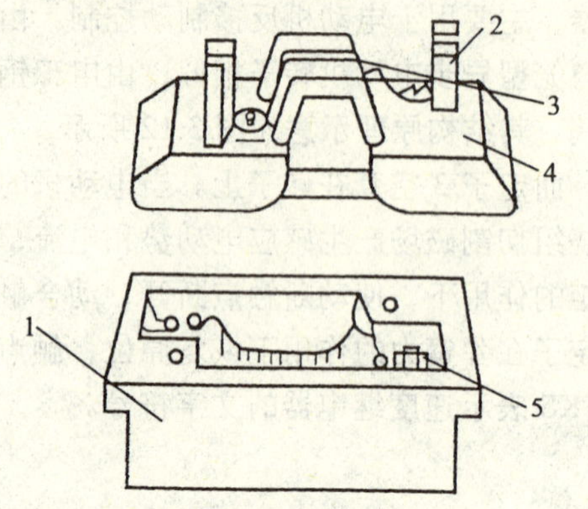

1—瓷底座；2—动触点；3—熔体；4—瓷插件；5—静触点

图 3.15 瓷插式熔断器

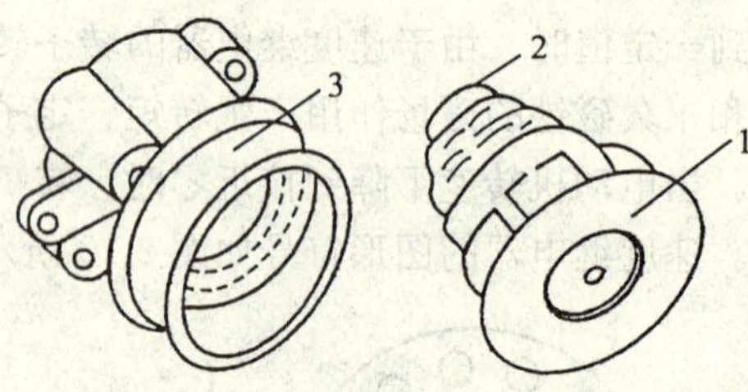

1—瓷帽；2—熔芯；3—底座

图 3.16 螺旋式熔断器

瓷插式结构简单，将瓷插件拔下即可更换熔体，比较方便。常用的产品有 RC1A 系列。

螺旋式的底座就像一个螺丝口灯座，瓷帽内装一个瓷管（熔断管），管内放置熔体。将瓷帽如同装灯泡一样拧入底座，电路即接通。在瓷帽上间隔一层玻璃可看到瓷管一端的色点，它附在熔体上，一旦熔体熔断，色点即消失，可便于检查。常用的产品有 RL 和 RLS 系列。RLS 是螺旋式快速熔断器。有些机电设备，例如电子设备中的半导体硅整流管，由于要求其保护设备具有较快的反应速度，因此必须采用快速熔断器，否则整流管比熔断器先烧坏，起不到保护作用。熔断器的主要技术数据见表 3.3 所示。

表 3.3 熔断器的主要技术数据

型　号	额定电压（V）	熔断器额定电流（A）	熔体额定电流（A）	极限分断电流（A）
RC1A	380	5	1，2，3，5	300
		10	2，4，6，10	750
		15	12，15	1 000
		30	20，25，30	2 000
		60	40，50，60	4 000
		100	80，100	5 000
		200	120，150，200	100 000
RL7	660	25	2，4，6，10	25 000
			16，20，25	
		63	35，50，63	
		100	85，100	
RLS2	500	30	16，20，25，30	50 000
		63	35，50，63	
		100	85，100	

在一般电路中可根据电路工作的额定电流选择熔断器。对于保护异步电动机而言，因为异步电动机的起动电流很大，为避免短时冲击电流使熔体熔断，所以要按异步电动机额定电

流的 1.5～2.5 倍来选择。这样，在异步电动机电路中所装设的熔断器，只是在出现短路故障时，电流远远超过额定值时才起保护作用，一般过载时不起作用。因此，异步电动机的过载保护不能依靠熔断器，而应另外采取措施。

第四节　开关与主令电器

一、开　关

常用的开关包括刀开关、组合开关及自动开关等。

1. 刀开关

刀开关又称闸刀开关，是低压配电电器中结构最为简单、应用最为广泛的电器，作为不频繁手动接通和分断交直流电路或作为隔离开关用，也可以用于不频繁接通和分断额定电流 400 A 以下的负载。

刀开关的典型结构如图 3.17 所示，由手柄、触刀、静插座和绝缘底板等组成。刀极的数目有单极、双极和三极。

(1) 开启式负荷开关

开启式负荷开关又称胶盖闸刀开关。图 3.18 所示为 HK 系列开启式负荷开关结构图。在瓷质底座上装有进线座、静触点、熔丝、出线座和刀片式的动触点，上面还有两块胶盖。安装时，应将电源进线接到进线座上，将所要接通或分断的电器接到开关的出线座上。这样，分闸时闸刀和熔丝上不会带电，以保证装换熔丝和维修电器时的人身安全。

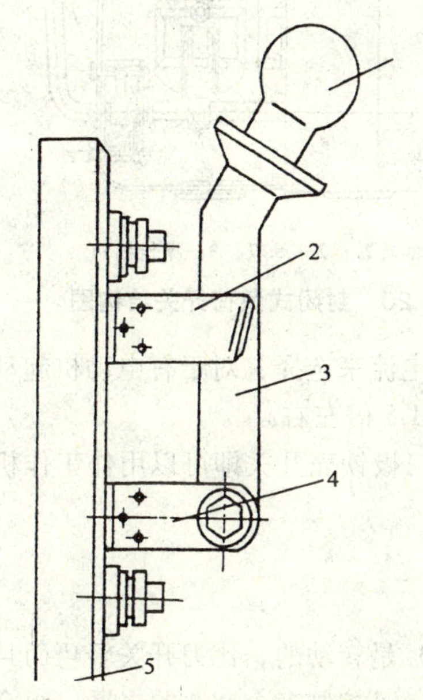

1—手柄；2—静插座；3—触刀；4—铰链支座；5—绝缘底板

图 3.17　刀开关典型结构图

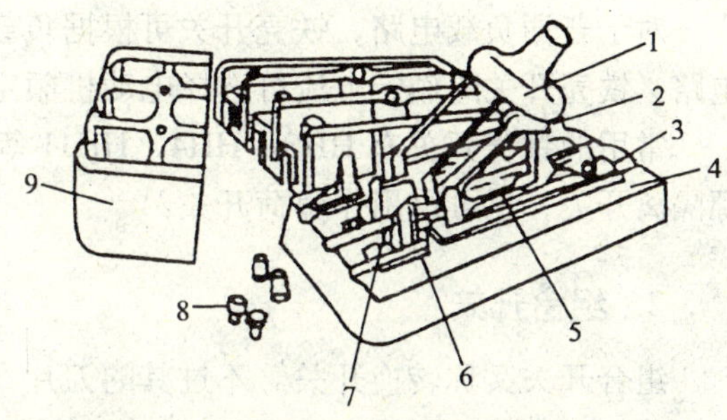

1—瓷柄；2—动触点；3—出线座；4—瓷底；5—熔丝；6—静触点；7—进线座；8—胶盖紧固螺钉；9—胶盖

图 3.18　开启式负荷开关结构图

开启式负荷开关的图形符号如图 3.19 所示。其中 QS 表示具有隔离作用的刀开关的文字符号。

开启式负荷开关容易被电弧烧坏，适用于接通或断开有电压无负载电流的电路。但因其结构简单、操作方便、价格低廉，所以在一般照明电路和功率小于 5.5 kW 电动机的控制电路中也经常采用。

对于普通负载电路，闸刀开关可以根据负载的额定电流来选择，但对于电动机起动的负载电路，闸刀开关的额定电流应选择电动机额定电流的 3 倍左右。

常用的开启式负荷开关有 HK1 和 HK2 系列。

(2) 封闭式负荷开关

封闭式负荷开关又称铁壳开关。如图 3.20 所示，主要由闸刀、熔断器、操作机构和钢板(或铸铁)制成的外壳等组成。三个闸刀固定在一根绝缘转轴上，铁壳开关内部装有速动弹簧，用钩子钩在手柄转轴和底座间，当手柄转轴转到一定角度时，速动弹簧拉力增大，使闸刀快速从夹座中拉开，电弧被迅速拉长而熄灭。在铁壳上装有机械联锁，当箱盖打开时，手柄不能操纵开关合闸；而当闸刀合闸后，箱盖不能打开，保证了用电安全。封闭式负荷开关安装时，铁壳应可靠接地，防止漏电造成操作者触电。

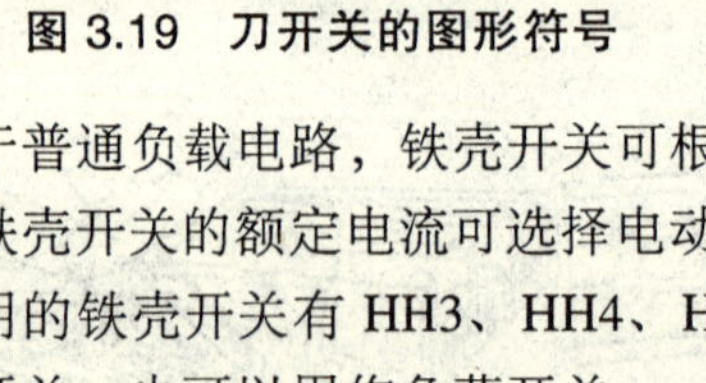

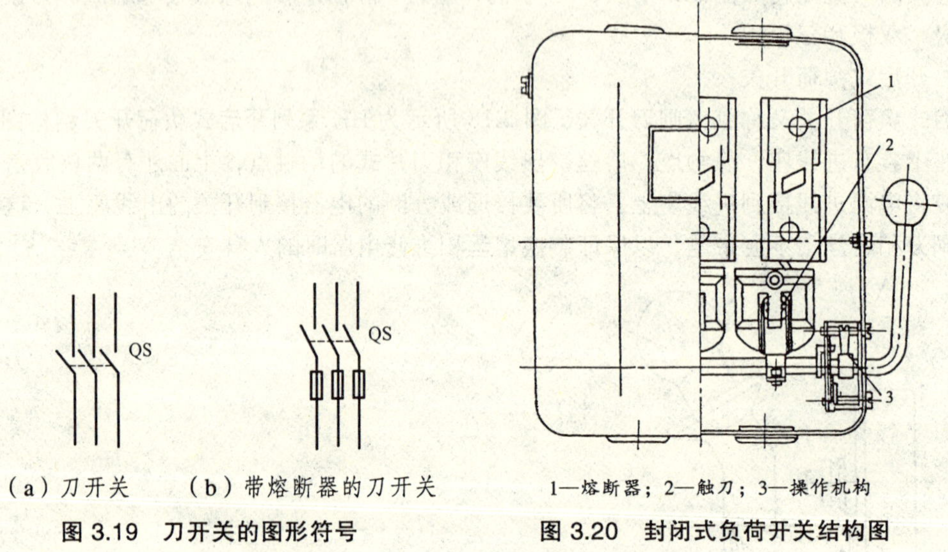

(a) 刀开关　(b) 带熔断器的刀开关

图 3.19 刀开关的图形符号

1—熔断器；2—触刀；3—操作机构

图 3.20 封闭式负荷开关结构图

对于普通负载电路，铁壳开关可根据负载的额定电流来选择，对于有电动机起动的负载电路，铁壳开关的额定电流可选择电动机额定电流的 1.5 倍左右。

常用的铁壳开关有 HH3、HH4、HH11 等系列。三极铁壳开关即可以用作工作机械的电源隔离开关，也可以用作负荷开关。

2. 组合开关

组合开关又称转换开关。不过其的刀片（动触片）是转动的，比刀开关轻巧而且组合性强，能组成各种不同的线路。是一种多触点、多位置、可控制多个回路的电器。组合开关常用于机电设备的电源引入，也可用于不频繁地控制小容量电动机的正反转。

图 3.21 所示为三极组合开关的结构示意图。三极组合开关有 6 个静触点和 3 个动触片，

静触点的一端固定在胶木边框内，另一端伸出盒外，并附有接线螺钉，便于和电源及用电器相连接。3 个动触片装在绝缘垫板且套在方轴上，通过手柄可使方轴作 90° 正反向转动，从而使动触片与静触点保持闭合或分断。在开关的顶部还装有扭簧储能机构，使开关能快速闭合或分断。组合开关的图形符号如图 3.22 所示。

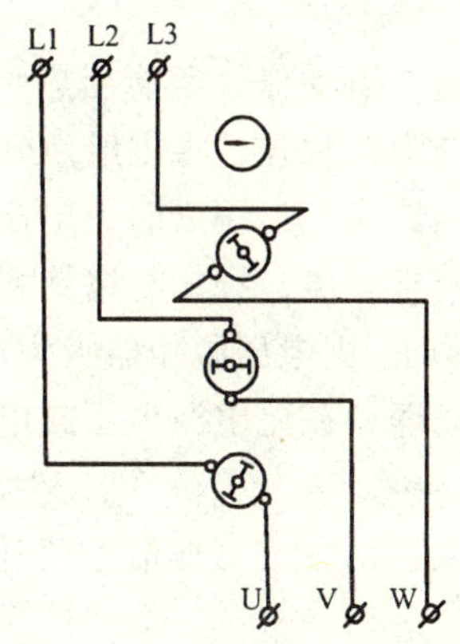

图 3.21　三极组合开关结构示意图

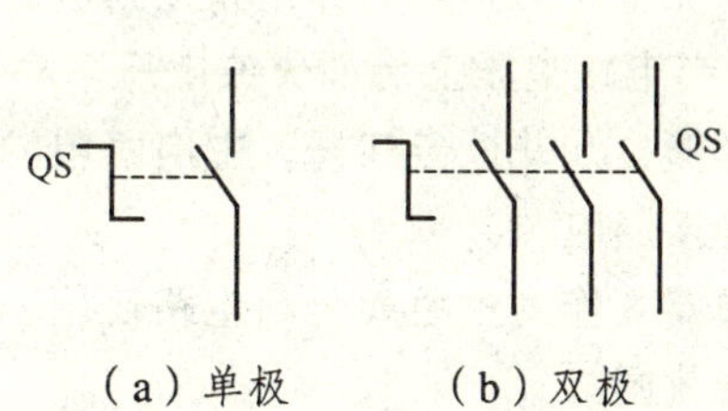

图 3.22　组合开关的图形符号

组合开关应根据电源种类、电压等级、所需触点的数目和额定电流进行选用。由于组合开关安装尺寸小，操作方便，被广泛地用作电源隔离开关（通常不带负载时操作）。有时也作为负荷开关，接通和断开小电流电路，如直接启动冷却液泵电动机，控制机床照明等。

常用的组合开关有 HZ10 系列等。

3. 低压断路器

低压断路器又称自动空气开关或自动空气断路器，低压断路器集控制和多种保护功能于一身，除能完成接通和分断电路外，还能对电路或电气设备发生的短路、严重过载及失压等进行保护。

自动开关具有操作安全，使用方便、工作可靠、安装简单、动作值可调、分断能力高、兼顾多种保护功能、动作后不需要更换元件等诸多优点。

低压断路器主要由触点系统、操作机构和保护元件等部分组成，主触点由耐电弧的合金制成，采用灭弧栅片灭弧；操作机构的通断可采用手动，也可采用电磁机构来完成，故障时自动脱扣，图 3.23 所示为低压断路器原理图。

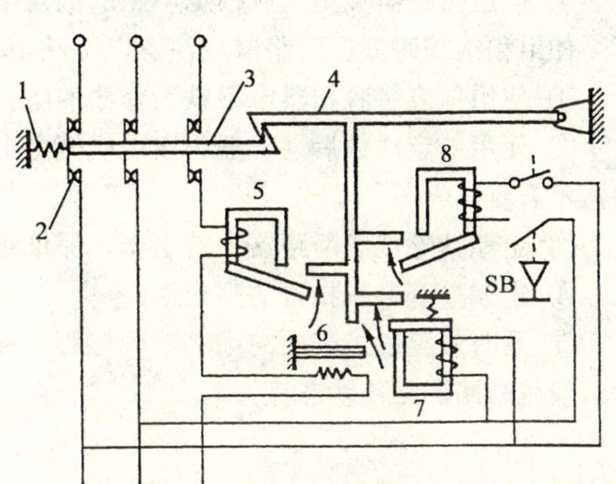

1—分闸弹簧；2—主触点；3—传动杆；4—锁扣；5—过流脱扣器；6—过载脱扣器；7—欠压脱扣器；8—分励脱扣器；SB—按钮开关

图 3.23　低压断路器原理图

低压断路器的主触点 2 是由操作机构手动或电动合闸的，并由自动脱扣机构将主触点锁在合闸位置上。若电路发生故障，自动脱扣器在有关脱扣器的推动下动作，使钩子脱开，于是主触点在弹簧 1 的作用下迅速分断。过流脱扣器 5 和过载脱扣器 6 的线圈与主电路串联，欠压脱扣器 7 和分励脱扣器 81 的线圈与主电路并联。

当主电路发生短路或严重过电流时，短路电流超过瞬时脱扣电流整定值，电流脱扣器产生足够大的吸力，将衔铁吸合并撞击杠杆，使搭钩绕转轴座向上转动与锁扣 4 脱开，锁扣在拉力弹簧 1 的作用下，主触点分断，切断电源。

当线路发生一般性过载时，过载电流虽不能使电流脱扣器动作，但能使热元件产生一定的热量，促使双金属片受热向上弯曲，推动杠杆使搭钩与锁扣脱开，将主触点分断。

欠压脱扣器 7 的工作过程与电磁脱扣器恰恰相反。当线路电压正常时，电压脱扣器产生足够的吸力，克服拉力弹簧的作用将衔铁吸合，衔铁与杠杆脱离，锁扣与搭钩才得以锁住，主触点闭合。当电路电压全部消失或电压下降到某一数值时，欠电压脱扣器吸力消失或减小，衔铁被拉力弹簧拉开并撞击杠杆，主电路电源被分断。同理，在无电源电压或电压过低时，断路器也不能接通电源。

分励脱扣器 8 作为远距离分断电路使用，根据操作人员指令或其他信号使其线圈通电，从而使断路器跳闸。

低压断路器的图形符号如图 3.24 所示。其中 QF 表示低压断路器的文字符号。

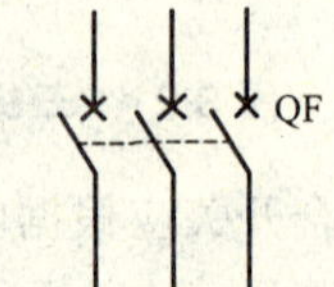

图 3.24 低压断路器的图形符号

常用塑壳式低压断路器有 DZ5、DZ10、DZ20 等。

选用低压断路器时应注意以下几点：

① 低压断路器的额定电压应高于或等于电路或设备的额定工作电压。

② 低压断路器的主电路额定电流应大于或等于负载工作电流。

③ 热脱扣器的整定电流不应小于负载额定电流。

④ 极限分断能力应大于或等于电路的最大短路电流。

⑤ 过流脱扣器的瞬时脱扣整定电流应大于负载电路正常工作时的最大电流。

⑥ 欠压脱扣器额定电压应等于线路额定电压。

⑦ 低压断路器类型，应根据电路的额定电流及保护的要求来选用。

使用和维护时低压断路器应注意以下几点：

① 使用前应将脱扣器电磁铁工作面的防锈油脂擦去，以免影响电磁机构的动作。

② 使用一定次数后（一般为 1/4 机械寿命），转动部应加润滑油（小容量塑壳式低压断路器不需要）。

③ 定期清除低压断路器上的尘土，保证绝缘良好。

④ 定期检查各脱扣器的整定值。

⑤ 及时修整触点表面的毛刺或颗粒等，保证接触良好；清除低压断路器内金属颗粒等，保证低压断路器工作状态良好。

二、主令电器

在自动控制系统中用于发出指令或信号的操作电器称为主令电器。常用的主令电器有按钮开关、行程开关、主令控制器、万能转换开关等。

1. 按钮开关

按钮开关简称按钮，用来接通和断开控制电路，是电气控制中最常用的一种主令电器。

根据用途和触点的配置情况，可把按钮开关分为动合按钮、动断按钮和复合按钮 3 种。按钮在停按后，一般能自动复位。按钮开关的结构示意如图 3.25 所示，主要由按钮帽、复位弹簧、动触点、动断触点、动合触点和外壳等组成。

按钮开关通常制成具有动断触点和动合触点的复合按钮，由图 3.25 可见，桥式动触点 3 与上部静触点 4 组成一对动断触点；与下部静触点 5 组成一对动合触点。停按后，在复位弹簧的作用下自动复位。复合按钮如果只使用一对触点，即成为动合按钮或动断按钮，按钮开关的图形符号如图 3.26 所示。其中 SB 表示按钮开关的文字符号。

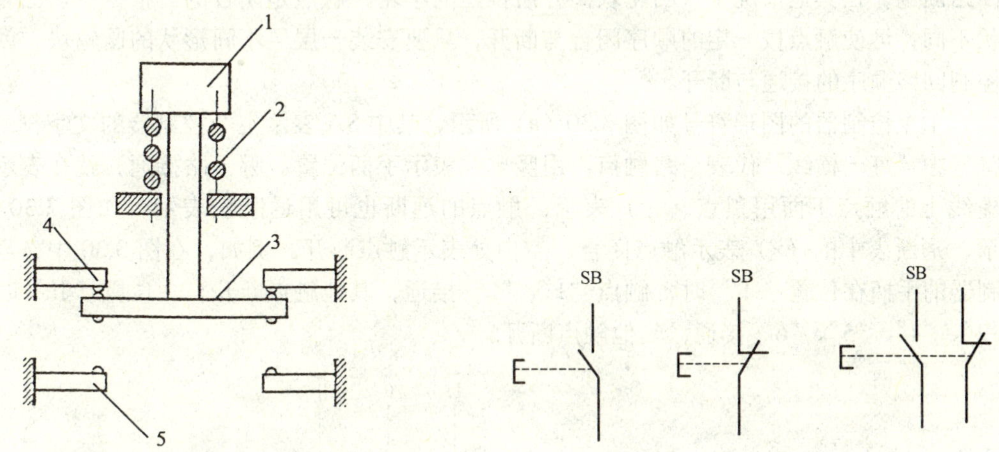

1—按钮帽；2—复位弹簧；3—动触点；4—动断触点；5—动合触点

图 3.25 按钮开关结构示意图

（a）动合触点 （b）动断触点 （c）复式触点

图 3.26 按钮开关的图形符号

为了表明各按钮的作用，避免误操作，通常将按钮帽做成不同的颜色予以区别，一般红色表示停止按钮，绿色表示启动按钮。

2. 行程开关

行程开关又称限位开关，是一种根据运动部件的行程位置而切换电路的电器，其作用主要是限定运动部件的行程。

行程开关的工作原理与按钮开关类似，只是它用运动部件上的撞块来碰撞行程开关的推杆。行程开关触点运动及运动示意如图 3.27 所示。触点采用双断点直动式，为瞬动型触点，瞬动操作是靠传感头推动杠杆 1 达到一定行程后，触桥过死点 O″、以使触点在弹簧 2 的作用下，迅速从一个位置跳到另一个位置，完成接触状态的转换，使动触点 3 与动断静触点 4 断开，动触点 3 与动合静触点 5 闭合。

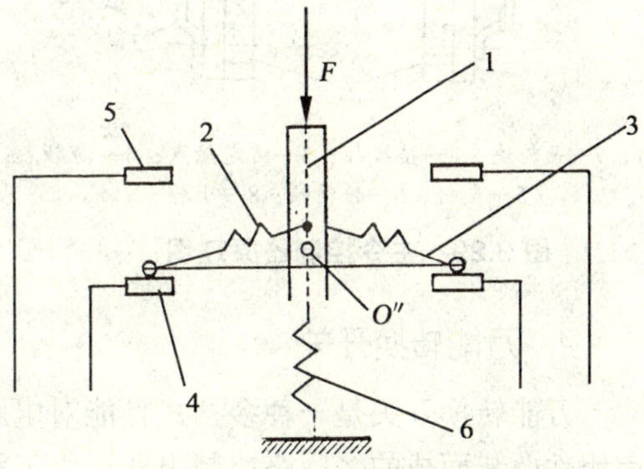

1—推杆；2—弹簧；3—动触点；4—动断静触点；5—动合静触点；6—复位弹簧

图 3.27 行程开关触点结构示意图

行程开关的图形符号如图 3.28 所示，其中 SQ 表示行程开关的文字符号。

行程开关主要根据应用场合所需的触点数、触点的形式、操作方式进行选择。

（a）动合触点　（b）动断触点

图 3.28　行程开关的图形符号

3．主令控制器

主令控制器用来频繁切换复杂的多回路控制电路的主令电器。主令控制器如图 3.29 所示，主要由触点、凸轮、定位机构、转轴、面板等组成。当操作者用手柄转动凸轮块 7 的方轴时，凸轮块推压小轮 8 并带动支杆 5 向外张开，将被操作的回路断电，在其他情况下（凸轮块离开所推压的小轮）触点是闭合的。根据每块凸轮块的形状不同，可使触点按一定的顺序闭合与断开，只要安装一层层不同形状的凸轮块，就可实现控制回路顺序的接通与断开。

主令控制器的图形符号如图 3.30（a）所示，其中 SA 表示主令控制器的文字符号。图形符号中“每一横线”代表一路触点，用竖虚线表示手柄位置。哪一路接通，就在表示该位置虚线上的触点下面用黑点（·）表示。触点的通断也可用通断表表示，如图 3.30（b）所示，通断表中的（×）表示触点闭合，空白处表示触点断开。例如，在图 3.30 中，当主令控制器的手柄在位置“Ⅰ”时，触点“1”、“3”接通，其他触点断开；在位置“Ⅱ”时，触点“2”、“4”、“5”、“6”接通，其他触点断开。

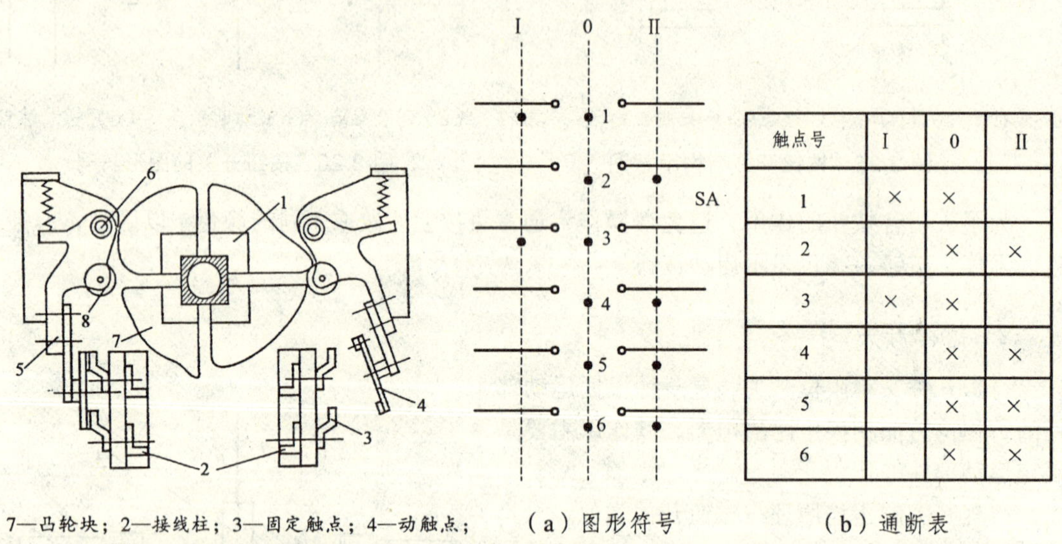

触点号	Ⅰ	0	Ⅱ
1	×	×	
2		×	×
3	×	×	
4		×	×
5		×	×
6		×	×

1、7—凸轮块；2—接线柱；3—固定触点；4—动触点；5—支杆；6—转动轴；8—小轮

图 3.29　主令控制器原理图

（a）图形符号　（b）通断表

图 3.30　主令控制器的图形符号与通断表

4．万能转换开关

万能转换开关是一种多挡式且能对电路进行切换的主令电器，它是由多组相同结构的触点组件叠装而成的多回路控制电器，由于触点挡数多，接换的线路多，用途广泛，故称为万能转换开关。

万能转换开关的结构示意如图 3.31 所示，主要由操作机构、面板、手柄及数个触点座组成，并用螺栓组装成为一个整体。触点的分断与闭合由凸轮控制，由于每层凸轮可以做成不同的形状，因此，当手柄转到不同位置时，使各对触点按需要的规律接通或分断。

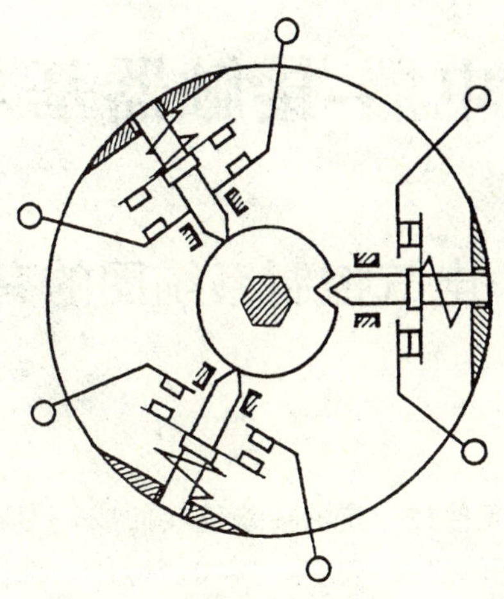

图 3.31　万能转换开关结构示意图

思考题

1. 什么是低压电器，按其用途或所控制的对象不同可分为哪两大类?
2. 交流接触器由哪几部分组成? 各部分有何作用?
3. 简述交流接触器的工作原理。
4. 选用时交流接触器应注意什么问题?
5. 使用和维护交流接触器时应注意什么问题?
6. 电磁式继电器有哪些类型? 各自的主要作用是什么?
7. 简述 JS7-A 系列时间继电器的工作原理。
8. 简述热继电器的主要结构和作用。
9. 简述速度继电器的动作原理。
10. 熔断器的主要作用是什么? 常用类型有哪几种?
11. 铁壳开关的结构和特点是什么? 如何选用?
12. 简述低压断路器的主要组成部分和功能。
13. 低压断路器可以起到哪些保护作用? 简述其保护过程。
14. 低压断路器的一般选择原则是什么?
15. 使用和维护时低压断路器应注意什么问题?
16. 按钮开关与主令控制器在电路中各起什么作用?

第四章 继电器-接触器基本控制线路

第一节 电气控制系统图的有关知识

一、电气控制系统图的分类

电气控制系统由许多电气元件按一定的要求连接而成，为表达机电设备电气控制系统的结构、原理，同时也为便于电气元件的安装、接线、运行、维护等，将电气控制系统中各电气元件的连接用一定的图形表示出来，就是**电气控制系统图**。

电气控制系统图描述对象复杂，应用领域广泛，表达形式多样。因此，表示一项机电设备的电气控制系统图有多种，它们各以不同的方式反映不同的方面，但相互之间又有一定的对应关系。按用途和表达方式的不同，电气控制系统图可分为以下几种。

1. 电气原理图

电气原理图表示了电气控制线路的工作原理以及各电气元件的作用和相互关系。在电气原理图中，为了便于阅读、分析电气线路，采用电器元件展开的形式绘制。它包括所有电器元件的导电部件和接线端点，但并不按照电器元件的实际布置绘制，也不反映电器元件实物的大小。

绘制电气原理图，一般应遵循以下规则：

① 电气原理图一般分为主电路和辅助电路两部分。主电路是指从电源到电动机大电流的通路，主电路用粗线画出；辅助电路包括控制电路、照明电路、信号电路和保护电路等，由继电器和接触器的线圈、继电器的触点、接触器的辅助触点、按钮、照明灯、信号灯、控制变压器等元器件组成，辅助电路用细线画出。一般主电路画在左侧，而辅助电路画在右侧。

② 控制系统内全部带电的元器件，都应在电气原理图中表示出来。

③ 电气控制线路中，同一电器的各导电部件（如线圈和触点）常常不画在一起，但要用同一文字表示。

④ 电气控制线路中的全部触点都按“常态”绘出。“常态”是指接触器、继电器等线圈未通电时的触点状态；按钮、行程开关没有受到外力时的触点状态；多位置主令电器的手柄置于“零位”时的各触点状态。

⑤ 电气原理图中，有直接联系的交叉导线连接点要用黑圆点表示，无直接联系的交叉导线连接点不画黑圆点。

⑥ 电气原理图中不画电气元件的实际外形图，应采用国家标准统一规定的电气元件的图形符号和文字符号。

2. 电气设备布置图

电气设备布置图用来表明各种电器元件在机电设备和电气控制柜中的实际安装位置。各电器元件的安装位置是由机电设备的结构和工作要求决定的，如电动机要和被拖动的机械部件在一起，行程开关应放在要取得信号的地方，一般的电器元件应放在控制柜中。

3. 电气设备接线图

电气设备接线图用来表示各电气设备之间实际接线情况，是为安装电气设备和电器元件或检修故障服务的。在图中可显示出电气设备中各元件的空间位置和接线情况。绘制接线图时，应把电器元件的各个部分（如触点和线圈）画在一起；文字符号、元件的连接顺序、线路号码编制都必须与电气原理图一致。

电气设备布置图和接线图是电气设备安装、检查、维修和施工重要的技术资料。

二、电气系统图中的图形符号和文字符号

在电气系统图中，电气元件的图形符号和文字符号必须有统一的国家标准。1990 年以前，电气元件的图形符号和文字符号采用国家科委 1964 年颁布的“电工系统图形符号”的国家标准（GB312—64）和“电工设备文字符号编制通则”（GB315—64）的规定。近年来，各工、矿企业相应引进了许多国外设备，为了适应新的发展需要，便于掌握、吸收引进技术，便于国际交流，国家标准局颁布了 GB4728—85《电气图用图形符号》、GB6988—87《电气制图》和 GB7159—87《电气技术中的文字符号制定通则》等。

国家明确规定，从 1990 年 1 月 1 日起，所有的电气系统图中的文字符号和图形符号必须符合最新的国家标准。但由于旧的国标还不可能立即从所存在技术资料中消失，为此，表 4.1 中列出了电气图中常用图形符号和文字符号的新、旧对照表。

表 4.1　电气图中常用的图形符号和文字符号新、旧对照表

名　称	新　符　号		旧　符　号	
	图形符号（GB4728—85）	文字符号（GB7159—87）	图形符号（GB312064）	文字符号（GB315—64）
直流电	—— 或 ═══		——	
交流电	～		～	
交直流	≂		≂	
导线的连接	┬ 或 ┬		┬	
导线的多线连接	┴┬ 或 ┼		┴┬ 或 ┼	
导线不连接	┼		┼	
接地一般符号	⏚	E	⏚	E

续表 4.1

名 称	新 符 号		旧 符 号	
	图形符号（GB4728—85）	文字符号（GB7159—87）	图形符号（GB312064）	文字符号（GB315—64）
单相自耦变压器		T		B
星形联结的三相自耦变压器		T		ZOB
电流互感器		TA		LH
三相笼型异步电动机		M 3～		JD
三相绕线型异步电动机		M 3～		JD
他励式直流电动机		M		ZD
并励式直流电动机		M		ZD
永磁式直流测速发电机		TG		SF
熔断器		FU		RD
插 头		XP		CT
插 座		XS		CZ
单极刀开关	或	Q		K
三极开关刀开关组合开关		Q		K
三相断路器		QF		ZK

续表　4.1

名　称	新符号		旧符号	
	图形符号（GB4728—85）	文字符号（GB7159—87）	图形符号（GB312064）	文字符号（GB315—64）
手动三极开关一般符号		Q		
动合（常开）触点	或		或	
动断（常闭）触点				
先断后合的转换触点				
按　钮				
按钮开关动合触点（起动按钮）		SB		QA
按钮开关动断触点（停止按钮）		SB		TA
限位开关				
动合触点		SQ		XK
动断触点		SQ		XK
接触器				
线　圈		KM		C
动合（常开）触点		KM		C
动断（常闭）触点		KM		C
继电器				
动合（常开）触点		符号同操作元件		符号同操作元件
动断（常闭）触点				

续表 4.1

名　称	新 符 号		旧 符 号	
	图形符号（GB4728—85）	文字符号（GB7159—87）	图形符号（GB312064）	文字符号（GB315—64）
延时闭合的动合（常开）触点	或	KT		SJ
延时断开的动合（常开）触点	或	KT		SJ
延时闭合的动断（常闭）触点	或	KT		SJ
延时断开的动断（常闭）触点	或	KT		SJ
延时闭合和延时断开的动合（常开）触点		KT		SJ
延时闭合和延时断开的动断（常闭）触点		KT		SJ
时间继电器线圈（一般符号）	或	KT		SJ
中间继电器线圈	或	K		ZJ
缓慢释放（断电延时型）时间继电器线圈		KT		SJ
缓慢吸合（通电延时型）时间继电器线圈		KT		SJ
欠电压继电器线圈	U<	KV	U<	QYJ
过电流继电器线圈	I >	KA	I >	GLJ
热继电器热元件		FR		RJ
热继电器的动继触点		FR		RJ
主令控制器的触点		SA		LK
电磁铁		YA		DCT

续表　4.1

名　称	新符号		旧符号	
	图形符号（GB4728—85）	文字符号（GB7159—87）	图形符号（GB312064）	文字符号（GB315—64）
电磁吸盘		YH		DX
电磁制动器		YB		ZC
电　铃		HA		DL
扬声器（电喇叭）		HA		LB
照明灯		EL		ZD
信号灯		HL		XD

第二节　三相笼型异步电动机的直接起、停控制

一、起停、自锁和点动控制

图 4.1 所示为最简单、最基本的三相笼型异步电动机直接起停、点动的电气线路。由图可见，该电气线路的主电路由三相刀开关 QS、熔断器 FU、接触器 KM 的主触点、热继电器 FR 的热元件、电动机 M 组成，控制电路显示了 3 种方案。

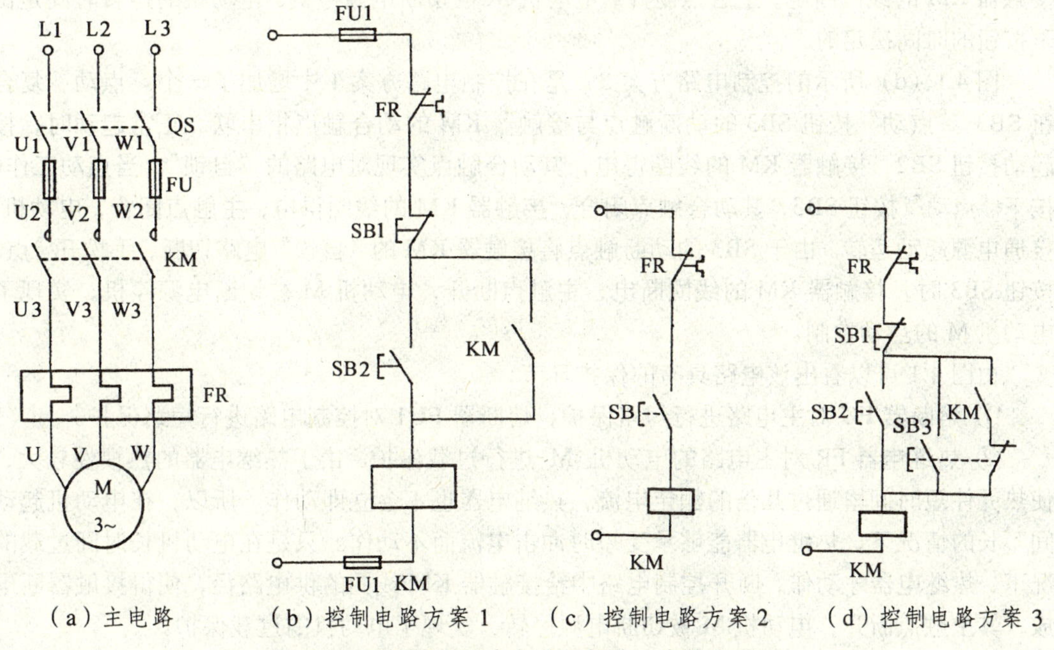

（a）主电路　（b）控制电路方案 1　（c）控制电路方案 2　（d）控制电路方案 3

图 4.1　三相笼型异步电动机起停、点动电路

控制电路方案 1 如图 4.1（b）所示，主要由熔断器 FU1、热继电器的动断触点 FR、停止按钮 SB1、起动按钮 SB2、接触器 KM 的线圈和动合触点等组成。正常起动时，闭合三相刀开关 QS，引入三相电源，线路的工作情况为：按下起动按钮 SB2，接触器 KM 的线圈得电，接触器 KM 的主触点闭合，电动机 M 接通三相电源直接起动运转。同时，与起动按钮 SB2 并联的接触器 KM 的动合触点闭合，使得接触器 KM 的线圈经两条路径供电。一条线路是经停止按钮 SB1 和起动按钮 SB2；另一条是经停止按钮 SB1 和接触器 KM 已经闭合的动合触点。这样，当手松开，起动按钮 SB2 自动复位时，接触器 KM 的线圈仍可通过已经闭合的接触器 KM 动合触点继续得电，保证了电动机的连续运转。

由上述可知，这个与起动按钮 SB2 并联的接触器 KM 的动合触点起到了自保持或自锁作用，称为自锁触点。这种由接触器或继电器本身的触点使得其线圈长期保持通电的环节叫做“自锁”环节。“自锁”环节由命令它通电的主令电器（方案 1 中的起动按钮 SB2）的动合触点与本身的动合触点并联组成。“自锁”环节具有对指令的“记忆”功能，当指令下达后，能保持长期通电；而当停机指令或出现停电后，不会自行起动。

停机时，按下停止按钮 SB1，接触器 KM 的线圈断电，其主触点和“自锁”触点都恢复到原来的状态，电动机 M 断电停止运转。当手松开停止按钮 SB1 后，SB1 在复位弹簧的作用下，虽然又恢复到原来的闭合状态，但接触器 KM 的线圈已经不可能再依靠“自锁”触点通电了，因为原来闭合的“自锁”触头已随着接触器的断电而复位。

有的生产机械要求既能正常工作，又能实现调整时的“点动”控制。所谓“点动”控制指：按下按钮，电动机得电运行；松开按钮，电动机失电停转。

图 4.1（c）所示的控制电路方案 2 为最基本的“点动”控制线路，主要由热继电器的动断触点 FR、按钮 SB 和接触器 KM 的线圈等组成。当按下按钮 SB 时，接触器 KM 的线圈得电，接触器 KM 的主触点闭合，电动机 M 接通三相电源直接起动运转。而松开按钮 SB 时，接触器 KM 的线圈断电，主触点断开，电动机 M 被切断电源停机。电动机的运转时间是由按下按钮的时间决定的。

图 4.1（d）所示的控制电路方案 3，是在控制电路方案 1 中增加了一个“点动”复合按钮 SB3，“点动”按钮 SB3 的动断触点与接触器 KM 的动合触点相串联。正常起动时，按下起动按钮 SB2，接触器 KM 的线圈得电，其动合触点实现对电路的“自锁”。当点动工作时，按下“点动”按钮 SB3，其动合触点闭合，接触器 KM 的线圈得电，主触点闭合，电动机 M 接通电源起动运转。由于 SB3 的动断触点将接触器 KM 的“自锁”电路切断，手松开“点动”按钮 SB3 时，接触器 KM 的线圈断电，主触点断开，电动机 M 被切断电源停机，实现了对电动机 M 的点动控制。

由图 4.1 可以看出该电路具有的保护环节：

① 熔断器 FU 对主电路进行短路保护；熔断器 FU1 对控制电路进行短路保护。

② 热继电器 FR 对主电路的电动机 M 进行过载保护。由于热继电器的热惯性较大，即使热元件短时间里通过几倍的额定电流，热继电器也不会立即动作。所以，在电动机起动时间不长的情况下，热继电器能够承受短时冲击电流而不动作。只是在电动机长时间过载的情况下，热继电器才动作，断开控制电路中给接触器 KM 线圈的供电路径，使得接触器断电释放，其主触点断开，电动机 M 被切断电源停转，实现了电动机的过载保护。

③ 欠压和失压保护是依靠接触器本身的电磁机构实现的。当电源电压由于某种原因降

压或失压时，接触器的衔铁自行释放，电动机停止运转。而当电源电压恢复时，接触器 KM 的线圈不可能自行通电，只有再次按下起动按钮 SB2 后，电动机才可能重新起动，投入到运转状态。

二、可逆和互锁控制

在生产过程中，常常需要生产机械能够上下、左右、前后、往返等相反方向的运动，这就要求电动机能够实现“可逆”运行。由三相笼型异步电动机工作原理可知，只要将接入三相笼型异步电动机的三相电源进线中的任意两相对调，即可实现电动机的反向运行。所以，用两个方向相反的单相控制电路就可以组合成为可逆控制电路，如图 4.2 所示。

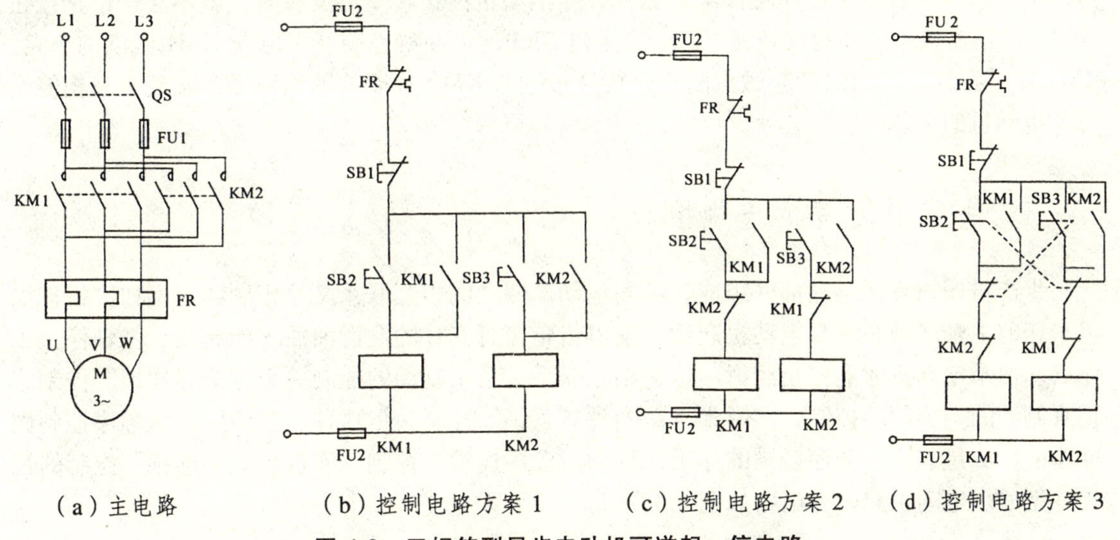

（a）主电路　（b）控制电路方案 1　（c）控制电路方案 2　（d）控制电路方案 3

图 4.2 三相笼型异步电动机可逆起、停电路

由图 4.2（a）所示的三相笼型异步电动机可逆起、停电路主电路可见，图中的 KM1、KM2 分别为正、反转接触器，它们的主触点接线的相序有区别，其中，KM1 按 U-V-W 相序接线；而 KM2 按 V-U-W 相序接线，即将 U、V 两相对调。所以当两个接触器分别工作时，三相笼型异步电动机的旋转方向不同，实现了三相笼型异步电动机的可逆运转。

图 4.2（b）所示的三相笼型异步电动机可逆起、停电路控制电路方案 1，虽然可以实现三相笼型异步电动机正、反转的控制任务，但这个电路是有问题的。当按下正转起动按钮 SB2 时，KM1 线圈得电并自锁，接通 U-V-W 相序电源，电动机正转。若出现操作错误，在按下正转起动按钮 SB2 的同时，又同时按下反转起动按钮 SB3 时、KM2 线圈得电并自锁，接通了 V-U-W 相序的电源，此时，主电路（a）会产生 U、V 两相电源的短路事故。

为了避免上述事故发生，要求 KM1 和 KM2 两个接触器不能同时工作。这种在同一时间里两个接触器只允许其中一个接触器工作的控制作用称为“互锁”，如图 4.2（c）所示的三相笼型异步电动机可逆起、停电路控制电路方案 2，就是有接触器“互锁”保护的正、反转控制线路。在正、反两个接触器中互串一个对方的动断触点，这对动继触点称为“互锁”触点。这样，当按下正转起动按钮 SB2 时，正转接触器 KM1 线圈通电，主触点闭合，电动机正转；

同时，由于 KM1 的动断辅助触点断开，切断了反转接触器 KM2 线圈的电路。此时，即使按下反转起动按钮 SB3，反转接触器 KM2 的线圈也不可能通电工作。同样，在反转接触器 KM2 动作后，也保证了正转接触器 KM1 线圈的电路不能工作。

但是，图 4.2（c）所示的三相笼型异步电动机可逆起、停电路控制电路方案 2 也存在一个问题，即在正转过程中要求反转时，必须先按下停止按钮 SB1，让 KM1 线圈断电，“互锁”触点 KM1 闭合，再按下反转起动按钮才能使电动机反转，使操作不便。为了解决此问题，可采用复式按钮和“互锁”触点的控制线路，如图 4.2（d）所示的三相笼型异步电动机可逆起、停电路控制电路方案 3。

在图 4.2（d）所示的控制电路方案 3 中，既保留了由接触动断触点组成的“互锁”电气联锁，又增加了由正转起动按钮 SB2 和反转起动按钮 SB3 的动断触点组成的机械联锁，进一步保证了两个接触器不能同时得电。这样，当电动机由正转变为反转时，就不必按停止按钮 SB1，而只需按下反转起动按钮 SB3，会通过 SB3 的动断触点断开接触器 KM1 线圈的电路，KM1 起“互锁”作用的动断触点闭合，接通接触器 KM2 线圈的通电路径，实现了三相笼型异步电动机的反转。

三、按工作顺序的连锁控制

生产机械由许多运动部件组成，不同运动部件之间相互联系又互相制约。例如，机械加工车床的主轴必须在油泵电动机起动，使得齿轮箱有充分的润滑油后才能起动；主轴停止工作后，油泵电动机才能停止润滑。这种相互联系又互相制约的控制关系称为“连锁”控制。相互制约的“连锁”控制，实际上也是一种“互锁”控制，但这种“互锁”是为顺序控制做准备的，或是起到了顺序控制的作用，称为“顺序连锁”控制。实现“顺序连锁”控制的三相笼型异步电动机起、停电路如图 4.3 所示。

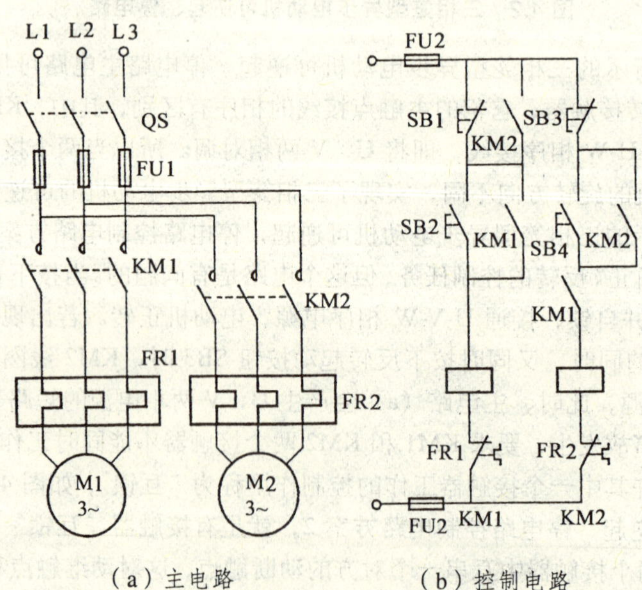

（a）主电路　　（b）控制电路

图 4.3　三相笼型异步电动机按顺序起、停电路

在图 4.3（a）所示的三相笼型异步电动机按顺序起、停电路主电路中，M1 为油泵电动机，M2 为主轴电动机，分别由接触器 KM1 和 KM2 的主触点控制。图 4.3（b）所示的三相笼型异步电动机按顺序起、停电路控制电路中，SB1、SB2 分别为油泵电动机 M1 的停止、起动按钮；SB3、SB4 分别为主轴电动机 M2 的停止、起动按钮。由图 4.3（b）可见，接触器 KM1 的动合辅助触点串在接触器 KM2 线圈的电路中，只有当接触器 KM1 线圈通电，动合触点闭合后，接触器 KM2 的线圈才能得电。这样，就保证了只有在油泵电动机 M1 起动后，主轴电动机 M2 才能起动。把接触器 KM2 的动合触点，并联联接在油泵电动机 M1 的停止按钮 SB1 两端，这样，当主轴电动机 M2 起动后，油泵电动机 M1 的停止按钮 SB1 被接触器 KM2 的动合触点所短路，此时，按下油泵电动机 M1 的停止按钮 SB1，油泵电动机 M1 也不可能停转。直到接触器 KM2 线圈断电，并联在停止按钮 SB1 两端的 KM2 的动合触点复位，按下停止按钮 SB1，才能起到断开接触器 KM1 线圈电路的作用，油泵电动机 M1 才能停转。这样，实现了按顺序起动、停止的联锁控制。

四、多地点控制

实际生活和生产现场，为了操作方便，通常要求能在多个地点进行操作控制。例如，自动电梯就需要多地点控制，在任意层的楼道里都能控制电梯的升降。图 4.4 所示为一台三相笼型异步电动机两地单方向起、停电路。

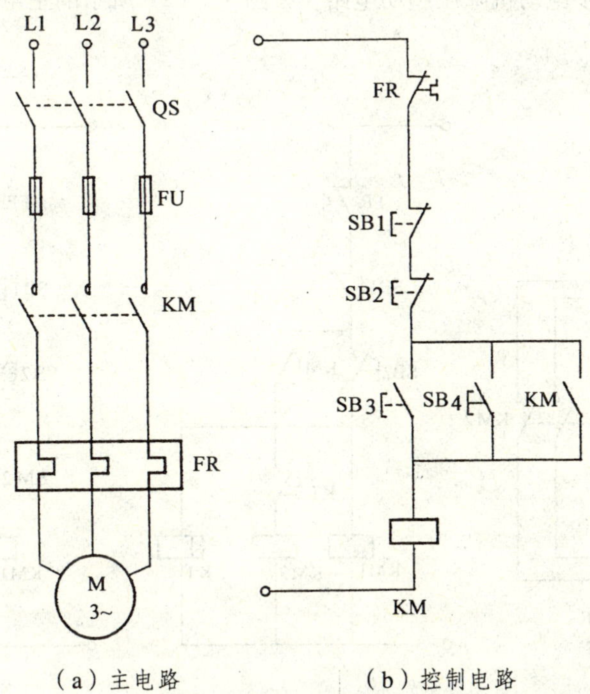

（a）主电路　（b）控制电路

图 4.4　三相笼型异步电动机两地单方向起、停电路

由图 4.4（b）可以看出，起动按钮 SB3、SB4 是并联的，即在任一处按下起动按钮（SB3 或 SB4）后，接触器 KM 的线圈都能通电并自锁，使得三相笼型异步电动机 M 起动并连续运转；停止按钮 SB1、SB2 是串联的，即任一处按下停止按钮（SB1 或 SB2）后，都能使接触器 KM 的线圈断电，使地电动机 M 停转。根据这一原则，可推广于更多地点的控制。

第三节 三相笼型异步电动机的降压起动控制

对于小容量的三相笼型异步电动机可以采用直接加上额定电压使电动机起动，这种方法称为直接起动。直接起动所用的电气设备少，电路简单，但是起动电流很大，起动时会引起供电系统的电压波动，干扰其他用电设备的正常运行。而对于容量较大的异步电动机则宜采用降压起动方法，来减小起动电流。通常，三相笼型异步电动机降压起动的方法有定子绕组串电阻或自耦变压器降压起动和 Y-d 降压起动。

一、定子绕组串电阻降压起动

定子绕组串电阻降压起动是电动机起动时，在定子绕组的电路中串入起动电阻，来减小电动机起动电流，起动结束后，将所串入的起动电阻切除。这种起动控制电器简单、操作方便，但由于起动时串入了起动电阻，消耗了一定的电能，很不经济。图 4.5 所示为定子绕组串电阻的三相笼型异步电动机降压起动电路，在图 4.5（a）所示的主电路中 R 为串入定子绕组的电阻。

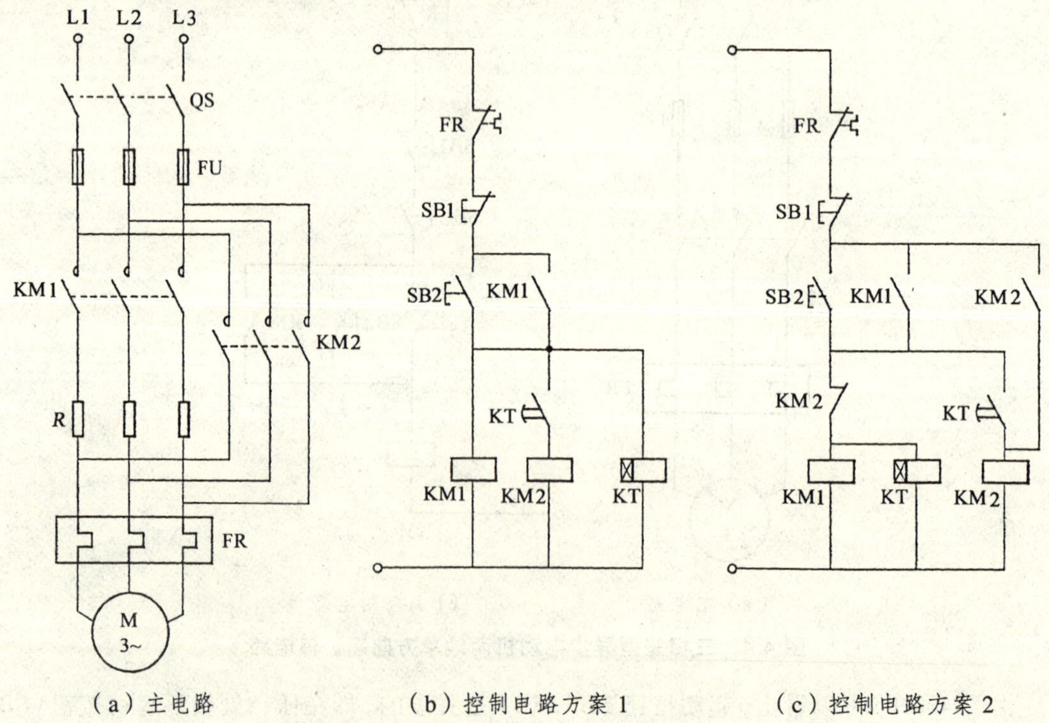

（a）主电路 （b）控制电路方案 1 （c）控制电路方案 2

图 4.5 三相笼型异步电动机定子绕组串电阻启动电路

由图 4.5（b）所示的三相笼型异步电动机定子绕组串电阻起动控制电路方案 1 可见，控制电路是根据起动过程中时间的变化，利用通电延时型时间继电器 KT 来控制降压起动电阻的切除。而通电延时型时间继电器的延时时间，则根据起动过程所需要时间整定。闭合三相电源闸刀开关 QS，按下起动按钮 SB2 时，接触器 KM1 的线圈立即得电，KM1 的主触点闭合，使三相笼型异步电动机在串入定子电阻 R 的情况下降压起动。同时，通电延时型时间继电器 KT 得电，开始计时，达到整定值时，其延时闭合的动合触点闭合，使接触器 KM2 的线圈得电，KM2 的主触点闭合，将起动电阻 *R* 短接，电动机在额定全电压下进入稳定正常运转。

由图 4.5（b）所示的控制电路方案 1 可以看出，在三相笼型异步电动机起动结束后，接触器 KM1 和时间继电器 KT 始终处于得电状态，这是没有必要的。若能使接触器 KM1 和时间继电器 KT 在三相笼型异步电动机起动结束后断电，既可减少能量损耗，还可以延长接触器和继电器的使用寿命。其解决方法如由图 4.5（c）所示的控制电路方案 2，在接触器 KM1 和时间继电器 KT 的线圈电路中串入接触器 KM2 的动断辅助触点。这样，当接触器 KM2 线圈得电动作后，其动断触点断开，使接触器 KM1 和时间继电器 KT 的线圈断电，保证了起动过程结束后，接触器 KM1 和时间继电器 KT 处于失电状态。

二、自耦变压器降压起动控制线路

自耦变压器降压起动是利用自耦变压器来降低加在电动机定子绕组上的电压，达到限制起动电流的目的。电动机起动时，定子绕组加上自耦变压器的二次电压，起动结束后，甩开自耦变压器，定子绕组上加额定电压，电动机全压正常运转。三相笼型异步电动机自耦变压器降压起动电路如图 4.6 所示，在图 4.6（a）所示的主电路中，T 为降压起动时所采用的自耦变压器。

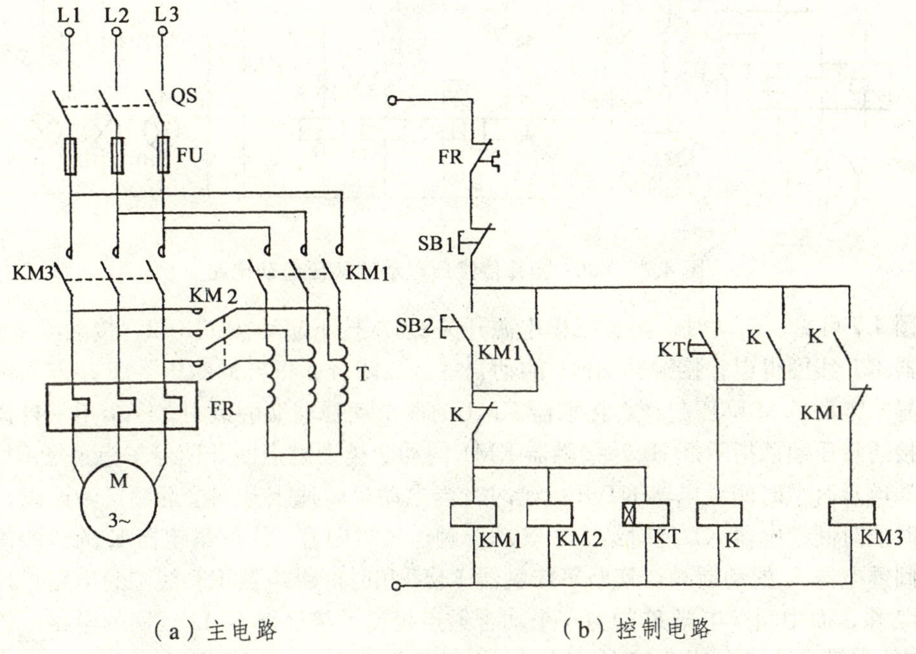

（a）主电路　　（b）控制电路

图 4.6　三相笼型异步电动机自耦变压器起动电路

由图 4.6 所示的三相笼型异步电动机自耦变压器起动电路可见，闭合主电路的三相电源闸刀开关 QS，按下起动按钮 SB2，接触器 KM1、KM2 和通电延时型时间继电器 KT 的线圈得电，并通过接触器 KM1 的动合辅助触点自锁。接触器 KM1 和 KM2 的主触点闭合，将自耦变压器 T 接入三相笼型异步电动机 M，电动机 M 定子绕组经自耦变压器供电降压起动。同时，通电延时型时间继电器 KT 延时，当电动机 M 的转速上升到接近额定转速时，延时结束，其延时闭合的动合触点闭合，中间继电器 K 得电动作并自锁，中间继电器 K 的动断触点断开，使接触器 KM1、KM2 和时间继电器 KT 的线圈都断电，接触器 KM1 和 KM2 的主触点断开，自耦变压器 T 被切除。而中间继电器 K 的动合触点闭合，使接触器 KM3 的线圈得电动作，接触器 KM3 的主触点接通三相笼型异步电动机 M 的主电路，电动机 M 在全压下正常运转。

自耦变压器降压起动方法适用于电动机容量较大，正常工作时接成 Y 或 △ 形的电动机。起动转矩的大小，可以通过改变抽头的连接位置得到改变。其缺点是自耦变压器价格较贵，而且不允许频繁起动。

自耦变压器起动已有定型产品，通常称为补偿降压起动器，图 4.7 所示为 XJ01 型补偿降压起动器降压起动电路。

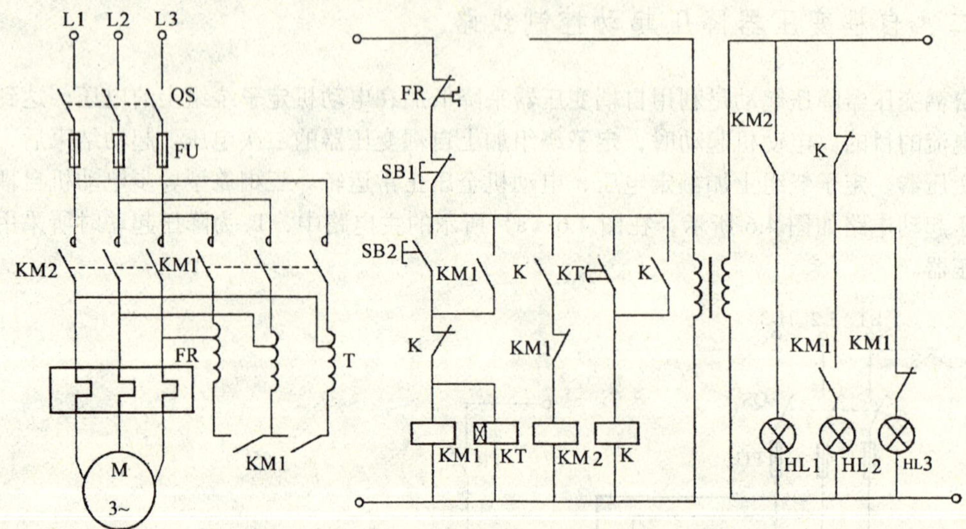

图 4.7　XJ01 型补偿降压起动器降压起动电路

由图 4.7 可见，起动时，闭合三相电源开关 QS，按下起动按钮 SB2，接触器 KM1 和时间继电器 KT 线圈得电，接触器 KM1 的动合主触点闭合，将自耦变压器 T 接入主电路，三相笼型异步电动机 M 降压起动。接触器 KM1 的两个动合辅助触点中，一个用于自锁，另一个用于接通降压起动指示灯 HL2；接触器 KM1 的动断辅助触点断开使停车指示灯 HL3 熄灭。同时，通电延时型时间继电器 KT 开始延时，当电动机转速上升到接近额定转速时，对应的通电延时型时间继电器 KT 延时结束，其动合触点延时闭合，中间继电器 K 的线圈得电并自锁，中间继电器 K 的动断触点切断了接触器 KM1 和时间继电器 KT 线圈的电路，自耦变压器 T 被切除，而中间继电器 K 的另一个动合触点接通了接触器 KM2 线圈的电路，使得接触器 KM2 的主触点接通电动机 M 的主电路，电动机在全电压下正常运转。同时，接触器 KM2

的动合辅助触点，接通了正常运行指示灯 HL1。

三、Y-△降压起动

额定运行为 △ 形接法的三相笼型异步电动机，为减小起动电流，起动时可将定子绕组作 Y 形连接，待转速升高到接近额定转速时，再改接为 △ 形连接，直到稳定运行。图 4.8 所示为三相笼型异步电动机 Y- △ 降压起动电路。

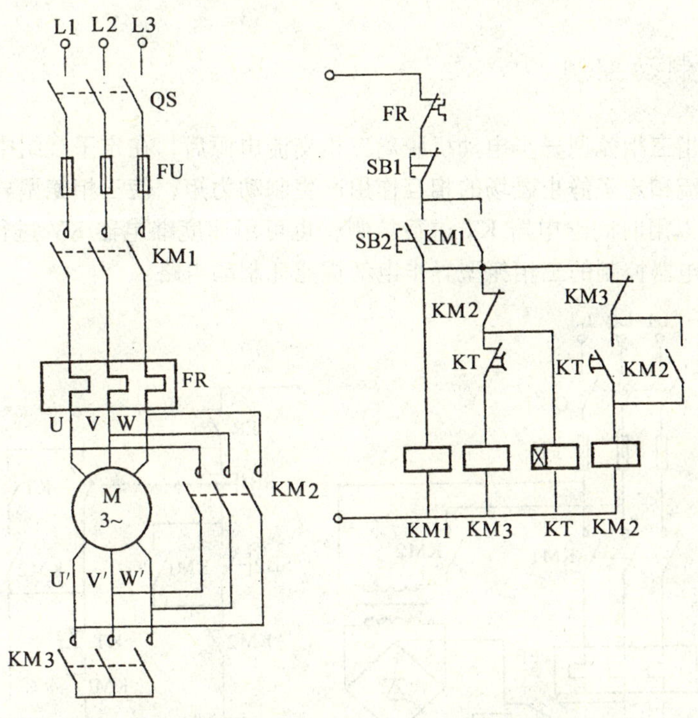

图 4.8 三相笼型异步电动机 Y—△ 降压起动电路

由图 4.8 可见，闭合三相电源闸刀开关 QS，按下起动按钮 SB2，接触器 KM1、KM3 和通电延时型时间继电器 KT 的线圈得电，三相笼型异步电动机接成 Y 形起动。同时，接触器 KM1 的动合辅助触点自锁，通电延时型时间继电器 KT 开始延时。当三相笼型异步电动机接近于额定转速，时间继电器 KT 的延时时间已到，其延时断开的动断触点断开，切断了接触器 KM3 线圈的电路，接触器 KM3 断电释放，其主触点和辅助触点复位；与此同时，时间继电器 KT 的动合触点延时闭合，使接触器 KM2 的线圈得电并自锁，接触器 KM2 的主触点闭合，电动机 M 接成 △ 形正常运转。而时间继电器 KT 的线圈也因接触器 KM2 的动断触点断开而失电，时间继电器 KT 的触点复位，为下一次起动做好准备。

三相笼型异步电动机 Y-△ 降压起动具有投资少，电路简单等优点。但是，在限制起动电流的同时，电动机的起动转矩也为 △ 形直接起动时的 1/3。因此，只适用于空载或轻载起动的场合。

第四节　三相笼型异步电动机制动控制线路

三相笼型异步电动机从切断电源到完全停止转动，由于惯性作用，总要经过一段时间。为了适应某些生产机械迅速而准确停车的要求，就必须对电动机进行强迫制动。制动停车的方式有机械制动和电气制动两种，机械制动是采用机械抱闸制动；电气制动是在电动机内部产生一个与电动机旋转方向相反的电磁力矩（制动力矩），三相笼型异步电动机常用的电气制动方式有能耗制动和反接制动。

一、能耗制动控制

能耗制动是指三相笼型异步电动机脱离三相交流电源后，在定子绕组中通入直流电，利用转子的感应电流和定子静止磁场的相互作用产生制动力矩，使三相笼型异步电动机迅速停车。能耗制动可以用时间继电器 KT 进行控制，也可用速度继电器 KV 进行控制。图 4.9 所示为采用时间继电器控制的三相笼型异步电动机能耗制动电路。

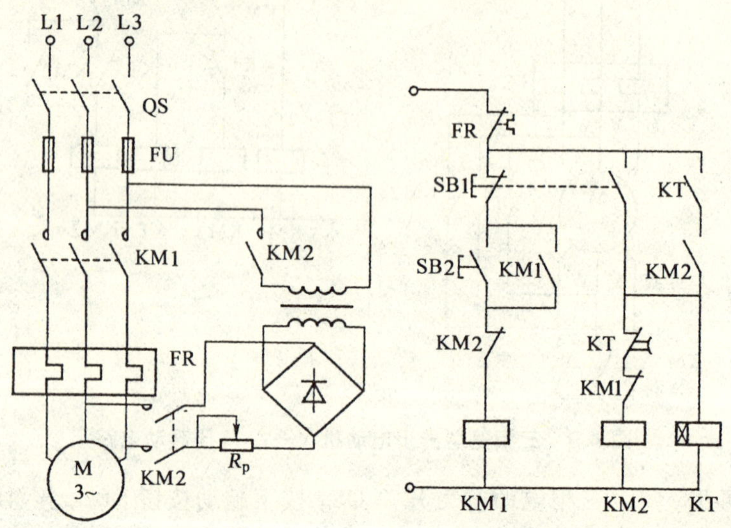

图 4.9　采用时间继电器控制的三相笼型异步电动机能耗制动电路

由图 4.9 可见，当三相笼型异步电动机起动时，闭合三相电源闸刀 QS，按下起动按钮 SB2，接触器 KM1 的线圈得电动作并自锁，其主触点接通三相笼型异步电动机 M 的主电路，电动机 M 在全压下起动运转。

停车时，按下停止按钮 SB1，停止按钮 SB1 的动断触点断开，使接触器 KM1 的线圈断电，主触点切断了电动机 M 的三相电源；停止按钮 SB1 的动合触点闭合，使接触器 KM2 和时间继电器 KT 的线圈得电，并经接触器 KM2 的辅助动合触点和时间继电器 KT 的瞬时动合触点自锁；同时，接触器 KM2 的主触点闭合，给电动机 M 的两相定子绕组送入直流电流，进行能耗制动。如果时间继电器的延时时间设置合适，当电动机的转速接近零时，时间继电器 KT 延时时间到，其动断延时触点打开，接触器 KM2 的线圈断电释放，其触点复位。接触器 KM2 的主触点复位切断了直流电源；辅助触点复位使时间继电器 KT 的线圈断电，为下次制动做好准备。显然，时间继电器 KT 的整定值为制动过程的时间。而在图 4.9 中，利用接触器 KM1 和 KM2 的动断触点进行互锁的目的是防止交流电和直流电同时加入三相笼型异步电动机的定子绕组。

采用速度继电器控制的三相笼型异步电动机可逆运行能耗制动电路如图 4.10 所示。图中 KM1 和 KM2 分别为正、反转接触器，KM3 为制动接触器，KV 为速度继电器，KV1 和 KV2 分别为正、反转时对应的速度继电器 KV 的动合触点。

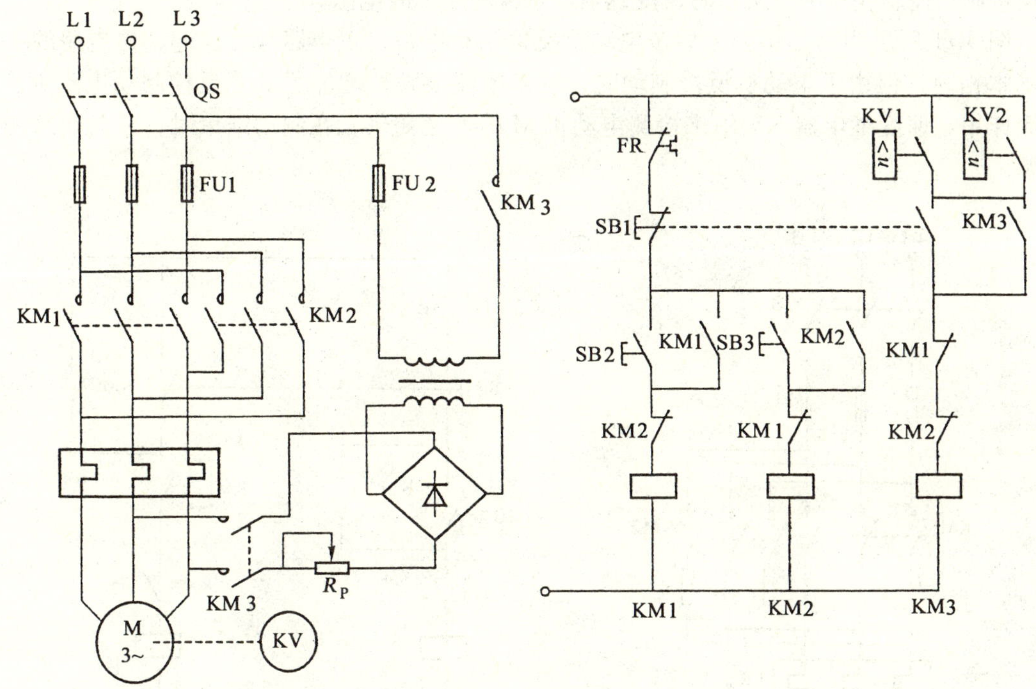

图 4.10　采用速度继电器控制的三相笼型异步电动机可逆运行能耗制动电路

由图 4.10 可见，当三相笼型异步电动机起动时，闭合三相电源闸刀 QS，根据需要按下正转或反转起动按钮，相应的接触器 KM1 或 KM2 的线圈得电动作并自锁，其主触点接通三相笼型异步电动机 M 的主电路，电动机 M 在全电压下正转或反转起动运行。此时，速度继电器 KV 的动合触点 KV1 或 KV2 闭合。

停车时，按下停车按钮 SB1，使接触器 KM1 或 KM2 的线圈断电，停车按钮 SB1 的动合触点闭合，使接触器 KM3 的线圈得电并自锁，三相笼型异步电动机 M 的定子绕组接入直流电源进行能耗制动，转速迅速下降。当转速下将到 100 r/min 时，速度继电器 KV 的动合触点 KV1 或 KV2 断开，KM3 线圈断电，能耗制动结束，此后，电动机 M 自由停车。

能耗制动时制动力矩的大小，与通入定子绕组的直流电流的大小有关，电流越大，电动机内磁场越强，产生的制动力矩就越大。电流的大小可调节可变电阻 R_P，但通入的直流电流不能太大，否则会烧坏定子绕组。

能耗制动的特点是制动电流较小、能量损耗小、制动准确，但它需要直流电源，制动速度较慢，适用于要求平稳制动的场合。

二、反接制动控制

在电动机要停转时，改变电动机定子绕组的电源相序来产生制动力矩，迫使电动机迅速停转的方法叫反接制动。

值得注意的是，当电动机的转速接近为零时，应立即切断电动机反接制动电源，否则电动机将反向起动。为此必须在反接制动中，采取一定的措施，防止反向起动。所以，在一般的反接制动控制线路中，常利用速度继电器来自动地切断电源。

图 4.11 所示为为三相笼型异步电动机反接制动电路，主电路与可逆起、停电路的主电路基本相同，但由于电动机反接制动时，冲击电流很大，增加了 3 个反接制动电阻 *R*，起限流作用。速度继电器 KV 用来检测电动机 M 的速度变化，在制动结束时，及时切断制动电源。

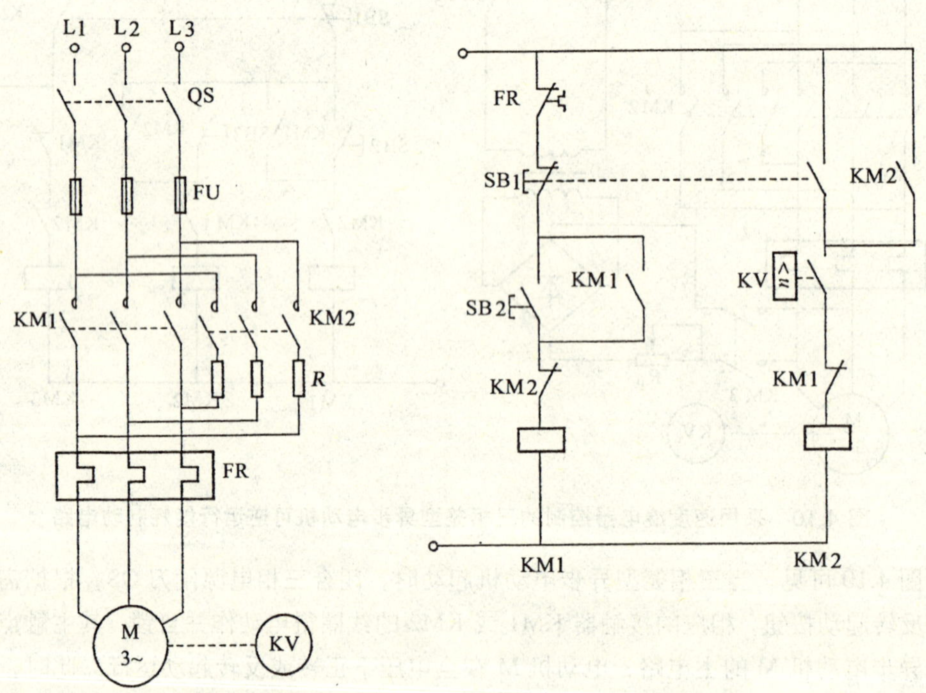

图 4.11　三相笼型异步电动机反接制动电路

由图 4.11 可见，当三相笼型异步电动机启动时，闭合三相电源闸刀 QS，按下起动按钮 SB2，接触器 KM1 的线圈得电动作并自锁，其主触点接通三相笼型异步电动机 M 的主电路，电动机 M 在全压下起动运转。当转速升到某一值（通常为大于 120 r/min）以后，速度继电器 KV 的动合触点闭合，为制动接触器 KM2 线圈的通电做好准备。

停车时，按下停止按钮 SB1，接触器 KM1 的线圈断电，接触器 KM1 的触点复位，接触器 KM2 的线圈得电并自锁，接触器 KM2 的动合主触点闭合，改变了三相笼型异步电动机 M 三相定子绕组中电源的相序，电动机 M 三相定子绕组串入制动电阻 R 进入反接制动状态，电动机转速迅速下降，当转速低于 100 r/min 时，速度继电器 KV 复位，接触器 KM2 的线圈断电，其触点复位，反接制动结束。

第五节　电液组合控制电路

电液组合控制是通过电气控制电路控制液压传动系统，再由液压传动系统驱动运动部件完成规定动作。

液压传动是靠密封容器的液体压力能来进行能量转换、传递与控制的一种传动方式。它具有输出力（或力矩）大，运动传递平稳、均匀，调整控制方便等优点。特别是当液压传动系统与电气控制系统组合构成电液组合控制系统时，能很方便地实现多种复杂的自动工作循环，广泛应用于组合机床、自动化设备及自动化生产线。

一、电液组合控制电路图

电液组合控制电路图主要由液压传动系统图与电气控制电路图组成。

1. 液压传动系统图

液压传动系统主要由 4 个部分组成：

① 动力元件（液压泵及驱动电动机）。电动机输出的机械能通过液压泵转换为液压能，为液压系统提供压力油。

② 执行元件（液压缸或液压马达）。把液体的压力能转换为机械能输出，以驱动工作部件运动。

③ 控制调节元件（压力阀、流量阀和换向阀等）。用以控制应用系统中液体的压力、流量和流动方向，保证执行元件完成预期的运动。

④ 辅助元件（油箱、油管、滤油器、压力表等）。设备必要的条件以保证液压系统正常地工作。

为了表达某一工作循环液压传动系统的工作原理，常将组成液压系统的各个元件及它们之间连接和控制方式均按国家标准图形符号画出，构成一张液压系统原理图，并在旁也附上工作原理图及各个工步电磁阀、行程阀、压力继电器等的动作顺序表。

2. 电气控制电路图

要使液压执行元件按液压传动系统图完成所需的工作循环，就必须满足各个工步中电磁阀的工作顺序，这就得由电气控制电路图来完成，在电液组合控制电路图中，电气控制电路图常由按钮、行程开关、时间继电器、压力继电器等组成，按工作循环要求控制电磁铁的得电、失电情况。根据电磁铁电源种类不同，控制电路有直流控制及交流控制两种。

电液组合控制电路的分析步骤：① 根据液压设备的工作循环图，对照电磁铁动作顺序表阅读液压系统图；② 分析电气控制电路图如何在控制条件下完成电磁铁的动作顺序；③ 机、电、液有机组合起来分析机械设备是如何由电气控制液压系统，再由液压系统驱动机械运动部件按给定的工作运动要求自动循环工作的。

二、液压动力滑台控制电路

液压动力滑台是组合机床用以实现进给运动的一种通用部件，其运动是靠液压缸驱动的，根据加工需要滑台后面可安装动力箱、多轴箱及各种专用切削头等工作部件，以完成钻、扩、绞、铣、镗、刮端面、倒角、攻螺纹等工序的机械加工，并能按多种进给方式实现自动工作循环。

液压动力滑台自动工作循环控制是一典型的电液组合控制，图 4.12 是液压动力滑台电液控制组合电路，图（a）是液压传动系统图，图（b）是电气控制电路图。该液压动力滑台的自动工作循环：快进→工进→快退→原位停止。其工作过程如下：

转换开关 SA 扳到“自动”位置。

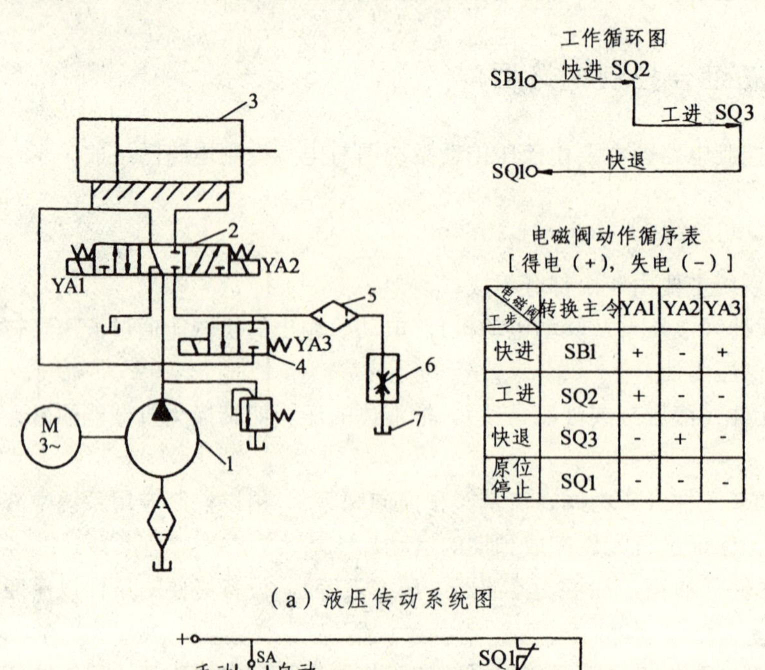

电磁阀动作循序表

［得电（+），失电（-）］

电磁阀 / 工步	转换主令	YA1	YA2	YA3
快进	SB1	+	-	+
工进	SQ2	+	-	-
快退	SQ3	-	+	-
原位停止	SQ1	-	-	-

（a）液压传动系统图

（b）电气控制电路图

1—液压泵；2—三位五通电磁换向阀；3—液压缸；4—二位二通电磁换向阀；5—滤油器；6—调速阀；7—油箱

图 4.12 液压动力滑台电液控制组合电路

1. 动力滑台快进

起始条件是：动力滑台上的挡铁压下 SQ1，SQ1 动合触电合上。按下起动按钮 SB1，中间继电器 KA1 得电动作并自锁，其动合触点闭合使电磁铁 YA1/YA3 同时得电。此时，液压系统图中三位五通换向阀 2 的左位和二位二通换向阀 4 的左位进入系统。液压泵 1 输出的液压油经换向阀 2（左位），进入液压缸 3 的无杆腔，推动活塞杆右移，液压缸 3 的有杆腔回油经换向阀 2（左位）、换向阀 4（左位）进入液压缸 3 的无杆腔，形成差动连接。活塞杆快速右移，带动动力滑台快速进给。

2. 动力滑台工进

在动力滑台快进过程中，当挡铁压下行程开关 SQ_2 时，SQ_2 动合触点闭合，中间继电器 KA_2 得电动作，其动断触点断开使电磁铁 YA_3 失电，其动合触点合上，使 KA_2 线圈自锁。此时，液压系统图中换向阀 2 的左位和换向阀 4 的常态位（右位）进入系统。液压泵 1 输出的液压油经换向阀 2（左位）进入液压缸的无杆腔，推动活塞杆右移，有杆腔的回油经换向阀 2（左位）、滤油器 5、调速阀 6 流回油箱。由于回油路上接调速阀，使回油流量少，从而使活塞杆右移速度减慢，带动动力滑台工进给。

3. 动力滑台快退

当动力滑台工进给到终点，挡铁压下行程开关 SQ_3 时，SQ_3 动合触点闭合，使中间继电器 KA_3 得电并自锁，KA_3 动触点断开，使电磁铁 TA_1、YA_3 同时失电；KA_3 动合触点闭合，使电磁铁 YA_2 得电。此时液压系统图中换向阀 2（右位）、换向阀 4（常态位）进入系统。液压泵 1 输出的液压油经换向阀 2（右位）进入液压缸 3 有杆腔，推动活塞杆向左移动，无杆腔的回油经换向阀 2（右位）流回油箱。活塞杆有杆腔作用面积小，使活塞杆快速左移，带动动力滑台快退。

4. 动力滑台原位停止（见图 4.13）

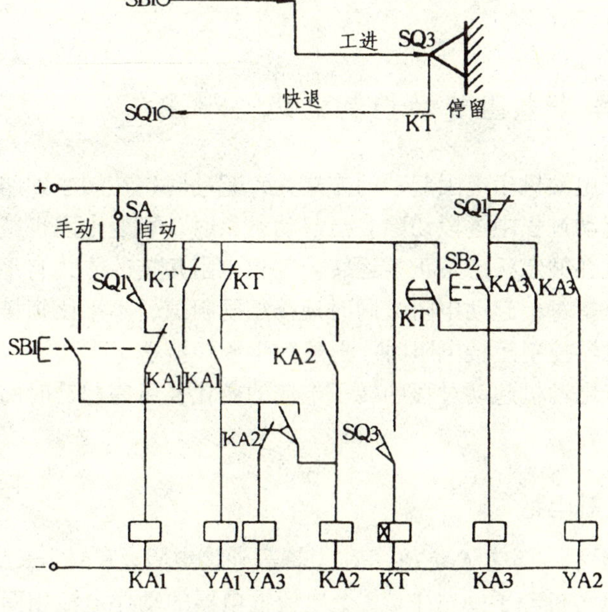

图 4.13　有终点停留功能的液压动力滑台控制电路

当动力滑台快退到原位，挡铁压下行程开关 SQ1，SQ1 动断触点断开，使中间继电器 KA3 线圈失电，KA3 动合触点复位，使电磁铁 YA2 失电。（同时，SQ1 动合触点合上，KA3 动断触点复位，为下一次自动循环做好准备。）此时，液压系统图中，换向阀 2、4 都是常态位进入系统。液压泵 1 输出的油经换向阀 2（中位）流回油箱，实现卸荷。液压缸内无液压油流入，活塞杆不动，动力滑台原位停止。

当 SA 扳到“手动”位置时，按下起动按钮 SB1，也可接通 KA1，使电磁铁 YA1、YA3 通电，动力滑台可向前快进，但由于 KA1 不能自锁，因此松开 SB1，电磁铁 YA1，YA3 失电，动力滑台立即停止，从而实现电动向前调整。

当调整前移或自动工作过程中突然停电，使动力滑台没有停在原位（即行程开关 SQ1 没被压下），而不能满足自动循环工作的起始条件，可按快速复位按钮 SB2，接通 KA3，使电磁铁 YA2 通电，动力滑台作快运动，直至 SQ1 被压下，KA3 断电，动力滑台停止在原位。

在上述控制电路的基础上，加一延时元件，可得到具有进给终点停留的自动工作循环：快进→工进→延时停留→快退→原位停止。其工作循环图及控制电路图如图 4.13 所示。当动力滑台进到终点时，压下终点限位开关 SQ3，接通时间继电器 KT 的线圈电路，KT 的瞬时动断触点立即断开，使电磁铁 YA1、YA2 线圈失电。液压系统图中换向阀 2（中位）流出油箱，液压缸在进给终点停留，经过一定时间延时后，KT 的延时动合触点合上，接通动力滑台快退的控制电路，滑台进入快退工步，其他工步的控制方式以及调整方式，与无终点停留的控制电路图 4.12 相同。

第六节 三相绕线转子异步电动机起动控制电路

三相绕线转子异步电动机的起动，通常采用在转子绕组回路中串接起动电阻和接入频敏变阻器等方法。

一、转子回路串电阻起动控制电路

三相绕线式异步电动机串电阻起动的方式为：起动时，在转子回路中接入作星形连接的三相起动变阻器，起动过程中逐段切除。当起动结束时，可变电阻也减小到零，转子绕组被直接短接，电动机就在额定状态下正常运转。三相电阻短接的方式有平衡短接法与不平衡短接法。平衡短接法是指每相起动电阻被同时短接相同阻值，不平衡短接是每相的起动电阻轮流被短接。采用接触器控制短接电阻时，一般为平衡短接法。

根据绕线式异步电动机起动过程中转子电流的变化及所需起动时间，有电流原则与时间原则两种控制方式。

1. 电流原则控制电路

电路如图 4.14 所示。图中 R_1、R_2、R_3 为转子外接电阻；KA2、KA3、KA4 为电流继电器，其线圈串联在电动机转子回路中。3 个电流继电器的动作电流相同，但释放电流不同，KA2 释放电流最大，KA3 次之，KA4 释放电流最小。KA1 为中间继电器。

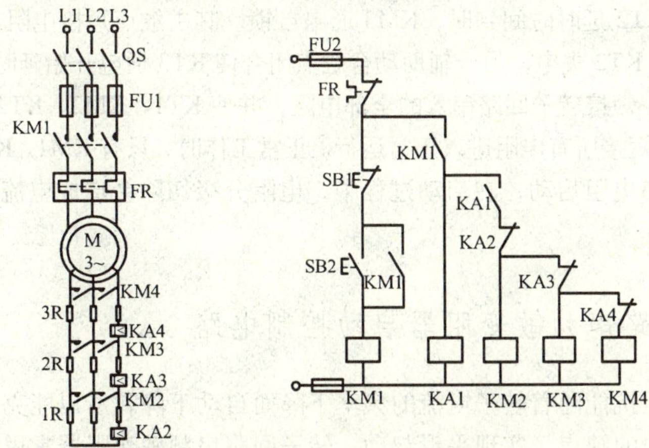

图 4.14　电流原则控制转子电路串电阻起动控制电路

电动机起动过程：合上隔离开关 QS，按下起动按钮 SB2→KM1 通电并自锁，KA1 通电动作。电动机全压起动。刚起动时，起动电流很大，3 个电流继电器全部动作，控制电路中，KA2、KA3、KA4 的辅助动断触点断开，KM2、KM3、KM4 不通电，电动机转子回路串入所有电阻→随着电动机转速上升，转子电流减少，KA2 最先释放，其辅助动断触点闭合，KM2 线圈通电，主回路中，KM2 主触点闭合短接电阻 $1R$→电流再减少时，KM3、KM4 依次动作，切除电阻 $2R$、$3R$→起动完毕，转子回路所串电阻全部切除，电动机进入正常运行。KA1 的作用：保证刚起动时，转子回路串入全部电阻。

2．时间原则控制电路

电路如图 4.15 所示，由时间继电器 KT1、KT2、KT3 控制 3 段电阻的切除。

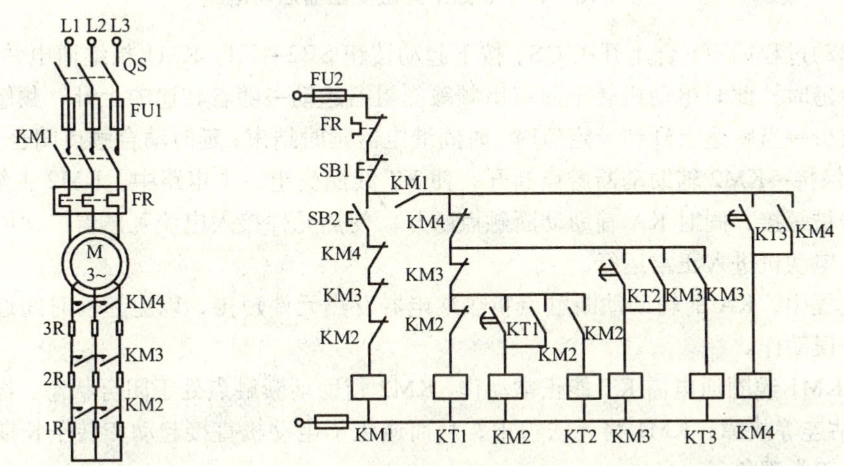

图 4.15　时间原则控制的转子电路串电阻起动控制电路

电动机起动过程如下：合上开关 QS，按下起动按钮 SB2→KM1 通电自锁，KT1 线圈通电，开始延时→KT1 延时时间到，延时辅助动合触点闭合，KM2 线圈通电自锁→KM2 主触点闭合，切除电阻 $1R$；KM2 辅助动断触点断开，使 KT1 线圈失电；KM2 另一辅助动合触点闭合使 KT2

通电开始延时→当KT2延时时间到时，KM3通电自锁，其主触点短接电阻1*R*、2*R*。辅助动断触点使KT1、KM2、KT2失电；另一辅助动合触点闭合使KT3通电开始延时；同理，KT3延时结束时，KM4动作，短接转子回路串入的全部电阻，并使KT1、KM2、KT2、KM3、KT3线圈都失电。最后，电机短接所有电阻进入正常运行。正常工作时，只有KM1、KM4两接触器通电。

采用转子回路串电阻启动，在启动过程中，电阻分级切除会造成电流和转矩的突变，产生机械冲击。

二、转子回路串频敏变阻器启动控制电路

频敏变阻器的阻抗能随着转子电流的频率下降而自动下降，所以能克服串电阻分级起动过程中产生机械冲击的缺点，实现平滑起动。转子回路串频敏变阻器常用于大容量绕线转子异步电动机的起动控制。如图4.16所示为转子绕组串频敏变阻器的起动控制电路。

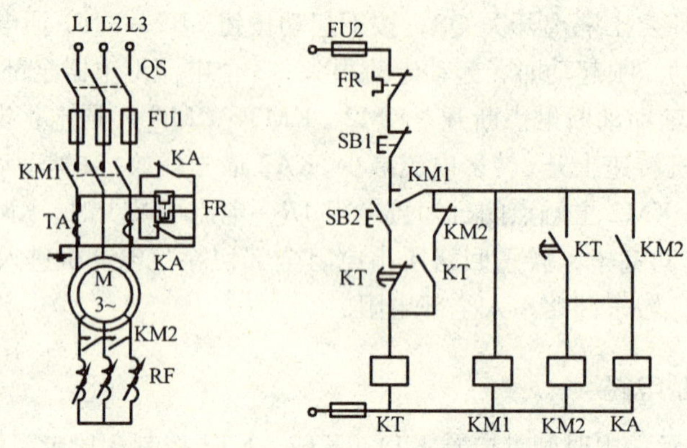

图4.16 转子回路串频敏变阻器启动电路

电路起动过程如下：合上开关QS，按下起动按钮SB2→KT、KM1相继通电并自锁，KT通电后开始延时，此时电动机转子回路串频敏变阻器起动→随着转速的上升，频敏变阻器的阻抗逐渐减少→当转速上升到一定值时，时间继电器延时结束，延时动合触点闭合，使KM2、KA通电并保持→KM2辅助动断触点断开，使KT线圈失电。主电路中，KM2主触点闭合，频敏变阻器被短接，同时KA辅助动断触点断开，使热元件接入电流互感器二次回路，进行过载保护。电动机进入正常运行。

起动过程中，KA的辅助动断触点将热继电器发热元件短接，以免起动时间过长而使热继电器产生误动作。

图中，KM1线圈通电需KT能正常动作、KM2辅助动断触点处于闭合状态。若发生KT、KM2触点粘连等故障，KM1将无法得电，从而避免了电动机直接起动和转子长期串接频敏变阻器的不正常现象。

思考题

1. 电气控制系统图可分为几种？各有什么用途？

2. 接触器自锁控制电路中，为什么具有“欠压”和“失压”保护？

3. 在三相笼型异步电动机的起停电路中，热继电器和熔断器各起什么保护作用？

4. 在三相笼型异步电动机的正、反转电路中，为什么要采用“互锁”？

5. 分析图 4.3 所示的按顺序起停电路的控制功能。

6. 在双重联锁三相笼型异步电动机的正、反转电路中，两接触器的互锁触点相互错位，会出现什么现象？

7. 叙述三相笼型异步电动机定子绕组串电阻起动的控制原理。

8. 什么是三相笼型异步电动机的降压起动？通常有哪些方法？

9. 画出一个具有双重联锁的三相笼型异步电动机正、反转及点动的控制电路。

10. 画出三相笼型异步电动机 Y-△ 形起动电路，并叙述其工作原理。

11. 设计一个两台三相笼型异步电动机 M1 和 M2 顺序控制线路，要求 M1 起动后，M2 才能起动，并能同时停止，其中 M1 还可点动。

第五章 典型设备的电气控制系统

前面章节中已讨论了继电器-接触器电气控制的基本环节，在此基础上，我们将对生产机械的电气控制进行分析和研究，学会阅读、分析生产机械电气控制线路的方法，加深对典型环节的理解，为生产设备电气控制系统的设计、安装、调试和后续数控机床电气控制的分析打下基础。

机床的电气控制不仅要求能够实现起动、制动、反转和调速，而且还应能够满足生产工艺提出的各种要求，具有各种保护装置，工作可靠，实现操作自动化。在分析控制系统时首先应了解机床的基本结构和运动情况，按照化整为零的方法，把整个控制系统分解成若干个局部控制电路，逐一分析，最后总结出电气控制的规律。

第一节 电气图的识图方法和步骤

根据机械运动形式对电气控制系统的要求，采用国家统一规定的电气图形符号和文字符号，按照电气设备和电器的工作顺序，详细表示电路、设备或成套装置的全部基本组成和连接关系的图形称为**电气控制系统图**。它清晰地表达了设备电气控制系统的组成结构、设计意图，系统工作原理及安装、调试和检修控制系统等技术要求。

电气控制系统图一般有3种：电气原理图、电器元件布置图与电气安装接线图。电气控制系统图是根据国家电气制图标准，用规定的图形符号、文字符号以及规定的画法绘制的。本节以CW6132车床的电气原理图、布置图、安装接线图为例介绍电气图的画法。

1. 常用电气控制系统的图形符号和文字符号

(1) 图形符号

图形符号常用于图样或其他文件，表示一个设备或概念的图形、标记或字符。电气控制系统图中的图形符号必须按照国家标准绘制。国家电气图用符号标准GB4728规定了电气图中图形符号的画法，该标准与国家电气制图标准GB6980于1990年1月1日正式执行。国家标准中规定的图形符号基本与国际电气技术委员会（IEC）发布的有关标准相同。

图形符号包含符号要素、限定符号、一般符号以及常用的非电操作控制的动作符号（如机械控制符号等），根据不同的具体器件情况组合构成。国家标准除给出各类电气元件的符号要素、限定符号和一般符号外，也给出了部分常用图形符号及组合图形符号示例。

① 符号要素。一种具有确定意义的简单图形，必须与其他图形组合才构成一个设备或

概念的完整符号。如接触器常开主触点的符号就由接触器触点功能符号和常开触点符号组合而成。

② 一般符号。一般符号是表示一类产品和此类产品特征的一种简单的符号。如电动机可用一个圆圈表示。

③ 限定符号。限定符号是用于提供附加信息的一种加在其他符号上的符号。

运用图形符号绘制电气系统图时应注意：

① 符号尺寸大小和线条粗细。依国家标准图样可放大与缩小，但在同一张图样中，同一符号的尺寸应保持一致，各符号间及符号本身比例应保持不变。

② 标准中示出的符号方位，在不改变符号含义的前提下，可根据图面布置的需要旋转，或成镜像位置，但文字和指示方向不得倒置。

③ 大多数符号都可以附加上补充说明标记。

④ 有些具体器件的符号由设计者根据国家标准的符号要素、一般符号和限定符号组合而成。

⑤ 国家标准未规定的图形符号，可根据实际需要，按突出特征、结构简单、便于识别的原则进行设计，但需报国家标准局备案。当采用其他来源的符号或代号时，必须在图解和文件上说明其含义。

(2) 文字符号

文字符号用于电气技术领域技术文件的编制，以标明电气设备、装置和元器件的名称及电路的功能、状态和特征。国家标准 GB7159－87《电气技术中的文字符号制订通则》规定了电气工程图中的文字符号，它分为基本文字符号和辅助文字符号。

① 基本文字符号。基本文字符号有单字母符号与双字母符号两种。单字母符号按拉丁字母顺序将各种电气设备、装置和元器件划分为 23 大类，每一类由一个专用单字母符号表示，如“C”表示电容器类。双字母符号由一个表示种类的单字母符号与另一个字母组成，且以单字母符号在前，另一字母在后的次序列出，如“F”表示保护器件类，“FU”则表示为熔断器。

② 辅助文字符号。辅助文字符号用来表示电气设备、装置和元器件以及电路的功能、状态和特征的。

③ 补充文字符号的原则。

◎ 在不违背国家标准文字符号编制原则的条件下，可采用国家标准中规定的电气技术文字符号；

◎ 在优先采用基本和辅助文字符号的前提下，可补充国家标准中未列出的双字母文字符号和辅助文字符号。

◎ 使用文字符号时，应按电气名词术语国家标准中规定的英文术语缩写而成。

◎ 基本文字符号不得超过两位字母，辅助文字符号一般不超过 3 位字母。文字符号采用拉丁字母大写正体字，且拉丁字母中“I”和“O”不允许单独作为文字符号使用。

(3) 主电路各接点标记

① 三相交流电源引入线采用 L_1、L_2、L_3、N、PE 自上而下标记依次画出。直流电源“＋”端在上，“－”端在下。

② 电源开关之后的三相交流电源主电路分别按 U11、V11、W11 顺序标记。

③ 电动机绕组首端分别用 U1、V1、W1 标记，尾端分别用 U2、V2、W2 标记。双绕组的中点则用 U3、V3、W3 标记。对于多台电机其三相绕组接线端标记以 1U、1V、1W；2U、2V、2W、…来区分。各电动机分支电路各接点标记采用三相文字代号后面加数字来表示，从上到下按数值大小顺序标记。

④ 控制电路采用阿拉伯数字编号，一般由 3 位或 3 位以下的数字组成，标注方法按“等电位”原则进行。在垂直绘制的电路中，标号顺序一般由上而下编号，凡是被线圈、绕组、触点或电阻、电容等元件所间隔的线段，都应标以不同的电路标号。

2. 电气控制系统图

(1) 电气原理图

电气原理图的形成：根据电气控制系统的工作原理，采用电器元件展开的形式，利用图形符号和项目代号来表示电路各电气元件中导电部件和接线端子的连接关系及工作原理。电气原理图并不按电器元件实际布置来绘制，而是根据它在电路中所起的作用画在不同的部位上。

电气原理图的绘制规则由国家标准 GB6988.4 给出。它具有结构简单、层次分明的特点，适于研究和分析电路的工作原理，在设计研发和生产现场等各方面得到了广泛应用。图 5.1 为 CW6132 型普通车床电气原理图。

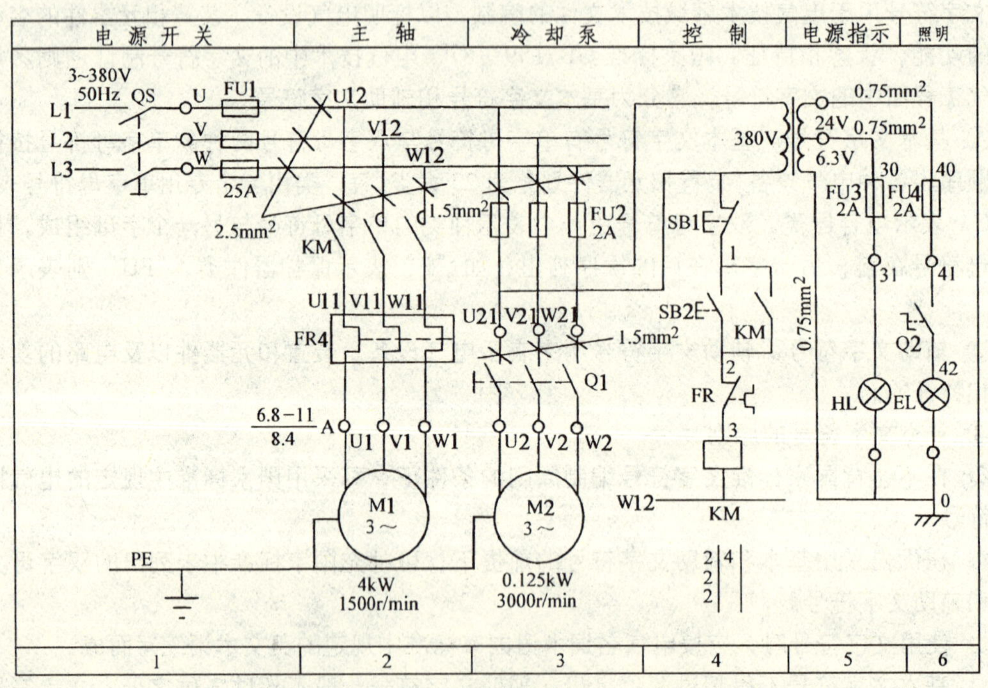

图 5.1 CW6132 型普通车床电气原理图

绘制电气原理图的原则：

① 要在原理图中分出主电路和控制电路。主电路是指从电源到电动机的电路，其中有强电流通过的部分要用粗实线来绘画；控制电路由按钮、接触器和继电器的线圈、各种电器的动合（常开）、动断（常闭）触点组合构成控制逻辑，实现需要的控制功能，其中有弱电流

通过的部分用细实线来绘画。主电路、控制电路和其他辅助的信号电路、照明电路、保护电路一起构成电气控制系统原理图。

② 各电器元件不画出实际的外形图，而采用统一的图形符号和文字符号来标注。原理图上应标出各个电源电路的电压值、极性或频率及相数，某些元器件的特性（如电阻、电容的数值、熔断器、热继电器和空气开关的额定电流、导线的截面积等）和不常用电器（如位置传感器、手动触点等）的操作方式和功能。电器元件的可动部分通常表示在电器非激励或不工作的状态和位置；二进制逻辑元件应是置零时的状态；机械开关应是循环开始前的状态。

③ 原理图上各电路的安排应便于分析、维修和寻找故障，原理图应按功能分开画出，从左到右依次是主电路、控制电路、辅助电路。

④ 主电路的电源电路绘成水平线，受电的动力装置（电动机）及其保护电器支路，应垂直电源电路画出。控制和信号电路应垂直地绘在两条或几条水平电源线之间。耗能元件(如线圈、电磁铁、信号灯等)，应位于直接接地的水平电源线上。控制触点应连在另一电源线上。

⑤ 为阅图方便，规定图中自左至右或自上而下表示操作顺序，并尽可能减少线条和避免线条交叉。若有交叉应在交叉部位画黑圆点来表示电连接。

⑥ 为了偏于读图和检索，原理图上方将图分成若干图区（称为用途区），并标明该区电路的用途与作用；在下方相应部位也划分图区，用阿拉伯数字从左到由编写（称为数字区）；在继电器、接触器线圈下方用触点表说明线圈和触点的从属关系及位置。索引代号按图号/页号。分区号的格式标注。

(2) 电器位置图

电器位置图用来详细表明电气原理图中各电气设备、元器件的实际安装位置，为电器控制设备的制造、安装、维修、提供必要的资料。它可根据电气控制系统的复杂程度采取集中绘制或单独绘制方式。图中各电器代号应与有关电路图和电器清单上所有元器件代号相同。各电气元件的安装位置是由机床的结构和工作要求决定的，如电动机要和被拖动的机械部件在一起，行程开关应放在要获取信号的地方，操作的按钮开关等应放在便于操作的地方，一般电器元件放在电气控制柜内。

电器设备、元器件的布置应注意以下几方面：

① 体积大和较重的电器设备、元器件应安装在电器安装板的下方，而发热元器件应安装在电器安装板的上面。

② 强电、弱电应分开，弱电应加屏蔽，以防止外界干扰。

③ 需要经常维护、检修、调整的电器元件安装位置不宜过高或过低。

④ 电器元件的布置应考虑整齐、美观、对称。外形尺寸与结构类似的电器安装在一起，以利安装和配线。

⑤ 电器元件布置不宜过密，应留有一定间距。如用走线槽，应加大各排电器间距，以利于布线和故障维修。

图 5.2 为 CW6132 型车床控制盘电器布置图，图中 FU1～FU4 为熔断器、KM 为接触器、FR 为热继电器、TC 为照明变压器、XT 为接线端子板。

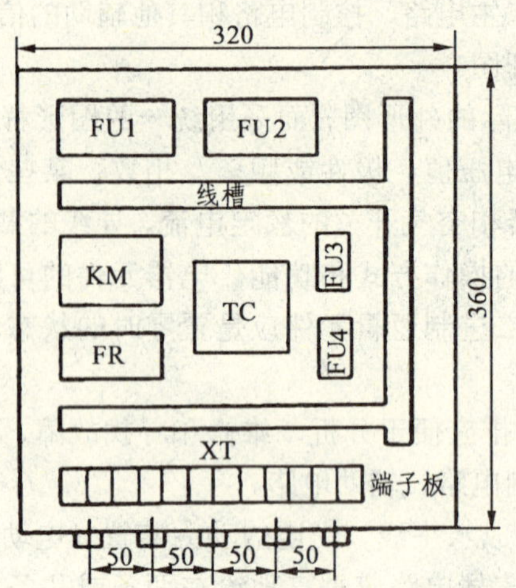

图 5.2　CW6132 型车床控制盘电器布置图

图 5.3 为 CW6132 型车床电气设备安装布置图。图中 QS 为电源开关、 Q1 为转换开关、Q2 为照明开关、SB1 为停止按钮、SB2 为起动按钮、M1、M2 分别为主轴电动机和冷却泵电动机、EL 为照明灯。

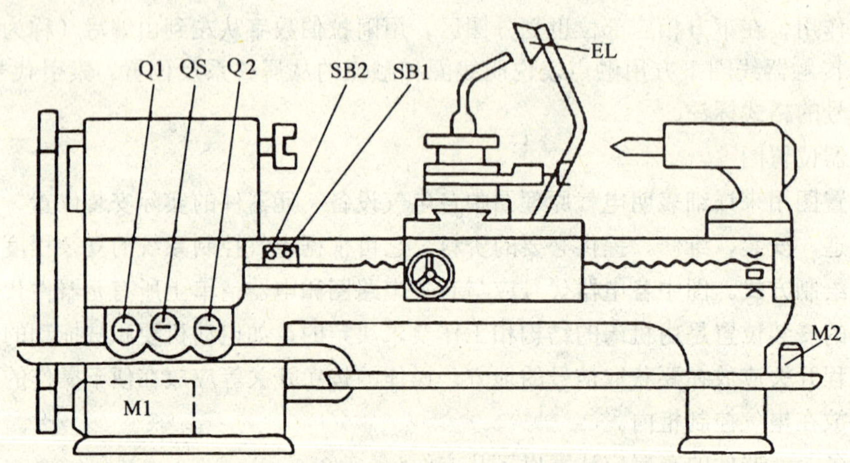

图 5.3　CW6132 型车床电气设备安装布置图

(3) 安装接线图

安装接线图用来表明电气设备或装置之间的接线关系，清楚地表明电气设备外部元件的相对位置及它们之间的电气连接，是实际安装布线的依据。安装接线图主要用于电器的安装接线、线路检查、线路维修和故障处理，通常接线图与电气原理图和元件布置图一起使用。

电气接线图的绘制原则是：

① 各电气元件均按实际安装位置绘出，元件所占图面按实际尺寸以统一比例绘制，尽可能符合电器的实际情况。

② 一个元件中所有的带电部件均画在一起，并用点画线框起来，即采用集中表示法。

③ 各电气元件的图形符号和文字符号必须与电气原理图一致，并符合国家标准。

④ 各电气元件上凡是需接线的部件端子都应绘出，并予以编号，各接线端子的编号必须与电气原理图上的导线编号相一致。

⑤ 绘制安装接线图时，走向相同的相邻导线可以绘成一股线。

图 5.4 是根据上述原则绘制的与图 5.1 对应的电器箱外连部分电气安装接线图。

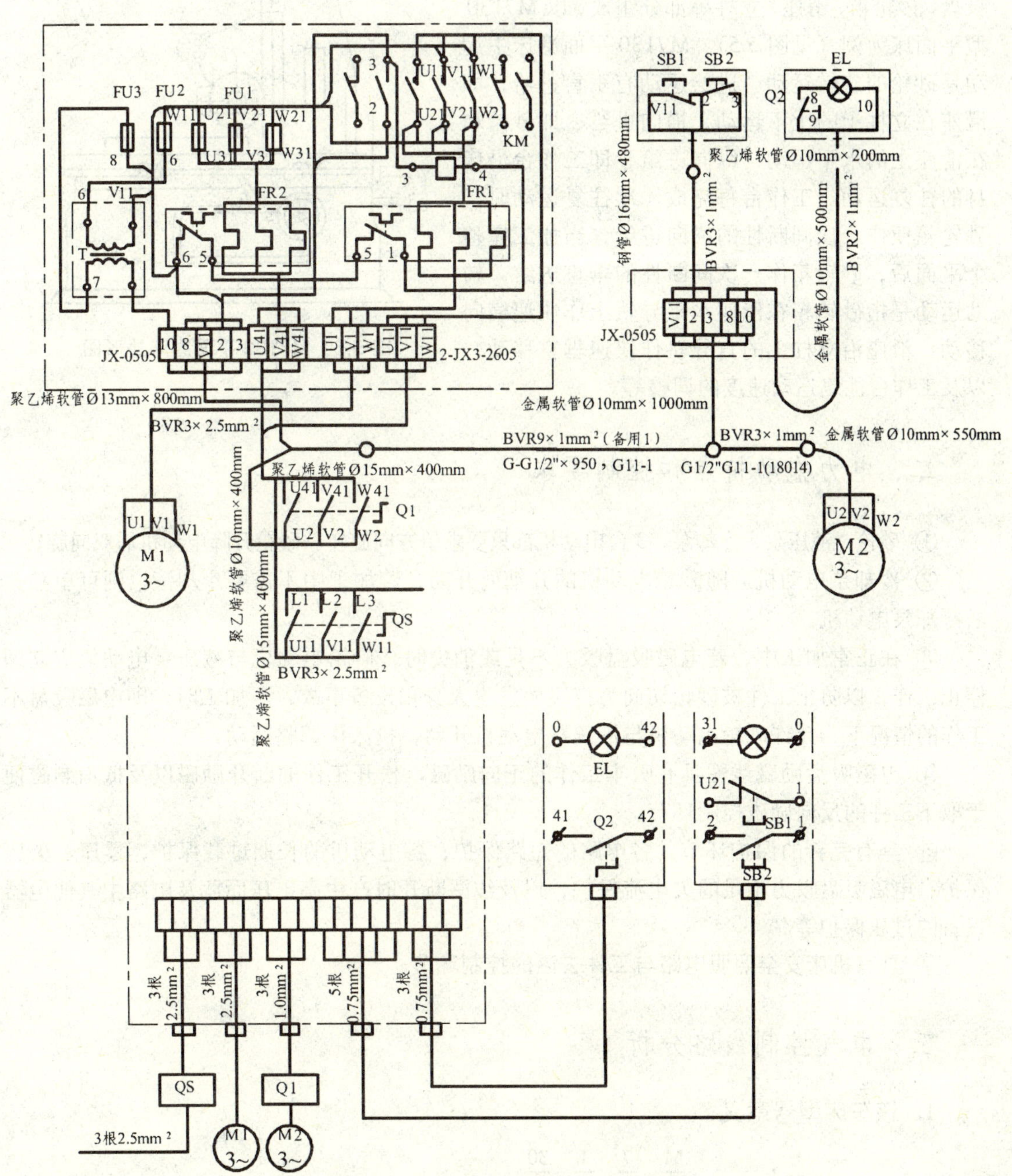

图 5.4　CW6132 型车床电气互连图

第二节 M7130型平面磨床的电气控制线路

一、主要结构及运行形式

平面磨床的结构主要由床身、工作台、电磁吸盘、砂轮箱、滑座、立柱等部分组成，以M7130型平面床为例（见图5.5）。M7130平面磨床主运动是砂轮的旋转运动。进给运动有垂直进给，即滑座在立柱上的上下运动；横向进给，即砂轮箱在滑座上的水平运动：纵向进给，即工作台沿床身的往复运动。工作台每完成一次往复运动时，砂轮箱便作一次间断性的横向进给，当加工完整个平面后，砂轮箱作一次间断性的垂直进给。辅助运动是指砂轮箱在滑座水平导轨上作快速横向移动；滑座沿立柱上的直导轨作快速垂直移动，以及工作台往复运动速度的调整等。

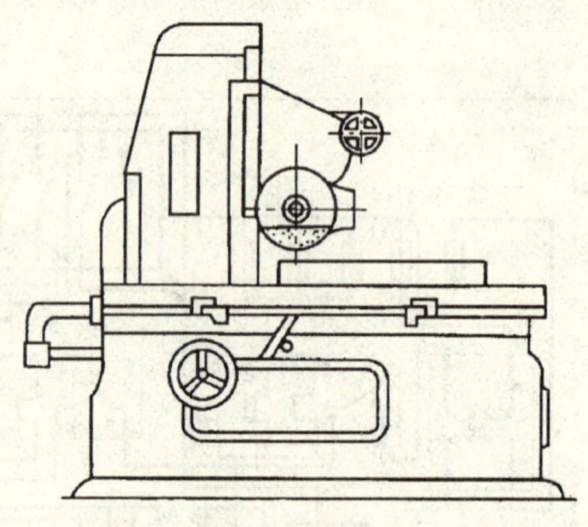

图5.5 M7130平面磨床外形图

二、电力拖动特点和控制要求

① 砂轮、液压泵、冷却泵、3台电动机都只要求单方向旋转。砂轮升降电动机需双向旋转。

② 冷却泵电动机应随砂轮电动机的开动而开动，若加工中不需要冷却液，则可单独关断冷却泵电动机。

③ 在正常加工中，若电磁吸盘吸力不足或消失时，砂轮电动机与液压泵电动机应立即停止工作，以防止工件被砂轮切向力打飞而发生人身和设备事故。不加工时，即电磁吸盘不工作的情况下，允许砂轮电动机与液压泵电动机开动，机床作调整运动。

④ 电磁吸盘励磁线圈具有吸牢工作的正向励磁、松开工件的断开励磁以及抵消剩磁便于取下工件的反向励磁控制环节。

⑤ 具有完善的保护环节。各电路的短路保护，各电动机的长期过载保护，零压、欠压保护，电磁吸盘吸力不足的欠电流保护，以及线圈断开时产生高电压而危及电路中其他电器设备的过压保护等。

⑥ 具有机床安全照明电路与工件去磁的控制环节。

三、电气控制线路分析

1. 该车床型号意义

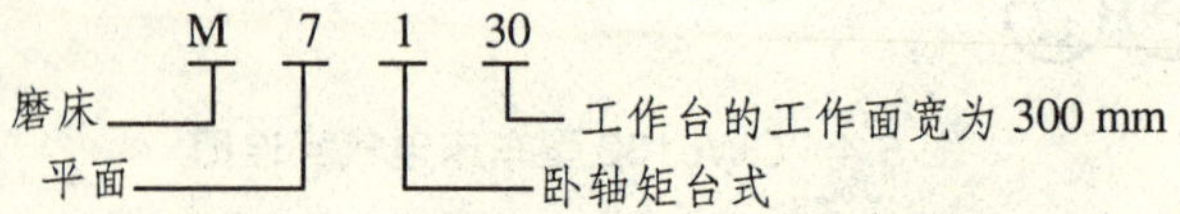

2. 电器元件符号与功能说明（见表 5.1）

表 5.1 M7130 电器元件符号及功能说明表

符 号	名称及用途	符 号	名称及用途
M1	砂轮电动机	VC	硅整流器
M2	冷却泵电动机	YH	电磁吸盘
M3	液压泵电动机	KA	欠流继电器
QS1	电源开关	SB1	按钮
QS2	转换开关	SB2	按钮
SA	照明灯开关	SB3	按钮
FU1	熔断器	SB4	按钮
FU2	熔断器	R1	电阻器
FU3	熔断器	R2	电阻器
FU4	熔断器	R3	电阻器
KM1	接触器	C	电容器
KM2	接触器	EL	照明灯
FR1	热继电器	X1	接插器
FR2	热继电器	X2	接插器
T1	整流变压器	XS	插座
T2	整流变压器	附件	退磁器

3. 电气控制线路图（见图 5.6）

(1) 主电路分析

QS1 为电源开关，主电路中有 3 台电动机，M1 为砂轮电动机，M2 为冷却泵电动机，M3 为液压泵电动机，它们共用一组熔断器 FU1 作为短路保护。砂轮电动机 M1 用接触器 KM1 控制，用热继电器 FR1 进行过载保护；由于冷却泵电动机 M2 是工作于砂轮机 M1 之后，所以 M2 的控制电路接在接触器 KM1 主触点下方（FR1 之后），通过接插件 X1 将冷却泵电动机 M2 和砂轮电动机 M1 电源线相连，并且 M2 和 M1 在主电路实现顺序控制。冷却泵电动机的容量较小，没有单独设置过载保护，与砂轮电动机 M1 共用 FR1；液压泵电动机 M3 由接触器 KM2 控制，由热继电器 FR2 作过载保护。

(2) 控制电路分析

控制电路采用交流 380 V 电压供电，由熔断器 FU2 作短路保护。

在电动机的控制电路中，串接着转换开关 QS2 的动合触点 [6 区（3～4）]和欠电流继电器 KA 的动合触点 [8 区（3～4）]，因此，3 台电动机起动的条件是使 QS2 或 KA 的动合触点闭合。欠电流继电器 KA 线圈 [14 区（209～210）] 串接在电磁吸盘 YH[15 区（208～210）] 工作电路中，所以当电磁吸盘得电工作时，欠电流继电器 KA 线圈得电吸合，接通砂轮电动机 M1 和液压泵电动机 M3 的控制电路，这样就保证了加工工件被 YH 吸住的情况下，砂轮和工作台才能进行磨削加工，保证了人身及设备的安全。

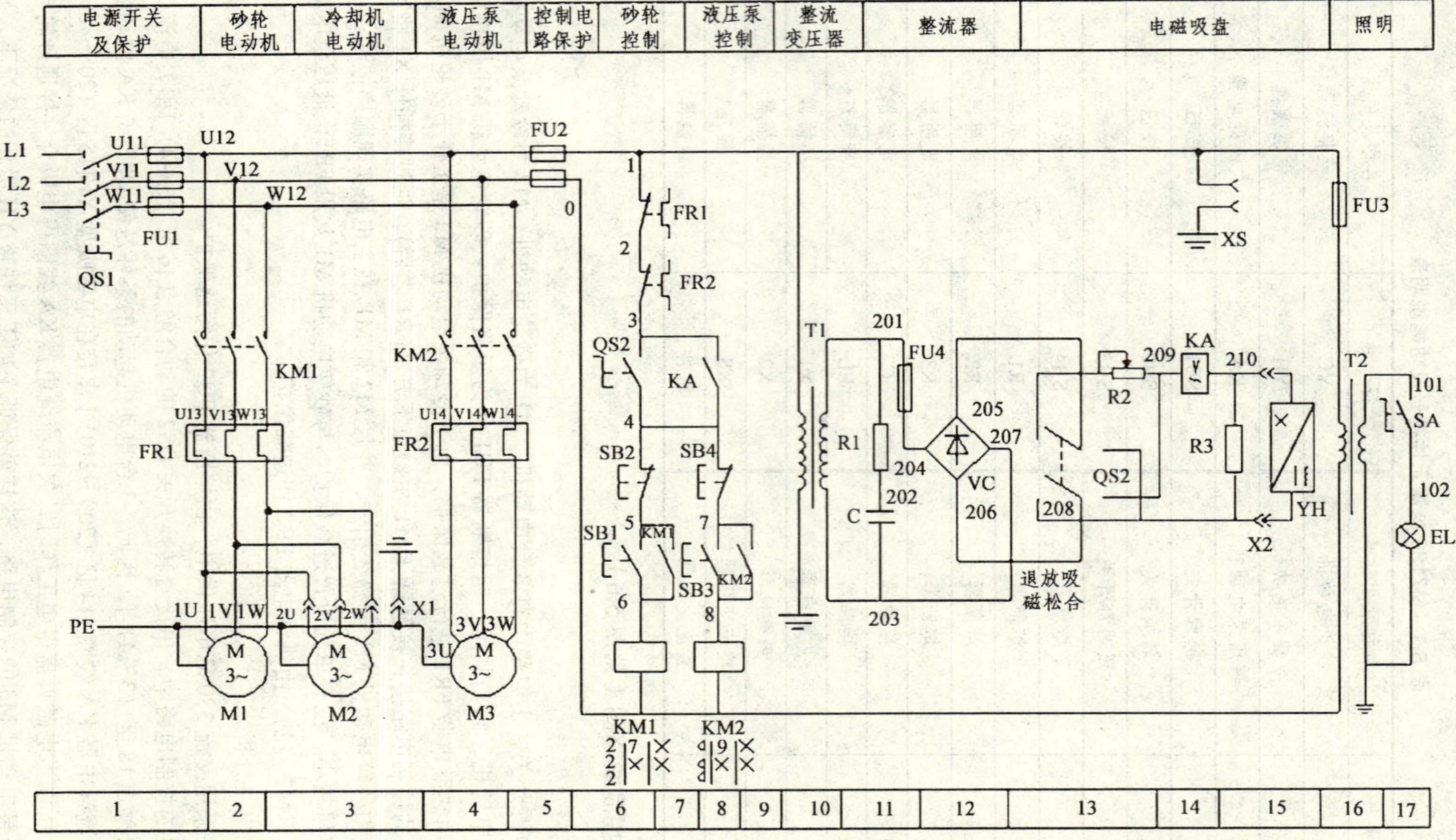

图 5.6 M7130 型平面磨床电气控制原理图

砂轮电动机 M1 和液压泵电动机 M3 都采用了接触器自锁单方向旋转控制线路，SB1 [6 区（5～6）]、SB3[8 区（7～8）]分别是它们的起动按钮，SB2[6 区（4～5）]、SB4[8 区（4～7）]分别是它们的停止按钮。

（3）电磁吸盘电路分析

① 电磁吸盘是用来固定加工工件的一种夹具。它与机械夹具比较，具有夹紧迅速，操作快速简便，不损伤工件，一次能吸牢多个小工件，以及磨削中发热工件可自由伸缩、不会变形等优点。不足之处是只能吸住铁磁材料的工件，不能吸牢非磁性材料（如钢、铝等）的工件。

② 电磁吸盘 YH 的外壳由钢制箱体和盖板组成。在箱体内部均匀排列的多个凸起的芯体上绕有线圈，盖板则用非磁性材料（如铅锡合金）隔离成若干钢条。当线圈通入直流电后，凸起的芯体和隔离的钢条均被磁化形成磁极。当工件放在电磁吸盘上时，也将被磁化而产生与磁盘相异的磁极并被牢牢吸住。

③ 电磁吸盘电路包括整流电路、控制电路和保护电路 3 部分。

整流变压器 T1 将 220 V 的交流电压降为 145 V，然后经桥式整流器 VC[12 区（205～206）] 后输出 110 V 直流电压。

QS2 是电磁吸盘 YH 的转换控制开关（又叫退磁开关），有“吸合”、“放松”和“退磁”3 个位置。当 QS2 扳至“吸合”位置时，触点 [12～13 区（205～208）] 和 [12～13 区（206～209）] 闭合，110 V 直流电压接入电磁吸盘 YH[15 区（208～210）]，工件被牢牢吸住。此时，欠电流继电器 KA 线圈 [14 区（209～210）] 得电吸合，KA 的动合触点 [8 区（3～4）] 闭合，接通砂轮和液压泵电动机的起动控制电路。待工件加工完毕，先把 QS2 扳到“放松”位置，切断电磁吸盘 YH 的直流电源。此时由于工件具有剩磁而不能取下，因此，必须进行退磁。将 QS2 扳到“退磁”位置，这时，触点 [12～13 区（205～207）] 和 [12～13 区（206～208）] 闭合，电磁吸盘 YH 通入较小的（因串入了退磁电阻 R2）反向电流进行退磁。退磁结束，将 QS2 扳回到“放松”位置，即可将工件取下。

如果有些工件不易退磁时，可将附件退磁器的插头插入插座 XS，使工件在交变磁场的作用下进行退磁。

若将工件夹在工作台上，而不需要电磁吸盘时，则应将电磁吸盘 YH 的 X2 插头从插座上拔下，同时将转换开关 QS2 扳到“退磁”位置，这时，接在控制电路中 QS2 的动合触点 [6 区（3～4）] 闭合，接通电动机的控制电路。

电磁吸盘的保护电路是由放电电阻 R3 和欠电流继电器 KA 组成。电阻 R3 是电磁吸盘的放电电阻。因为电磁吸盘的电感很大，当电磁吸盘从“吸合”状态转变为“放松”状态的瞬间，线圈两端将产生很大的自感电动势，易使线圈或其他电器由于过电压而损坏。电阻 R3 的作用是在电磁吸盘断电瞬间给线圈提供放电通路，吸收线圈释放的磁场能量。欠电流继电器 KA 用以防止电磁吸盘断电时工件脱出发生事故。

电阻 R_1 与电容器 C 的作用是防止电磁吸盘电路交流侧的过电压。熔断器 FU4 为电磁吸盘提供短路保护。

④ 照明电路分析。

照明变压器 T2 将 380 V 的交流电压降为 36 V 的安全电压供给照明电路。EL 为照明灯，一端接地，另一端由开关 SA 控制。熔断器 FU3 作照明电路的短路保护。

4. 电气控制线路的故障与处理（见表 5.2）

表 5.2 M7130 平面磨床电气控制线路的常见故障与处理方法

故障现象	故障分析	处理方法
电源正常，3 台电动机都不能起动	1. 欠电流继电器 KA 的动合触点[8 区（3~4）]接触不良、接线松脱或有油垢，使电动机的控制电路处于断电状态 2. 转换开关 QS2 的触点 [6 区(3~4）]接触不良、接线松脱或有油垢，使电动机的控制电路处于断电状态 3. 检查热继电器 FR1、FR2 的动断触点是否动作或接触不良	1. 不通则修理或更换欠电流继电器 KA 元件 2. 不通则修理或更换转换开关 3. 不通则修理或更换热继电器 FR 元件
砂轮电动机的热继电器 FR1 经常脱扣	1. 装入式砂轮电动机 M 的前轴承是铜瓦，易磨损，磨损后易发生堵转现象，使电流增大，导致热继电器脱扣 2. 砂轮进刀量太大，电动机超负荷运行，造成电动机堵转，使电流急剧上升，热继电器脱扣 3. 更换后的热继电器规格选得太小或整定电流没有重新调整，使电动机还未达到额定负载时，热继电器就已脱扣	1. 修理或更换轴瓦 2. 工作中应选择合适的进刀量，防止电动机超载运行 3. 注意热继电器必须按其被保护电动机的额定电流进行选择和调整。
冷却泵电动机烧坏	1. 切削液进入电动机内部，造成匝间或绕组间短路，使电流增大 2. 反复修理冷却泵电动机后，使电动机端盖轴间隙增大，造成转子在定子内不同心，工作时电流增大，电动机长时间过载运行 3. 冷却泵被杂物塞住引起电动机堵转，电流急剧上升	1. 给冷却泵电动机单独加装热继电器 2. 给冷却泵电动机加装手控开关 SA
电磁吸盘无吸力	1. 电源不正常 2. 若电源电压正常，熔断器 FU4 熔断，造成电磁吸盘电路断开，使吸盘无吸力 3. 电磁吸盘 YH 的线圈、接插器 X2、欠电流继电器 KA 的线圈有断路或接触不良的现象	1. 检修电源 2. 更换 FU4 3. 查出故障元件，进行修理或更换
电磁吸盘吸力不足	1. 电磁吸盘损坏 2. 整流器输出电压不正常	1. 更换电磁吸盘线圈 2. 测量整流器的输出及输入电压，查出故障元件，进行更换或修理
电磁吸盘退磁不好使工件取下困难	1. 退磁电路断路，根本没有退磁 2. 退磁电压过高 3. 退磁时间太长或太短	1. 检查转换开关 QS2 接触是否良好，退磁电阻 R2 是否损坏 2. 应调整电阻 R2，使退磁电压调至 5~10 V 3. 不同材质的工件其退磁时间不同，注意掌握好退磁时间

第三节　CA6140 车床的电气控制线路

一、普通车床的主要结构及运行形式

普通车床主要有床身、主轴变速箱、进给箱、溜板箱、刀架、尾架、光杆和丝杆等部分组成，以 CA6140 普通车床为例，如图 5.7 所示。CA6140 普通车床有两种主要运动，一种是主轴上的卡盘带着工件的旋转运动，称为**主运动**；另一种是溜板箱带着刀架的直线运动，称为**进给运动**。

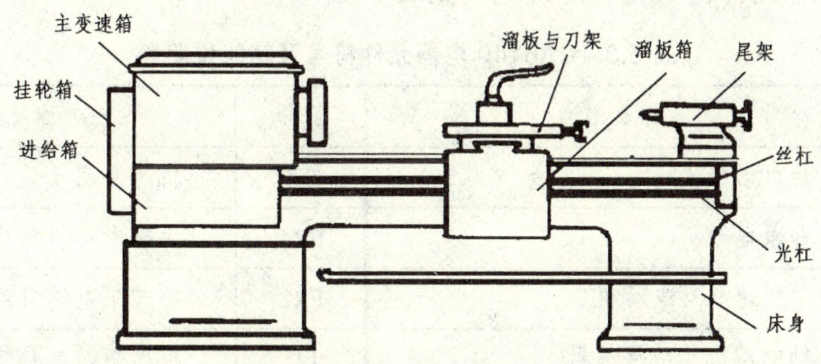

图 5.7　CA6140 普通车床外形

二、电力拖动特点和控制要求

1. 主轴电动机 M1

(1) 主拖动电动机一般选用三相笼型异步电动机，不进行电气调速，而采用齿轮箱进行机械有级调速，由车床主轴箱通过变速箱与主轴电动机的连接来完成（为减小振动，主拖动电动机通过几条传动皮带将动力传递到主轴箱）。

(2) 在切削螺纹时，要求主轴能够正、反向运行，对于小型车床，主轴正反转运行由拖动电动机正反转来实现。当主拖动电动机容量较大时，主轴的正反转运动则靠摩擦离合器来实现。

(3) 主轴电动机的起动、停止能实现自动控制。一般中小型车床的主轴电动机均采用直接起动；电动机容量较大，通常采用 Y-△ 减压起动。实现快速停车，一般采用机械或电气制动。

2. 冷却泵电动机 M2

(1) 车削加工时，为防止刀具与工件温度过高，需要刀削液对其进行冷却，为此设置一台冷却泵电动机。冷却泵的电动机只需单向旋转。

(2) 冷却泵与主轴电动机有连锁关系，即冷却泵电动机动作应在主轴电动机之后起动，并在主轴电动机停车时，冷却泵电动机也应立即停车。

3. 刀架快速移动电动机 M3

为实现溜板箱的快速移动，应由单独的快速移动电动机来拖动，并采用点动控制。

另外，卧式机床控制电路应具有必要的短路、过载、欠压和零压等保护环节，并有安全可靠的局部照明和信号指示。

三、CA6140 普通车床电气控制线路分析

1. 该车床型号意义

2. 相关电器元件符号与功能说明（见表 5.3）

表 5.3 CA6140 电器元件符号及功能说明表

符号	名称及用途	符号	名称及用途
M1	主轴电动机	SA	机床照明开关
M2	冷却泵电动机	FR1	主轴电动机热过载保护
M3	刀架快速移动电动机	FR2	冷却泵电动机热过载保护
KM	主轴电动机起动接触器	FU	机床控制电路短路保护
KA1	冷却泵电动机起动继电器	FU1	M1、M2 短路保护
KA2	刀架快速移动电动机起动继电器	FU2	控制电路短路保护
SQ1	床头皮带罩的位置开关 SQ1	FU3	HL 短路保护
SQ2	配电盘壁龛门的安全行程开关	FU4	机床照明灯短路
QF	具有断电保护的电源开关	TC	控制变压器
SB	钥匙开关	EL	电源指示灯
SB1	主轴电动机停止按钮	HL	机床照明灯
SB2	主轴电动机起动按钮	PE	安全接地保护
SB3	刀架快速移动电动机点动按钮	XB	接线端子
SB4	冷却泵电动机起动开关		

3. 电气控制线路图（见图 5.8）

(1) 主电路分析

主电路共有 3 台电动机：M1 为主轴电动机，带动主轴旋转和刀架作进给运动；M2 为冷却泵电动机，用以输送切削液；M3 为刀架快速移动电动机。

将钥匙开关 SB 向右旋转，再扳动断路器 QF 至合闸位置，将三相交流电源引入。主轴电动机 M1 由接触器 KM 控制，热继电器 FR1 作过载保护，熔断器 FU 作短路保护，接触器 KM 还具有失压和欠压保护功能。冷却泵电动机 M2 由中间继电器 KA1 控制，热继电器 FR2 作为它的过载保护。刀架快速移动电动机 M3 由中间继电器 KA2 控制，由于是点动控制，故未设过载保护。FU1 作为冷却泵电动机 M2、快速移动电动机 M3、控制变压器 TC 的短路保护。3 台电机均设有接地安全保护（PE）。

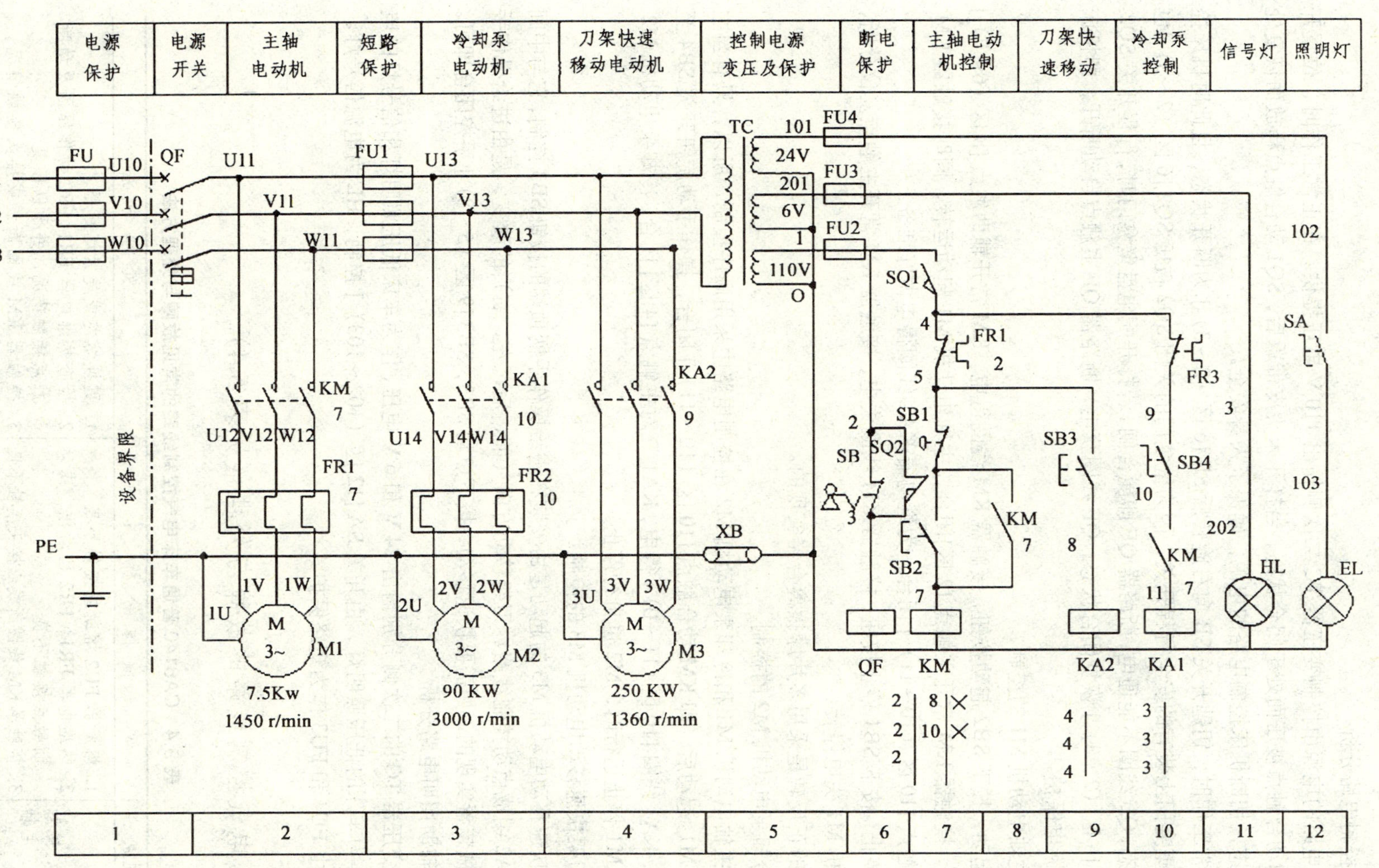

图 5.8　CA6140 普通车床电气控制原理图

（2）控制电路分析

控制电路的电源由控制变压器 TC 二次侧输出 110 V 电压提供。在正常工作时，位置开关 SQ1 的动合触点被压而处于闭合状态，当打开床头皮带罩后，SQ1 动合触点释放而恢复处于断开状态，切断机床控制电路的电源，确保了人身安全。

在正常工作时，钥匙开关 SB 向右旋转后 SB [6 区（2～3）] 为断开状态，且此时机床控制配电盘壁龛门上装有的安全行程开关，因为壁龛门的关闭 SQ2 被压 SQ2 [6 区（2～3）]也为断开状态，QF 线圈不能通电，断路器 QF 即能合闸。若打开配电盘壁龛门时，行程开关 SQ2 释放 SQ2 [6 区（2～3）] 恢复闭合状态，QF 线圈获电，断路器 QF 主触点自动断开，即机床控制电路断电保护。

① 主轴电动机 M1 的控制

M1 起动：按下 SB2 起动按钮，接触器 KM 线圈得电，KM 常开辅助触点 [8 区（6～7）] 闭合自锁，接触器 KM 常开主触点 [2 区]闭合，主轴电动机 M1 起动运转，同时接触器 KM 常开辅助触点 [10 区（10～11）] 闭合，为继电器 KA1 线圈得电做好准备。

M1 停止：按下 SB1 停止按钮，接触器 KM 线圈失电，接触器 KM 常开主触点复位分断，主轴电动机 M1 失电停转。

主轴的正反转是采用多片摩擦离合器实现的。

② 冷却泵电动机 M2 的控制。

由于主轴电动机 M1 和冷却泵电动机 M2 在控制电路中采用顺序控制，所以，只有当主轴电动机 M1 起动后，即 KM 动合触点 [10 区（10～11）] 闭合，操作手动旋钮开关 SB4 至闭合状态，KA1 线圈 [10 区（11～0）] 得电，KA1 三对主触点 [4 区] 闭合，冷却泵电动机 M2 起动。当 M1 停止运行时，M2 也自行停止。

③ 刀架快速移动电动机 M3 的控制。

刀架快速移动电动机 M3 的起动是由安装在进给操作手柄顶端的按钮 SB3 控制，它与中间继电器 KA2 组成点动控制线路。刀架移动方向（前、后、左、右）的改变，是由进给操作手柄配合机械装置实现的。如需要快速移动，按下点动 SB3，SB3 [9 区（5～8）] 手控闭合即可。

（3）辅助照明电路分析

控制变压器 TC 的二次侧分别输出 24 V 和 6 V 电压，作为车床低压照明灯和信号灯的电源。EL 作为车床的低压照明灯，由开关 SA [12 区（102～103）] 控制；HL 为电源信号灯。它们分别由 FU4 和 FU3 作为短路保护。

四、电气控制线路的故障与处理（见表 5.4）

表 5.4 CA6140 普通车床电气控制线路的常见故障与处理方法

故障现象	故 障 分 析	处 理 方 法
电源正常，接触器不吸合，主轴电动机不起动	1. 熔断器 FU2 熔断或接触不良 2. 热继电器 FR1、FR2 已动作，或动断触点接触不良 3. 接触器 KM 线圈断线或接头接触不良 4. 按钮 SB1、SB2 接触不良或按钮控制线路有断线	1. 更换熔芯或旋紧熔断器 2. 检查热继电器 FR1、FR2 动作原因及动断触点接触情况，并予以修复 3. 接触器 KM 线圈断线或接头接触情况，修复；接触器衔铁若卡死应拆下重装 4. 检查按钮触点或线路断线处，并予以修复

续表　5.4

故障现象	故障分析	处理方法
电源正常，接触器能吸合，但主轴电动机不起动	1. 接触器主触点接触不良 2. 热继电器发热元件烧断 3. 电动机损坏，接线脱落或绕组断线	1. 将接触器主触点拆下，用砂纸打磨使其接触良好 2. 更换热继电器 3. 检查电动机绕组、接线，并予以修复
接触器能吸合，但不能自锁	1. 接触器 KM 的自锁触点（2～3）接触不良或其接头松动 2. 按钮接线脱落	1. 检查接触器 KM 的自锁触点是否良好，并予以修复；紧固接线端 2. 检查按钮接线，并修复
主轴电动机缺相运行（主轴电动机转速慢，并发出“嗡嗡”声	1. 供电电源缺相 2. 接触器有一相接触不良 3. 热继电器发热元件烧断 4. 电动机损坏，接线脱落或绕组断线	1. 用万用表检测电源是否缺相，并予以修复 2. 检查接触器触点，修复 3. 更换热继电器 4. 检查电动机绕组、接线，并予以修复
主轴电动机不能停转（按 SB1 电动机不停转）	1. 接器主触点熔焊，接触器衔铁卡死 2. 接触器铁心面有油污灰尘使衔铁粘住	1. 切断电源使电动机停转，更换接触器主触点 2. 将接触器铁心油污灰尘擦干净
照明灯不亮	1. 熔断器 FU4 熔断或照明灯泡损坏 2. 变压器一、二次绕组断线或松脱、短路	1. 更换熔丝或灯泡 2. 用万用表检测变压器一、二次绕组断线、短路及接线，并予以修复

第四节　X62W 铣床的电气控制线路

铣床主要用来加工机械零件的平面、斜面沟槽等型面在装上分度头后还可以加工齿轮。由于用途广，在金属切屑机床中使用数量仅次于车床。下面以 X62W 卧式万能铣床介绍铣床的结构、传动形式、控制系统。

一、主要结构

X62W 卧式万能铣床的主要结构有床身、主轴、工作台、悬梁、回转盘、横溜板、刀杆、升降台、底座等几部分组成。如图 5.9 所示。

X62W 卧式万能铣床有两种主要运动和辅助运动，一种是主轴带动铣刀的旋转运动称为主运动；铣床工作台的前后、左右、上下 6 个方向的运动称为进给运动；其他的运动属于辅助运动，如圆工作台的旋转运动。

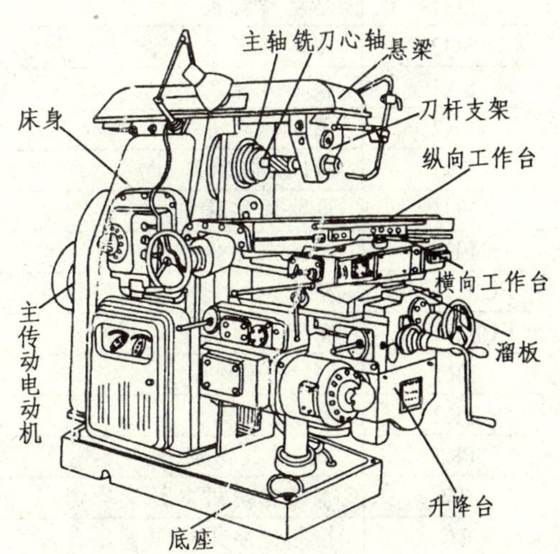

图 5.9　X62W 卧式万能铣床

二、电力拖动特点和控制要求

① 铣床在铣削加工时，进到量小时用高速，反之用低速铣削。这要求主传动系统能够调速而且在各种铣削速度下保持功率不变。主轴电动机采用三相笼型异步电动机。

② 为了能进行顺铣和逆铣加工，要求主轴能够实现正反转。

③ 铣床主轴电动机采用直接起动，且具有正反转控制。但停车时，由于传动系统惯性大，为此设有电气制动环节。

④ 主轴变速时，为使变速箱内齿轮易于咬和，要求主轴电动机变速时有变速冲动。

⑤ 铣床工作台有前后、左右、上下 6 个方向的进给运动和快速移动，要求进给电动机实现正反转，并通过操作手柄和机械离合器配合来实现。

⑥ 为防止刀具、床体的损坏，要求只有主轴起动后才允许有进给运动和进给方向的快速移动。

⑦ 要求有冷却系统、36 V 或 24 V 照明安全电压；交流控制回路采用变压器 127 V 供电控制。

三、电气控制线路分析

1. 该车床型号意义

X 6 2 W

铣床——X

卧式——6

2——2 号工作台（用 0、1、2、3、4 号表示工作台台面宽度）

W——万能

2. 相关电器元件符号与功能说明（见表 5.5）

表 5.5 X62W 电器元件符号及功能说明表

符 号	名称及用途	符 号	名称及用途
M1	主轴电动机	VC	整流器
M2	进给电动机	KM1	主轴起动用接触器
M3	冷却泵电动机	KM2	快速进给用接触器
QS1	总电源开关	KM3	M2 正转用接触器
SQ2	冷却泵开关	KM4	M2 反转用接触器
SA1	换刀开关	SB1、SB2	起动 M1 用按钮
SA2	圆工作台开关	SB3、SB4	快速进给点动按钮
SA3	M1 换向开关	SB5、SB6	停止、制动按钮
FU1	电源短路保护	YC1	主轴制动用电磁离合器
FU2	进给短路保护	YC2	正常进给用电磁离合器
FU3、FU4	整流、控制电路短路保护	YC3	快速进给用电磁离合器
FU4、FU5	直流、照明电路短路保护	SQ1	主轴冲动位置开关
FR1	M1 过载保护	SQ2	进给冲动位置开关
FR2	M3 过载保护	SQ3	M2 正、反转及联锁
FR3	M2 过载保护	SQ4	
T2	整流电源用电源变压器	SQ5	
TC	控制电路用电源变压器	SQ6	
T1	照明电路用电源变压器		

3. 电气控制原理图（见图 5.10）

（1）主电路分析

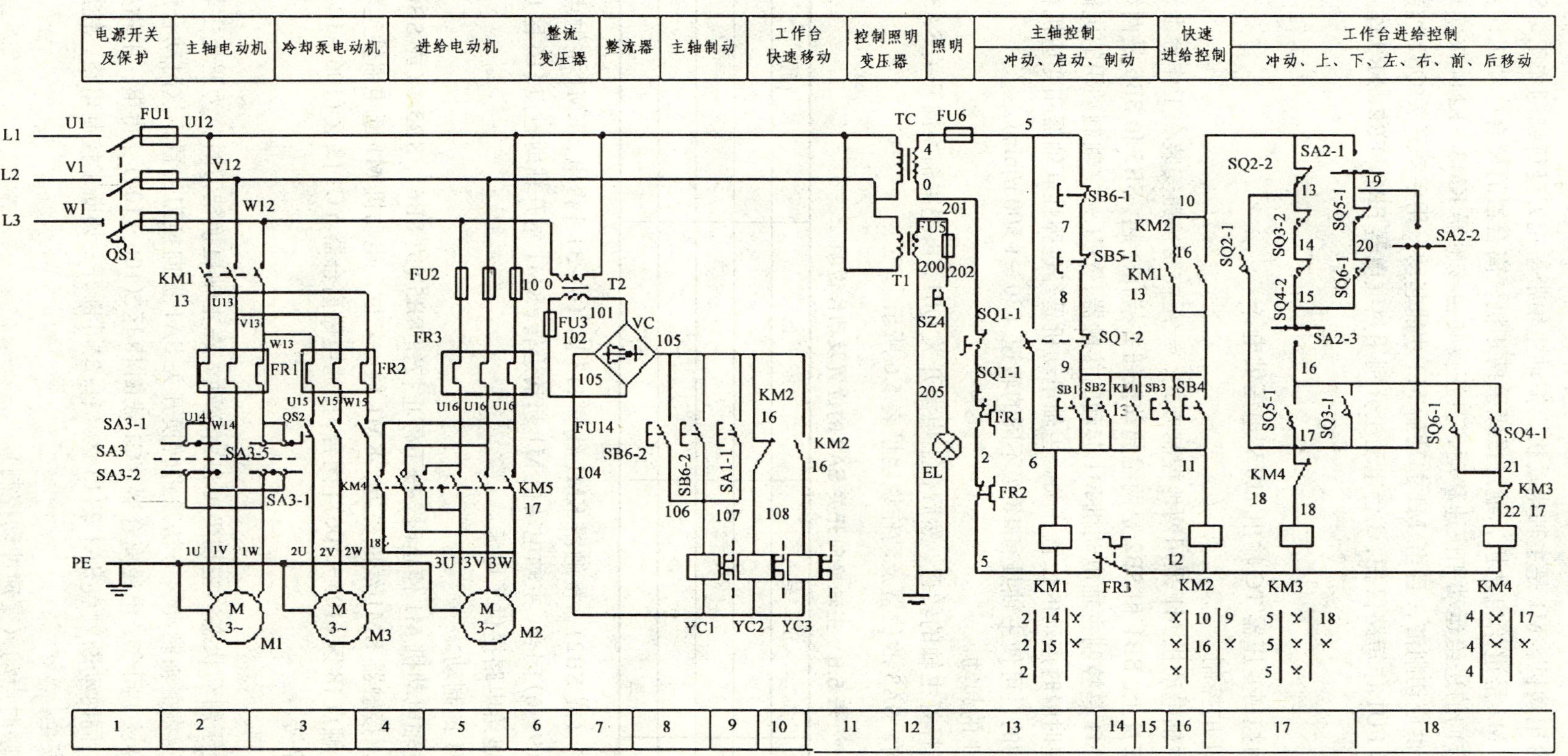

图 5.10 X62W 卧式万能铣床控制原理图

主电路中共有 3 台电动机，M1 是主轴电动机，拖动主轴带动铣刀进行铣削加工，SA3 作为 M1 的换向开关；M2 是进给电动机，通过操纵手柄和机械离合器的配合拖动工作台前后、左右、上下 6 个方向的进给运动和快速移动，其正反转由接触器 KM3、KM4 来实现；M3 是冷却泵电动机，供应切削液，且当 M1 起动后 M3 才能起动，用手动开关 QS2 控制；3 台电动机共用熔断器 FU1 作短路保护，3 台电动机分别用热继电器 FR1、FR2、FR3 作过载保护。

（2）控制电路分析

控制电路的电源由控制变压器 TC 输出 110 V 电压供电。

① 主轴电动机 M1 的控制。

为了方便操作，主轴电动机 M1 采用两地控制方式，一组控制按钮安装在工作台上；另一组控制按钮安装在床身上。SB1 和 SB2 是两组起动按钮并接在一起，SB5 和 SB6 是两组停止按钮串接在一起。KM1 是控制主轴电动机 M1 起动的接触器，YC1 是主轴制动用的电磁离合器，SQ1 是主轴变速时瞬时点动的位置开关。主轴电动机是经过弹性联轴器和变速机构的齿轮传动链来实现传动的，可使主轴具有 18 级不同的转速（30～1 500 r/min）。

② 主轴电动机 M1 的起动。

起动前，应首先选择好主轴的转速，然后合上电源开关 QS1，再把主轴换向开关 SA3（2 区）扳到所需要的转向。SA3 的位置及动作说明见表 5.6 所示。

表 5.6 主轴换向开关 SA3 的位置及动作说明

位　置	正　转	停　止	反　转
SA3-1	−	−	+
SA3-2	+	−	−
SA3-3	+	−	−
SA3-4	−	−	+

按下起动按钮 SB1（或 SB2），接触器 KM1 线圈 [13 区（6～3）] 得电，KM1 主触点 [2 区]和自锁触点 [14 区（9～6）闭合，主轴电动机 M1 起动运转，KM1 常开辅助触点 [16 区（9～10）]闭合，为工作台进给电路提供了电源。

③ 主轴电动机 M1 的制动。

铣削完毕，需要主轴电动机 M1 停止时，按下停止按钮 SB5（或 SB6），SB5-1（或 SB6-1）动断触点[13 区] 分断，接触器 KM1 线圈失电，KM1 触点复位，电动机 M1 断电惯性运转，SB5-2（或 SB6-2）动合触点 [8 区（105～106）] 闭合，接通电磁离合器 YC1 [8 区（106～104）]，主轴电动机 M1 制动停转。

④ 主轴换铣刀控制。

M1 停转后并不处于制动状态，主轴仍可自由转动。在主轴更换铣刀时，为避免主轴转动，造成更换困难，应将主轴制动。方法是将转换开关 SA1 扳向换刀位置，这时动合触点 SA1-1 [8 区（105～106）] 闭合，电磁离合器 YC1 线圈 [8 区（106～104）] 得电，主轴处于制动状态以方便换刀；同时动断触点 SA1-2 [13 区（1～2）] 断开，切断了控制电路，铣床无法运行，保证了人身安全。

⑤ 主轴变速时的瞬时点动（变速冲动控制）。

主轴变速操纵箱装在床身左侧窗口上，主轴变速由一个变速手柄和一个变速盘来实现。主轴变速时的冲动控制，是利用变速手柄与冲动位置开关 SQ1 通过机械上的联动机构进行控制的，如图 5.11 所示。变速时，先把变速手柄 3 下压，使手柄的榫块从定位槽中脱出，然后向外拉动手柄使榫块落入第二道槽内，使齿轮组脱离啮合。转动变速盘 4 选定所需转速后，把手柄 3 推回原位，使榫块重新落进槽内，使齿轮组重新啮合（这时已改变了传动比）。

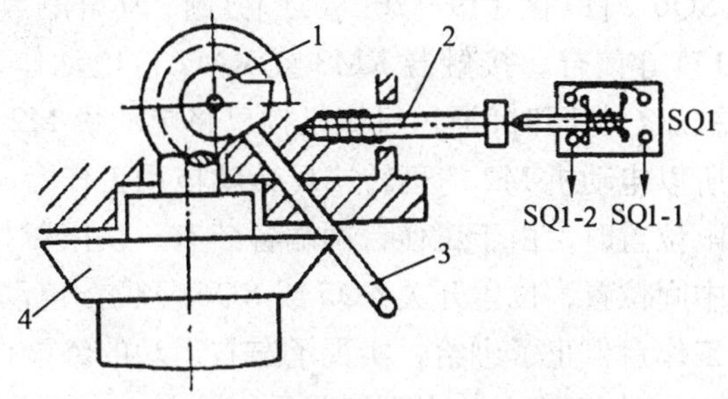

1—凸轮；2—弹簧杆；3—变速手柄；4—变速盘

图 5.11 主轴变速的冲动控制示意图

变速时为了使齿轮容易啮合，扳动手柄复位时电动机 M1 会产生一冲动。在手柄 3 推进时，手柄上装的凸轮 1 将弹簧杆 2 推动一下又返回，这时弹簧杆 2 推动一下位置开关 SQ1 [13 区]，使 SQ1 的动断触点 SQ1-2 先分断，动合触点 SQ1-1 后闭合，接触器 KM1 瞬时得电动作，电动机 M1 瞬时起动；紧接着凸轮 1 放开弹簧杆 2，位置开关 SQ1 触点复位，接触器 KM1 断电释放，电动机 M1 断电。此时电动机 M1 因未制动而惯性旋转，使齿轮系统抖动，在抖动过程中，将变速手柄 3 先快后慢地推进去，齿轮便顺利地啮合。

当瞬时点动过程中齿轮系统没有实现良好啮合时，可以重复上述过程直到啮合为止。变速前应先停车。

(3) 进给电动机 M2 的控制。

工作台的进给运动在主轴起动后方可进行。工作台的进给可在 3 个坐标的 61 个方向运动，即工作台的左右运动；工作台的前后运动；升降台的上下运动。这些进给运动是通过两个操纵手柄和机械联动机构控制相应的位置开关使进给电动机 M2 正转或反转来实现的，并且 6 个方向的运动是联锁的，不能同时接通。

① 圆形工作台的控制。

为了扩大铣床的加工范围，可在铣床工作台上安装附件圆形工作台，进行对圆弧或凸轮的铣削加工。转换开关 SA2 就是用来控制圆形工作台的。当需要圆工作台旋转时，将开关 SA2 扳到接通位置，这时触点 SA2-l 和 SA2-3 [17 区] 断开，触点 SA2-2 [18 区] 闭合，使接触器 KM3 得电，电动机 M2 起动，通过一根专用轴带动圆形工作台作旋转运动。当不需要圆形工作台旋转时，转换开关 SA2 扳到断开位置，这时触点 SA2-1 和 SA2-3 闭合，触点 SA2-2 断开，以保证工作台在 6 个方向的进给运动时，因为圆工作台的旋转运动和 6 个方向的进给运动也是联锁的。

② 工作台的左右进给运动。

工作台的左右进给运动由左右进给操作手柄控制。操作手柄与位置开关 SQ5 和 SQ6 联动，有左、中、右三个位置，其控制关系见表 5.7 所示。

表 5.7 工作台左右进给手柄位置及其控制关系

手柄位置	位置开关动作	接触器动作	电动机 M2 转向	传动链搭合丝杠	工作台运动方向
左	SQ5	KM3	正转	左右进给丝杠	向左
中	—	—	停止	—	停止
右	SQ6	KM4	反转	左右进给丝杠	向右

当手柄扳向中间位置时，位置开关 SQ5 和 SQ6 均未被压合，进给控制电路处于断开状态；当手柄扳向左或右位置时，手柄压下位置开关 SQ5 或 SQ6，使动断触点 SQ5.2 或 SQ6-2 [17 区（19～20～15）]分断，动合触点 SQ5.1 [17 区（16～17）] 或 SQ6-1 [18 区（16～17）] 闭合，接触器 KM3 或 KM4 得电动作，电动机 M2 正转或反转。由于在 SQ5 或 SQ6 被压合的同时，通过机械机构已将电动机 M2 的传动链与工作台下面的左右进给丝杠相结合，所以电动机 M2 的正转或反转就拖动工作台向左或向右运动。当工作台向左或向右进给到极限位置时，由于工作台两端各装有一块限位挡铁，所以挡铁碰撞手柄连杆使手柄自动复位到中间位置，位置开关 SQ5 或 SQ6 复位，电动机的传动链与左右丝杠脱离，电动机 M2 停转，工作台停止了进给，实现了左右运动的终端保护。

③ 工作台的上下和前后进给。

工作台的上下和前后进给运动是由一个手柄控制的。该手柄与位置开关 SQ3 和 SQ4 联动，有上、下、前、后、中 5 个位置，其控制关系见表 5.8 所示。

表 5.8 工作台上、下、中、前、后进给手柄位置及其控制关系

手柄位置	位置开关动作	接触器动作	电动机 M2 转向	传动链搭合丝杠	工作台运动方向
上	SQ4	KM4	反转	上下进给丝杠	向上
下	SQ3	KM3	正转	上下进给丝杠	向下
中	—	—	停止	—	停止
前	SQ3	KM3	正转	前后进给丝杠	向前
后	SQ4	KM4	反转	前后进给丝杠	向后

当手柄扳至中间位置时，位置开关 SQ3 和 SQ4 均未被压合，工作台无任何进给运动；当手柄扳至下或前位置时，手柄压下位置开关 SQ3 使动断触点 SQ3-2[17 区（13～14）] 分断，动合触点 SQ3-1 [17 区（16～17）] 闭合，接触器 KM3 得电动作，电动机 M2 正转，带动着工作台向下或向前运动；当手柄扳向上或后时，手柄压下位置开关 SQ4，使动断触点 SQ4-2 [17 区（14～15）] 分断，动合触点 SQ4-1 [18 区（16～21）]闭合，接触器 KM4 线圈 [18 区（22～12）] 得电动作，电动机 M2 反转，带动着工作台向上或向后运动。当手柄扳向下或向下时，手柄在压下位置开关 SQ3 或 SQ4 的同时，通过机械机构将电动机 M2 的传动链与升降台上下进给杠搭合，当 M2 得电正转或反转时，就带着升降台向下或向上运动；同理，当手柄扳向前或向后时，手柄在压下位置开关 SQ3 或 SQ4 的同时，又通过机械将电动机 M2 的传动链与溜板下面的前后进给丝杠搭合，当 M2 得电正转或反转时，就又带着溜板向前或向后运动。在左右进给一样，当工作台在上、下、前、后四个方向的任一个方向进给到极限位置时，挡铁都有会碰撞手柄连杆，使手柄自动复位到中间位置，位置开关 SQ3 或 SQ4 复位，上下丝杆或前后丝杆与电动机传动链脱离，电动机和工作台就停止了运动。

两个操作手柄被置定于某一方向后，只能压下 4 个位置开关 SQ3、SQ4、SQ5、SQ6 中的一个开关，接通电动机 M2 正转或反转电路，同时通过机械机构将电动机的传动链与三根丝杠（左右丝杠、上下丝杠、前后丝杠）中的一根（只能是一根）丝杠相搭合，拖动工作台沿选定的进给方向运动，而不会沿其他方向运动。

④ 左右进给手柄与上下前后进给手柄的联锁控制。

在两个手柄中，只能进行其中一个进给方向上的操作，即当一个操作手柄被置定在某一进给方向后，另一个操作手柄必须置于中间位置，否则将无法实现任何进给运动，这是因为在控制电路中对两者实行了联锁保护。如当把左右进给手柄扳向左时，若又将另一个进给手柄扳到向下进给方向，则位置开关 SQ5 和 SQ3 均被压下，触点 SQ5-2 和 SQ3-2 均分断，断开了接触器 KM3 和 KM4 的通路，电动机 M2 只能停转，保证了操作安全。

⑤ 进给变速时的瞬时点动。

与主轴变速时一样，进给变速时，为使齿轮进入良好的啮合状态，也要进行变速后的瞬时点动。进给变速时，必须先把进给操纵手柄放在中间位置，然后将进给变速盘（在升降台前面）向外拉出，使进给齿轮松开，转动变速盘选定进给速度后，再将变速盘向里推回原位，齿轮便重新啮合。在推进的过程中，挡块压下位置开关 SQ2，使触点 SQ2-2 [17 区（10～13）]分断，SQ2-1 [17 区（13～17）] 闭合，接触器 KM3 线圈 [17 区（18～12）] 得电动作，电动机 M2 起动；但随着变速盘复位，位置开关 SQ2 跟着复位，使 KM3 断电释放，M2 失电停转。这样使电动机 M2 瞬时点动一下，齿轮系统产生一次抖动，齿轮便顺利啮合了。

⑥ 工作台的快速移动控制。

在不进行铣削加工时，可使工作台快速移动。6 个进给方向的快速移动是通过两个进给操作手柄和快速移动按钮配合实现的。

安装好工件后，扳动进给操作手柄选定进给方向，按下快速移动按钮 SB3 或 SB4（两地控制），接触器 KM2 线圈 [16 区（11～12）] 得电，KM2 动断触点 [9 区（105～107）] 分断，电磁离合器 YC2 [9 区（107～104）] 失电，将齿轮传动链与进给丝杠分离；KM2 两对动合触点闭合，一对使电磁离合器 YC3 [10 区（108～104）] 得电，将电动机 M2 与进给丝杠直接搭合；另一对使接触器 KM3 或 KM4 得电动作，电动机 M2 得电正转或反转，带动工作台沿选定的方向快速移动。由于工作台的快速移动采用的是点动控制，故松开 SB3 或 SB4，快速移动停止。

(4) 冷却泵及照明电路的控制。

主轴电动机 M1 和冷却泵电动机 M3 采用的是顺序控制，即只有在主轴电动机 M1 起动后冷却泵电动机 M3 才能起动。冷却泵电动机 M3 由手动转换开关 QS2 控制。

铣床照明由变压器 T1 供给 24 V 的安全电压，由开关 SA4 控制。熔断器 FU5 作照明电路的短路保护。

四、电气控制线路的故障与处理

X62W 万能铣床的主轴运动，是由主轴电动机 M1 拖动，采用齿轮变换实现调速。电气原理上不仅保证了上述要求，而且在变速过程中采用了电动机的冲动和制动。

铣床的辅助运动是工作台导轨的左右、上下及前后进给或快速移动，用手柄选择运动方向，使电动机正反旋转，并通过电气和机械的配合来实现。同样，工作台的进给速度也需要变速，变速也是采用变换齿轮来实现的，电气控制原理与主轴变速相似。

由于万能铣床的机械操纵与电气控制配合十分密切，因此调试与维修，不仅要熟悉电气原理，同时还要对机床的操作与机械结构，特别是机电配合应有足够的了解。

X62W 万能铣床常见电气故障分析与处理，见表 5.9 所示。

表 5.9 X62W 万能铣床常见故障与处理方法

故障现象	分析原因	处理方法
主轴停车时没有制动作用或产生短时反向旋转	1. 速度继电器 KV 的动合触点不能按旋转方向正常闭合，如：推动触点的胶木摆杆断裂损坏，轴身圆锥销扭弯、磨损或弹性连接元件坏，螺钉、销钉松动或打滑 2. 速度继电器 KV 触点弹簧调的过紧，使反接制动电路过早切断，制动效果不明显 3. 速度继电器 KV 永久磁铁磁性消失，使制动效果不明显 4. 当速度继电器 KV 弹簧调的过松时，使触点分断过迟，在反接的惯性作用下，电动机停止后仍有短时反转现象	1. 检查速度继电器 KV 动合触点，更换胶木摆杆、圆锥销及螺钉、销钉等，并予以修复或更换 2. 调整速度继电器 KV 触点弹簧，直到制动效果明显为止 3. 检查速度继电器 KV 永久磁铁，并予以修复或更换 4. 调整速度继电器 KV 触点，使故障排除
工作台各个方向都不能进给	1. 电动机 M2 不能起动，电动机接线脱落或电动机绕组断 2. 接触器 KM1 不吸合 3. 接触器 KM1 主触点接触不良或脱落 4. 经常板动操作手柄，开关受到冲击，行程开关 SQ1、SQ2、SQ3、SQ4 位置发生变化或损坏 5. 变速冲动开关 SQ6-2 在复位时，不能接通或接触不良	1. 检查电动机 M2 是否完好，并予以修复 2. 检查接触器 KM1、控制变压器一、二次绕组，电源电压是否正常，熔断器熔丝是否熔断，并予以修复 3. 检查接触器主触点并予以修复 4. 调整行程开关的位置或予以更换 5. 调整变速冲动开关 SQ6-2 的位置，检查触点接触情况，并予以修复
主轴电动机不能起动	1. 起动按钮损坏，接线松脱，接触不良或接触器线圈、导线断线 2. 变速冲动开关 SQ7 的触点（31～1）接触不良，开关位置移动或撞坏	1. 更换按钮、紧固导线、检查与修复线圈 2. 检查冲动开关 SQ7 的触点、调整开关位置、损坏予以修复
主轴电动机不能冲动（瞬时转动）	行程开关 SQ7 经常受到频繁冲击，使开关位置改变、开关底座被撞碎或接触不良	修理或更换开关，调整开关动作行程
进给电动机不能冲动（瞬时转动）	行程开关 SQ6-1 经常受到频繁冲击，使开关位置改变、开关底座被撞碎或接触不良	修理或更换开关，调整开关动作行程
工作台能向左、向右进给，但不能向前、向后、向上、向下进给	1. 限位开关 SQ1、SQ2 经常被压合、使螺钉松动、开关位移、触点接触不良、开关机构卡住及线路断开 2. 限位开关 SQ3-2 或 SQ4-2 被压开，使进给接触器 KM3、KM4 的通电回路均被断开	1. 检查与调整 SQ1 或 SQ2，予以修复或更换 2. 检查 SQ3-2 或 SQ4-2 是否复位、并予以修复

续表　5.9

故障现象	分析原因	处理方法
工作台能向前、向后、向上、向下进给，但不能向左、向右进给	1. 限位开关 SQ1、SQ2 经常被压合、使螺钉松动、开关位移、触点接触不良、开关机构卡住及线路断开 2. 限位开关 SQ3-2 或 SQ4-2 被压开，使进给接触器 KM3、KM4 的通电回路均被断开	1. 检查与调整 SQ1 或 SQ2，予以修复或更换 2. 检查 SQ3-2 或 SQ4-2 是否复位、并予以修复
工作台不能快速移动	1. 牵引电磁铁 YA 由于冲击力大，操作频繁，经常造成铜制衬垫磨损严重，产生毛刺划伤线圈绝缘层，引起匝间短路烧毁线圈 2. 线圈的接线松脱 3. 控制回路电源故障或 KM3 线圈断路 4. 按钮 SB5 或 SB6 接线松动、脱落	1. 如果铜制衬垫磨损严重，则更换牵引电磁铁 YA；线圈烧毁重新绕制或更换 2. 紧固线圈接线 3. 检查控制回路电源及 KM5 线圈情况，并予以修复或更换 4. 检查 SB5 或 SB6 接线，并予以紧固

第五节　Z3050 摇臂钻床的电气控制线路

钻床是一种用途广泛的孔加工机床。它主要用钻头钻削精度要求不太高的孔，另外还可用来钻孔、镗孔、扩孔、铰孔、攻丝及修刮端面等。因此要求钻床的主运动和进给运动有较宽的调速范围。

钻床的结构类型很多，有立式钻床、卧式钻床、台式钻床、多轴钻床、深孔钻床等。摇臂钻床是一种立式钻床，它适用于单件或批量生产带有多孔大型零件的孔加工，是一般机械加工车间常见的机床。

一、主要结构及运行形式

1. 摇臂钻床的主要结构

摇臂钻床主要由底座、内立柱、外立柱、摇臂、主轴箱及工作台等部分组成，如图 5.12 所示。内立柱固定在底座一端，在它外面套着空心的外立柱，外立柱可绕内立柱回转 360°。摇臂一端的套筒，它套装在外立柱上，并借助丝杆的正反转，可沿着外立柱作上下移动。丝杆与外立柱连成一体，且升降螺母固定在摇臂上，因此摇臂只能与外立柱一起绕内立柱回转，不能单独绕外立柱转动。

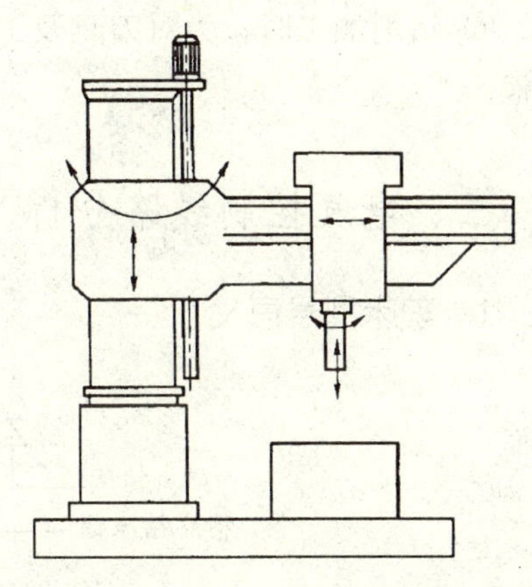

图 5.12　摇臂钻床结构及运动情况示意图

主轴箱是一个复合部件，由主传动电动机、主轴和主轴传动机构、进给和变速机构、机床的操作机构等部分组成。主轴箱安装在摇臂的水平导轨上，可以通过手轮操作，使其在水平导轨上沿摇臂移动。

2. 摇臂钻床的运动形式

当进行加工时，由特殊的夹紧装置将主轴箱紧固定在摇臂导轨上，而外立柱紧固在内立柱上，摇臂紧固在外立柱上，然后进行钻削加工时，钻头一边进行旋转切削，一边进行纵向进给，其运动形式：

① 主运动为主轴的旋转运动。

② 进给运动为主轴的纵向进给。

③ 辅助运动有：摇臂沿外立柱垂直移动，主轴箱沿摇臂长度方向的移动，摇臂与外立柱绕内立柱的回转运动。

二、电力拖动特点和控制要求

① 由于摇臂钻床的运动部件较多，为简化传动装置，使用多电动机拖动，主电动机承担主钻削及进给任务，摇臂升降，夹紧放松和冷却泵各用一台电动机拖动。

② 为了适应多种加工方式的要求，主轴及进给应在较大范围内调速。但这些调速都是机械调速，用手柄操作变速箱调速，对电动机无任何调速要求。从结构上看，主轴变速机构与进给变速机构应该放在一个变速箱内，而且两种运动由一台电动机拖动是合理的。

③ 加工螺纹时要求主轴能正反转。摇臂钻床的正反转一般用机械方法实现，电动机只需单方向旋转。

④ 摇臂升降由单独电动机拖动，要求能实现正反转。

⑤ 摇臂的夹紧与放松以及立柱的夹紧与放松由一台异步电动机配合液压装置来完成，要求这台电机能正反转。摇臂的回转和主轴箱的径向移动在中小型摇臂钻床上都采用手动。

⑥ 钻削加工时，为对刀具及工件进行冷却，需由一台冷却泵电动机拖动冷却泵输送冷却液。

三、电气控制线路分析

1. 车床型号意义

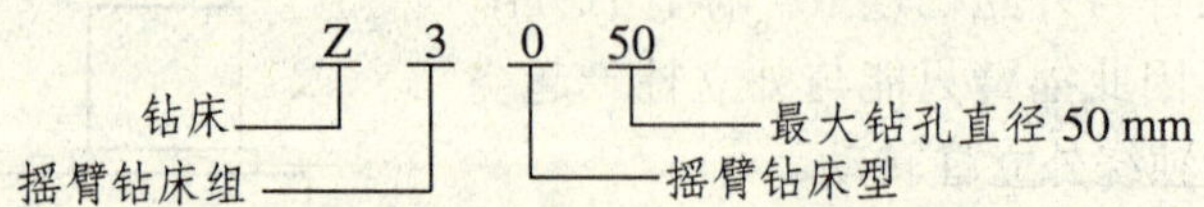

2. 相关电器元件符号与功能说明（见表 5.10）

表 5.10 Z3050 电器元件符号及功能说明表

符号	名称及用途	符号	名称及用途
M1	主轴电动机	QF3	M2、M3 电源开关
M2	摇臂升降电机	YA1	立柱液压分配交流电磁铁
M3	液压油泵电机	YA2	综合液压分配交流电磁铁
M4	冷却泵电机	TC	控制、指示照明电路供电
KM1	控制主轴电机的交流接触器	SB1	总停止开关
KM2	控制 M2 正转交流接触器	SB2	主轴电动机起动
KM3	控制 M2 反转交流接触器	SB3	主轴电动机停止
KM4	控制 M3 正转交流接触器	SB4	横梁上升开关
KM5	控制 M3 反转交流接触器	SB5	横梁下降开关
FU1	控制电路短路保护	SB6	松开控制
FU2	指示电路短路保护	SB7	夹紧控制
FU3	照明电路短路保护	SQ1	摇臂升降限位
KT1	时间继电器	SQ2	摇臂松、紧限位
KT2	时间继电器	SQ3	门控开关
KT3	时间继电器	SQ4	门控开关
FR1	主轴电机热过载保护	SA1	液压分配万能转换开关
FR2	M3 热过载保护	HL1	电源指示灯
QF1	总电源开关	HL2	主轴电动机工作指示
QF2	M4 电源开关	EL	机床工作照明灯

3. 电气控制线路图（见图 5.13）

(1) 主电路分析

Z3050 摇臂钻床共有 4 台电动机，除冷却泵电动机采用开关直接起动外，其余 3 台异步电动机均采用接触器直接起动。

M1 是主轴电动机，由交流接触器 KM1 控制，只要求单方向旋转，主轴的正反转由机械手柄操作。M1 装在主轴箱顶部，带动主轴及进给传动系统，热继电器 FR1 是过载保护元件，短路保护电器是总电源开关 QF1 中的电磁脱扣装置。

M2 是摇臂升降电动机，装于主轴顶部，用接触器 KM2 和 KM3 控制正反转。因为该电动机短时间工作，故不设过载保护电器。

M3 是液压泵电动机，可以做正向转动和反向转动。正向旋转和反向旋转的起动与停止由接触器 KM4 和 KM5 控制。热继电器 FR2 是液压泵电动机的过载保护电器。该电动机的主要作用是供给夹紧装置压力油，实现摇臂和立柱的夹紧与松开。

M4 是冷却泵电动机，功率很小，由开关 QF2 直接起动和停止。其短路保护也由开关 QF2 中的电磁脱扣装置完成。

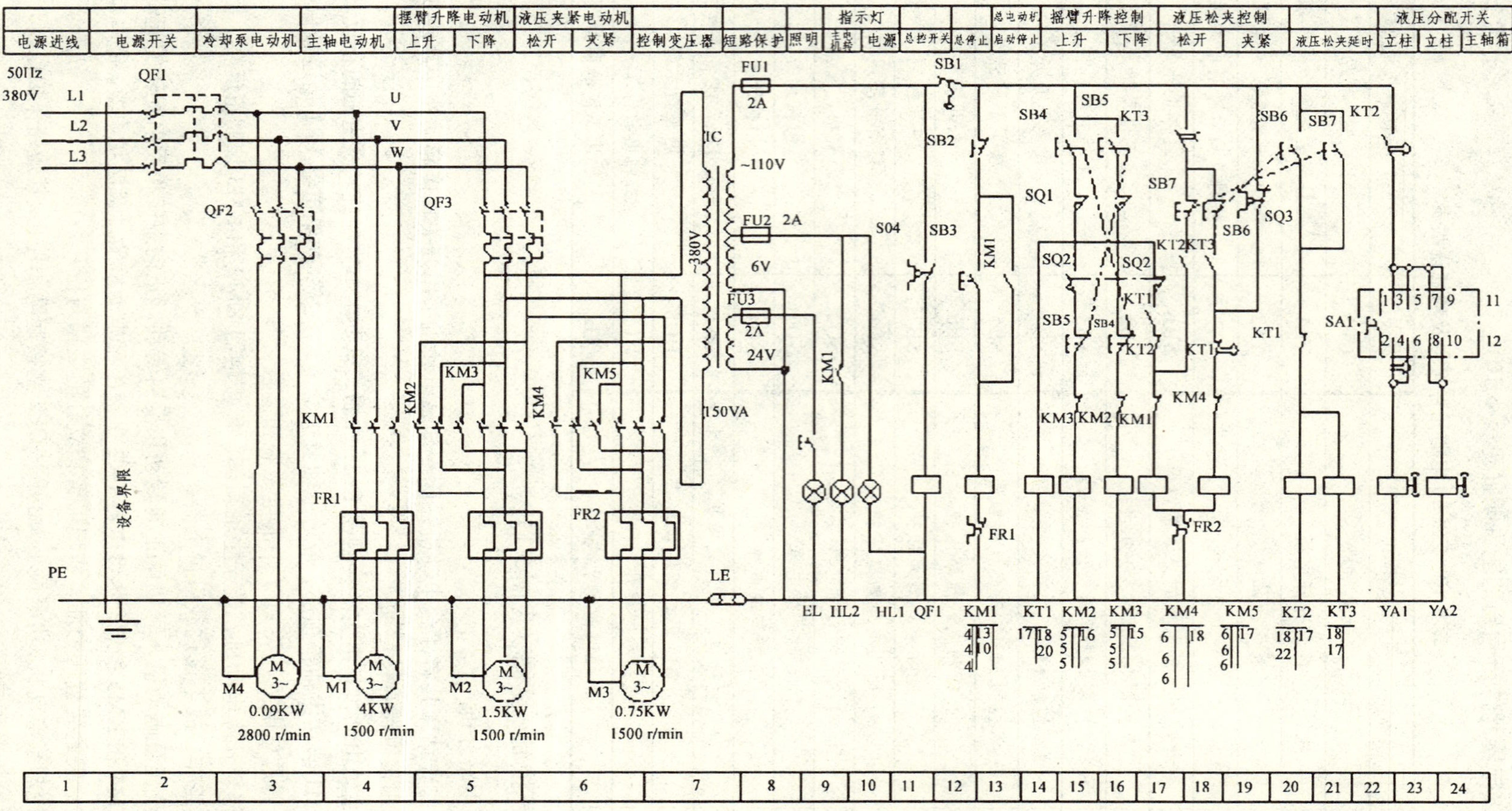

图 5.13 Z3050 摇臂钻床电气控制原理图

摇臂升降电动机 M2 和液压泵电动机 M3 共用第 3 个自动空气开关 QF3 中的电磁脱扣作为短路保护电器。

主电路电源电压为交流 380 V，自动空气开关 QF1 作为电源引入开关。

(2) 控制电路分析

① 开车前的准备工作。

为了保证操作安全，本机床具有“开门断电”功能。所以开车前应将立柱下部及摇臂后部的电门盖关好，即 SQ4 [11 区（3～5）] 常闭触点断开，QF1 线圈 [11 区（5～0）] 呈失电状态，方能接通电源。合上总电源开关 QF1 及 QF3，则电源指示灯 HL1 [10 区（605～0）] 亮，表示机床的电气线路已进入带电状态。

② 主轴电动机 M1 的控制。

按起动按钮 SB3 [13 区（11～13）]，则接触器 KM1 线圈 [13 区（13～2）] 得电吸合且 KM1 辅助常开触点 [13 区（11～13）] 自锁，KM1 三对常开主触点 [4 区] 闭合，使主轴电动机 M1 起动运行，同时 KM1 [10 区（605～617）] 辅助常开触点闭合，指示灯 HL2 [10 区（617～0）] 显亮。按停止按钮 SB2 [12 区（7～11）]，则接触器 KM1 线圈失电释放，使主电动机 M1 停止旋转，同时指示灯 HL1 熄灭。

③ 摇臂升降控制。

摇臂上升：按上升按钮 SB4 [15 区（7～15）]，则时间继电器 KT1 线圈 [14 区（17～0）] 通电吸合，它的瞬时闭合的动合触点 [17 区（33～35）] 闭合，接触器 KM4 线圈 [17 区（39～4）] 通电，液压泵电动机 M3 [6 区] 起动正向旋转，供给压力油。压力油经分配阀体进入摇臂的“松开油腔”，推动活塞移动，活塞推动菱形块，将摇臂松开。同时，活塞杆通过弹簧片位置开关 SQ2，使 SQ2 [17 区（17～33）] 动断触点断开，SQ2 [15 区（17～21）] 动合触点闭合。前者切断了接触器 KM4 的线圈电路，KM4 主触点 [5 区] 断开，液压泵电动机停止工作。后者使交流接触器 KM2 的线圈通电，KM2 [5 区] 主触点接通 M2 的电源，摇臂升降电动机起动正向旋转，带动摇臂上升。如果此时摇臂尚未松开，则位置开关 SQ2 [15 区（17～21）] 动合触点不闭合，接触器 KM2 就不能吸合，摇臂就不能上升。

当摇臂上升到所需位置时，松开按钮 SB4 则接触器 KM2 线圈和时间继电器 KT1 线圈同时断电释放，M2 停止工作，随之摇臂停止上升。

由于时间继电器 KT1 断电释放，经 1～3 s 时间的延时后，KT1 延时闭合的常闭触点 [18 区（47～49）] 闭合，使接触器 KM5 吸合，KM5 [6 区] 主触点闭合，液压泵电动机 M3 反向旋转，随之泵内压力油经分配阀进入摇臂的“夹紧油腔”，摇臂夹紧。在摇臂夹紧的同时，活塞杆通过弹簧片使位置开关 SQ3 的动断触点 SQ3 [19 区（7～49）] 断开，KM5 线圈断电释放，最终 M3 [6 区] 停止工作，完成了摇臂的松开→上升→夹紧的整套动作。

摇臂下降：按下降按钮 SB5，则时间继电器 KT1 通电吸合，其动合触点闭合，接通 KM4 线圈电源，液压泵电动机 M3 起动正向旋转，供给压力油。与前面叙述的过程相似，先使摇臂松开，接着压动位置开关 SQ2。其动断触点断开，使 KM4 断电释放，液压泵电动机停止工作；其动合触点闭合，使 KM3 线圈通电，摇臂升降电动机 M2 反向运行，带动摇臂下降。

当摇臂下降到所需位置时，松开按钮 SB5，则接触器 KM3 线圈和时间继电器 KT1 线圈同时断电释放，M2 停止工作，摇臂停止下降。

由于时间继电器 KT1 断电释放，经 1～3 s 时间的延时后，其延时闭合的动断触点闭合，

KM5 线圈获电，液压泵电动机 M3 反向旋转，随之摇臂夹紧。在摇臂夹紧的同时，使位置开关 SQ3 断开，KM5 断电释放，最终停止 M3 工作，完成了摇臂的松开→下降→夹紧的整套动作。

组合开关 SQ1a [15 区（15～17）] 和 SQ1b [16 区（27～17）] 用来限制摇臂的升降超程。当摇臂上升到极限位置时，SQ1a 动作，接触器 KM2 断电释放，M2 停止运行，摇臂停止上升；当摇臂下降到极限位置时，SQ1b 动作，接触器 KM3 断电释放，M2 停止旋转，摇臂停止下降。

摇臂的自动夹紧由位置开关 SQ3 控制。如果液压夹紧系统出现故障，不能自动夹紧摇臂，或者由于 SQ3 调整不当，在摇臂夹紧后不能使 SQ3 的动断触点断开，都会使液压泵电动机因长期过载运行而损坏。为此，电路中设有热继电器 FR2，其整定值应根据液压泵电动机 M3 的额定电流进行调整。

摇臂升降电动机的正反转控制继电器不允许同时得电动作，以防止电源短路。为避免因操作失误等原因而造成短路事故，在摇臂上升和下降的控制线路中采用了接触器的辅助触点互锁和复合按钮互锁两种保证安全的方法，确保电路安全工作。

④ 立柱和主轴箱的夹紧与松开控制。

立柱和主轴箱的松开（或夹紧）既可以同时进行，也可以单独进行，由转换开关 SA1 [22 区～24 区] 和复合按钮 SB6（或 SB7）进行控制。SA1 有 3 个位置。扳到中间位置时，立柱和主轴箱的松开（或夹紧）同时进行，扳到左边位置时，立柱夹紧（或放松）；扳到右边位置时，主轴箱夹紧（或放松）。复合按钮 SB6[20 区（7～53）]是松开控制按钮，SB7[21 区（7～53）]是夹紧控制按钮。

主柱和主轴箱同时松、紧：将转换开关 SA1 扳到中间位置，然后按松开按钮 SB6，时间继电器 KT2、KT3 同时得电。KT2 的延时断开的动合触点闭合，电磁铁 YA1[22 区（59～0）]、YA2[23 区（63～0）]得电吸合。而 KT3[17 区（7～41）]的延时闭合的常开触点经 1～3s 后才闭合。随后，KM4 闭合，液压泵电动机 M3 正转，供出的压力油进入立柱和主轴箱松开油腔，使立柱和主轴箱同时松开。

立柱和主轴箱同时夹紧的工作原理与松开时相似，只要把 SB6 换成 SB7，接触器 KM4 换成 KM5，M3 由正转换成反转即可。

立柱和主轴箱单独松、紧：如希望单独控制主轴箱，可将转换开关 SA1 扳到右侧位置，按下松开按钮 SB6（或夹紧按钮 SB7），此时时间继电器 KT2 和 KT3 的线圈同时得电，电磁铁 YA2 单独通电吸合，即可实现主轴箱的单独松开（或夹紧）。

松开复合按钮 SB6（或 SB7），时间继电器 KT2 和 KT3 的线圈断电释放，KT3 的通电延时闭合的动合触点瞬时断开，接触器 KM1（或 KM5）的线圈断电释放，液压泵电动机停转。经过 1～3 s 的延时，电磁铁 YA2 的线圈断电释放，主轴箱松开（或夹紧）的操作结束。

同理，把转换开关扳到左侧，则可使立柱单独松开或夹紧。

因为立柱和主轴箱的松开与夹紧是短时间的调整工作，所以采用点动方式。

(3) 辅助照明电路分析

Z3050 钻床的电气保护：全部用电设备的短路、过载、失压用 QF1，电动机 M1、M3 的过载用 FR1、FR2，控制及照明电路有短路保护，升降、夹紧有限位保护等。

四、电气控制线路的故障与处理

摇臂钻床电气控制的特殊环节是摇臂升降。Z3050 系列摇臂钻床的工作过程是由电气与机械、液压系统紧密结合实现的。因此，在维修中不仅要注意电气部分能否正常工作，也要注意它与机械和液压部分的协调关系。Z3050 摇臂钻床电气控制线路的故障与处理，见表 5.11。

表 5.11　Z3050 摇臂钻床电气控制线路的常见故障与处理方法

故障现象	故障分析	处理方法
摇臂不能升降	1. SQ2 安装位置移动 2. 液压系统发生故障，使摇臂放松不够 3. 电动机 M3 电源相序接反	1. SQ2 的位置非常重要，应配合机械、液压调整好后紧固。 2. 机床大修或新安装后，要检查电源相序
摇臂升降后，摇臂夹不紧	1. SQ3 动作过早，使 M3 尚未充分夹紧时就停转 2. 液压系统的故障（如活塞杆阀芯卡死或油路堵塞造成的夹紧力不够）	1. 调整 SQ3 的动作距离，固定好螺钉 2. 修复液压系统
立柱、主轴箱不能夹紧或松开	1. 油路堵塞 2. 接触器 KM4 或 KM5 不能吸合	1. 液压、机械修理人员检修油路，修复油路 2. 检查按钮 SB6、SB7 接线情况，排除电气故障
摇臂上升或下降限位保护开关失灵	1. 组合开关 SQ1 损坏，SQ1 触点不能因开关动作而闭合或接触不良使线路断开，由此使摇臂不能上升或下降 2. 组合开关 SQ1 不能动作，触点熔焊，使线路始终处于接通状态，当摇臂上升或下降到极限位置后，摇臂升降电动机 M2 发生堵转	更换或修理失灵的组合开关 SQ1
按下 SB6，立柱、主轴箱能夹紧，但释放后就松开	多为机械原因造成（可能是菱形块和承压块的角度方向装错，或者距离不适当。如果菱形块立不起来，这是因为夹紧力调得太大或夹紧液压系统压力不够所致）	检修调整

第六节　T68 型卧式镗床的电气控制线路

一、主要结构及运行形式

1. 镗床的主要结构

图 5.14 卧式镗床外形图，主要由床身、前立柱、镗头架、后立柱、尾座、下溜板、上溜板和工作台等部分组成。

镗床的床身是一个整体的铸件，在它的一端固定有前立柱，在前立柱的垂直导轨上装有镗头架，镗头架可沿垂直导轨上下移动。镗头架里集中装有主轴、变速器、进给箱和操纵机构等部件。切削工具一般安装在镗轴前端的锥形孔里，或装在花盘的刀具溜板上。在切削过程中，镗轴一面旋转，一面沿轴向作进给运动，而花盘只能旋转，装在它上面的刀具溜板可作垂直于主轴轴线方向的径向进给运动，镗轴和花盘轴分别通过各自的传动链传动，因此可以独立运动。

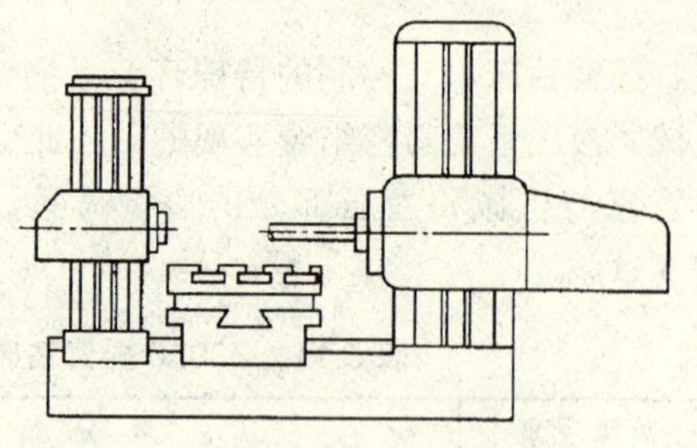

图 5.14　T68 卧式镗床外形

在床身的另一端装有后立柱，后立柱可沿床身导轨在镗轴轴线方向调整位置。在后立柱导轨装有尾座，用来支撑镗杆的末端，尾座与镗头架同时升降，保证两者的轴心在同一水平线上。

安装工件的工作台安置在床身中部的导轨上，可以借助上、下溜板作横向和纵向水平移动，工作台相对于上溜板可作回转运动。

2. 镗床的运动形式

① 主运动。镗轴和花盘的旋转运动。

② 进给运动。镗轴的轴向进给、 花盘上刀具的径向进给、镗头架的垂直进给，工作台的横向和纵向进给。

③ 辅助运动。工作台的回转、后立柱的轴向水平移动、尾座的垂直移动及各部分的快速移动。

二、电力拖动特点和控制要求

① 卧式镗床的主运动与进给运动。由一台电动机拖动。主轴拖动要求恒功率调速，且要求正反转，一般采用单速或多速三相笼形感应电动机拖动。

② 为了满足加工过程调整工作的需要，主轴电动机应能实现正反转点动的控制。

③ 轴及进给变速可在开车前进行预选，也可在工作进程进行变速。为了便于齿轮之间的啮合，应有变速冲动。

④ 缩短辅助时间，机床各运动部件应能实现快速移动，并由单独的快速移动电动机拖动。

⑤ 为了迅速、准确地停车，要求主轴电动机具有制动过程。

⑥ 床运动部件较多，应设置必要的连锁及保护环节。

三、电气控制线路分析

1. 车床型号意义

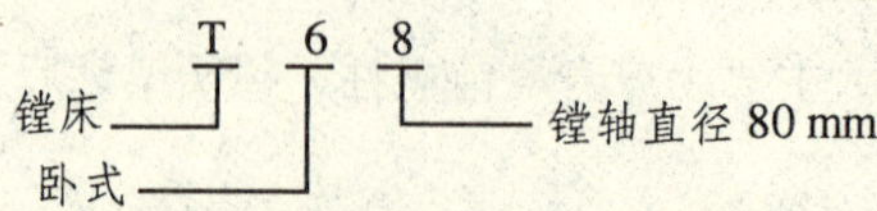

2. 相关电器元件符号与功能说明（见表 5.12）

表 5.12　T68 电器元件符号及功能说明表

符号	名称及用途	符号	名称及用途
M1	主轴传动电动机	SQ3	进给变速控制行程开关
M2	进给部件移动电动机	SQ4	进给变速冲动行程开关
KM1	主轴正转控制接触器	SQ5	进给联锁行程开关
KM2	主轴反转控制接触器	SQ6	进给联锁行程开关
KM3	短接电阻接触器	SQ7	快速反转控制行程开关
KM4	主轴低速控制接触器	SQ8	快速正转控制行程开关
KM5	主轴高速控制接触器	T	控制等电源变压器
KM6	M2 正转控制接触器	FU1	电源总熔断器
KM7	M2 反转控制接触器	FU2	M2 短路保护用熔断器
KT	主轴变速延时时间继电器	FU3	短路保护用熔断器
KV	反接制动控制速度继电器	FU4	短路保护用熔断器
SB1	停止按钮	FR	M1 过载保护热继电器
SB2	主轴正转启动按钮	KA1	控制主轴正转中间继电器
SB3	主轴反转启动按钮	KA2	控制主轴反转中间继电器
SB4	主轴正转点动按钮	HL	电源指示灯
SB5	主轴反转点动按钮	EL	机床照明灯
SQ1	主轴变速控制行程开关	QS	总电源开关
SQ2	主轴变速冲动行程开关		

3. 电气控制原理图（见图 5.15）

(1) 主电路分析

图中 M1 为主轴电动机，拖动机床的主运动和进给运动。M2 为快速移动电动机，实现主轴箱与工作台的快速移动。主轴电动机为双速电动机，功率为 5.5/7.5 kW，转速为 1 460/2 880 r/min；快速移动电动机功率为 2.5 kW，转速为 1 460 r/min。整个控制电路由主轴电动机正反转起动旋转与正反转点动控制环节、主轴电动机正反转停车反接制动控制环节、主轴变速与进给变速时的低速运转环节、工作台快速移动控制及机床的联锁与保护环节等组成。

① 主电动机的正、反转控制。

◎ 主电动机正反转点动控制

由正反转接触器 KM1、KM2 与正反转点动按钮 SB4、SB5 组成主电动机 M1 正反转点动控制电路，此时电动机定子串入降压电阻及三相定子绕组接成 △ 联结进行低速点动。

◎ 主电动机正反向低速旋转控制

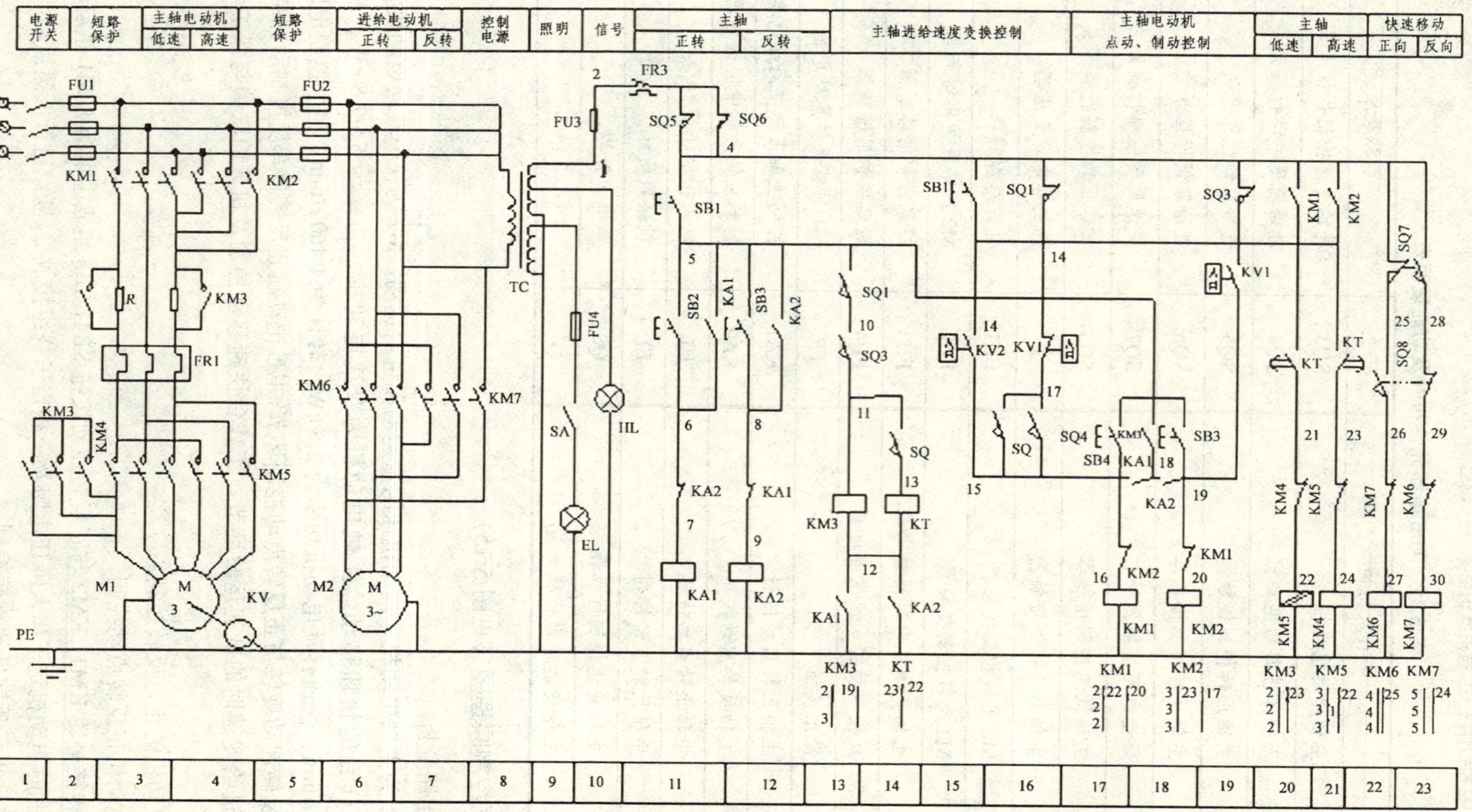

图 5.15 T68卧式镗床电气控制原理图

由正反转起动按钮 SB2、SB3 与正反转中间继电器 KA1、KA2 及正反转接触器 KM1、KM2 构成电动机正反转起动电路。当选择主电动机低速运转时，应将主轴速度选择手柄置于低速挡位，此时经速度选择手柄联动机构使高低速行程开关 SQ 处于释放状态，其触点 SQ [14 区（11～13）] 处于断开状态。当主轴变速手柄与进给变速手柄置于原位时，变速行程开关 SQ1、SQ3 均被压下，使触点 SQ1 [13 区（5～10）]、SQ3 [13 区（10～11）] 闭合。此时若按下 SB2 或 SB3 时，将使 KA1 或 KA2 线圈通电吸合，使 KM3 与 KM1 或 KM2 线圈通电吸合，KM4 相继通电吸合，主电动机定子绕组联结成 △ 形，在全压下直接起动获得低速旋转。

◎ 主电动机高速正反转的控制

若需主电动机高速起动旋转时，将主轴速度选择手柄置于高速挡位，此时速度选择手柄经联动机构将行程开关 SQ 压下，触点 SQ [14 区（11～13）] 闭合。这样，在按下起动按钮，KM3 线圈通电的同时，时间继电器 KT 线圈也通电吸合。于是电动机 M1 在低速△形联结起动并经 3 s 左右的延时后，因 KT 通电延时断开触点 KT [21 区（14～23）] 断开，主电动机低速转动接触器 KM4 断电释放；同时，KT 通电延时闭合触点 KT [20 区（14～21）] 闭合，高速转动接触器 KM5 通电吸合，KM5 主触点闭合，将主电动机 M1 定子绕组接成 YY 形并重新接通三相电源，实现电动机按低速挡起动再自动换接成高速挡旋转的自动控制。

② 电动机停车与制动的控制。

主电动机 M1 在运行中可按下停止按钮 SB1 实现主电动机的停车与制动。由 SB1、速度继电器 KV、接触器 KM1、KM2 和 KM3 构成主电动机正反转反接制动控制电路。

以主电动机正向旋转时的停车制动为例，此时速度继电器 KV 的正向动合触点 KV1 [19 区（14～19）]闭合。停车时，按下复合停止按钮 SB1，其触点 SB1 [11 区（4～5）]断开。若原来处于低速正转状态，这时 KM1、KM3、KM4 和 KA1 断电释放；若原来为高速正转，则 KM1、KM3、KM5、KA1 及 KT 断电释放，限流电阻 R 串入主电动机定子电路。虽然此时电动机已与电源断开，但由于惯性作用，M1 仍以较高速度正向旋转。而停止按钮另一对触点 SB1 [15 区（4～14）] 闭合，KM2 线圈经触点 KV1 [19 区（14～19）] 通电吸合，其触点 KM2 [21 区（4～14）] 闭合对停止按钮起自锁作用。同时，接触器 KM4 线圈通电吸合。KM2、KM4 的主触点闭合，经限流电阻 R 接通主电动机三相电源，主电动机进行反接制动，电动机转速迅速下降。当主电动机转速下降到速度继电器 KV 复位转速时，触点 KV1 [19 区（14～19）] 断开，KM2、KM4 线圈先后断电释放，其主触点切断主电动机三相电源，反接制动结束，电动机自由停车至零。在进行停车操作时，务必将停止按钮 SB1 按到底，使 SB1 [15 区（4～14）] 触点闭合，否则将无反接制动，电动机只是自由停车。

③ 电动机在主轴变速与进给变速时的连续低速冲动控制。

T68 型卧式镗床的主轴变速与进给变速既可在主轴电动机停车时进行，也可在电动机运行中进行。变速时为便于齿轮的啮合，主电动机在连续低速状态下运行。

◎ 变速操作过程

主轴变速时，首先将变速操纵盘上的操纵手柄拉出，然后转动变速盘，选好速度后，再将变速手柄推回。在拉出或推回变速手柄的同时，与其联动的行程开关 SQ1、SQ2 相应动作。在手柄拉出时 SQ1 不受压，SQ2 压下，当手柄推回时，SQ1 压下，SQ2 不受压。

◎ 主电动机在运行中进行变速时的自动控制

主电动机在运行中如需变速，将变速孔盘拉出，此时 SQ1 不受压，触点 SQ1 [13 区（5～10）] 处于断开状态，使接触器 KM3 线圈断电释放，其主触点断开，将限流电阻 *R* 串入定子电路，而触点 KM3 [18 区（5～18）] 断开，KM1 或 KM2 均断电释放。因此，主电动机无论在何种工作状态（正转或反转运行），都因 KM1 或 KM2 线圈断电释放而停止旋转。

◎ 主电动机在主轴变速时的连续低速冲动控制

主轴变速时，将变速孔盘拉出，SQ1 不再受压，而 SQ2 压下，于是触点 SQ2 [16 区（17～15）] 闭合。

若变速前主电动机处于正转运行状态，这时由于主轴变速手柄的拉出，使主电动机处于自停状态，速度继电器触点 KV1 [16 区（14～17）] 闭合，KV1 [19 区（14～19）] 断开，KV2 [15 区（14～15）] 处于断开状态，使接触器 KM1、KM4 线圈相继通电吸合。KM1、KM4 主触点闭合，主电动机定子绕组联结成△形接线并经限流电阻 *R* 正向起动旋转。随着主电动机转速的上升，当到达速度继电器 KV 动作值时，触点 KV1 [16 区（14～17）] 断开，KM1 线圈断电释放，主触点又切断电动机三相电源，主电动机在惯性下继续正向旋转。同时，触点 KV1 [19 区（14～19）] 闭合，KM2 线圈通电吸合，而此时 KM4 仍通电吸合。KM2、KM4 主触点闭合，接通主电动机反向电源，经限流电阻 *R* 进行反接制动，使主电动机转速迅速下降。

当主电动机转速下降到速度继电器的释放值时，触点 KV1 [19 区（14～19）] 断开，KM2 断电释放。同时，触点 KV1 [16 区（14～17）] 闭合，KM1 又通电吸合。于是，主电动机又接通正向电源，经限流电阻 *R* 正向起动。这样反复地起动和反接制动，使主电动机处于连续低速运转状态，有利于变速齿轮的啮合。一旦齿轮啮合后，变速手柄推回原位，开关 SQ1 压下，SQ2 不受压，触点 SQ1 [16 区（4～14）] 断开，SQ2 [16 区（17～15）] 断开，切断主电动机变速低速运转电路。

由上分析可知，如果变速前主电动机处于停转状态，那么变速后主电动机也处于停转状态。若变速前主电动机处于正向低速（△ 联结）状态运转，由于中间继电器 KA1 仍保持通电状态，变速后主电动机仍处于 △ 联结下运转。同样道理，如果变速前电动机处于高速（YY 联结）正转状态，那么变速后，主电动机仍先接成 △ 接，再经过 3 s 左右的延时，才进入 YY 接线的高速正转状态。

进给变速时主电动机连续低速冲动控制情况与主轴变速相同，只不过此时操作的是进给变速手柄，与其联动的行程开关是 SQ3、SO4 当手柄拉出时 SQ3 不受压，SQ4 压下；当变速完成，推上进给变速手柄时，SQ3 压下，SQ4 不受压。

其余电路工作情况与主轴变速相同。

(2) 镗头架、工作台快速移动的控制

机床各部件的快速移动，由快速移动操作手柄控制，由快速移动电动机 M2 拖动。运动部件及其运动方向的选择由装设在工作台前方的手柄操纵。快速操作手柄有“正向”、“反向”、“停止”3 个位置。在“正向”与“反向”位置时，将压下行程开关 SQ7 或 SQ8，使接触器 KM6 或 KM7 线圈通电吸合，实现 M2 电动机的正反转，并通过相应的传动机构使预选的运动部件按选定方向作快速移动。当快速移动控制手柄置于“停止”位置时，行程开关 SQ7、SQ8 均不受压，接触器 KM6 或 KM7 处于断电释放状态，M2 快速移动电动机断电，快速移动结束。

(3) 机床的联锁保护

由于 T68 型卧式镗床运动部件较多，为防止机床或刀具损坏，保证主轴进给和工作台进给不能同时进行，设置了两个联锁保护开关 SQ5 与 SQ6。其中 SQ5 是与工作台和镗头架自动进给手柄联动的行程开关，SQ6 是与主轴和平旋盘刀架自动进给手柄联动的行程开关。将这两个行程开关的动断触点并联后串接在控制电路中，当两种进给运动同时选择时，SQ5、SQ6 都被压下，其动断触点断开，将控制电路切断，于是两种进给都不能进行，实现了联锁保护。

四、电气控制线路的故障与处理（见表 5.13）

表 5.13　T68 型卧式镗床电气控制线路的常见故障与处理方法

故障现象	故 障 分 析	处 理 方 法
主轴能低速起动，但不能高速运行	1. 手柄在高速位置时没有压下高速行程开关 SQ，主要原因是 SQ 位置移动或松动所致 2. 时间继电器 KT 或高速行程开关 SQ 触点接触不良或接线脱落造成	1. 应重新调整好位置并将螺钉拧紧 2. 检查并检修其相关接点修复
主轴电动机不能制动	1. 速度继电器 KV 损坏或触点接触不良，使正、反转常开触点 KV1 和 KV2 不能闭合，造成 KM2 或 KM1 不能得电 2. 接触器 KM1 或 KM2 的常闭互锁触点接触不良或线圈损坏，也会使主轴电动机不能制动	1. 检修速度继电器 KV 2. 检修接触器 KM1、KM2
主轴变速手柄拉开时不能制动	1. 主轴变速行程开关 SQ1 移位 2. 速度继电器损坏，其常开触点不能闭合，使反接制动接触器不能得电吸合，致使主轴变速手柄拉开时不能制动	1. 检查及检修行程开关 SQ1 2. 检查及检修速度继电器
主轴变速手柄推合不上时没有低速冲动	1. 行程开关 SQ2 位置移动，使主轴变速手柄推合不上时没能压下 SQ2 2. 速度继电器损坏或线路断开，因而 KV1 常闭触点不通 3. 行程开关 SQ1 的常闭触点接触不良或接线松动，使得低速冲动电路不能得电，因此没有低速冲动	1. 检查及检修行程开关 SQ2 2. 检查及检修速度继电器 KV1 3. 检查及检修行程开关 SQ1

第七节　组合机床的电气控制电路

组合机床是针对特定工作，进行特定加工而设计的一种高效率自动化专用加工设备。这类设备大多能多机多刀同时工作，并且具有工作自动循环的功能。组合机床通常由标准通用部件和加工专用部件组合构成，动力部件采用电动机驱动或采用液压系统驱动，由电气系统进行工作自动循环的控制，是典型的机电或机电液一体化的自动加工设备。

常见组合机床标准通用部件有动力滑台，各种加工动力头以及回转工作台等，可用电动机驱动，也可用液压系统驱动。各种标准通用部件的控制电路是独立完成的，当多个动力部件组合成一台组合机床时，可通过联结电路将各动力部件的控制电路组合起来，构成该机床的控制电路。

多动力部件构成的组合机床，其控制通常有 3 方面的要求：① 动力部件的点动及复位控制；② 动力部件的单机自动循环控制（也称半自动循环控制）；③ 整机全自动循环工作控制。下面以双面钻孔组合机床为例，分析这类机床的控制电路。

一、机床的结构（或组成）及运动

双面钻孔组合机床用于在工件两相对表面上钻孔，图 5.16 是机床的结构简图。机床的动力滑台提供进给运动，电动机拖动主轴箱的刀具主轴提供切削主运动。两液压动力滑台对面布置，安装在标准侧底坐上，刀具电动机固定在滑台上，中间底座上装有工作定位夹紧装置。工作时，工作装入夹具（定位夹紧装置），按动起动按扭 SB6，开始工件的定位和夹紧，然后两面的动力滑台同时进行快速进给、工作进给和快速退回的加工循环，此时刀具电动机也起动工作，冷却泵在工进过程中提供冷却液，加工循环结束后，动力滑台退回原位，夹具松开并拔出定位销，一次加工循环结束。

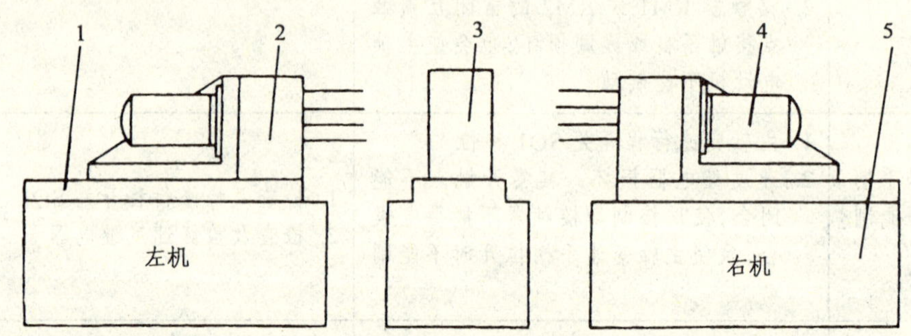

1—侧底座；2—刀具电机；3—工件及定位夹紧装置；4—主轴箱及钻头；5—动力滑台

图 5.16 组合机床结构简图

二、机床的拖动及控制要求

1. 液压驱动系统

机床的动力滑台和工件的定位夹紧装置由液压系统驱动，液压动力滑台工作在前文已分析过。工件定位夹紧装置动作由定位销液压缸和夹紧液压缸完成，其工作原理是：三位通电磁换向阀控制液压缸换向，完成插销和拔销，YV1 与 YV2 控制夹紧液压缸换向，完成夹紧和放松。左机滑台换向由电磁阀线圈 YV3 与 YV5 控制快进和工进，YV4 控制快退，右机滑台换向由电磁阀线圈 YV6 与 YV8 控制快进和工进，YV7 控制快退。各公步电磁阀线圈通电状态见表 5.14。

表 5.14　电　器　动　作　表

工步	电磁换向阀线圈通电状态										电动机运行			转换主令
	YV1	YV	YV3	YV4	YV5	YV6	YV7	YV8	YV9	YV10	M2	M3	M4	
工件定位									+					SB6
工件夹紧	+													SQ2
滑台快进	+		+		+	+		+			+	+		KP
滑台工进	+		+			+					+	+	+	SQ3、SQ6
滑台快退	+			+			+				+	+		SQ4、SQ7
松开工件		+												SQ5、SQ8
拔定位销										+				SQ9
停止														SQ1
备注	夹紧		左滑台			右滑台			定位		刀具电动机		冷却	

2. 电动机驱动

① 液压泵驱动电动机 M1。液压泵驱动电动机 M1 首先直接起动，使系统正常供油后，其他电动机的控制电路以及液压系统控制电路方可通电工作。

② 左机刀具电动机 M2 及右机刀具电动机 M3。刀具电动机在滑台进给循环开始时即起动，滑台退回原位后停机。

③ 冷却泵电动机 M4。冷却泵电动机 M4 可由手动控制起停，也可机动控制在滑台进给工作时，自动起动供液和在进给结束时停止供液。

三、机床控制电路分析

双面钻孔组合机床的控制电路如图 5.17 所示，电器元件说明表见表 5.15 所示。电动动作顺序表见表 5.16 所示。图 5.17（b）中主电路共接有 4 台电动机，电动机均为直接起动，单向旋转，有控制接触器 KM1、KM2、KM3 和 KM4 分别控制电动机 M1、M2、M3 和 M4 的定子绕组通电和断电。控制电路有交流电路部分和直流电路部分，交流部分用于对电动机进行控制，直流部分用于对液压系统的控制。

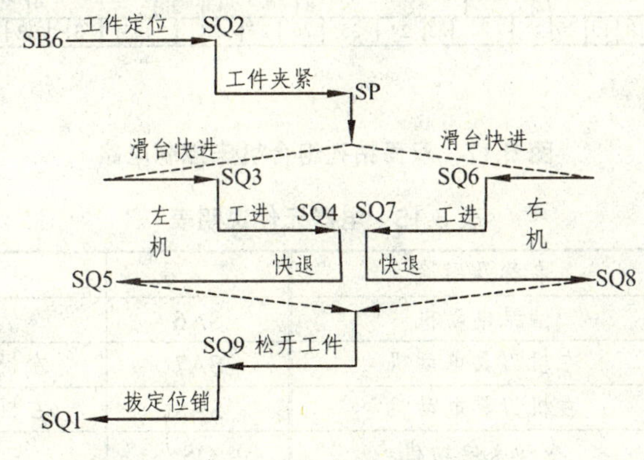

（a）

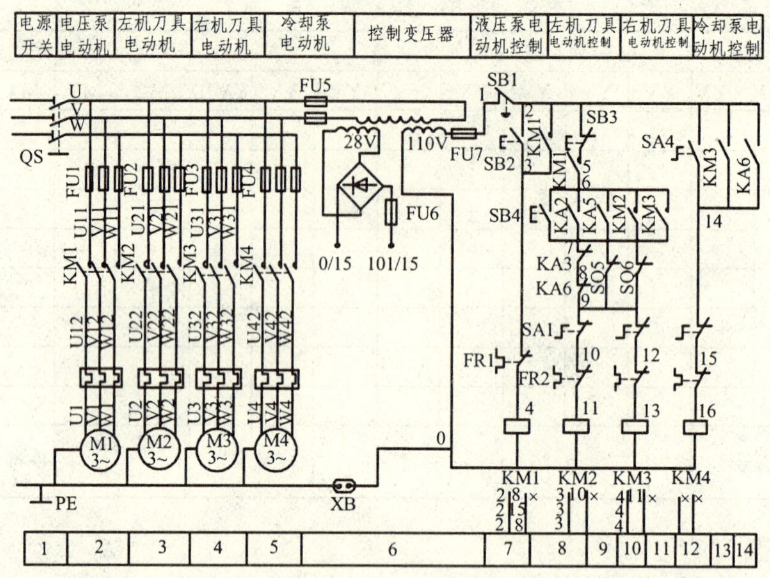

(b)

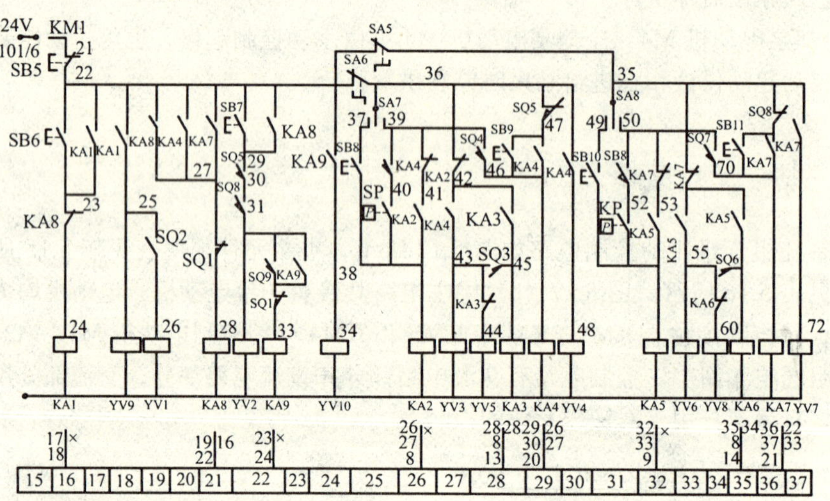

(c)

图 5.17 双面钻孔组合机床控制电路

表 5.15 电器元件说明表

符 号	名称及用途	符 号	名称及用途
M1	油泵电动机	SA6	右机摘除开关
M2	左机刀具电动机	SA7	左机工作方式选择开关
M3	右机刀具电动机	SA8	右机工作方式选择开关
M4	冷却泵电动机	QS	电源隔离开关

续表 5.15

符　号	名称及用途	符　号	名称及用途
KM1	油泵电动机起动接触器	SB1	点停按钮
KM2	左机刀具电动机起动接触器	SB2	油泵电动机起动按钮
KM3	右机刀具电动机起动接触器	SB3，SB4	刀具电动机起停按钮
KM4	冷却泵电动机起动接触器	SB5，SB6	液压系统循环工作起停按钮
KA1~9	中间继电器	SB7	松开夹具按钮
SQ1，SQ2	定位行程开关	SB8，SB9	左机点动向前和复位按钮
SQ3，SQ4，SQ5	左机滑台行程开关	SB10，SB11	右机点动向前和复位按钮
SQ6，SQ7，SQ8	右机滑台行程开关	FR1~4	电动机热继电器
SQ9	压紧原位行程开关	FU1~7	熔断器
SA1~3	电动机摘除开关	TC	变压器
SA4	冷却泵电动机开关	VC	整流器
SA5	左机摘除开关	SP	压力继电器

表 5.16　电器动作顺序表

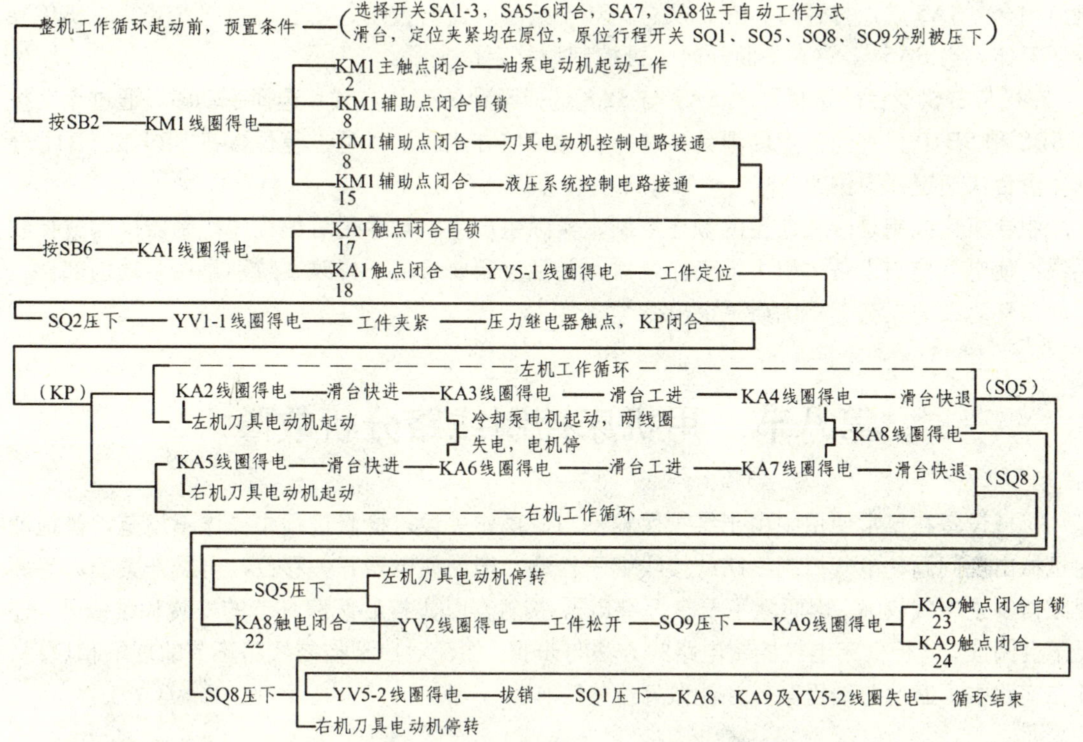

1．交流电路

交流控制电路中，SB1 为总停按钮。SB2 为液压泵电动机的起动按钮。当按下 SB2 时，油泵电动机的控制接触器 KM1 线圈得电，其主触点闭合，液压泵电动机起动工作，其辅助触点闭合，接通刀具电动机的控制电路和液压系统的控制电路，满足机床进入加工工作循环的条件。刀具电动机 M2 和 M3 在加工自动循环过程中，有中间继电器及行程开关控制起停，在调整时，有按钮 SB2、SB4 手动控制起停，通过选择开关 SA1 与 SA2 将刀具电动机从工作循环中摘除，以便于运动部分分别调整。

冷却泵电动机有两种工作方式：① 通过开关 SA4 手动控制；② 通过工进工作状态中间继电器 KA3 和 KA6 的触点机动控制，选择开关 SA3 可以将冷却泵电动机从工作循环中摘除。

2．直流电路

直流电路部分控制液压系统，实现运动的自动循环控制，控制电路由定位夹紧控制、左机滑台控制和右机滑台控制 3 部分组成，可实现整机自动循环控制、单机半自动循环控制和点动调整与复位控制。

开始全自动工作循环时，接触器 KM1 的辅助触点闭合；左右机的滑台在原位并压下行程开关 SQ5、SQ8；定位油缸及夹紧液压缸的活塞均在原位，压下 SQ1 与 SQ9。当以上条件满足时，压下起动循环的按钮 SB6，即可开始自动加工工作循环过程，按钮 SB5 控制终止循环。加工自动工作循环的全过程见电器动作顺序表。选择开关 SA5 与 SA6 可以将左机滑台或右机滑台从整机循环中摘除，此时按动起动循环按钮 SB6，左机单独循环工作。当 SA6 触点闭合，SA5 触点打开时，左机从总循环中摘除，此时按动起动循环按钮 SB6，右机单独循环工作。当 SA5 与 SA6 都断开时，可控制调整定位夹紧。

左机与右机滑台的选择开关 SA7 与 SA8 选择滑台的工作方式：选择手动时，通过点动按钮 SB8 和 SB10 分别向前点动滑台，选择自动工作方式时，可通过复位按钮 SB9 和 SB11 分别使滑台快速退回原位。

组合机床控制是一种典型的顺序控制，实际生产中，常采用可编程序控制器来构成控制系统，使电气控制设备体积小、工作可靠，并且控制要求易于修改，特别是在多动力部件、运动循环复杂的工况下，优点更突出。

第八节　用机床控制线路分析故障

机械设备在日常使用中由于维护保养不当、操作失误、检修过程中操作不规范、被拖动的机械出现问题、电气控制线路的接线端子松动、振动使电器开关移位、电器开关损坏等原因经常发生电气故障。因而除了要掌握继电器-接触器基本控制线路环节的安装和维修外，还要学会阅读、分析机床电气控制电路的方法与步骤，加深对典型控制线路环节的理解和应用，并在实践中不断地总结提高，才能做好维修工作。

一、典型机床设备常见的电气故障类型与特点

1．自然故障

机床在运行过程中，其电气设备常常要承受许多不利因素的影响，诸如电器动作过程中的机械振动、过电流的热效应加速电器元件的绝缘老化变质、电弧的烧损、长期动作的自然

磨损、周围环境温度和湿度的影响、有害介质的侵蚀、元件自身的质量问题、自然寿命等原因。以上种种原因都会使机床电器难免出现一些这样或那样的故障而影响机床的正常运行。因此加强日常维护保养和检修可使机床在较长时间内不出或少出故障。切不可误认为反正机床电气设备的故障是客观存在，在所难免，就忽视日常维护保养和定期检修工作。

2. 人为故障

机床在运行过程中，由于受到不应有的机械外力的破坏或操作不当、安装不合理而造成的故障，也会造成机床事故，甚至危及人身安全。这些故障大致可分为两大类：

① 故障有明显的外表特征并容易被发现。例如电动机、电器的显著发热、冒烟、散发出焦臭味或火花等。这类故障是由于电动机、电器的绕组过载、绝缘击穿、短路或接地所引起的。在排除这类故障时，除了更换或修复之外，还必须找出和排除造成上述故障的原因。

② 故障没有外表特征。经常会因为在电气线路中由于电气元件调整不当，机械动作失灵、触点及压接线头接触不良或脱落以及某个小零件的损坏，导线断裂等原因而造成故障。线路越复杂，出现这类故障的机会也越多。这类故障虽小但经常碰到，由于没有外表特征所以难以找到故障发生点，有时还需要借助仪表和工具，而一旦找出故障点，往往只需要简单的调整或修理就能立即恢复机床的正常运行，所以能否迅速查出故障点是检修这类故障时能否缩短时间的关键。

二、典型机床设备电气控制线路的一般分析方法

分析机床电气控制线路要通过对各种技术资料的分析，来掌握控制线路的工作原理、技术指标、使用方法和维护要求等。分析的具体内容和要求主要包括以下方面。

1. 设备说明书

设备说明书由机械（包括液压部分）与电气两部分组成。在分析时首先阅读它们以了解以下内容。

① 设备的构造，主要技术指标，机械、液压起动部分的原理。

② 电气传动方式，电机、执行电器的数目、规格型号、安装位置、用途及控制要求。

③ 设备的使用方法，各操作手柄、开关、旋钮、指示装置的布置以及在控制电路中的作用。

④ 与机械、液压部分直接关联的电器（行程开关、电磁阀、电磁离合器、传感器）的位置、工作状态及机械、液压部分的关系、在控制中的作用等。

2. 电气控制原理图

这是控制电路分析的中心内容。电气控制原理图由主电路、控制电路、辅助电路、保护及联锁环节以及特殊控制电路等部分组成。

在分析电气原理图时，还要同时参考其他技术资料。例如，各电动机及执行元件的控制方式、位置及作用，各种与机械有关的位置开关、主令电器的状态等。

在原理图分析中还可以通过所选用的电器元件的参数，分析出控制电路的主要参数和技

术指标，如可估算出各部分的电流、电压值，以便在调试和检修中合理地使用仪表。

3. 电气设备总装接线图

阅读分析总装接线图，可以了解系统的组成分布状况、各部分的连接方式、主要电器部件的布置、安装要求、导线和穿线管的规格型号等。

阅读分析总装接线图要与阅读说明书、电气原理图结合起来。

4. 电器元件布置图与接线图

这是制造、安装、调试和维护电气设备必需的技术资料。在调试、检修中可通过布置图和接线图方便地找出各个电器元件和测试点，进行必要的调试、检测和维护保养。

在仔细阅读设备说明书，了解电器控制系统的总体结构，电机电器的分布状况及控制要求等内容之后，便可以分析电气原理图了。

5. 分析电气原理图的方法与步骤

(1) 分析主电路

从主电路入手，根据每台电动机和执行电器的控制要求，分析各电动机和执行电器的控制内容。

(2) 分析控制电路

根据主电路中各电动机和执行电器的控制要求，逐一找出电器中的控制环节，将控制电路化整为零，按功能不同划分成若干个局部控制电路来进行分析。如果控制电路较复杂，则可先排除照明、显示等与控制关系不密切的电路，以便集中精力进行分析。控制电路一定要分析透彻，分析控制电路的最基本方法是查线读图法。

(3) 分析辅助电路

辅助电路包括执行元件的工作状态显示、电源显示、参数测定、照明和故障报警等部分，辅助电路中很多部分是由控制电路中的元件来控制的，所以分析辅助电路时，还要回头来对照控制电路进行分析。

(4) 分析联锁与保护环节

生产机械对于安全性、可靠性有很高的要求，实现这些要求，除了合理地选择拖动、控制方案以外，在控制电路中还设置了一系列电气保护和必需的电气联锁。

(5) 分析特殊控制环节

在某些控制电路中，设置了一些与主电路、控制电路关系不密切、相对独立的某些特殊环节，如产品计数装置、自动检测装置、晶闸管触发电路、自动调温装置等。这些部分往往自成一个小系统，其读图分析的方法可参照上述分析过程，并灵活运用所学过的电子技术、变流技术、自控系统、检测与转换等知识逐一分析。

(6) 总体检查

经过化整为零，逐步分析了每一局部电路的工作原理以及各部分之间的控制关系之后，还必须用集零为整的方法，检查整个控制电路，看是否有遗漏。特别要从整体角度去进一步检查和理解各控制环节之间的关系，清楚地理解原理图中每一个电器元件的作用、工作过程及主要参数。

三、典型机床设备发生故障后的一般检查和分析方法

生产机床和机械设备虽然进行了日常维护保养，降低了电气故障的发生率，但是在运行中还是难免发生各种大小故障，轻者使电气设备不能工作，影响生产，重者会造成人身伤害事故。因此，要求在发生故障后，必须及时查明原因，正确分析和妥善处理机床设备电气控制电路中出现的故障。但机床电路形式多样，它的故障又常常和机械、液压等系统交错在一起，难以分辨。但机床的故障主要可分为两大类：一类是有明显的外部特征，例如电动机、变压器、电磁铁线圈过热冒烟，在排除这类故障时，除了更换损坏的电机、电器之外，还必须找出和排除造成上述故障的原因；另一类故障是没有外部特征的，例如在控制电路中是由于电器元件调整不当、动作失灵、小零件损坏、导线断裂、开关击穿等原因引起的，这类故障在机床电路中经常碰到，由于没有外部特征，通常需要用较多的时间去寻找故障的部位，有时还需要运用各类测量仪表才能找出故障点，方能进行调整和修复，因此，掌握正确的检修方法就显得尤其重要。

故障检修时，大体上的过程为：观察（故障现象）→分析（故障部分）→检查（确定故障点）→修理（或更新损坏的器件）。当然这并不是检修的固定程序，它们之间存在着相互联系，有时要交替进行。

在进行每一个检修步骤时，都需要一些具体的检修方法相配合，故障查询法、逻辑分析法、通电检查法、断电检查法、电阻检查法、电压检查法等均是基本的故障检查方法。

1. 故障查询法

检修前要进行故障调查。当机床或机械设备发生电气故障后，切忌再通电试车或盲目动手检修。

在处理故障前，应通过“望”、“问”、“闻”、“切”来了解故障前后的详细情况，以便迅速地判断故障部位，并准确地排除故障。

(1)“望”

“望”即先弄清电路型号、组成及功能。譬如输入信号是什么、输出信号是什么、什么元器件受令、什么元器件检测、什么元器件执行、各部分元器件的位置、操作方式有哪些等。这样可以根据以往的经验，将系统按原理和结构分成几部分，再根据控制元件的型号如接触器、时间继电器，大概分析其工作原理，然后对故障系统进行初步检查。检查内容包括：系统外观有无明显操作损伤，各部分连线是否正常，控制柜内元件有无损坏、烧焦，导线有无松脱等。

(2)“闻”

“闻”即听一听电路工作时有无异常响声，如振动声、摩擦声、放电声以及其他一些声音。这对确定电路故障范围十分有用。

(3)“问”

“问”即询问系统的主要功能、操作方法、故障现象、故障过程、内部结构、其他异常情况、有无故障先兆等，通过询问，往往能得到一些很有用的信息。

(4)“切”

“切”即检查电路。检查电路应该按以下几个方面进行。

保养性例行检修，当电气控制系统运行到规定时间后，不管系统是否发生了故障，都要进行保养性例行检查。

对于比较明显的故障，应单刀直入，首先排除，以消除其影响，使其他故障更直观，易于观察和测量。

在多故障并存的电路中，应分清主次，按步检修。若对电路较生疏的检修人员，在多种故障同时出现或相继出现时，应理清头绪，根据故障的情况，分出主次，先易后难。检修时，应注意遵循分析→判断→检查→修理→再分析→判断→检查→修理的基本规律，及时纠正分析和判断的结果；若检修人员对电路比较熟悉，可先弄清电路元器件的实际排列位置，然后根据故障情况，确定出测量关键点，由测量结果，找出故障的所在部位。

根据电气设备的电气设备的控制按钮及可调部分，判断故障范围。应按可调部分是否有效、调整范围是否改变、控制部分是否有效、互相之间连锁关系能否保持等，大致确定故障范围。再根据关键点的检测，逐步缩小故障点，最后找出故障元器件。

无电路图时，应绘出电路图，然后根据绘制出的电路图，仔细分析电路的动作原理，弄清电路在不同状态下的各种参数，以便正确选择修理方法。电气电路的绘制有很大的难度，特别是一些比较复杂的电路。绘制控制电路图时，应有现有元器件为基础，以控制功能为指引，初步设计出电路原理图，然后通过导线编号，调整元器件位置，反复对照，最后得出完整的电路图。

2. 逻辑分析法

逻辑分析法是一种以准为前提，以快为目的的检查方法。因此，它适用于对复杂电路的故障检查。因为复杂电路往往有上百个电器和上千条连线，如果采用逐一检查的方法，不仅需耗费大量时间，而且会漏查故障点。采用逻辑分析法检查时，应根据原理图，对故障现象作具体分析。在划出可疑范围后，再借鉴试验法，对与故障回路有关的其他控制环节进行控制。当故障可疑范围较大时，不必逐一检查，可以从故障范围的中间环节开始检查，以便缩小范围，使貌似复杂的问题变得条理清晰，从而提高检修的针对性，收到快而准的效果。

3. 断电检查法

断电检查法是将被检查的电气设备完全（或部分）与外部电源切断后进行检修的方法。采用断电检查法检修设备故障是一种比较安全的常用检修方法。这种方法主要针对有明显的外表特征，容易被发现的电气故障，或者为避免故障未排除前通电试车，造成短路、漏电，再一次损坏电器元件，扩大故障、损坏机床设备等后果所能采用的一种检修方法。

若机床设备发生短路故障后，未能发现故障部位，则需要用兆欧表分步检查，先检查主电路接触器 KM 进线与开关 QS 之间的导线和开关是否短路（对于一些有阻值的元器件，应先断开而不要造成误判断），后检查主电路接触器 KM 出线与三相负载前的导线和开关是否短路（检查时要拆除电动机与电路的连接，否则会由于电动机的三相绕组的导通而影响判断的准确性。如果检查控制电路中是否存在短路故障，应该将控制电路中的 FU 中的一个拆下，以免影响测量结果。

如果按下起动按钮后电动机不旋转，应从两个方面着手分析检查，一方面按下起动按钮后 KM 不吸合，则应先检查电源与控制电路部分；另一方面按下起动按钮后接触器 KM 吸合而电动机不旋转，则应检查电源和主电路部分。但要注意的是有些机床设备出现故障是因为机械原因造成的，但是从反映出的现象来看却好像是电气故障。

4. 电阻检查法

电压测量法虽然使用起来既方便又准确，但必须带电操作，而且不适用于耗能元件，而电阻测量正好可弥补了这个不足。譬如我们检修图 5.18 的控制电路。

① 将万用表的转换开关置于适当量程的电阻挡上。

② 断开被测量电路的电源。

③ 断开被测电路与其他电路并联的连线。

④ 用两支表笔分别接触端点头 1 和 3，若阻值无穷大，说明热继电器已经动作，或是接线松脱。

⑤ 用两支表笔分别接触端点 3 和 5，若阻值无穷大，说明按钮 SB1 复位不良或接线松脱。

⑥ 用两支表笔分别接触端点 4 和 5，当按住按钮 SB2 时，两点间的阻值应接近于零；松开 SB2 后，两点间的阻值应为无穷大。

⑦ 对于接触器线圈这类耗能元件，其进出线两端的阻值应与该电器铭牌上所标注的阻值相符，若实测阻值偏大，说明内部出现接触不良；若实测的阻值偏小或为零；则说明内部绝缘损坏甚至被击穿，对于未注明阻值的线圈，可根据铭牌上的额定工作电压和功率将电阻值换算出来。在实际的电气修理过程中，往往都将电压测量法和电阻测量法结合起来灵活运用，再根据线路的工作原理进行分析和检查，就能迅速查明故障原因。

5. 电压测量法

电压测量法是利用万用表的交流电压挡对电路进行带电测量，分阶测量和分段测量控制电路中各种电器的输出端（闭合状态）电压，往往可以迅速查明故障点。

例如我们检修图 5.19 的控制电路。电压分阶测量：

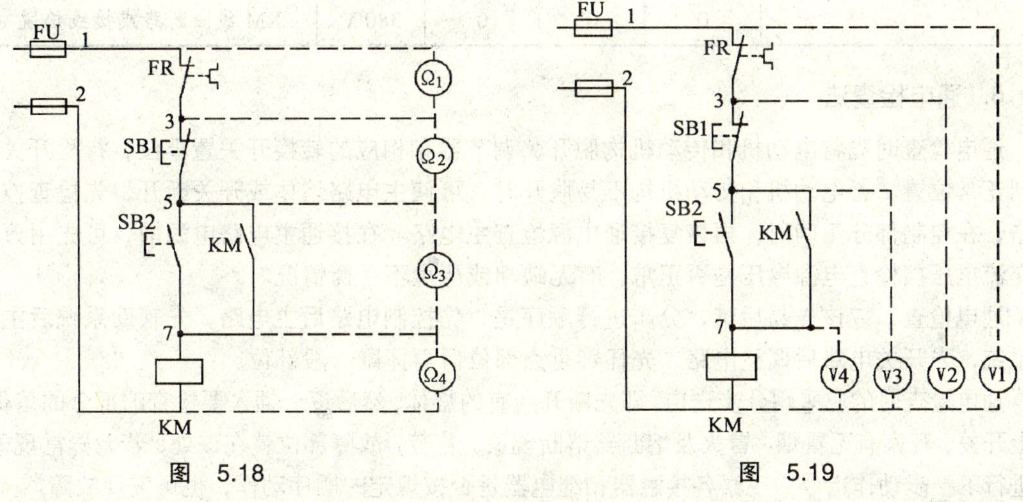

图 5.18　　图 5.19

① 将万用表的转换开关置交流电压 500 V 挡。

② 接通控制电路电源（注意先断开主电路）。

③ 检查电源电压，将黑表棒接到图 5.19 的端点 2 上（接地），红表棒去测量端点 1。若端点 1 无电压或电压异常，说明电源部分有故障，可检查控制电源变压器及熔断器等；若端点 1 的电压正常，即可继续按以下步骤操作。

④ 按下 SB1，若 KM 正常吸合并自锁，说明该控制电路无故障，应顺序检查其主电路；若 KM 不能吸合或自锁，则继续按以下步骤操作。

⑤ 用红表棒测量端点 3，若所测值与正常电压不相符，一般先考虑触点或引线接触不良；若无电压，则应检查热继电器是否已动作，必要时还应排除主电路中导致热继电器动作的原因。

⑥ 用红表棒测量端点 5，若无电压，一般考虑按钮 SB1 未复位或是接线松脱。

⑦ 最后按住 SB2 来测量端点 7，若无电压，可考虑是触点接触不良或接线松脱；若电压值正常，则考虑接触器 KM 可能有内部开路故障。

综上所述，电压测量法的测量要点是：

① 用黑表棒接地，用红表棒依次测量各端点的电压。

② 主令电器的动合触点出线端在正常情况下应无电压，动断触点的出线端在正常情况下，所测电压应与电源电压相符，若有外力使触点动作，则测量结果应与未动作状态的测量结果相反。

③ 对于各种耗能元件（如电磁线圈），仅用电压测量法不能确定其故障原因，而要先用电阻测量法先确定其线圈的好坏，才能进一步检查。

电压分段测量方法见表 5.17 所示。

表 5.17 电压分段测量法所测电压值及故障点

故障现象	测试状态	1～3	3～5	5～7	7～2	故障点
按下 SB2 时 KM 不吸合	按下 SB2 不放	380 V	0	0	0	FR 动断触点接触不良
		0	380 V	0	0	SB1 动断触点接触不良
		0	0	380 V	0	SB2 动合触点接触不良
		0	0	0	380 V	KM 线圈断路或接线松脱

6. 通电检查法

通电检查时先将电动机和传动机构脱开，调节器和相应的转换开关置零位，行程开关还原到正常位置。若电动机和传动机构不易脱开时，可使主电路熔体或开关断开，先检查控制电路，在控制部分正确时，再恢复接通电源检查主电路。在接通主电路电源前，可先用万用表交流电压挡检查电源电压是否正常，有无缺相或严重不平衡情况。

通电检查，应该先易后难、分步进行顺序是：先控制电路后主电路，先辅助系统后主传动系统，先开关电路后调整电路，先怀疑重点部位后再怀疑一般部位。

通电检查时的应采用分步送电，即先断开所有的熔体，然后逐一插入要检查的部分的熔体。合上开关，观察有无冒烟、冒火及熔断器熔断现象。若有，故障部位就在该处；若无异常现象，再进行下一步动作指令，观察各接触器和继电器是否按规定的顺序动作，也可发现故障。

特别要注意，若通电后将会发生人身伤亡或设备的严重损坏，切不可草率，谨慎而不能盲动。

思考题

1. 什么是电气控制系统图？
2. 电气控制系统图一般有几种？分别是哪几种？各自的作用是什么？
3. 电气设备、元件的布置应注意哪些问题？
4. 绘制电气控制原理图的原则是什么？
5. 电气接线图的绘制原则是什么？
6. M7130磨床的电磁吸盘吸力不足会造成什么后果？吸力不足的原因有哪些？
7. M7130磨床的电气控制电路中，欠电流继电器KA和电阻R3的作用分别是什么？
8. M7130磨床的吸盘退磁不好的原因有哪些？
9. 在平面磨床中为什么采用电磁吸盘来吸持工件？电磁吸盘线圈为何要用直流供电而不能用交流电供电？
10. 试述将工件从吸盘上取下时的操作步骤及电路工作情况。
11. CA6140型普通车床电气控制具有哪些特点？
12. CA6140型普通车床主轴电动机因过载而停车后，操作者在按起动按钮，电动机不能起动，试分析可能的原因？
13. 试将用自动空气开关代替CA6140普通车床电气控制原理图转换开关，画出系统的原理图。
14. CA6140型普通车床电气控制具有哪些保护？它们是通过哪些电器元件实现的？
15. 在X62W铣床电路中，电磁离合器YCl、YC2的作用是什么？
16. X62W万能铣床电气控制线路具有哪些电气联锁？
17. 简述X62W万能铣床主轴变速冲动的控制过程。
18. 简述X62W万能铣床主轴制动过程。
19. 简述X62W万能铣床的工作台快速移动的控制过程。
20. 如果X62W万能铣床工作台各个方向都不能进给，试分析故障原因？
21. Z3050型摇臂钻床在摇臂升降的过程中，液压泵电动机M3和摇臂升降电动机M2应如何配合工作？并以摇臂上升为例叙述电路的工作情况。
22. 在Z3050型摇臂钻床电路中，时间继电器KT1、KT2、KT3的作用是什么？
23. 在Z3050型摇臂钻床电路中SQ1、SQ2、SQ3、SQ4各开关的作用是什么？结合电路工作情况进行说明。
25. Z3050型摇臂钻床大修后，若摇臂升降电动机M2的三相电源相序接反会发生什么事故？
26. 试画出T68型镗床的电气原理图中自动和反接制动线路部分，并分析它的动作过程。
27. 试述T68型镗床快速进给的控制过程。
28. T68型镗床变速冲动与X62铣床变速冲动各有何特点？
29. 在T68型镗床电路中接触器KM3的主轴电动机M1什么状态下不工作？

30. T68型镗床电路中时间继电器KT有何作用，其延时长短有何影响？

31. 用短接法检查故障时应注意哪些问题？

32. 在修复故障时应注意什么问题？

33. 试分析X62W存在下列故障的原因：

① 主轴正反运转正常，但停车时按下停止按钮，主轴不停。

② 工作台向左、向右、向前、向下进给都正常，没有向上、向后进给。

③ 无纵向进给，垂直与横向进给正常。

34. 结合教材Z3050摇臂钻床的电路图，回答以下问题：

① 主轴电动机M2不能停转的故障原因有哪些？如何排除？

② 使摇臂升降后不能按需要停车的故障原因有哪些？若出现这种情况应该怎么办？

③ 若出现主轴箱和立柱的松紧故障，应着重检查哪几部分？

35. 分析Z3050摇臂钻床电路中，时间继电器KT与电磁阀YV在什么时候动作？

第六章　交流电梯的电气控制

随着生产的发展和城市迅速地崛起，电梯快速进入了人们的生产生活领域，给生产和生活带来了极大的方便。电梯采用电力拖动方式，使载有乘客或货物的轿厢运行在垂直方向的两根刚性导轨之间，是运送乘客和货物的固定式提升设备。国家标准《电梯制造与安装规范》对电梯的技术含义作了如下叙述：**电梯**是服务于规定楼层的固定式提升设备，包括一个轿厢，轿厢的尺寸与结构形式应可使乘客方便进出，轿厢在两根垂直的或与垂直方向成倾斜角小于15°的刚性导轨之间运行。因此，电梯是为高层建筑运输服务的装备，它具有运送速度快、安全性高、操作简单的优点。

第一节　电梯的基本结构、分类和基本参数

一、电梯的基本结构与工作原理

电梯的主要组成为：机房、曳引机、轿厢、对重以及安全保护设备等，如图6.1所示。电梯是一种起重运输设备。电梯的轿厢在电梯井道中上下运行。井道上方设有机房，机房内部设置曳引机和电梯电气控制柜。

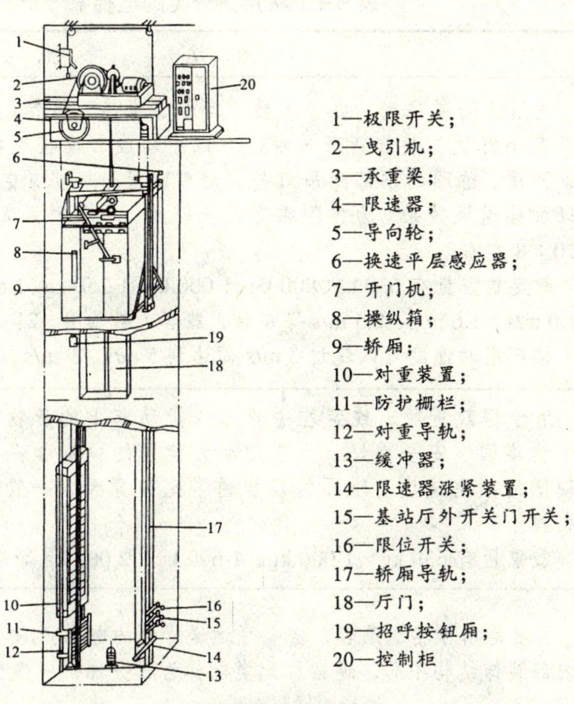

图6.1　电梯基本结构示意图

曳引机通过交流电动机或直流电动机拖动，由曳引钢丝绳和曳引轮之内的摩擦力（曳引力），驱动轿厢和对重装置运行。目的是为了曳引机上装的电磁式制动器能提高电梯的安全可靠性和平层准确度。

轿厢是运送乘客或货物的装置。对重用来对轿厢起平衡作用。轿门设在轿厢靠近厅门的一侧，供人员和货物出入。轿、厅设有开关门系统。

电梯的安全保护最为重要，主要组成有限位开关、上下行限位开关、极限开关、轿顶安全栅栏、安全窗、底坑防护栅栏、限速器、安全钳和缓冲器等。安全钢丝绳由限速器带动，当轿厢速度达到额定速度的115%～140%时，限速器动作，用安全钳把轿厢卡在导轨上，同时切断控制电源，曳引电动机停止运转。缓冲器设在底坑的地面上，用于减缓轿厢或对重装置撞向坑底时的动能作用，使其能安全减速并可靠停止在坑底位置。

按电梯构件在电梯中所起的作用，电梯可分为驱动部分、运动部分、安全设施部分、控制操作部分和信号指示 5 部分。

控制操作部分包括控制柜 20、操纵箱 8、换速平层感应器 6 和开门机 7 等，这是电梯的控制中心。

信号指示部分指轿内指层灯和厅外指层灯等，用来指示电梯运行方向、电梯所在层位的指示和厅外乘客呼梯情况显示等。

二、电梯的分类

1. 按用途分类（见表 6.1）

表 6.1 按用途分类的电梯

名称与代号	用途与特点
乘客电梯 代号：TK	适用于高层住宅、办公大楼、宾馆、饭店、旅馆的电梯。用于运送乘客，要求安全舒适，装饰新颖美观，可以手动或自动控制操纵，最好是有/无司机操纵两用。轿厢的顶部除吊灯外，大都设置排风机，在轿厢的侧壁上方有向风口以加强通风效果。为方便乘客进出轿厢，一般轿厢宽度与深度比例为 10：7～10：8 左右。 额定载重量有 630 kg、800 kg、1 000 kg、1 250 kg、1 600 kg 等，速度有 0.63 m/s、1.0 m/s、1.6 m/s、2.5 m/s 等多种，载客人数为 8～21 人，运送效率高，在超高层大楼应用时速度可以超过 3 m/s 而达到 5 m/s、9 m/s 或 10 m/s
载货电梯 代号：TH	用于运载货物，或装在手推车或机动车上的货物及伴随的装卸人员，要求结构牢固、安全性好。为节约动力装置的投资和保证良好的平层精确度常取较低的额定速度。轿厢的容积通常比较宽大，一般轿厢深度大于宽度或两者相等。 载重量有 630 kg、1 000 kg、1 600 kg、2 000 kg 等多种；速度在 1 m/s 以下
客货（两用）电梯 代号：TL	主要是用作运送乘客，但也可运送货物的电梯。它与乘客电梯的区别在于轿厢内部装饰结构不同，通常称此类电梯为服务梯，一般为低速

续表 6.1

名称与代号	用 途 与 特 点
病床电梯 代号：TB	医院里用于运送病人、医疗器械和救护设备，其特点是轿厢窄而深。常要求前后贯通开门，对运行稳定性要求较高，运行中噪音应力求减小。一般有专职司机操作。 载重量有 1 000 kg、1 600 kg、2 000 kg 等多种，运行速度为不大于 0.63 m/s、1.0 m/s、1.6 m/s、2.0 m/s
住宅电梯 代号：TZ	供居民住宅楼使用的电梯，主要运送乘客，也可运送家用物件或生活用品，多为有司机操作。 额定载重量为 400 kg、630 kg、1 000 kg 等，其相应的载客人数为 5、8、13 人等，速度在低、快速之间。其中载重量 630 kg 以上的电梯，轿厢还允许运送残疾人员乘坐的轮椅和童车；载重量为 1 000 kg 的电梯，轿厢还能运送"手把拆卸"的担架和家具
杂物电梯 （服务电梯） 代号：TW	供运送一些轻便的图书、文件、食品等，但不允许人员进入轿厢，由门外按钮控制。额定载重量有 40 kg、100 kg、250 kg 等数种，轿厢的运行速度通常小于 0.5 m/s
船用电梯 代号：TC	船用电梯是固定安装在船舶上为乘客、船员或其他人员使用的提升设备，它能在船舶的摇晃中正常工作。 速度一般应不大于 1 m/s
观光电梯 代号：TG	是一种轿厢壁透明、供乘客观光的电梯
车辆电梯 （汽车用电梯） 代号：TQ	用作各种客车、轿车或货车的垂直运输，如高层或多层车库、仓库等处都有使用。这种电梯的轿厢面积都较大，要与所装用的车辆相匹配，其构造则应充分牢固，有的是无轿顶的。 升降速度一般都较低（小于 1 m/s）
其他电梯	用作专门用途的电梯，如冷库电梯、防爆电梯、矿井电梯、建筑工程电梯等

2. 按运行速度分类（见表 6.2）

表 6.2 按速度分类的电梯

名 称	额定速度范围
超高速电梯	3～10 m/s 或更高速的电梯，通常用于超高层建筑物
高速电梯（甲类梯）	2～3 m/s 的电梯，如 2 m/s、2.5 m/s、3 m/s 等，通常用在 16 层以上的建筑物内
快速电梯（乙类梯）	1～2 m/s 的电梯，如 1.5 m/s、1.75 m/s 等，通常用在 10 层以上的建筑物内
低速电梯（丙类梯）	1 m/s 及以下的电梯，如 0.25 m/s、0.5 m/s、0.75 m/s、1 m/s 等，通常用在 10 层以下建筑物或客货电梯或货梯

3. 按拖动方式分类（见表 6.3）

表 6.3 按拖动方式分类的电梯

名称与代号	驱动和使用特点
直流电梯 代号：Z	其曳引电动机为直流电动机，并根据有无减速箱，分为有齿直流电梯和无齿直流电梯。根据电气拖动控制方式，通常为直流发电机-电动机拖动系统，用晶闸管励磁装置和采用晶闸管直接供电的晶闸管-电动机拖动系统两种；其特点为性能优良、梯速较快、通常在 1 m/s 以上，有的达到高速运行
交流电梯 代号：J	① 单速，曳引电动机为交流电动机，速度一般在 0.5 m/s 以下。 ② 双速，曳引电动机为交流电动机，有高、低两种速度，速度在 1 m/s 以下。 ③ 三速，曳引电动机为交流电动机，有高、中、低 3 种速度。速度一般为 1 m/s。 ④ 交流调速电梯，曳引电动机为交流，起动时采用开环，减速时采用闭环，通常装有测速发电机。 ⑤ 交流调压调速电梯，曳引电动机为交流，起动时采用闭环，减速时也采用闭环，通常装有测速发电机。 ⑥ 交流调频调压电梯，俗称 VVVF 电梯。通常采用微机、逆变器、PWM 控制器，以及速度电流等反馈系统。在调节定子频率的同时，调节定子中电压，以保持磁速恒定，使之电动机力矩不变。这是一种新式拖动制动方法，其性能优越、安全可靠，速度可达 6 m/s
液压电梯 代号：Y	靠液压传动，根据柱塞安装位置有柱塞直顶式，其油缸柱塞直接支撑桥厢底部，使轿厢升降；有柱塞侧置式，其油缸柱塞设置在井道侧面，借助曳引绳通过齿轮组与轿厢连接，使轿厢升降，梯速为 1 m/s 以下
齿轮齿条电梯	齿条固定在构架上，采用电动机-齿轮传动的机构，装于电梯的轿厢上，利用齿轮在齿条上的爬行来拖动轿厢运行，一般用在建筑工程中
螺杆式电梯	将直顶式电梯的柱塞加工成矩形螺纹，再将带有推力轴承的大螺母安装于油缸顶，然后通过电机经减速器（或皮带传递）带动大螺母旋转，从而使升轿厢上升或下降
直线电机驱动电梯	用直线电动机作为动力源，是目前具有最新驱动方式的电梯

4. 按操纵控制方式分类（见表 6.4）

表 6.4 按控制方式分类的电梯

名称与代号	控制和使用特点
手柄控制电梯 代号：S（手柄）	由司机在轿厢内操纵手柄开关，控制电梯的升降、平层、停止的运行状态，要求轿厢门上装玻璃窗口或使用栅栏门，便于司机判断层数控制平层。 这种电梯又包括自动门和手动门两种，多使用于货梯
按钮控制电梯 代号：A（按钮）	它是一种具备简单自动功能的电梯，有自动平层功能，有轿外按钮控制和轿内按钮控制两种形式：前一种由安装在各层厅门口的按钮箱进行操纵，一般只接受轿厢内的按钮指令，层站的召唤控钮不能截停或操纵轿厢。一般多用于货梯。 这种电梯也有自动门和手动门两种

续表　6.4

名称与代号	控制和使用特点
信号控制电梯 代号：XH（信控）	它是一种自动控制程度较高的电梯，其自动程度除了具有自动平层和自动开门功能外，尚有轿厢命令登记、厅外召唤登记、自动停层、倾向截停和自动换向等功能，通常为有司机客梯或客货两用电梯
集选控制电梯 代号：JX（集选）	它是在信号控制技术基础上发展起来的全自动控制电梯，与信号控制的主要区别在于能实现无司机操纵。其主要特点是把轿厢内选层信号和各层外呼信号集合起来，自动决定上下运行方向，顺序应答。这种电梯操纵为有/无司机。当实行司机操纵时为信号控制（在人流集中高峰时间里便于保证安全运行），而在人流较少时，改为无司机集选控制。 这类电梯需在轿厢上设置称重装置，以防超载，且轿门上应设防夹保护装置
下（或上）集选控制电梯	这是一种只有当电梯下行时才能被截停的集选控制电梯，其特点是：乘客若从某一层到上面层楼时，只有先截停向下运行的电梯，下到基层后，才能再次乘梯去到目的层，一般下集选控制方式用的较多，如在住宅楼内
并联控制电梯 代号：BL（并联）	2～3 台电梯的控制线路并联起来进行逻辑控制，共用层站外召唤按钮。电梯本身具有集选功能。 特点是当无任务时（如 2 台电梯并联工作），一台停在基站俗称基梯，另一台则停在预先选定的层楼（一般在中间层楼），称为自由梯。若有任务，基梯离开基站向上运行，自由梯立即自动下降到基站替补；当除基站外其他楼层有要电梯时，自由梯前往，并答应顺方向要梯信号，当要梯信号与自由梯运行方向相反时，则由基梯去完成，而返回基站。 当三台并联集选组成的电梯，其中有两台电梯作为基站梯，一台为备行梯，运行原则类同两台并联控制电梯
梯群程序控制电梯 代号：QK（群控）	群控是用微机控制和统一调度多台集中并列的电梯，它使多台电梯集中排列，共用厅外召唤按钮，按规定程序集中调度和控制。其程序控制分为四程序与六程序，前者将一天中客流情况分成 4 种，如：上行高峰状态运行，下、上行平衡状态运行，下行高峰状态运行及闲散状态运行，并分别规定相应的运行控制方式；后者比前者多上行较下行高峰状态运行、下行较上行高峰状态运行 2 种程序
梯群智能控制电梯	这种电梯有数据的采集、交换、存储功能，还能进行分析、筛选、报告的功能。控制系统可以显示出所有电梯的运行状态。由电脑根据客流情况，自动选择最佳运行控制方式，其特点是分配电梯运行时间，省人、省电、省机器
微机控制电梯 代号：W（微）	① 用微机作为交流调速控制系统的调速装置，由它承担调速各环节的功能，使调速系统的有触点器件大大减少，提高了可靠性，同时微机具有较强的逻辑运算和算术运算功能，和模拟调速装置相比，便于解决舒适感问题。 ② 把微机用作信号处理，取代传统的选层器和绝大部分继电器逻辑电路

5. 按有无司机分类（见表 6.5）

表 6.5 按有无司机分类的电梯

名　称	使　用　特　点
有司机电梯	必须有专职司机操纵
无司机电梯	不需要专门司机，而由乘客自己操纵，具有集选功能
有/无司机电梯	根据电梯控制电路及客流量等，平时可由乘客自己操纵电梯运行，客流大或必要时可由司机操纵

6. 按机房位置分类（见表 6.6）

表 6.6 按机房位置分类的电梯

名　称	位　置　特　点
上置式电梯	机房位于井道上部
下置式电梯	机房位于井道下部

7. 按曳引机结构分类（见表 6.7）

表 6.7 按曳引机结构分类的电梯

名　称	结　构　特　点
有齿曳引机电梯	曳引机有减速器，用于交流电梯和直流电梯
无齿曳引机电梯	曳引机没有减速器，由曳引电动机直接带动曳引轮运动，用于直流电梯

8. 其他梯和自动梯（见表 6.8）

表 6.8 其他梯和自动梯

名　称	使　用　特　点
斜行梯	为地下火车站和山坡站倾斜安装，轿厢运行为倾斜直线上下，即同时具有水平和垂直两个方向的输送能力，也是一种集观光和运输于一体的输送设备
坐椅梯	人坐在由电动机驱动的椅子上，控制椅子手柄上的按钮，使椅下部的动力装置驱动人椅，沿楼梯扶拦的导轨上下运动
冷库梯	在大冷库或制冷车间，运送冷冻货物。但需要满足门扇、导轨等活动处冰封、浸水要求
消防梯	在发生火警情况下，用来运送消防人员、乘客和消防器材等
矿井梯	供矿井内运送人员及货物之用
特殊梯	供特殊工作环境下使用，如有防爆、耐热、防腐等特殊用途时
建筑施工梯（或升降机）	运送建筑施工人员及材料之用，可随施工中的建筑物层数而加高
滑道货梯	在建筑物内配置，常与建筑物、人行走道平行运送货物
运机梯	能把地下机库中几十吨至上百吨重的飞机垂直提升到飞机场跑道上
门吊梯	在大型门式起重机的门腿中，运送在门机中工作的人员及检修机件等
自动扶梯	① 端部驱动自动扶梯； ② 中间驱动的自动扶梯
自动人行道	① 端部驱动的自动人行道； ② 中间驱动的自动人行道

三、电梯的主要参数与型号

1. 电梯的主要参数

电梯的主要参数有：额定载重量、轿厢尺寸、额定速度、拖动方式、控制方式、停层站数、提升高度、轿门形式、开门方向、顶层高度、底坑深度、井道高度与井道尺寸等。

① 电梯的额定载重量主要有如下几种。

400 kg、630 kg、800 kg、1 000 kg、1 250 kg、1 600 kg、2 000 kg、2 500 kg 等。

② 电梯的额定速度为：0.63 m/s、1.00 m/s、1.60 m/s、2.50 m/s 等。

2. 电梯基本规格的 7 个参数

① 电梯的用途。指客梯、货梯、病床梯等。

② 额定载重量。指制造和设计规定的电梯合理承载质量。可理解为制造厂为保证电梯正常运行的允许承载质量。对制造厂来说额定载重量是设计制造的主要依据，对用户来讲则是选用和使用电梯的主要依据，因此它是电梯的主参数。

③ 额定速度。指制造和设计规定的电梯运行速度，单位为 m/s，可理解为制造厂保证电梯能够正常运行的速度。对于制造厂来说也是设计制造电梯主要性能的依据，对于用户来讲则是检测速度特性的主要依据。因此它也是电梯的主参数。

④ 拖动方式。指电梯采用的动力种类。可分为交流电力拖动、直流电力拖动，液力拖动等。

⑤ 控制方式。指对电梯的运行实行操纵的方式。即手控制、按钮控制、信号控制、集选控制、并联控制、梯群控制等。

⑥ 轿厢尺寸。指轿厢内部尺寸和外廓尺寸，以“深×宽”表示。内部尺寸由梯重和额定载重量决定，外廓尺寸关系到井道的设计。

⑦ 门的形式。指电梯门的结构形式。可分为中分式门、旁开式门、直分式门等。

通过以上 7 个方面参数基本可以确定一台电梯的服务对象、运送能力、工作性能以及对井道机房等的要求，这些内容的搭配方式，又称为电梯系列型谱。

四、电梯的型号

我国颁布的 JJd5-8b《电梯、液压梯产品型号编制方法》中，对电梯型号的编制方法作了如下规定：

电梯、液压梯产品的型号由其类、组、型、主参数和控制方式等 3 部分代号组成。第 2、3 部分之间用短线分开。

第 1 部分是类、组、型和改型代号。类、组、型代号用具有代表意义的大写汉语拼音字母表示，产品的改型代号按顺序用小写汉语拼音字母表示，置于类、组、型代号的右下方。

第 2 部分是主参数代号，其左上方为电梯的额定载重量，右下方为额定速度，中间用斜线分开，均用阿拉伯数字表示。

第 3 部分是控制方式代号，用具有代表意义的大写汉语拼音字母表示。

产品型号代号顺序如图 6.2 所示。产品型号代号如表 6.9 所示。

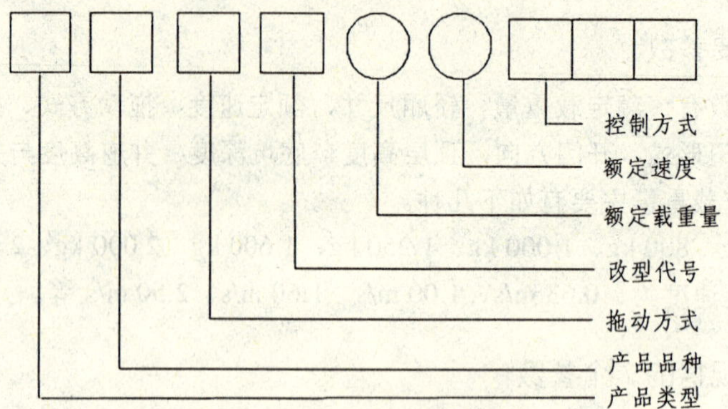

图 6.2 产品型号代号顺序

表 6.9 产品型号代号

产品类别代号	
电梯、液压梯	T
产品品种代号	
乘客电梯	K
载货电梯	H
客货两用电梯	L
病床电梯	B
住宅电梯	Z
杂物电梯	W
观光电梯	G
船用电梯	C
汽车用电梯	Q
拖动方式代号	
交流电力拖动	J
直流电力拖动	Z
液压传动	Y
控制方式代号	
手柄开关控制，自动门	SZ
手柄开关控制，自动手动门	SS
按纽控制，自动门	AZ
按纽控制，手动门	AS
信号控制	XH
集选控制	JX
并联控制	BL
梯群控制	QK

第二节　电梯的机械系统与安全保护系统

电梯分为机械系统和电气系统两部分。其机械系统由曳引系统、轿厢和对重装置、导向系统、厅轿门和开关门系统、机械安全保护系统等组成。其电气系统则主要由装设在机房内的控制柜、轿厢内的操纵箱以及安装在机房、井道、厅道、厅门、轿厢顶和底坑中的一些电器元件构成。

一、机械系统

1. 曳引系统

曳引系统是指曳引机、导向轮、曳引钢丝绳等部分。

曳引机是电梯的主拖动机械，使电梯的轿厢和对重装置作上下运动。高速电梯采用的是无齿曳引机，而各种客、货梯和杂物电梯运行速度 $v \leqslant 2.0$ m/s 时，则广泛采用有齿轮曳引机。

有齿轮曳引机由曳引电动机、电磁制动器、减速器、曳引轮等组成。而曳引电动机是拖动电梯上下运行的动力，运行时处于频繁的起动、制动、反转动作中，而且负载变化大，且经常工作在重复短时状态、电动状态、再生发电制动状态。因此电梯用曳引电动机是专用的电动机，分别是 YH 系列高转差率三相单速异步电动机，YTD 系列三相双速笼型异步电动机以及 ZTD 直流电动机及 ZTDD 直流低速电动机等。

一般在电梯曳引机上采用电磁式制动器，当曳引电动机通电时，电磁制动器电磁线圈也通电吸合，带动制动臂克服制动弹簧力，可使制动闸瓦张开，与制动轮脱离，使曳引电动机在无制动力下运行。当曳引电动机断电时，电磁制动器电磁线圈也断电释放，使制动闸瓦在制动弹簧的作用下，将制动轮抱紧，曳引电动机会迅速制动停车。

减速器采用蜗轮蜗杆传动，而曳引电动机通过联轴器与蜗杆联接，使蜗轮与曳引绳轮同装在一根轴上。这样，曳引电动机的正反转通过蜗杆驱动蜗轮而带动绳轮作正反方向旋转，进而带动轿厢的上下移动。

2. 轿厢与对重装置

轿厢是运送乘客或货物的装置，在轿厢导轨上作上下运行。对重装置是通过曳引绳经曳引轮与轿厢的连接，起到与轿厢平衡作用。

3. 导向系统

电梯的导向系统包括轿厢导向系统和对重导向系统。它们一般由导轨、导轨架和导靴 3 部分组成。

导轨一般分为轿厢导轨和对重导轨，采用 T 形导轨。导轨架是将导轨固定在井道内墙臂上的构件。而导靴是安装在轿厢架与对重架上，以确保轿厢和对重装置沿其导轨上下运行的装置。

4. 厅轿门和开关门系统

电梯的门有轿门和厅门之分。一般轿厢门设在轿厢靠近厅门的一侧，而厅门设在通向井道的入口处。

轿门上应装有“安全触报”装置，这种装置应比轿门超前伸出一定距离。当装置超前伸出轿门部分碰压进入轿厢的乘客或物品时，装置上的微动开关开始动作，立即切断电梯的关门电路进而接通开门电路，使门立即开启，避免挤伤乘客并保证轿门的安全关闭。

轿门由安装在轿厢顶上的自动开关门机构带动，而厅门又由轿门带动。为了保证安全，电梯必须在轿门与厅门完全关闭后方能起动运行。所以，必须在厅门内侧装有电气机械联锁的自动门锁，用来检测电梯门是否完全关闭。在门完全关闭后，机械系统将门锁紧。电气系统接通门电联锁电路，在门锁电路接通后方能启动电梯。

电梯轿厅门的开启与关闭，一般有手动开关门与自动开关门两种方式。而自动开关机构以直流电动机为动力，经减速机构再带动拨动轿门，轿门再带动厅门，以实现厅、轿门的同步开启与关闭。

自动开关门的机构，在开关门过程中，其速度是变化的，且关门平均速度应低于开门平均速度。开关门速度变化过程是：

① 开门：低速起动运行→加速至全速运行→减速运行→停机按惯性运行至使门全开。

② 关门：全速起动运行→第一级减速运行→第二级减速运行→停机按惯性运行至使门全闭。

门在开关过程中速度的变化，是由改变开关门直流电动机电枢电压来实现的，而电枢电压的改变由开、关门减速开关来控制；开关门的停止由开关限位开关来控制。

二、安全保护系统

电梯是高层建筑物不可缺少的垂直运输工具，长时期地频繁载人（或载货）在空间上上下下运行，必须有足够的安全性。为了确保运行安全，电梯在设计时设置了多种机械安全装置和电气安全装置，这些装置共同组成了电梯的安全保护系统。

现代电梯都设有完善的安全保护系统，以防止意外情况发生。

1. 电梯可能发生的事故隐患和故障

(1) 轿厢失控、超速运行

由于电磁制动器失灵，减速器中的蜗轮、蜗杆的轮齿、轴、销、键等折断以及曳引绳在曳引轮严重打滑等情况发生，正常的制动手段已无法使电梯停止运动，使轿厢失去控制，造成运行速度超过极限速度，即额定速度的 115%。

(2) 终端越位

由于平层控制电路出现故障，轿厢运行到顶层端站或底层端站时，不停止而继续运行或超出正常的平层位置。

(3) 冲顶或蹾坑

当上终端限位装置失灵时，会造成电梯冲向井道顶部，称为冲顶；当下终端限位装置失灵或电梯失控，造成电梯轿厢跌落井道底坑，称为蹾坑。

(4) 不安全运行

由于限速器失效、选层器失灵、层门、轿门不能关闭或关闭不严或超载、电动机断相、错相等状态下运行。

(5) 非正常停止

由于控制电路出现故障，安全钳误动作或电梯停电等原因，都会造成在运行中的电梯突然停止。

(6) 关门障碍

电梯在关门时，受到人或物体的阻碍，使门无法关闭。

2. 电梯安全保护系统的基本组成

① 超速（失控）保护装置——限速器、安全钳。

② 超越上下极限工作位置的保护装置——包括强迫减速开关、终端限位开关、终端极限开关来达到强迫换速、切断控制电路、切断动力电源三级保护。

③ 撞底（与冲顶）保护装置——缓冲器。

④ 层门门锁与轿门电气联锁装置——确保门不关闭，电梯不能运行。

⑤ 门的安全保护装置——层门、轿门设置门光电装置、门电子检测装置、门安全触板等。

⑥ 电梯不安全运行防止系统——如轿厢超载装置、限速器断绳开关、选层器断带开关等。

⑦ 不正常状态处理系统——机房曳引机的手动盘车，自备发电机以及轿厢安全窗、轿门手动开门设备等。

⑧ 供电系统断相、错相保护装置——相序保护继电器等。

⑨ 停电或电气系统发生故障时，轿厢慢速移动装置。

⑩ 报警装置——轿厢内与外界联系的警铃、电话等。

综上所述，电梯安全保护系统中设置的安全保护装置，一般由机械安全装置和电气安全装置两大部分组成，但是有一些机械安全装置往往也需要电气方面的配合和联锁装置才能完成其动作和保证可靠效果。

3. 机械安全保护装置

电梯的机械安全保护系统，除先前已讲过的电磁制动器、自动门锁机械和安全触板装置外，还应有轿顶安全窗、轿顶安全栅栏、底坑防护栅栏、限速器、安全钳和缓冲器等。

① 轿顶安全窗。指设在轿厢顶部向外开启的封闭窗。便于发生事故或故障时，司机或检修人员能方便上轿检修井道内的设备，在必要时乘梯人员也可以由此安全撤离轿厢。窗上装有安全窗开关，当安全窗打开时，开关触点才断开，使控制电路断开电源，电梯无法开动。

② 轿顶安全栅栏。由于轿顶时有检修人员去保养和检修，为了确保电梯维护人员安全，必须在轿顶装设安全防护栏。

③ 底坑防护栏。在底坑内，轿厢与对重正下方的范围内应设有安全防护栏，并设有底坑安全开关，在无人进入底坑时，防护栏、底坑开关触点才会合上，控制电路通电，这时电梯方可启动。

④ 限速器与安全钳。在轿厢运行速度达到额定运行速度的115%～140%时，限速器开关动作，其动断触点打开，控制电路的电源切断，曳引电动机停车制动。同时，限速器通过连杆机构使安全钳动作，将轿厢夹持在轿厢导轨上，这时安全钳开关动作，其动断触点断开，切断控制电路电源。

⑤ 缓冲器。它对电梯轿厢冲顶或蹾坑时起缓冲作用，在底坑内轿厢正下方设置了两个缓冲器，并在对重下方设置了一个缓冲器。对于低速电梯采用弹簧缓冲器，对快速与高速电梯采用液压缓冲器。

4. 电气安全保护装置

电气安全保护系统由门开关保护，上行与下行限位保护、终端极限保护、超载保护和报警装置等组成。

(1) 门开关保护

在轿厢门及各层厅门的关门终端处都设有行程开关，并将这些开关的动合触点全部串联在控制电路中，只有当这些门全部关闭后控制电路才能接通电源，曳引电动机才能起动，电梯才能运行。

(2) 电梯终端超越保护装置

该装置由强迫减速开关、终端限位开关和极限开关组成。如图 6.3 为终端保护开关在井道中的位置。

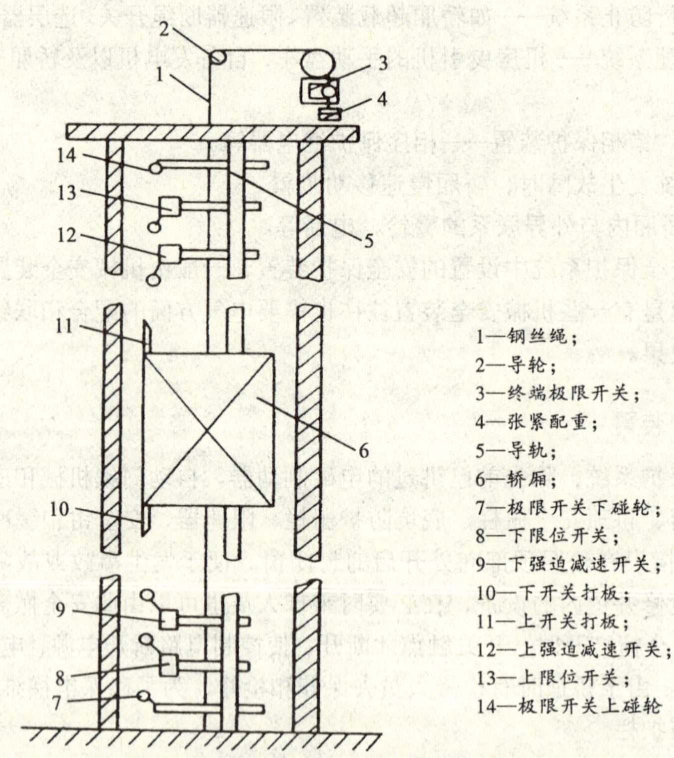

图 6.3 电梯终端超越保护开关位置图

① 强迫减速开关。由上强迫减速开关和下强迫减速开关组成，安装在井道的顶部和底部，对应的撞板分别安装在轿厢的顶部和底部。当电梯失控，而轿厢已到顶层或底层时仍不减速停车，撞扳会压下相应的减速开关，相应的触点断开，至使控制电路断电，曳引电动机抱闸制动停车。

② 终端限位开关。由上终端限位开关和下终端限位开关组成，见图 6.3 中的 8 与 13。

当强迫减速开关失灵，未能使电梯减速停驶，轿厢越出顶层或底层位置后，这时撞板会使上限位开关或下限位开关动作，从而迫使电梯停止运行。

终端限位开关动作迫使电梯停驶后，电梯仍能应答层楼呼梯的信号，向相反方向继续运行。

③ 终端极限开关。由极限开关上碰轮、下碰轮、铁壳开关和传动钢丝绳等组成。钢丝绳一端绕在机房内的铁壳开关闸柄的驱动轮上，另一端与上、下碰轮架相接。

在电梯失控时，经过强迫减速开关、终端限位开关仍未使轿厢减速停驶时，轿厢上的打板与碰轮相碰，经杠杆牵动与铁壳开关相连的钢丝绳运动，与重锤相配合，带动铁壳开关动作，切断主电路电源，迫使轿厢停止运动，以防止轿厢冲顶或蹾坑。

(3) 超载保护装置

超载保护装置将在载重超额定载荷的110%时动作，并由超载开关切断电梯控制电路，迫使电梯不能起动。对于集选电梯，当载重量达到额定负载的80%～90%时，便会接通电梯直驶电路，而运行中的电梯将不应答厅外呼梯信号，直驶预定楼层。

第三节　电梯的主要电器部件

电梯的电气控制设备一般由控制柜、操纵箱、选层器、换速平层器、自动开关门装置、指层灯箱、召唤箱、超速保护、上下限位保护和轿顶检修箱等部件组成。

一、操纵箱

操纵箱位于轿厢内，是司机、乘客控制电梯运行的指令装置。它配有控制电梯的基本控制按钮、选择电梯工作状态的钥匙开关、急停按钮、应急按钮、点动开关按钮、轿内照明灯开关、电风扇开关、蜂鸣器、选层按钮、厅外呼梯人员所在位置指示灯和厅外呼梯人员要求前往方向信号灯等。

① 轿内指令按钮（选层按钮）。在操纵箱面板上装有单排按钮组，按钮数量由楼层多少决定，用以发出停层指令，这些按钮均带有指示灯。当按下一个或几个欲去层站按钮时，相应层楼的继电器通电并自锁，指示灯亮，轿厢停层指令会被记忆，电梯关门起动后轿厢会按被记忆的层站停靠。

② 起动按钮。在操纵箱面板上左右各装了一个起动按钮，一个用于上行起动，而另一个用于下行起动。

③ 直驶按钮。按下该按钮后，厅外招呼停层无效，电梯只按轿厢内指令停层。

④ 应急按钮。按下应急按钮后，轿厢可在轿门、厅门开启状态下移动。而此按钮一般只在检修时使用。

⑤ 开关门按钮。作开关轿门用。有些电梯的开关门按钮只在检修时起开关门作用，在轿厢运行中不起作用。

⑥ 急停按钮（安全开关）。按下此按钮或扳下此开关将切断电梯控制电源，电梯会立即停止运行。

⑦ 警铃按钮。电梯在运行中突然发生事故停车时，轿厢内的乘客可按下此按钮向外报警，以便尽快解脱困境。

⑧ 钥匙开关。用以控制电梯运行、检修状态或有无司机状态。当司机离开轿厢时，应将开关旋至停止位置，并带走钥匙，使电梯无法启动。

⑨ 检修开关（慢车开关）。检修电梯时用来获得低速运行的开关。

⑩ 照明开关。用来控制轿厢内的照明电路。轿厢内部照明均由机房专用电源供电，不受电梯主电路供电控制。

⑪ 风扇开关。用来控制轿厢内的电风扇。

⑫ 呼梯楼层和呼梯方向指示灯。在电梯层站外的乘客发出呼梯信号时，与其相应的楼层继电器通电吸合，使相应的呼层楼层指示灯和呼梯方向的指示灯亮。当电梯轿厢应答到位后，其指示灯会自行熄灭。

二、指层灯箱

指层灯箱上一般会装有电梯上运行方向灯和下运行方向灯，以及电梯各层楼指示灯。

指层灯箱有厅外指示灯箱，它设置在各层楼厅的上方，用来给乘梯人员提供电梯运行方向和电梯运行所在位置的指示。

对于轿厢门为封闭门的电梯，轿厢内的轿门上方也应设置指层灯箱，用来给轿厢内的乘客显示轿厢的运行方向和轿厢所在层楼位置。这种指层灯箱称轿内指层灯箱，他的结构与厅外指层灯箱相同。

三、召唤按钮箱

召唤按钮箱装设在电梯各停靠站厅门的外侧，为厅外乘梯人员召唤电梯用。

对于电梯的上端站，召唤按钮箱应装设一只下行召唤按钮。对于电梯的下端站，其召唤按钮箱应装设一只上行召唤按钮；若下端站同时作为基站时，召唤箱上应加装一只厅外控制自动开关门的钥匙开关。但对于中间层站，其召唤按钮箱上则应只装设一只上行召唤按钮和一只下行召唤按钮。

四、轿顶检修箱

轿顶检修箱位于轿厢顶，检修箱上应装设有控制电梯慢上、慢下的按钮、点动开关门的按钮、急速按钮、轿顶检修转换开关和轿顶检修灯及其开关等。以供检修人员安全、可靠、方便地检修电梯用。

五、平层装置

平层是轿厢在接近停靠站时，使轿厢地坎与层门地坎达到同一平面的动作。使轿厢地坎与层门地坎自动准确平层的装置为平层装置。电梯一般采用由轿厢导轨上装设的隔磁板和在轿厢顶上装设的平层感应器组成的平层装置。

1. 平层感应器

由干簧管和永久磁铁组成，图 6.4 为平层感应器结构原理图。干簧管由三片铁镍合金片组成一对动断触点、一对动合触点，并将其密封在玻璃管内组成。图 6.4（a）为未放入永久磁铁时，干簧管内的触点处于原始闭合与断开状态。图 6.4（b）为当永久磁铁放入感应器后，在磁场作用下，干簧管的动合触点闭合，动断触点断开，这种情况相当于电磁继电器通电动作。图 6.4（c）为当隔磁板插入永久磁铁与干簧管之间时，由于永久磁铁产生的磁场被隔磁铁板旁路，使干簧管的动触点失去外力作用，恢复到触点的常闭与常开的初始状态，这种情况相当于电磁继电器的断电释放状态。

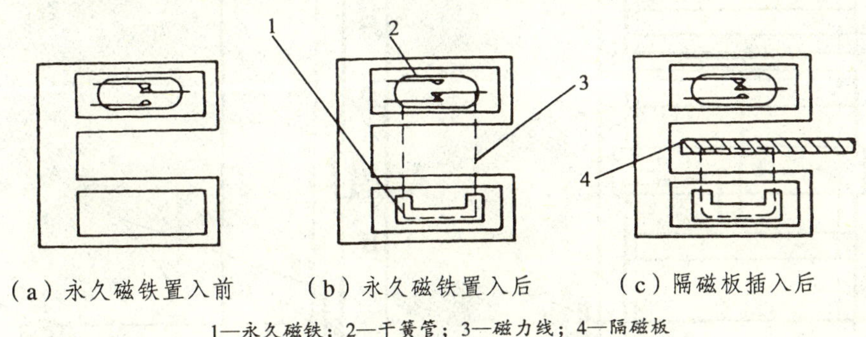

（a）永久磁铁置入前　（b）永久磁铁置入后　（c）隔磁板插入后

1—永久磁铁；2—干簧管；3—磁力线；4—隔磁板

图 6.4　平层感应器结构原理图

2. 平层装置的动作原理

平层装置分为只具有平层功能的平层器、具有提前开门功能的平层器与具有自动平层功能的平层器，下面以具有自动平层功能的平层器为例说明其平层原理。

在轿厢顶设置了 3 个垂直安放的干簧感应器，由上至下分别为上平层感应器、门区感应器与下平层感应器，上下相距约 500 mm 左右。轿厢导轨上，在每一层站井道内分别装有一块长约 600 mm 的平层隔磁铁板。当电梯轿厢上行，接近预选楼层时，电梯将由快速变为慢速运行，而当轿厢顶上的上平层感应器进入该层站的平层隔磁板后，致使本已慢速运行的电梯进一步减速，轿厢仍上行；当门区感应器进入隔磁板时，电路会准备延时断电；而当下平层感应器进入隔磁板时，电梯就停止，这样就已经安全平好层。但若电梯因某种原因超过平层位置时，上平层感应器离开了隔磁板，将会使相应的继电器动作，电梯反向平层，以达到较好的平层精度。

六、选层器

当选层器放置在机房内，它可能模拟电梯运行状态，并发出显示轿厢位置的信号、根据内外指令登记的信号以确定电梯运行方向，自动消除厅外的召唤记忆指示灯信号及轿内的指令登记信号，在到达预定停靠站前向控制系统发出减速和提前开门信号，现在有些选层器还能发出到站平层停靠信号。目前，多采用的是机械选层器。

图 6.5 为选层器示意图。选层图内有一组与电梯层站数相同的固定板，它装有电触点，用来模拟各层站。还有与轿厢同步运动的滑动板，在其上装有电触点用来模拟轿厢的运动，当电梯上下运动时，带动钢带运动，钢带牙轮带动链条，经减速箱又经链条传动和带动选层器上的动滑板运动，这样把轿厢运动模拟到动滑板上。根据运动情况，动滑板与选层器机架上的层站固定板接触和离开，以完成触点的接通与断开，起到了电气开关作用，进而发出各种信号。

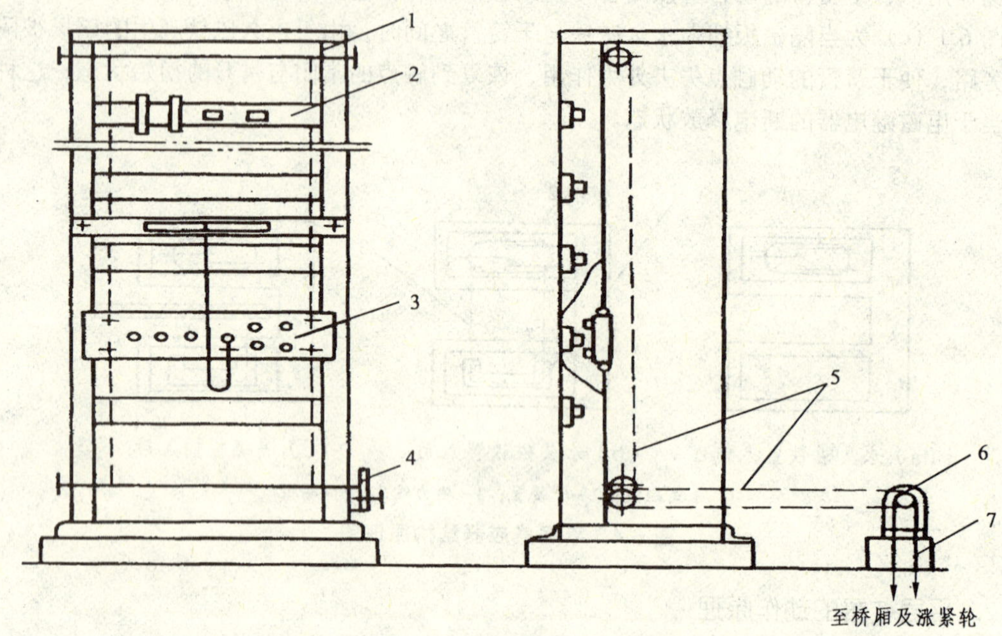

1—机架；2—层站固定板；3—动滑板；4—减速箱；5—传动链条；6—钢带牙轮；7—冲孔钢带

图 6.5 选层器

七、控制柜

控制柜装设在机房内，是电梯电气控制系统实现各种性能的控制中心。它内部装有起控制作用和执行作用的各种电气元件。它还通过专用线槽与机房内、井道中以及厅门外的电气设备连接，并通过随梯电缆和轿厢的电气设备相连接。

一般电梯主电路控制电器元件都安装在一个控制柜中，其他控制电路元件安装在一个柜中；对于电阻起制动交流双速电梯，其制动电阻也安装在一个柜中。

八、限位开关与极限开关装置

电梯的上、下端站，设置了限制电梯运行区域的限位开关。在交流电梯中，若限位开关失灵，或其他原因造成轿厢超越端站楼面 100～150 mm 时，切断电梯主电源的安全装置为极限开关装置。

第四节 电梯电气控制的基本环节

电梯电气控制的电路由轿内外指令电路、定向选层电路、起动电路、运行电路、平层电路、减速停止电路、开关门电路及安全保护电路等部分组成，这些电路之间的关系如图 6.6 所示。电梯的各种控制和运行方式均由这些基本环节构成。而采用继电器逻辑组成的电路，具有原理简单、直观和便于维修的特点，因此被国内大多数电梯生产厂所采用。

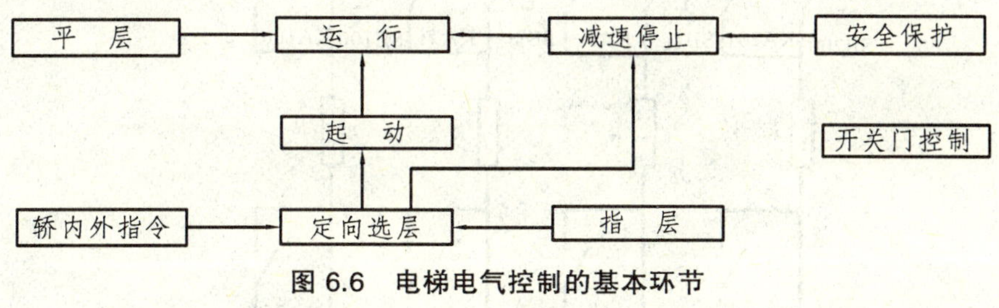

图 6.6 电梯电气控制的基本环节

一、轿内指令电路

在轿厢内的操纵箱上，对应每一层都设有一个带灯按钮，称为内指令按钮。若电梯不在第 *i* 层停靠时，层楼继电器 KA4i 动作，登记记忆的指令被消号，轿内的指令电路如图 6.7 所示。图 6.7（a）为一般轿内的指令电路，采用层楼继电器 KA4i 消号；图 6.7（b）为采用选层器上的消号触点以实现消号的电路。而当电梯按指令到达并停靠在第 *i* 层时，选层器上的消号动触点 XDd 会接通第 *i* 个静触点 XDi，使内指令继电器 KA3i 线圈被旁路，而断电释放，从而实现消号。图中 Ri 为消号电阻。

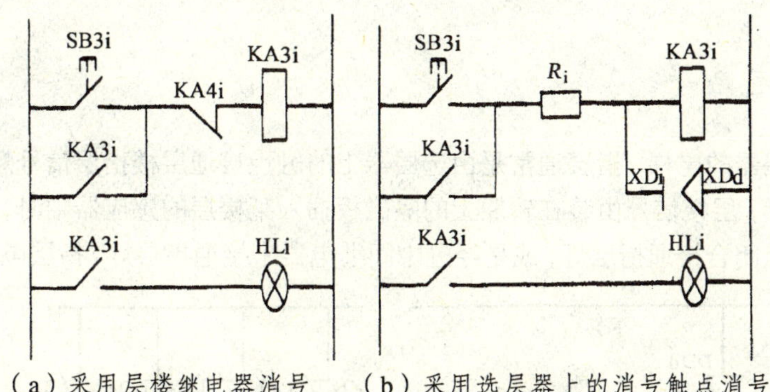

（a）采用层楼继电器消号　（b）采用选层器上的消号触点消号

图 6.7 轿内指令电器

二、厅召唤电路（见图 6.8）

第 *i* 层楼召唤按钮箱上的上行呼梯按钮 SB1i 被压下时，上呼指令被记忆。在电梯按指令运行至第 *i* 层停靠时，楼层继电器 KA4i 动合触点闭合，电梯是上行的，而上行继电器 KA1 的动断触点是断开的，下行继电器 KA2 的动断触点闭合，在 KA4i 的闭合使继电器 KAli 线圈被短路而释放，将登记取消。下呼梯按钮被按下的过程与此相同。而上（下）行继电器 KA1

(KA2) 的作用是当厅外有上行或下行多个呼梯指令时，电梯上行逐个执行指令并逐个消号，而下呼梯指令将不被消号，当电梯执行完上呼指令后再逐个执行下呼梯指令。KA3 为直驶继电器触点，若司机不想在第 *i* 层停靠，可令 KA3 触点断开，电梯在第 *i* 层没有停站，与此同时第 *i* 层指令登记又不被消号。SB200、SB100 为上、下端的呼梯的指令按钮，SB2i 为下行呼梯的按钮，KA26 为基站继电器，KA400 为上端站层楼的继电器。

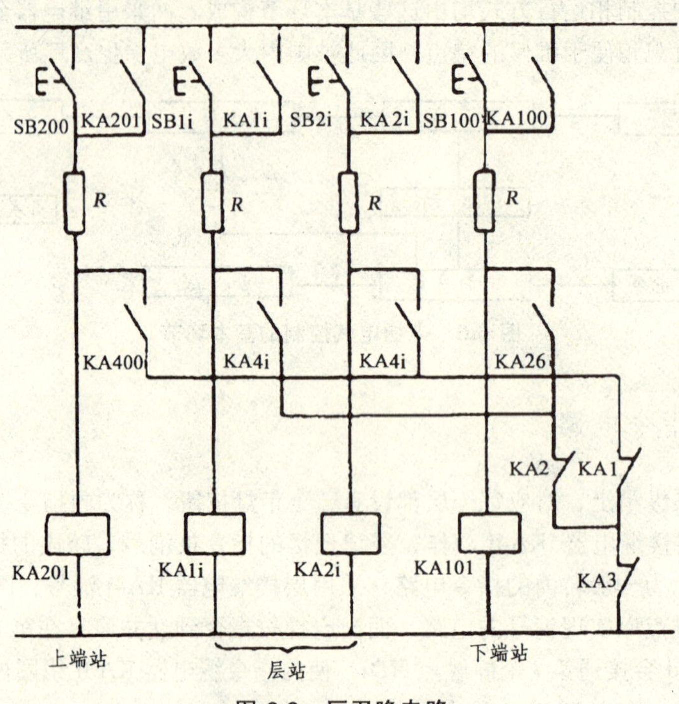

图 6.8　厅召唤电路

三、指层电路

对于带有选层器的电梯，指层通常是由选层器上的触点接通层楼指层信号灯来实现的。对于没有选层器的电梯，层楼信号由装在轿厢上的隔磁板插入某楼层的感应器中时，感应器中的干簧继电器的动断触点闭合接通指层灯，或是经过中间继电器来接通指层灯。指层电路如图 6.9 所示。

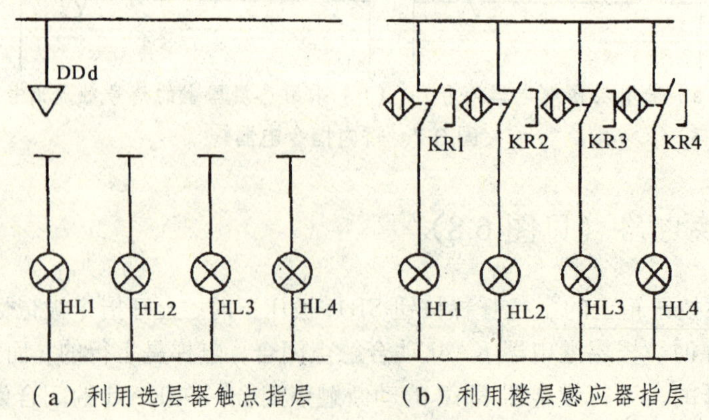

（a）利用选层器触点指层　　（b）利用楼层感应器指层

图 6.9　指层电路

一般情况下要求指层不间断，即上一层楼指示灯熄灭，下一层楼指层灯即亮。而这种层间信号的连续获得是由双数层继电器 KA30 和单数层继电器 KA31 实现的。如图 6.10 所示，电梯在一楼时选层器上的触点使 DDd 接通继电器 KA601，KA601 动合触点闭合使 KA31 动作并自锁；电梯离开一楼未到达二楼时，一楼指层灯不灭。当电梯到达二楼时，DDd 动触点接通继电器 KA602，KA602 动合触点闭合使 KA30 吸合并自锁，与此同时切断 KA31 及 KA601 线圈电路使他们释放，这时一楼指层灯熄灭，二楼指层灯亮。电梯继续上行的过程将依此类推。电梯下行的指层过程也相似。KA1、KA2 分别为电梯上、下行继电器触点，表示电梯的行驶方向。

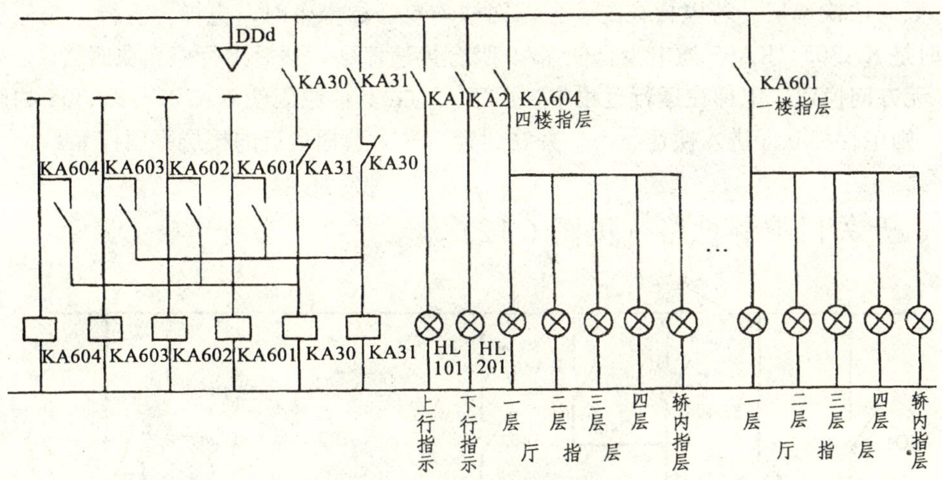

图 6.10　层间连续指层电路

四、定向选层电路

层楼信号不仅用于指层，还用于电梯的定向选层，电梯定向选层电路如图 6.11 所示。图中 KA301～KA305 是内指令继电器触点，而 KA401～KA405 是层楼继电器触点，SB601、SB602 分别是司机手动选择电梯的上、下行按钮，KA1、KA2 分别是电梯的上、下方向选择继电器，KA41、KA42 是手动选向继电器，KA91～KA95 为电梯到达楼层换速点时动作的换速继电器，KA9 是换速继电器，KA28 是不消除换速继电器触点。

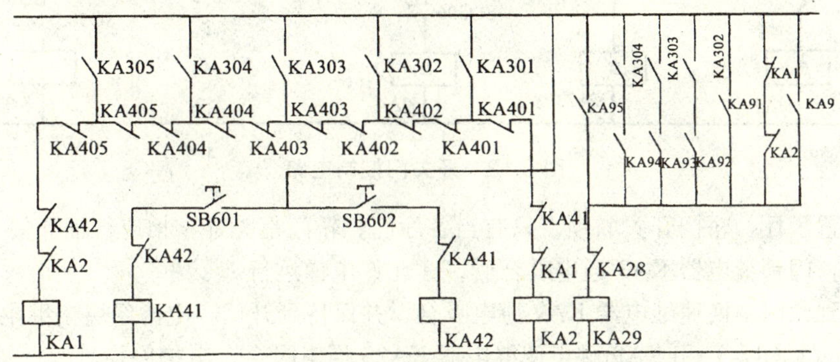

图 6.11　定向选层电路

① 自动选向。若电梯停在二楼，KA402 通电吸合，其动断触点会断开；当三楼有呼梯

信号时，KA303 触点闭合，使 KA1 继电器线圈通电吸合，电梯选择上行方向。假如此时一、四、五楼有呼梯信号时，KA301、KA304、KA305 触点都闭合，因电梯已处于上行状态，电梯在到达三楼时 KA304、KA305 维持了 KA1 的吸合，因而电梯将从三楼继续上行，执行四楼、五楼的呼梯指令。在 KA305 指令完成后，继电器 KA1 继电释放，一楼已登记的指令 KA301 使继电器 KA2 通电吸合，电梯将选择下行方向，去执行一楼的呼梯指令。

② 司机选向。司机可以通过按钮 SB601、SB602 手动选择电梯的运行方向，司机的选向具有优先权。

③ 顺向依次选层。若电梯在二、三、四楼均有呼梯指令时，电梯会上行，先停靠在三楼，此时是 KA303、KA93 通电吸合使 KA9 吸合换速停层，然后上行停靠在四楼。

④ 无方向换速。电梯在运行过程中，由于人为或其他原因使 KA301～KA305 的触头全都断开，则电梯将立即进入换速状态，并在运行方向上选择最近的楼层平层停靠。

五、开关门控制电路（见图 6.12）

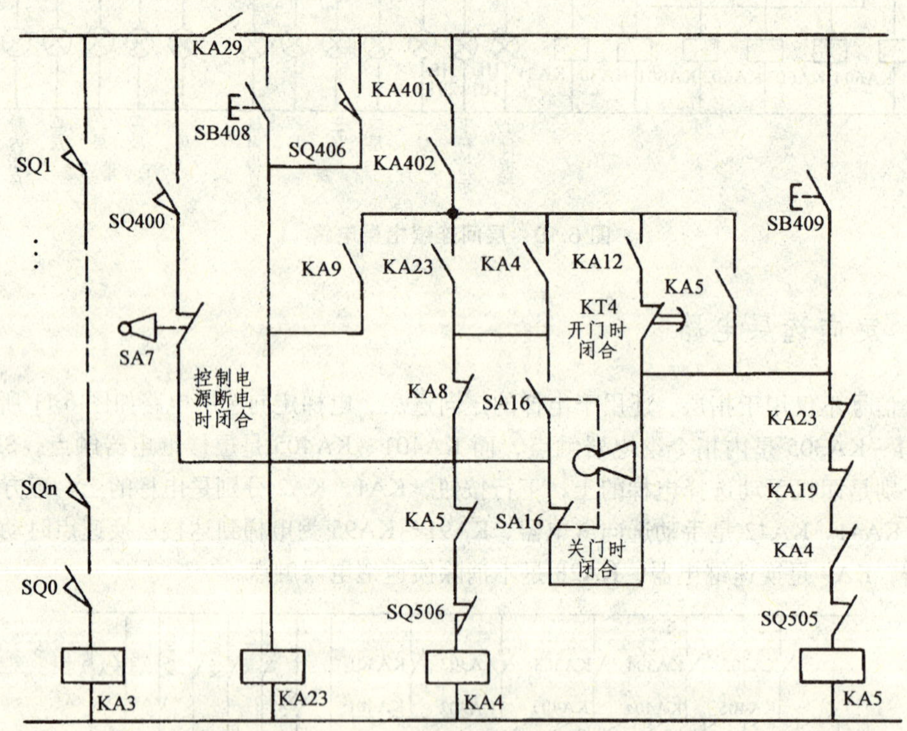

图 6.12 开关门控制电路

电路设置了厅、轿门开关联锁，只有当各厅门、轿门都关好，相应行程开关 SQ1～SQn 触点都闭合，门锁继电器 KA3 通电吸合后，才允许电梯运行。

当电梯到站时，换速继电器 KA9 通电吸合，并保持到开门，电源经层楼继电器 KA401、KA402 触点（已闭合）和 KA9 触点使继电器 KA23 通电吸合，电梯停稳后运行继电器 KA8 断电释放，其动断触点闭合，开门继电器 KA4 通电吸合，电梯开门。开门限位开关 SQ506 碰压后 KA4 断电释放，开门过程结束。

若没有司机，KA12 触点是闭合的，电梯开门后经 3～10 s，开门延时继电器 KT4 触点闭合，使关门继电器 KA5 通电吸合，电梯自动关门，当压下关门限位开关 SQ505 时，KA5 断电释放，关门结束。

若有司机，KA12 触点是断开的，延时自动关门不起作用，此时关门工作台由司机按下关门按钮 SB409 关门。即使无司机，乘客也可按下关门按钮 SB409 来关门，无须等延时自动关门。按钮 SB408 用于手动开门，在电梯关门的过程中，如果按下开门按钮 SB408，则继电器 KA23 吸合，其动断触点断开，切断关门继电器 KA5 电路，其动断触点闭合，接通开门继电器 KA4，则电梯停止关门而改为开门。此外，在关门过程中，如果轿门安全触板被乘客或物品碰撞，开关 SQ406 触点闭合，作用与开门按钮 SB408 相同，使电梯门重新打开，防止挤夹乘客与物品。

KA8 为运行继电器，当电梯运行时 KA8 线圈通电吸合，其动断触点断开，断开开门继电器 KA4 线圈电路，电梯不能开门。KA19 为超载继电器，当电梯超载时，其动断触点打开，切断关门继电器 KA5 电路，电梯不能关门，门锁继电器 KA3 断电释放，电梯无法运行。

在电梯停用时，应将电梯开到基站，基站井道内厅外开门行程开关 SQ400 压下，其动合触点闭合，通过轿内钥匙开关 SA7 切断控制电源，使电压继电器 KA29 线圈断电释放，其动合触点打开，控制电源断电。而 SA7 另一个触点闭合，接通停用线路，走出轿厢，在基站厅门召唤箱上用钥匙开关 SA16 使关门继电器 KA5 通电吸合，将轿门与基站厅门关闭。

电梯再次启用时，司机在基站厅外召唤箱上用钥匙开关 SA16 使开门继电器 KA4 通电吸合，基站厅门与轿门开启，司机进入轿厢，在轿内用钥匙开关 SA7 切断停用线路，接通电压继电器 KA29 线圈电路，KA29 通电吸合，其动合触点闭合，接通控制电路电源，电梯便可操作运行。

第五节　交流双速信号控制电梯的电气控制

交流电动机结构紧凑、维护简单。单、双速交流电动机拖动系统采用开环方式控制，线路简单，价格较低。一般交流双速电梯结构简单可靠，运行速度在 1 m/s 以下。

分析了电梯电气控制的基本环节后，下面以五层站交流双速信号控制电梯为例，分析其电气控制，并以一楼驶往三楼的控制过程为例来说明它的控制原理。

一、信号控制电梯的特点

它有专职司机，具有自动平层、自动开门、轿厢命令记忆、厅外招呼记忆、自动停层、顺向截停和自动换向等特点。

图 6.13 为五层站交流双速信号控制电梯电气原理图。电路可分为主拖动电路、开关门电路、起动运行电路、层楼分向电路、自动定向电路、停层与平层电路，停层指令记忆及复位电路，呼梯电路及层楼、升降指示电路和轿内信号指示电路等。表 6.10 为该电梯主要电器元件的文字符号。

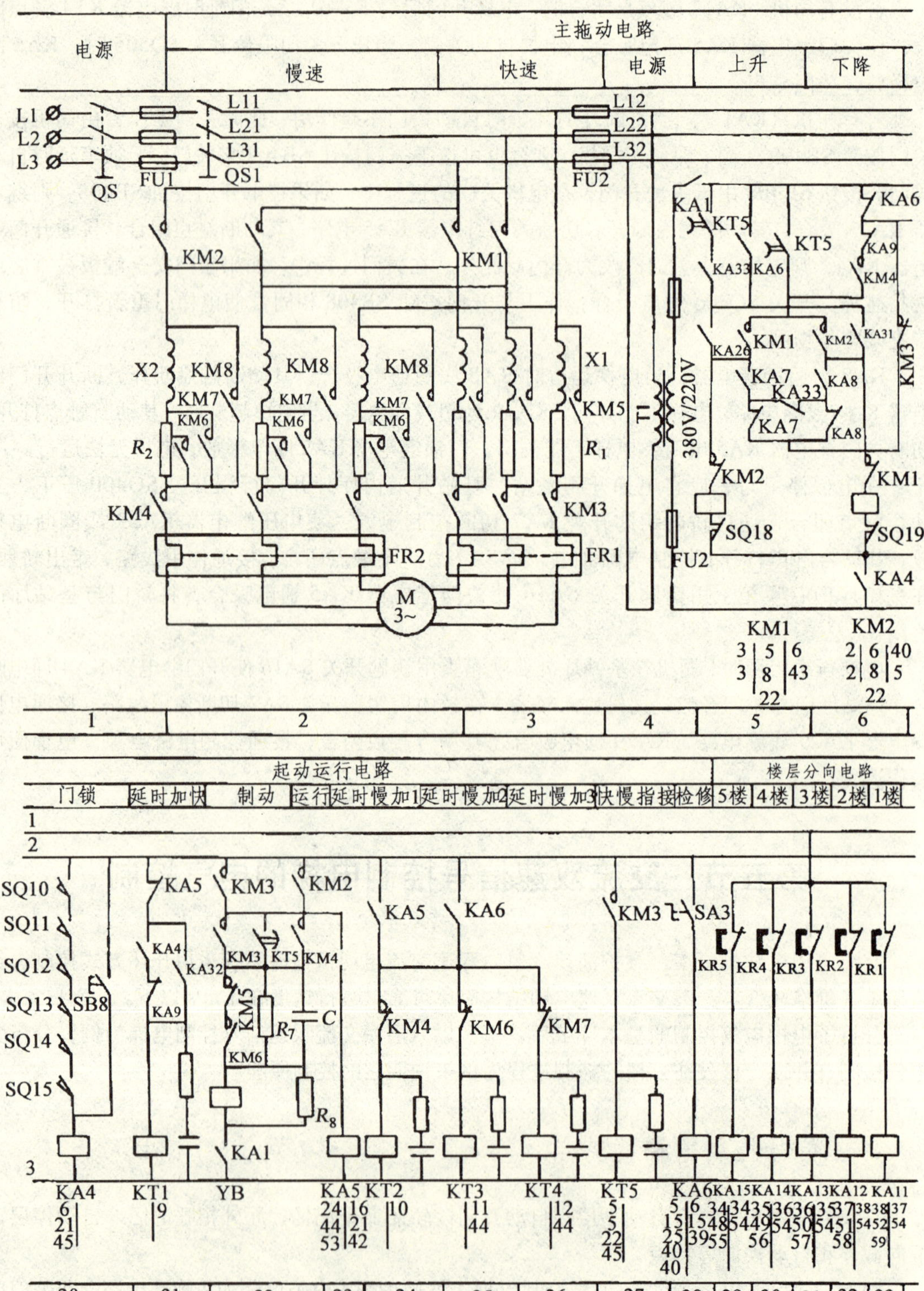
主拖动电路
电源
慢速
快速
电源
上升
下降
L1
L2
L3
QS
FU1
QS1
L11
L21
L31
L12
L22
L32
FU2
KM2
KM1
X2
KM8
KM7
KM6
R_2
X1
KM5
R_1
KM4
KM3
FR2
FR1
M
3~
T1
380V/220V
KA1
KT5
KA33
KA6
KA9
KA26
KA7
KA8
KA31
KM3
SQ18
SQ19
KA4
起动运行电路
楼层分向电路
门锁
延时加快
制动
运行
延时慢加1
延时慢加2
延时慢加3
快慢指接
检修
5楼
4楼
3楼
2楼
1楼
SQ10
SQ11
SQ12
SQ13
SQ14
SQ15
SB8
KA5
KA32
R_7
C
R_8
YB
KT1
KT2
KT3
KT4
SA3
KR5
KR4
KR3
KR2
KR1
KA15
KA14
KA13
KA12
KA11

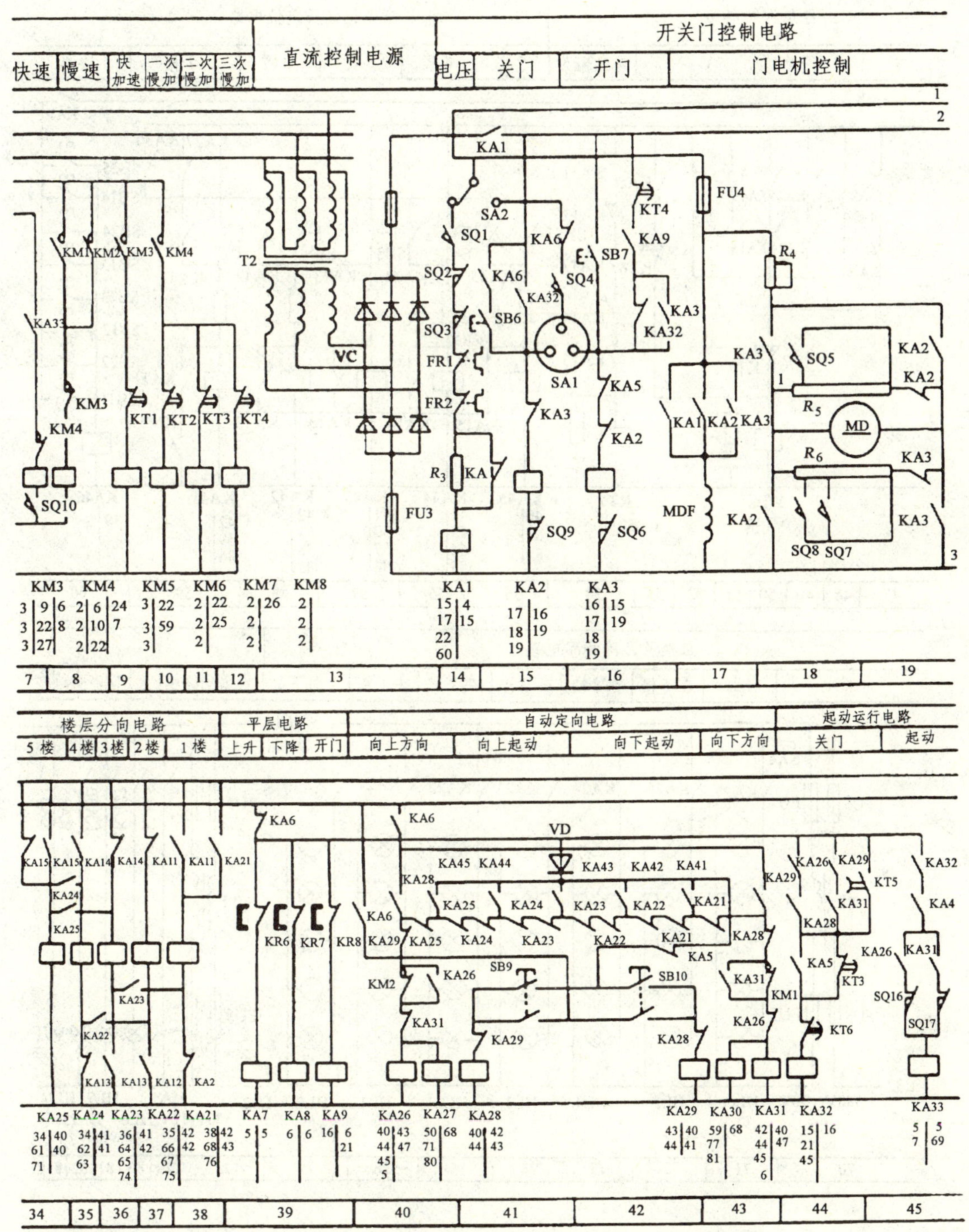

（a）信号控制电梯电气原理图

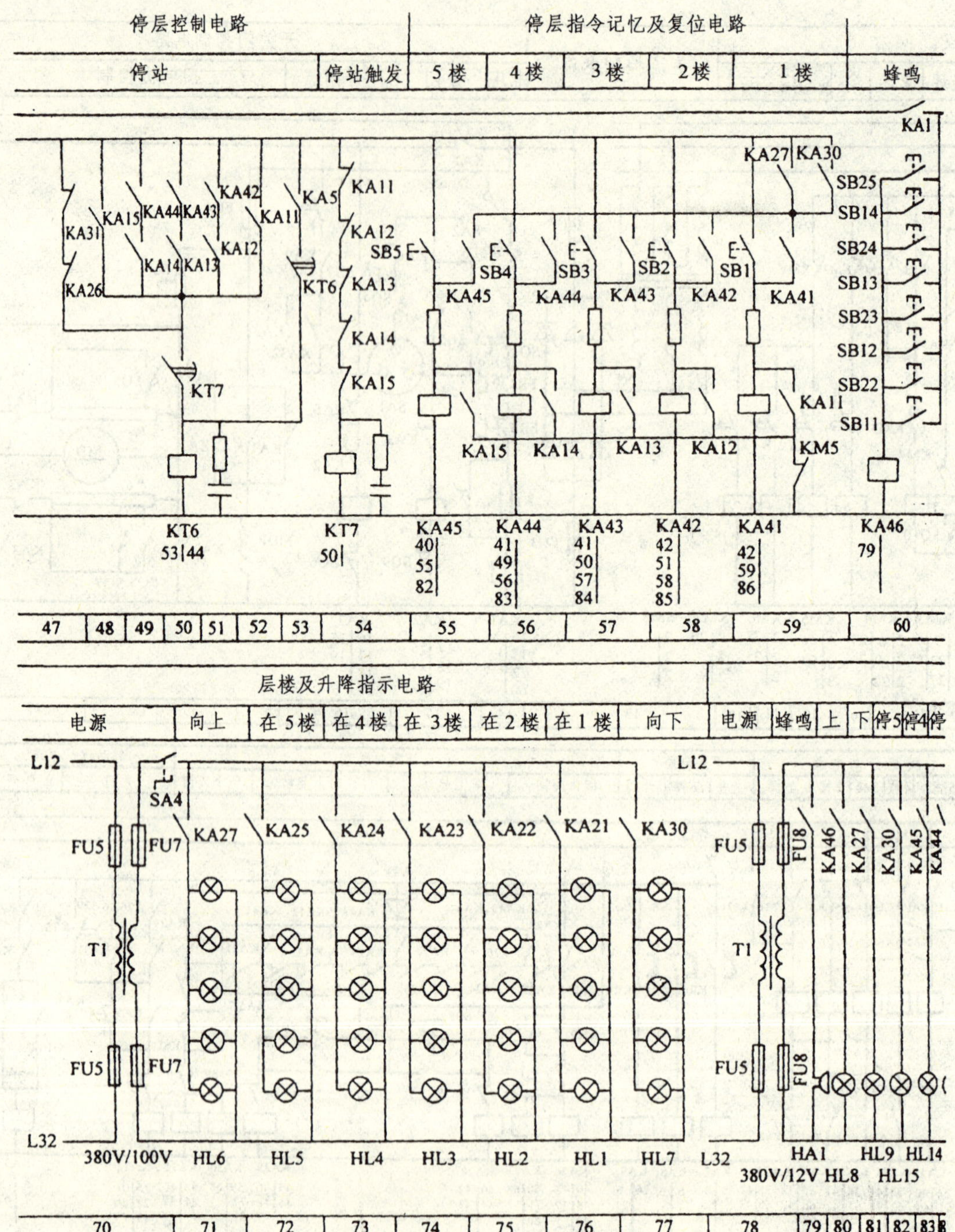

停层控制电路
停层指令记忆及复位电路
停站
停站触发
5楼
4楼
3楼
2楼
1楼
蜂鸣
KA1
KA27 KA30
SB25
SB14
SB24
SB13
SB23
SB12
SB22
SB11
KA31
KA26
KA15 KA44 KA43 KA42 KA11 KA5
KA14 KA13 KA12
KT6
KT7
KA11
KA12
KA13
KA14
KA15
SB5 SB4 SB3 SB2 SB1
KA45 KA44 KA43 KA42 KA41
KA15 KA14 KA13 KA12 KA11
KM5
KA46
KT6 53|44
KT7 50|
KA45 40 55 82
KA44 41 49 56 83
KA43 41 50 57 84
KA42 42 51 58 85
KA41 42 59 86
KA46 79
47 48 49 50 51 52 53 54 55 56 57 58 59 60
层楼及升降指示电路
电源
向上
在5楼
在4楼
在3楼
在2楼
在1楼
向下
电源
蜂鸣
上
下
停5
停4
停
L12
SA4
FU5 FU7
KA27 KA25 KA24 KA23 KA22 KA21 KA30
T1
FU5 FU7
L32
380V/100V
HL6 HL5 HL4 HL3 HL2 HL1 HL7
L12
FU5 FU8
KA46 KA27 KA30 KA45 KA44
T1
FU5 FU8
L32
380V/12V
HA1
HL8
HL9
HL15
HL14
70 71 72 73 74 75 76 77 78 79 80 81 82 83

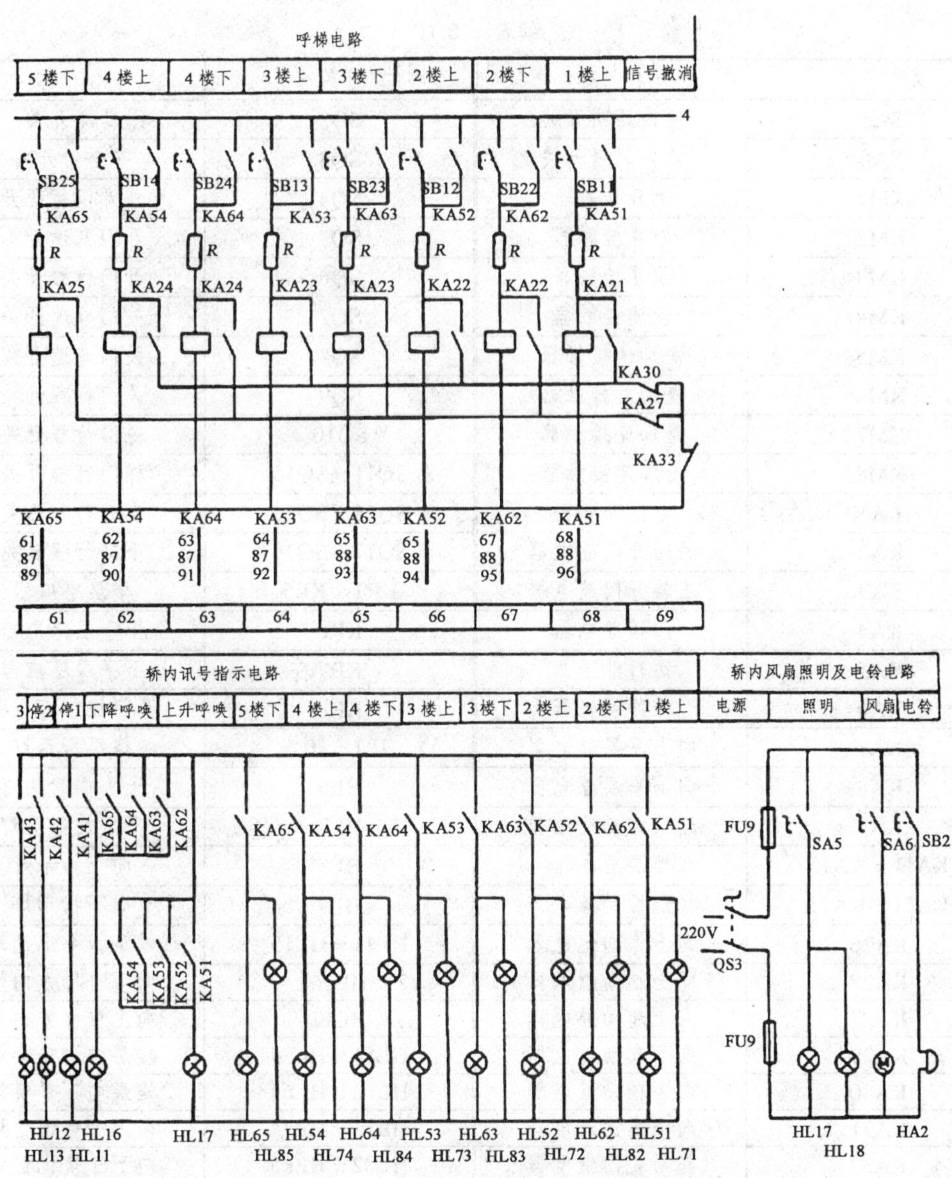

（b）控制电梯电气原理图

图 6.13　五层站交流双速信号控制电梯电气原理图

表 6.10　电梯主要电器元件的文字符号

文字符号	名　称	文字符号	名　称
QS	电源总开关	KT1	快加速时间继电器
QS1	极限开关	KT2-KT4	慢加速时间继电器
SA1	厅外开门钥匙开关	KT5	快速时间继电器
SA2	安全开关	KT6	停站时间继电器
SA3	检修开关	KT7	停站触发时间继电器
SA4	指示灯开关	SQ1	安全窗开关

续表 6.10

文字符号	名　称	文字符号	名　称
SA5	轿内照明开关	SQ2	断绳开关
SA6	轿内风扇开关	SQ3	安全钳开关
KM1	上升接触器	SQ4	厅外开门行程开关
KM2	下降接触器	SQ5	开门减速开关
KM3	快速接触器	SQ6	开门行程开关
KM4	慢速接触器	SQ7	关门减速开关
KM5	快加速接触器	SQ8	关门减速开关
KM6	慢加速接触器	SQ9	关门行程开关
KM7	慢加速接触器	SQ10	轿门行程开关
KM8	慢加速接触器	SQ11～SQ15	梯门行程开关
KA1	电压继电器	SQ16，SQ18	上升行程开关
KA2	反转开门继电器	SQ17，SQ19	下降行程开关
KA3	正转开门继电器	KR1～KR5	楼层感应器
KA4	门锁继电器	KR6	上平层感应器
KA5	运行继电器	KR7	下平层感应器
KA6	检修继电器	KR8	开门控制感应器
KA7	向上平层继电器	HL1～HL5	楼层指示灯
KA8	向下平层继电器	HL6	上方向箭头灯
KA9	开门控制继电器	HL7	下方向箭头灯
KA11～KA15	楼层继电器	HL8	向上指示灯
KA21～KA25	楼层控制继电器	HL9	向下指示灯
KA26	向上方向继电器	HL11～HL15	停层指令记忆灯
KA27	向上辅助继电器	HL16	向下呼梯方向灯
KA28	向上起动继电器	HL17	向上呼梯方向灯
KA29	向下起动继电器	HL51～HL54	楼层向上呼唤灯
KA30	向下辅助继电器	HL62～HL65	楼层向下呼唤灯
KA31	向下方向继电器	HL71～HL74	向上呼唤记忆灯
KA32	起动关门继电器	HL82～HL85	向下呼唤记忆灯
KA33	起动继电器	HA1	蜂鸣器
KA41～KA45	停层指令继电器	SB1～SB5	停层指令按钮
KA46	蜂鸣继电器	SB6	点动关门按钮
KA51～KA54	向上呼梯继电器	SB7	点动开门按钮
KA62～KA65	向下呼梯继电器	SB8	应急按钮
SB22～SB25	向下呼梯按钮	SB9	向上起动按钮
HL17，HL18	轿内照明灯	SB10	向下起动按钮
HA2	轿内电铃	SB11～1B14	向上呼梯按钮

二、主电路分析

交流双速电力拖动系统是交流双速电梯十分重要的组成部分，拖动系统性能的优劣及调试结果的好坏，对电梯的三大性能指标（速度特性、工作噪声、平层精度）有至关重要的影响和决定作用。

交流双速电力拖动系统主要由异步电动机和电气系统组成。因鼠笼式电机构造较为简单，且能满足电梯的性能要求，所以在电梯上所采用的异步电机绝大多数为鼠笼式。交流双速异步电动机一般有两个绕组，快车绕组用于起动及快速运行，慢车绕组用于平层。

五层站交流双速信号控制电梯有 2 台电动机，一台是主拖动电动机 M，另一台是开关门电动机 MD，如图 6.13 所示。M 是交流双速异步电动机，其定子绕组极对数为 6/24 极，同步转速 1 000 r/min 与 250 r/min。MD 是额定功率为 120 W，额定电压为 110 V，额定转速 1 000 r/min 的直流并励电动机，主电路如图 6.13 所示。

1. 主拖动电动机的主电路分析

在图 6.14 中，上升接触器 KM1、下降接触器 KM2 控制交流双速异步电动机 M 的正反转，来实现轿厢的上升与下降。电梯启动时，由快速接触器 KM3 主触点接通电动机 M 快速绕组，串入电抗 X1 与电阻 R_1 进行减压起动，然后快加速接触器 KM5 主触点短接阻抗，使电动机 M 在全压下加速起动，直至以快速稳定运行。

在停层时，由慢速接触器 KM4 主触点接通慢速绕组，经串接的电抗 X2 和电阻 R_2 进行再生发电制动，然后由慢加速一、二、三级接触器 KM6、KM7、KM8 主触点分级将阻抗短路，实现减速运行。

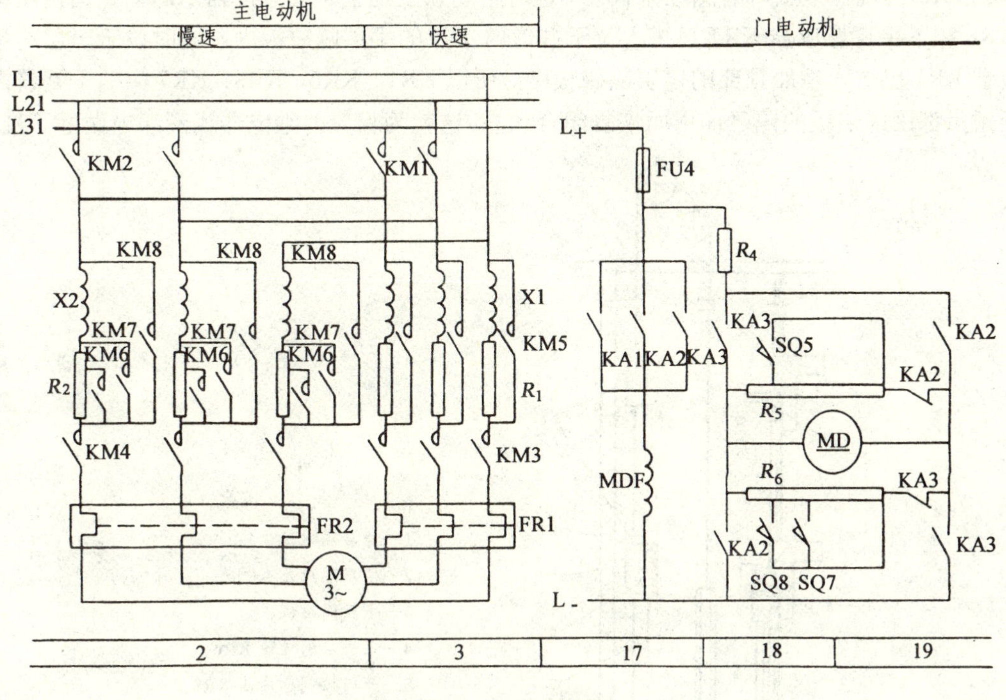

图 6.14　主电路图

2. 开关门电动机 MD 的主电路分析

MD 是一台直流并励电动机，MDF 为其励磁绕组。通过改变电枢电压的极性可改变 MD

的旋转方向，从而实现轿门与厅门的开启与关闭。改变电枢绕组串并联电阻可实现对电动机速度的调节。图 6.14 中 R_4 为电枢的串联电阻，R_5、R_6 分别为开门与关门时的电枢并联电阻，其上又分别由行程开关 SQ5、SQ7、SQ8 来实现开门与关门时的速度调节。电枢串联电阻阻值越大，电枢电压越低，电动机转速就越低，开关门速度就越低。电枢并联电阻阻值越小，其分流作用越大，电枢电流就越小，电动机电磁转矩越小，电动机转速越低，开关门速度也越低。所以，调节电枢串联电阻 R_4 可改变开关门的速度，由于开门减速开关 SQ5 与关门减速开关 SQ7、SQ8 分别是在轿门开启与关闭过程中碰压才动作的，因此，改变位于轿门顶上的行程开关 SQ5、SQ7、SQ8 的安装位置可进一步单独改变开门与关门减速的位置。电梯的轿门是由开关门电动机 MD 经轿厢顶上的自动开关门机构来带动的，而厅门的开闭又是由轿门通过轿门上的机构来带动的，所以厅门与轿门是同步进行的。

三、控制电路分析

控制变压器 T1，将 380 V 降为 220 V、110 V、12 V 的电源分别供给电梯交流控制电路、层楼及上升、下降方向指示电路与轿内信号的指示电路。直流控制电路电源是由整流变压器 T2 降压后经三相桥式整流电路 VC 供出直流 110 V 电压获得的。

1. 电梯的启用和停用

图 6.15 为电梯平层时的感应器状态。这时轿厢顶上的上平层感应器 KR6、开门控制感应器 KR8 和下平层感应器 KR7 已进入位于井道内 1 层的平层隔磁板内。同时位于一层的楼层感应器 KR1 已进入轿厢顶部的停层隔磁板中。所以 KR1、KR6、KR8、KR7 中的干簧管内的动断触点都因隔磁板的隔磁作用而恢复闭合状态。这就为相应的继电器线圈通电做好了准备。

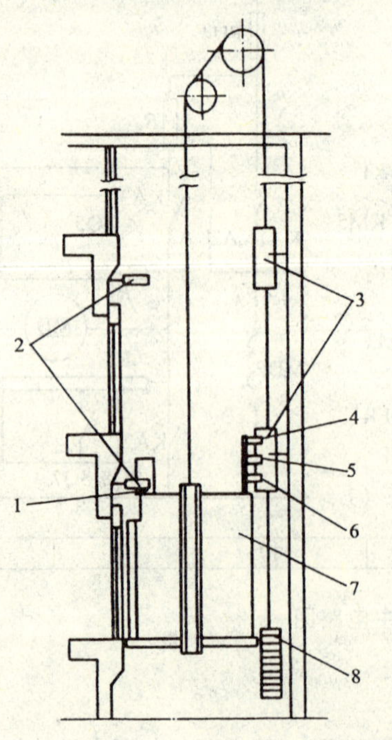

1—停层隔磁板；
2—楼层感应器 KR1；
3—平层隔磁板；
4—上平层感应器 KR6；
5—开门控制感应器 KR8；
6—下平层感应器 KR7；
7—轿厢；
8—对重

图 6.15 电梯平层时的感应器状态

电梯停在基站时，可以对电梯作停用或启用操作，如图 6.16 所示。司机在上次下班时，将轿厢开至基站，使井道内的厅外开门行程开关 SQ4 压下，将层楼与升降指示灯开关 SA4 断开，安全开关 SA2 扳到右边位置，为接通厅外开门钥匙开关 SA1 做准备，再用钥匙将 SA1 开关转向左边，关门继电器 KA2 通电吸合，将电梯门关闭。

电梯启用时，司机将钥匙插入开门钥匙开关 SA1 中并转向右侧，开门继电器 KA3 经安全开关 SA2 右触头、检修继电器 KA6 动断触点，厅外开门行程开关 SQ4 已压下，其动合触点闭合，SA1 右触头，运行继电器 KA5、关门继电器 KA2 动断触点，SQ6 动断触点通电吸合，开关门电动机 MD 正向起动旋转，拖动厅门与轿门同时开启。当门开启至 2/3 行程时，轿厢门上的撞块压下开门减速开关 SQ5，短接了 R_5上的大部分电阻，开关门电动机 MD 减速运转，门减速开启。当门开足后，压下开门行程开关 SQ6，开门继电器 KA3 断电释放，开关门电动机 MD 断开电枢电压，经电阻 R_5和 R_6进行能耗制动至停转，如图 6.16 所示。

司机进入轿厢后，首先合上层楼及升降指示灯开关 SA4。由于楼层继电器 KA11、KA21 早已通电吸合，故 SA4 开关闭合使各层楼的指层灯 HL1 亮，如图 6.17 层楼指示电路所示。各层厅门上方的指层灯箱上显示“1”，表明轿厢位于一层楼。

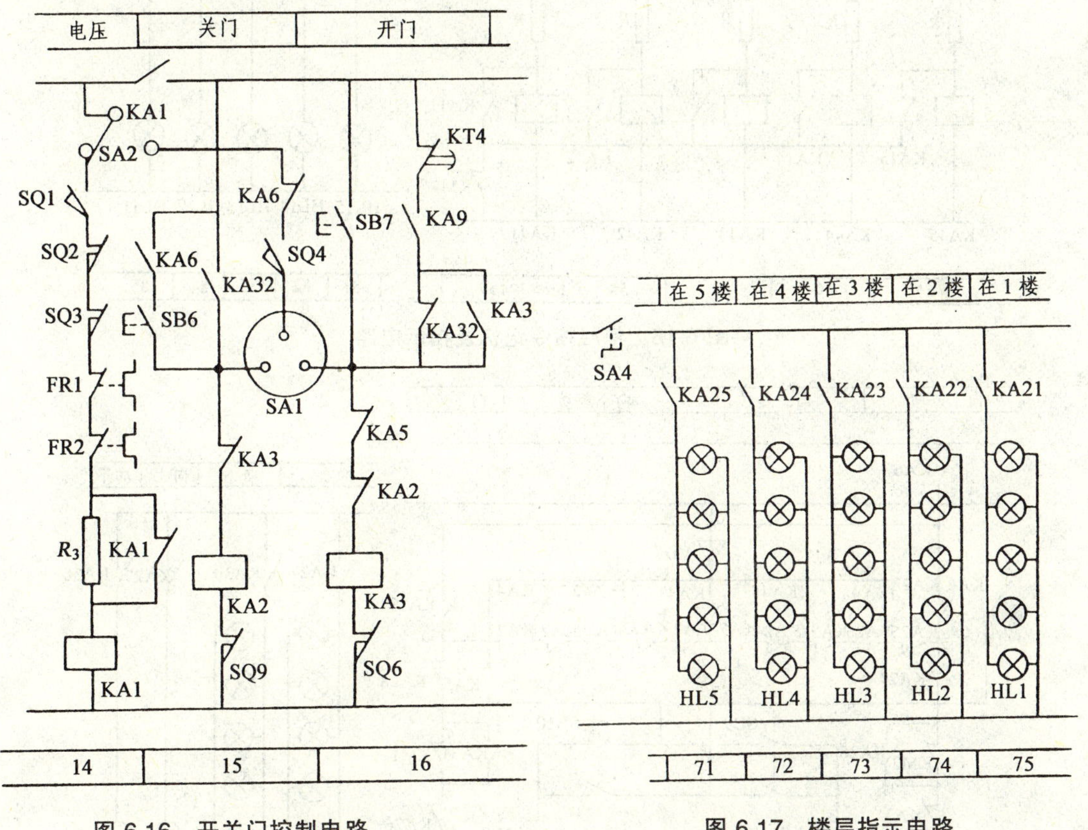

图 6.16　开关门控制电路　　　　图 6.17　楼层指示电路

再将安全开关 SA2 扳向左侧位置，电压继电器 KA1 线圈经 SA2 左触头、安全窗开关 SQ1、限速器断绳开关 SQ2、安全钳开关 SQ3、热继电器 FR1、FR2 动断触点、电阻 R_3 通电吸合，交、直流控制电路接通电源。使向上、下平层继电器 KA7、KA8，开门控制继电器 KA9 线圈通电吸合。控制电路处于运行前的正常状态。

根据进入轿厢乘客的停层要求及各层楼厅外呼梯要求，司机按下相应的选层按钮 SB2～SB5。如要求在 3 层停靠，可按下 SB3 停层按钮（见图 6.18）。停层指令继电器 KA43 线圈通电并自锁。轿内指示灯 HL13 亮，表明停站信号已被登记。此时由于一楼层控制继电器 KA21 动断触点切断了定向电路中向下继电器 KA31 的通路，所以 KA43 触头只能接通定向电路中向上方向继电器 KA26、KA27。实际上，方向继电器的通电是通过指令信号和轿厢所在楼层位置进行比较而决定的。如图 6.19 所示，KA27 触头又使 KA43 自锁，并点亮了位于起动按钮 SB9 内的指示灯 HL8，指示司机按下 SB9 这个向上起动按钮使电梯向上。KA27 的触头接通了向上方向指示灯 HL6，各层楼厅门顶上的“向上”箭头灯均亮，表示电梯准备向上运行。

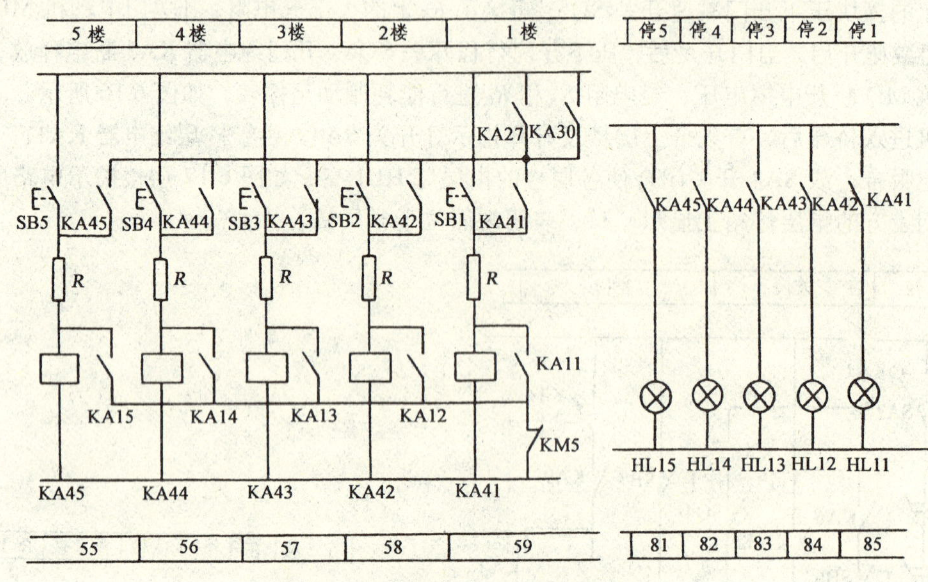

图 6.18 停层指令记忆及指示电路

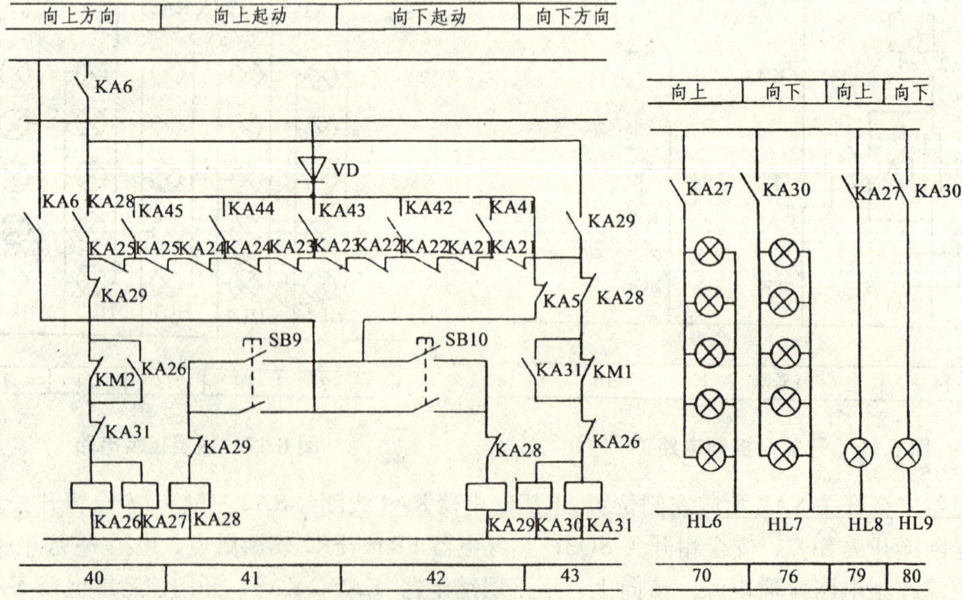

图 6.19 自动定向电路和指示电路

2. 自动关门和开门

① 关门。在关门过程中，要一直按下向上起动按钮 SB9。向上起动继电器 KA28 线圈通电吸合，其通电路径是检修继电器 KA6 动断触点、VD、运行继电器 KA5 动断触点、SB9 按钮、向下起动继电器 KA29 动断触点、KA28 线圈。相继 KA26、KA27 线圈通电吸合，使起动关门继电器 KA32 通电吸合，如图 6.20 主拖动与起动控制电路所示，通电路径为 KA6

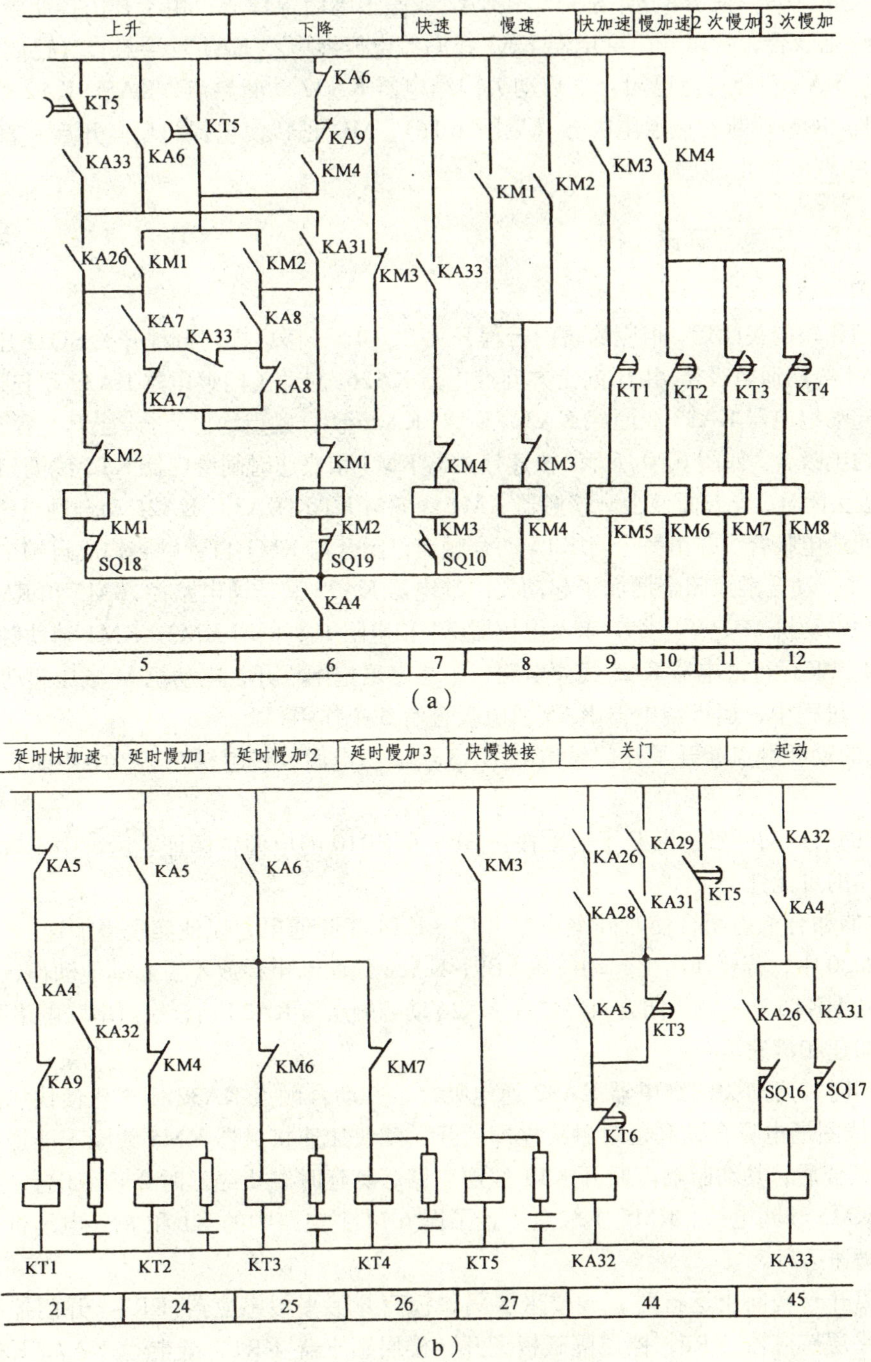

图 6.20　主拖动与起动控制电路

动断触点、KA26、KA28 已闭合、慢加速时间继电器 KT3 动断触点、停站时间继电器 KT6 动断触点、KA32 线圈。KA32 动合触点闭合，接通关门继电器 KA2，KA2 使开关门电动机 MD 反转，电枢在串联电阻 R_4 和并联电阻 R_6 全部阻值下运转，将轿门和厅门同时关闭，并逐渐减速，当门完全关闭时，压下关门行程开关 SQ9，使 KA2 断电释放，MD 停转。

② 关门过程中的反向开启。在关门过程中，若门卡住人体或物件时，司机应立即松开向上启动按钮 SB9，使 KA28、KA32 和 KA2 线圈相继断电释放，由于开门控制继电器 KA9 线圈已经通电吸合，所以开门继电器 KA3 线圈经电压继电器 KA1 动合触点（已闭合），KT4 动断触点，KA9 动合触点已闭合。启动关门继电器 KA32 动断触点，KA5、KA2 动断触点，KA3 线圈，SQ6 动断触点通电吸合（见图 6.16），MD 正转使电梯门反向开启，直至压下开门行程开关 SQ6 停止。

3. 启动、加速和满速运行

(1) 启　动

当厅门和轿门关闭后，相应的轿门行程开关 SQ10，一楼层梯门行程开关 SQ11 压下，门锁继电器 KA4 线圈通电吸合。由于向上方向继电器 KA26、起动关门继电器 KA32 早已通电吸合，所以此时起动继电器 KA33 线圈经 KA32、KA4、KA26 动合触点均已闭合，上升行程开关 SQ16 动断触点通电吸合，如图 6.20 所示。快速接触器 KM3 和快速时间继电器 KT5 线圈相继通电吸合。KT5 触头闭合，一方面使上升接触器 KM1 线圈由 KT5、KA33、KA26 动合触点闭合、KM2 动断触点而通电吸合，并由另一对 KT5 动合触点已闭合与 KM1 自锁触头构成自锁电路；另一方面 KT5 又一动合触点闭合增加了起动关门继电器 KA32 又一通电路径。KM3 和 KM1 主触点接通主拖动电动机 M 定子电路，串入电抗器 X1 和电阻 R_1；同时 KM3、KM1 辅助触头接通制动线圈 YB 以及运行继电器 KA5 线圈电路，于是电磁抱闸松开，电动机 M 减压起动。

在这个过程中，运行继电器 KA5 通电吸合有 3 个作用：

① 它的动断触点断开了开门继电器 KA3 线圈的电源，使电梯在运行中不能开门，保证了安全。

② 它的另一动断触点断开了启动按钮 SB9 及 SB10 的电源，保证了运行中不致发生反向启动误操作的可能性。

③ 它的动合触点闭合使时间继电器 KT2～KT4 线圈通电，以便实现慢加速。

在图 6.20 中，若要使向上起动按钮 SB9，KA28 线圈断电释放不引起其他动作，只要把快速时间继电器 KT5 动合触点闭合且并联在 KA26 动合触点与 KA28 动合触点串联电路两端即可。

(2) 加速和满速运行

在关门时，启动关门继电器 KA32 通电吸合，其动合触点 KA32 闭合已使快加速时间继电器 KT1 线圈通电吸合，其延时触头立即断开，使快加速接触器 KM5 线圈不能通电。但当 KA5 通电吸合后，其动断触点断开 KT1 线圈电路，其延时触头经延时 2 s 后闭合，接通快加速接触器 KM5 线圈电路，KM5 主触点短接了图 6.14 主电路中的 X1 和 R_1，电动机在全电压下加速至满速运行。

轿厢离开一楼向上运行时，一楼平层隔磁板离开下平层感应器 KR7、开门控制感应器 KR8、上平层感应器 KR6，停层隔磁板离开一楼层感应器 KR1，继电器 KA7、KA8、KA9 和 KA11 线圈断电释放，KA11 断电释放其动断触点使停站触发时间继电器 KT7 线圈通电吸合。KA9 断电释放，其动合触点断开了开门继电器 KA3 线圈电路，使在运行中开门继电器不得通电，保证运行的安全。

电梯在经过二楼时，平层隔磁板和停层隔磁板又分别插入 KR6、KR7、KR8 和二楼层感应器 KR2 中，KA7、KA8、KA9 和 KA12 线圈又分别通电吸合。KA12 吸和，其动断触点断开停站触发时间继电器 KT7 线圈电路，另一动断触点断开 KA21 线圈电路，KA12 动合触点闭合接通 KA22 线圈电路，使 KA22 通电吸合并自锁。KA21 断电，其动合触点切断指示一楼的指层灯 HL1，KA22 通电吸合，其动合触点接通了指示二楼的指示灯 HL2，在各层厅门上方显示“2”字，表示轿厢已到达二楼。当轿厢超过二楼时，隔磁板又离开 KR6、KR7、KR8 和 KR2 感应器，使 KA7、KA8、KA9 和 KA12 又断电释放，KT7 又通电吸合，为停站做准备，电梯离开二楼继续上升。

4. 制动减速和平层停车

(1) 制动减速。当轿厢上升到所需停站的三楼时，停层隔磁板插入三楼的层楼感应器 KR3 的空隙中，KA13 通电吸合，使 KT7 与 KA22 线圈断电释放，三楼控制继电器 KA23 线圈通电并自锁，指层楼 HL2 熄灭，指示三楼的指层灯 HL3 亮，各层厅门上方显示“3”字，表示轿厢已抵三楼。此时如果没有向上停层的记忆信号，KA23 通电吸合还使向上方向继电器 KA26 及 KA27 线圈断电释放。KA27 的动合触点断开各层楼向上方向箭头灯 HL6 及轿厢内向上指示灯 HL8 使其熄灭，表示电梯不再向上，还使停层记忆继电器 KA43 线圈与指示灯 HL13 相继断电。由于 KT7 断电后经 0.3～0.5 s 后，延时触头才动作，在这过程中，停站时间继电器 KT6 已通电并自锁，如图 6.21 所示。图中 KA11～KA15 为楼层继电器，KA26 向上方向继电器动断触点与 KA31 向下方向继电器动断触点串联，用以防止上、下端站 KA11 和 KA15 继电器触头接触不良而产生冲顶或蹾坑事故。

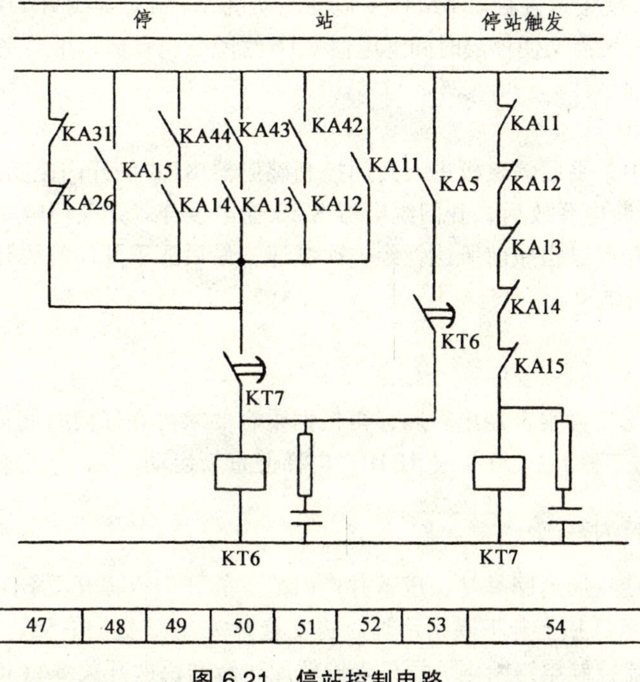

图 6.21　停站控制电路

停站时间继电器 KT6 线圈通电吸合使 KA32、KA33、KM3、KT5 线圈相继断电释放，启动继电器 KA33 断电又使 KM1 线圈电路断开，如图 6.20 所示；而 KT5 断电，它的延时打开触头又使 KM1 线圈电路延时断开，暂时维持 KM1 线圈通电吸合；KM3 断电使 KM5 断电释放。

KM3 断电释放后，慢速接触器 KM4 随即通电吸合，为上升接触器 KM1 提供了又一条道路。如图 6.14 所示，电动机 M 在串联 X2 和 R_2 情况下进行再生发电制动，使其减速。在 KA5 线圈通电吸合时，慢加速时间继电器 KT2～KT4 通电吸合，其触头断开了慢加速接触器 KM5～KM8 线圈通路。KM4 线圈通电吸合引起 KT2 断电释放，其延时闭合触头闭合，延时接通 KM6，短接 R_2 的部分电阻，轿厢第一次减速，依靠 KT3、KT4 和 KM7、KM8 的作用，将 R_2 和 X2 逐级短路而使电动机 M 进行低速爬行。

在快速接触器 KM3 和慢速接触器 KM4 换接过程中，制动器线圈 YB 是由 KT5 延时断开触头来维持导通的。

(2) 平层停车

当电梯继续低速爬行时，平层隔磁板逐渐插入 KR6、KR7、KR8 这 3 个感应器。首先，位于轿顶上的上平层感应器 KR6 插入装于三楼井道内的平层隔磁板，KR6 触头复位，上平层继电器 KA7 线圈通电吸合，使上升接触器 KM1 线圈经 KA6 动断触点、KM3 动断触点、KA8 动断触点、KA33 动断触点、KA7 动合触点已闭合、KM2 动断触点、KM1 线圈、SQ18 动断触点、KA4 动合触点已闭合，形成又一条通路，如图 6.20 所示。

轿厢继续上升，当开门控制感应器 KR8 进入平层隔磁板时，其触头复位使开门控制继电器 KA9 线圈通电吸合，其动断触点断开了 KM1 的一条通路，其动合触点闭合，为开门继电器 KA3 通电吸合做准备。

当轿厢到达停站水平位置时，下平层感应器 KR7 进入平层隔磁板，其动断触点复位，使向下平层继电器 KA8 通电吸合，其动断触点断开了上升接触器 KM1 线圈的最后一条通路。使 KM1 线圈断电释放，使慢速接触器 KM4、主拖动电动机 M、制动器线圈 YB 和运行继电器 KA5 同时断电，KA5 动合触点又使停层时间继电器 KT6 线圈断电释放，平层完毕，轿厢停止运动。

5. 自动开门

在停层的过程中，平层隔磁板进入开门控制感应器 KR8 使开门控制继电器 KA9 通电，在运行继电器 KA5 断电释放后，开门继电器 KA3 通电吸合。开关门电动机 MD 正转带动轿门、厅门开启，其开启过程如前所述，经一次减速，最后压下开门行程开关 SQ6 使 KA3 断电，MD 断电，开门结束。

6. 重新启动

轿门开启，欲上三楼乘客走出轿厢，再根据乘客要求可在任何时间记忆停层信号 SB1～SB5，重新按上升或下降按钮 SB9 或 SB10，电梯便重新启动。

7. 电梯停用后的开门

电梯停用时应使轿厢返回基站，压下井道内的厅外开门行程开关 SQ4。打开指示灯开关 SA4，关闭层楼指示灯和上升下降指示灯。将安全开关 SA2 扳向右侧，电压继电器 KA1 线圈断电释放，交直流控制电路断电。司机走出轿厢，转动钥匙开关 SA1 向左转，关门继电器

KA2 线圈通电，电动机 MD 反转，当轿门和厅门同时关闭完全后，电梯实现关闭停用。

8．呼梯信号的记忆和清除

如图 6.22 所示，若轿厢停在一楼或二楼，三楼有人呼梯上行，三楼乘客可在三楼厅门外按下上行呼梯按钮 SB13，其作用是：

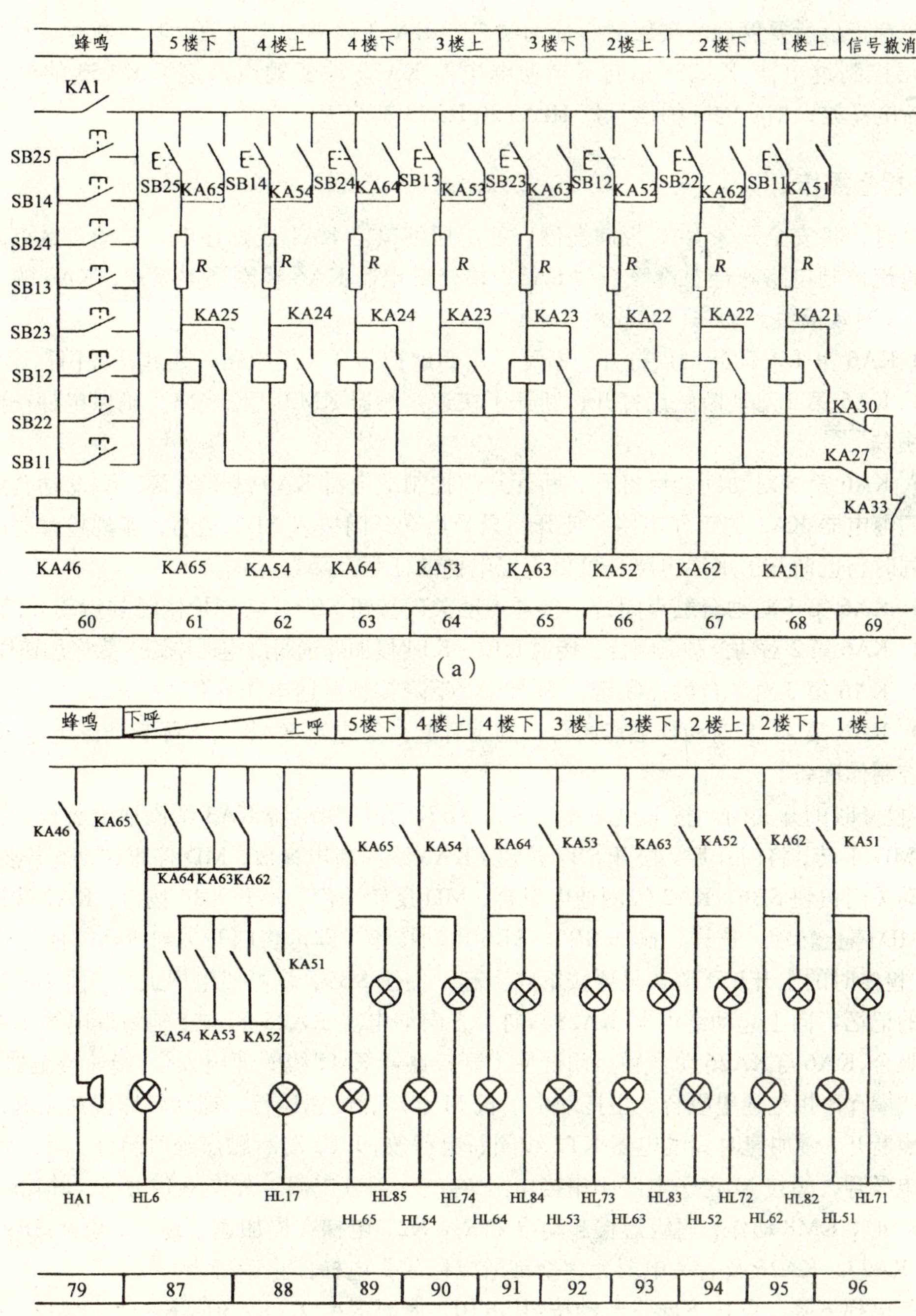

图 6.22　呼梯电路

① 蜂鸣继电器 KA46 线圈通电吸合，蜂鸣器 HA1 发出蜂鸣声，松开向上呼梯按钮 SB13，蜂鸣声停止。

② 向上呼梯继电器 KA53 线圈通电并自锁，操纵箱上楼层向上呼唤灯 HL53 和向上呼唤记忆灯 HL73 亮，实现呼梯记忆。此时司机可根据电梯的运行方向，用停层按钮 SB3 将停层信号记忆。

当电梯接近所要停靠的楼层时，启动继电器 KA33 线圈断电释放，其动断触点和已经闭合的楼层控制继电器 KA23 和向下辅助继电器 KA30 动断触点短接了 KA53 的线圈，使 KA53 断电释放，相应的呼梯信号灯 HL53 和 HL73 都熄灭。

9. 检修操作

检修时，将安全开关 SA2 扳向左侧，使电压继电器 KA1 线圈通电，其动合触点闭合，接通交直流控制电路。合上检修开关 SA3，检修继电器 KA6 线圈通电吸合，KA6 的 5 对动合触点、3 对动断触点动作，其作用如下：

(1) KA6 第 1 对动断触点打开，断开了用钥匙控制开关门电路，钥匙开关门已无效。

(2) KA6 第 2 对动断触点打开，断开了快速接触器 KM3 线圈电路，确保电梯在检修时不能开快车。

(3) KA6 第 3 对动断触点打开，断开开门控制继电器 KA9 线圈电路，KA9 动合触点切断了开门继电器 KA3 的工作电路，使开门只受点动开门按钮 SB7 控制，实现检修时的点动开门。同时它也断开了平层电路，可以实现电梯的任意升降。

(4) KA6 第 1 对动合触点闭合，接通点动关门按钮 SB6，实现检修时的点动开门。

(5) KA6 第 2 对动合触点闭合，接通 KT2～KT4 慢加速延时继电器电路，为慢加速作准备。

(6) KA6 第 3 对动合触点闭合，为上升、下降接触器通电作准备。

(7) KA6 第 4、5 对动合触点闭合，为上升起动继电器 KA8 与下降起动继电器 KA9 实现点动控制作准备。

① 检修时的开关门。按下点动开门按钮 SB7，开门继电器 KA3 线圈通电吸合，开关门电动机 MD 正转，将门开启。松开 SB7 按钮，KA3 线圈断电释放，MD 停止转动；若要关门，按下点动关门按钮 SB6、KA2 线圈通电吸合，MD 反转关门，松开 SB6 按钮，KA2 线圈断电释放，MD 停止转动。这样，操作 SB7、SB6 点动按钮，即可将门开关到所需的任何位置。

② 检修时的上升和下降。只要按下向上起动按钮 SB9，就可使电梯上升，而不必进行停层指令的记忆。向上起动继电器 KA28、向上方向继电器 KA26 和向上辅助继电器 KA27 线圈通电吸合，KA6 与 KA26 动合触点闭合使上升接触器 KM1 线圈通电吸合，慢速接触器 KM4、制动器线圈 YB 相继通电吸合，主拖动电动机 M 起动，慢速运行，拖动轿厢慢速上升。KM4 动断触点断开，慢加速时间继电器 KT2 线圈断电释放，KT2 动断触点延时闭合，闭合后 KM6 线圈通电吸合，短接 M 定子电路中串接电阻 R_2 的一部分电阻，如图 6.14 所示。相继 KT3、KM7、KT4 、KM8 动作，逐级短接起动电阻 R_2、X2，电梯在慢加速下运行。松开 SB9 按钮，KA28、KA27、KA26 及有关电器元件全都断电释放，电梯停止运行。

要使电梯下降，可按下向下起动按钮 SB10，此时 KA29、KA30、KA31、KM2、KM4、YB 相继通电吸合，M 通电反转低速起动，KT2、KM6、KT3、KM7、KT4、KM8 相继动作，逐级短接图 6.14 中的 R_2、X2，电梯在慢加速向下运行。松开 SB10，KA29 及有关电器断电释放，电动机 M 停止旋转，电梯停止。

③ 应急开关 SB8 的作用。电梯在运行或检修时，如厅门或轿门行程开关 SQ10～SQ15 中遇有损坏不能运行时，可按下应急按钮 SB8 代替门行程开关作应急使用，但 SB8 为点动控制按钮，实现点动控制。

第六节　电梯电气设备的安装与维护

一、电梯电气设备的安装

电梯电气部分是电梯动力传输和控制的通道。在电气安装前，相关技术人员要认真阅读随机技术文件，清楚地了解电梯型号、规格、主要参数、电气原理图及电气安装接线图。掌握各电路工作原理，熟知电路走向。根据电气原理图和电气安装接线图，将主要电气部件、主要导线管槽布置好，再进行布线和接线工作。安装完毕，经检查无误后，方可通电试验。

1. 控制柜和井道分接线箱的安装

电梯的电气外部接线示意如图 6.23 所示。导线常采用电线槽、金属软管和电线管 3 种方式混合敷设。主干线通常采用电线槽或金属软管，在厅门两侧的井道壁各敷设一路。金属软管通常用来敷设主干线槽至各电器部件的导线。

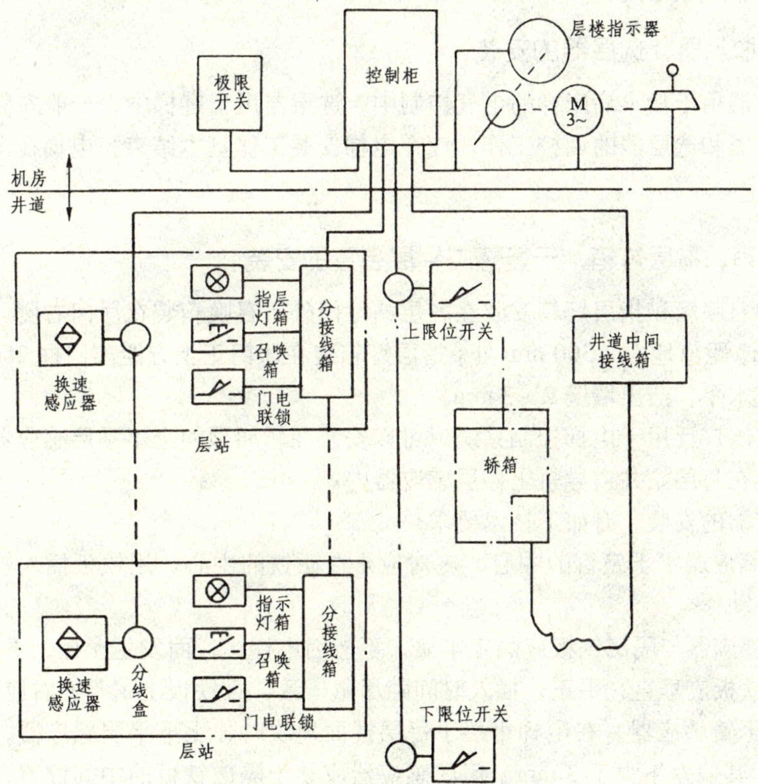

图 6.23　电气外部接线示意图

控制柜跟随曳引机，一般位于井道上方的机房内，控制柜周围应留有较大的空间，便于操作和维修与电线管路的敷设。

井道中间接线箱系控制柜与轿厢电气设备连接的中间接线处，其安装在井道高度 1/2 往上 1 m 处。若电梯厂家把控制柜引至轿厢的导线全采用电梯软电缆，则中间接线箱可省去。

2．分接线箱安装和敷设电线槽或电线管

控制柜至极限开关、曳引电动机、制动器线圈、层楼指示器或选层器、限位开关、干簧感应器、井道中间接线箱、井道内各层站分接线箱，各层站分接线箱至各层站召唤箱、指层灯箱、厅门电联锁等电气设备均需敷设电线槽或电线管。

3．极限开关、限位开关、端站强迫减速装置的安装

极限开关采用改制的铁壳开关，铁壳开关一般放置在机房入口附近距地面 1.3～1.5 m 处，铁壳开关和滚轮组同装在井道内两端站轿厢导轨的一个方位上，各滚轮外缘应在同一垂直线上，确保打板碰撞时灵活可靠地动作。当轿厢超越两端站楼面极限距离时，固定在轿厢架立梁上的打板碰打上下滚轮组的滚轮，通过钢丝绳将铁壳开关的刀闸拉开，从而切断电梯的总电源。

限位开关包括上行减速开关、上行限位开关、下行减速开关、下行限位开关和极限开关的上下滚轮组，同装在井道内两端站轿厢导轨的一个方位上。

4．层楼指示器、选层器的安装

层楼指示器用于货、病床梯的电气控制中，选层器用于客梯中，一般安装在机房内。

层楼指示器和选层器的调校工作，应在电梯安装工作基本结束，电梯在慢行运行状态下进行。

5．召唤箱、指层灯箱、干簧感应平层装置的安装

各层站的召唤箱和指层灯箱安装在各层站厅门外。召唤箱装在厅门右侧，距离门框大约 200～300 mm，距离地面 1 300 mm 处。指层灯箱装在厅门正上方距离门框 250～300 mm 处。其面板应垂直水平，凸出墙壁 2～3 mm。

干簧感应器广泛用于电梯控制系统。可以安装在轿厢顶的上下平层感应器和开门感应器中，也可安装在每层站井道导轨上停层感应器内。

干簧感应器的安装，有如下技术要求：

① 干簧感应器中干簧管的中心，应对应永久磁铁的中心。用铁板插入检查动作是否可靠，不应有误动作。

② 干簧感应器与隔磁铁板应固定牢靠，不能因电梯运行而发生摩擦，更不能碰撞。

③ 隔磁铁板应垂直、平正，插入时间隙尽量一致，且铁板上下、左右应可调。

④ 平层干簧感应器，在电梯平层于每层楼面地坎时，上下平层感应器，离隔磁铁板中间位置一致，其偏差不大于 3 mm。门区感应器应装于隔磁铁板的中间位置，其偏差不大于 2 mm。

6. 固定电缆架、挂扎软电缆和配接线

固定和支撑软电缆的电缆架有井道电缆架和轿底电缆架各一个。井道电缆架固定在井道中间接线箱下 500～700 mm 处的井道墙壁上，轿底电缆架固定在轿底。

软电缆长度应符合要求，牢固地悬挂在井臂和轿底的电缆架上，确保电梯运行过程中运动自如，不得碰挂其他物件。

由于配接线是电气安装的重要内容，因此，在配线前应根据电气原理图和电气安装接线图，认真核对各路段必须穿入的信号，导线的规格、数量及长度。截好后应在导线的两端套上线号并核对无误。电线管管口、线槽导线出口应作护口处理，防止穿线时损坏导线绝缘层。配接线时应按路、段进行，每一段配接先后都应检查确保无误，以免接错损坏设备的金属或给调试工作造成困难。

7. 电气控制系统的保护接地和接零

保护接地是把电气设备的金属外壳、框架用接地装置与大地可靠的连接，适用于电源中性不接地的低压电气系统。

保护接零是将电气设备的金属外壳、框架等与中性线相连接，它适用于电源中性点接地的低压系统，电梯的电气设备，必须作接地保护，且接地电阻不得大于 4 Ω。采用保护接地的电气设备不用再作保护接零。

二、电梯电气控制的调整

1. 启动加速调整

为使乘梯舒适，电梯在启动和制动过程中，速度变化要适当。若启动迟缓可适当减少快速绕组起动电阻，必要时可减少起动电抗器的匝数。如启动过快，可适当增加起动电阻和起动电抗器匝数。

快速加速延时继电器 KT1 出厂时整定在 2.5～3.0 s。实际调整时，应将 KT1 延时调得充分长，使电梯在满载上行起动过程基本完结时延时才结束。

2. 停层减速的调整

停层减速调整可按电梯实际运行情况，在 KT2、KT3、KT4 时间继电器延时整定为 1.0 s、0.5 s、0.4 s 基础上进行。以使电梯在空载、满载、上下运行减速有最佳的舒适感。

3. 自动平层的调整

在轿厢架上部装有上平层感应器 KR6、开门控制感应器 KR8、下平层感应器 KR7，它们装在一个垂直的板架上，KR6 在上部，KR8 在正中，KR7 在下部。KR6 与 KR7 之间距离可调，初调时可取 500 mm。在每个层站的井道内分别装有长度为 600 mm 的平层隔磁铁板。当轿厢停靠在某层站时，平层铁板应插入全部 3 个干簧感应器的空隙中。

电梯调试时，无论是空载上行还是满载下行，轿厢在减速平层时都不应有超越楼层现象。交流双速电梯速度为 1 m/s 时，平层准确度允差值为 ±30 mm。为校正向上平层准确度，可

调节 KR7 的上下位置。为校正向下平层准确度，可调节 KR6 的上下位置。

4. 终端保护的调整

电梯在上下端站为防止电气失灵造成冲顶或礅坑事故发生，设置了上下行强迫减速开关 SQ16、SQ17 和上下行行程开关 SQ18、SQ19 以及极限开关 QS1。

强迫减速点可按略大于层楼干簧感应器的减速点进行调整。下行行程开关 SQ19 应调整在轿厢低于底站 50～100 mm 内动作。

极限开关为轿厢超越端站楼面 300 mm 时动作，切断电梯主电路电源。

三、电梯电气设备的维护和保养

1. 机房进线配电盘的维护和保养

① 经常用皮老虎吹除配电盘上的灰尘。

② 进行铁壳开关的合上或分离前，必须先检查铁壳上的机械连锁装置是否损坏，以防止在铁壳盖打开的情况下操作手柄而造成人身伤害事故。

③ 闸刀开关的刀片经常使用后会出现灼痕，灼痕严重时会影响接触效果，此时应更换闸刀开关。

④ 如采用自动空气开关，当电路短路时，电磁脱扣器自动脱扣进行短路保护，这时不可再合上绿色按钮（合钮），应待故障排除后再合上合钮。

⑤ 装有电压、电流表的配电盘，应经常监视其电压、电流值。其值不应大于额定值，否则应切断电源，查清原因。

2. 控制屏的维护和保养

控制屏是电梯电气设备的中心环节，其中如发生任何一些小的故障，都将影响电梯的正常运行。在控制屏中装有全部启动和控制的继电-接触器件，以及电阻、电容、热继电器、变压器、硒整流器等。在直流电梯中除了上述之外，控制屏上还装有电压和电流表等；在计算机控制的电梯中，还大量应用了集成电路及数字、发光二极管显示装置等。

① 断开电源，看控制屏的机架是否可靠接地，并使接触地电阻不大于 4 Ω。

② 当检验控制屏工作的正确性时，应在曳引电动机断电情况下进行，而在维修电磁开关（接触器和继电器）时应将电源开关断开。

③ 控制屏上有下列不同性质的电压：直流 110 V 控制电路、交流单相 220 V 控制电路和三相交流 380 V 的主电路等，检查控制屏的控制程序正确无误。

④ 控制屏上的全部电磁开关应动作灵活可靠、无显著的噪音，联接线结头和接线柱应无松动现象，动触头连接结头处钢丝应无断裂现象。

用软刷或吹风消除屏板插件和全部电磁开关零件的积尘，检查电磁开关触头的状态、接触的情况、线圈外表的绝缘以及机械联锁动作的可靠性。

⑤ 更换熔断丝时，应使熔断电流与该同路的电流相匹配，对一般控制回路熔断丝的额定电流应与同路电源额定电流相一致，对电动机回路熔断丝的额定电源应为该电动机额电流的 2.5～3 倍。

再检查熔断器的工作情况，螺旋式熔断器的熔断管上小红点如脱落，表示熔丝已熔断，应更换熔断器。

3. 接触器的维护和保养

(1) 维护好接触器（和继电器）的触头与触点

接触器主触点有的用纯银制成，银触头的电阻小，不易烧灼焊死，烧灼后产生的黑色表面物也不影响导电性能；有的用银钨或银铁合金制成，他们的耐热性较好；有的用纯铜制成，但铜触头性能较差，易被电弧灼伤甚至焊死，需经常保养。电梯用接触器主触点多用银或银钨、银铁合金，极少（或不允许）用铜触头。在主触点上装有灭弧罩，起灭弧和相间隔离作用，灭弧罩用石棉或陶瓷材料制作，中间装有金属栅格，有的接触器还带有磁吹灭弧的灭弧装置。

电梯用继电器和接触器动作都比较频繁，在负载情况下，除受机械冲击外，还产生烧损。触点一般由银或银合金制成。运动中的继电器或接触器银触点的表面，有一层氧化银，它有良好的导电性能，在电弧的作用下能还原成银，银触点虽经多次使用还能有好的导电性，有些烧损并不影响触点的接触和导电，如是经过大短路电流造成的触点蚀，则应用细锉锉平或更换。烧损不严重只是发黑或烧毛的，不用把触点表面锉平，只打磨即可。打磨时，一定要注意清除砂粒，防止残留在触点上，造成接触不良。

(2) 接触器的检查与保养

① 灭弧罩无破损，保持干燥。

② 铜触头表面光滑，无凹坑，接触面积不小于触点有效面积的 3/4，触头表面无油污。

③ 转轴灵活，吸合或断开正常均匀。

④ 电磁铁心和电磁线圈无松动现象，联结螺旋完好。

⑤ 表面无污垢、无灰尘，运动部分无阻碍物。

4. 中间继电器的检查与保养

(1) 外部检查

① 检查封印有无变动。

② 检查外壳与底座间接合是否牢靠、紧密，安装是否端正。

③ 检查外壳及玻璃是否完整。

④ 检查继电器端子接线是否牢固可靠。

(2) 内部和机械部分的检查

① 焊接头质量是否良好，若为假焊接者应重新焊接。螺栓是否拧紧，连接线与端子之间接触是否良好。

② 各金属部件和弹簧有否损坏或变形。

③ 动接点和静接片是否清洁，有无损坏。

④ 手按衔铁检查可动部分是否灵活，接点接触后应有明显、可见的共同行程。检查衔铁限制钩调整得是否合适，保证常闭接点接触可靠。

(3) 电气特性的检查

检查动作值与返回值，直流中间继电器的动作电压为 50%～65% 额定电压，返回值不小于5%额定电压。电压线圈的最小保持值不大于额定的65%，电流线圈不大于额定值的80%。

5. 热继电器的检查与保养

(1) 外部检查

检查内容与中间继电器相同。

(2) 内部和机械部分检查

① 清除继电器的灰尘和油泥，检查片簧和引出线焊头质量。螺栓、螺母和连接线的可靠性。

② 检查接点的固定和清洁情况，接点上的尘埃、受熏处可用小木条擦净，烧焦处用油石磨净。最后用软布擦净，必要时要换接点。

(3) 电气特性的检查

① 整定电流旋钮，使整定电流可在100%～160%范围内进行调整。

② 自动复位装置可使继电器动作150 s后复位。

6. 选层器电气开关的检查与保养

① 装在各层固定板上的对应触头，碰头后在同一铅垂线上，误差不大于0.3 mm。它们的重叠尺寸为1.75±0.3 mm。

② 保证选层器触头接触可靠，保证弹性触头的压缩裕度和可调整触头的动作时间。清除触头表面积垢，烧蚀地方微锉平滑，严重时应予更换。

③ 越程开关应灵活可靠，每年进行一次超程试验，检查其能否可靠地断开主电源，迫使电梯停止运行，其转动部分可用钙基润滑脂。

④ 每月检查一次轿顶上、井道内感应开关、行程开关等电气装置，要求各楼层的感应开关动作灵敏度一致，限位开关的通断可靠及时。当发现感应器和行程开关不能正常工作时，应检查并更换元件。

⑤ 各开关应灵敏可靠，每月检查一次，去除表面尘垢，核实触头接触的可靠调整触头压缩裕度，清除触头表面的积垢，烧蚀处应用细目锉刀锉平滑，严重时需更换。

7. 安全保护开关的检查与保养

① 每月对各安全保护开关作一次检查和试验，拭去表面尘垢，核实触头接触的可靠性和触头的压力和压缩裕度；清除触头表面的积尘，修平烧蚀处，严重时应调换新触头。

② 限位开关、极限开关应灵敏可靠，每月作一次越程试验，观察其能否及时可靠的断开主电源；铁壳开关刀片接触是否良好，接线是否松动，有无过热、变色情况；检查熔丝熔值是否相符。

③ 检查安全钳开关、胀绳开关、钢带轮开关、底坑、轿顶各开关工作是否正常，清扫积尘；检查底坑有无积水，潮湿电气部分。

8. 一般继电器的检查与保养

① 查封印有无变动。

② 外壳与底座接合牢固。

③ 继电器端子接线牢固可靠，动接点与静接点清洁无损。

④ 焊接头有假焊接者应重新焊接，拧紧螺栓，检查连接线与端子之间接触是否良好。

⑤ 弹簧和各金属部件有否损坏或变形。

⑥ 衔铁可动部分要灵活。接点接触后，还可见留有行程，这样才能保证常开触点可靠接触，调整衔铁限止钩，使常闭触点接触可靠。

⑦ 检修继电器时，应断开电源。继电器工作时应动作灵敏无卡阻，吸合时无显著噪声，触头接触紧密，断电后有迅速脱开；上下两只方向接触器和继电器应设有可靠的杠杆式机械连锁装置，并无损坏。

第七节　电梯电气控制系统的常见故障及分析

电梯主要由机械、拖动回路、电气控制部分组成。拖动系统也可以属于电气系统，因而电梯故障可以分为机械故障和电气故障。在电梯故障中，电气故障约占故障总数的85%～90%，造成电气故障的主要原因在于电器元件质量和维护保养质量方面的问题。

电气控制系统故障主要有以下几个方面：

① 自动开关门机构及门联锁电路的故障。

② 电器元件引起的故障。

③ 继电器、接触器、开关等元件触点断路或短路引起的故障。

由于电气故障发生部位分散，故障现象多种多样，发生故障的偶然性强，故障点不易寻找，故障发生规律性差，常见的电梯电气控制系统常见故障及排除方法如表6.11所示。

表6.11　电梯电气控制系统常见故障及检修排除

故障现象	可　能　原　因	检　查　排　除
在基站将钥匙开关闭合后，电梯不开门	开关门电路熔断器熔体烧断	查找原因并更换熔体
	钥匙开关接点接触不良或折断	若接触不良，用无水酒精清洗触头并调整接点弹簧片；若接点折断，则更换触头
	钥匙开关继电器线圈损坏或继电器触头接触不良	若线圈损坏，则更换；若触点接触不良，可清洗触头修复
	线路问题	检查线路有否短开或接线松脱，人为使钥匙开关接通以下的线路接触器或继电器是否动作，排障
	电源开关未接通	接通电源开关
	开关门电动机励磁绕组未供电或短路、开路	检查电枢电压及线路
	开关门电动机故障或电刷磨损严重	检修电机及电刷
	关门第一限位开关有关触头接触不良或损坏	检修或更换
	安全触板不能复位或触板开关坏	调整安全触头，更换开关
	开关门继电器损坏	检修或更换

续表 6.11

故障现象	可能原因	检查排除
按下选层按钮，没有信号	按钮接触不良或损坏	修复或更换
	信号灯接触不良或损坏	
	选层继电器失灵或触头接触不良	
	线路接线松脱或断线	检查排除
有选层信号，但方向灯不亮	信号灯接触不良或损坏	修复或更换
	选层器触头接触不良	修复或更换
	上下行方向继电器回路电路故障或元件故障	检查排除或更换元件
按下关门按钮，门不关	按钮损坏或触头接触不良	检修或更换
	关门限位开关未复位	
	关门继电器线圈所串继电器、开关触点接触不良	检修
	门电动机或其他电路故障	
有选层信号情况下，关门后电梯不启动	门未关到位，门锁开关未接通	重新开关门仍无效时检查门连锁开关
	运行继电器或其他线路故障	检查线路及元器件，排除故障
门未关时电梯选层启动	门锁开关触头粘连	检修或更换触头
	门锁控制回路短路	
到站平层后，电梯不开门	门电动机回路中熔体或松或断	拧紧、更换
	轿顶开门限位开关接点不闭合	检修或更换元件
	开门控制电路故障或开门继电器损坏	
	提前开门的开门感应器触头接触不良	
	平层器开门动、静滑块接触不良或未接触	
电梯不能自动定向	定向电路中上或下方向继电器所串触点有的接触不良	用万用表检查后修复
	定向电路二极管损坏	用万用表查出损坏的的二极管，更换
平层误差大	选层器上换速触头与固定触头位置不合适	调整
	平层感应器与隔磁板的相对位置发生变化	
	制动器弹簧过松，制动带磨损，松闸间隙大，制动带或制动轮有油污	调整；更换制动带；调整抱闸间隙；清除油污
	轿厢过载	严禁过载
	有关继电器、接触器动作不灵敏，有延时释放现象	修复或更换有关继电器
	换速过晚	调整换速时间
开、关门速度过慢	开关门速度控制回路故障	检查低速开关门行程开关触头是否粘连，排除故障
	门电动机励磁绕组所串电阻过小或断开	调整或更换

续表　6.11

故障现象	可　能　原　因	检　查　排　除
电梯在行驶中突然停车	电网供电事故	查找出原因，个别换保险丝或重新合上开关
	总开关熔断器熔体断开或开关跳闸	
	门锁开关断开	检修或更换
	控制回路熔断器熔体断开	检修或更换元件
	平层感应器干簧管触点烧死引起换速停车	
	快速继电器、接触器元件或回路故障	
电梯平层后，又自动滑车	制动器弹簧过松，制动带磨损过度，制动力矩过小	收紧制动弹簧；更换制动带；调整制动力矩
	曳引绳打滑	修复曳引绳轮槽或更换
	制动轮、制动带有油污	清除
电梯冲顶或撞底	控制部分如选层器换速触头，选层继电器、上换速开关或限位开关失灵	查找原因、检查或更换元件
	快速运行继电器触头粘连或卡住	检修更换元件
电梯启动、运行速度降低	三相电源中一相接触不良	检修调整
	上下行接触器接触不良	
	电源电压过低	
	直流电动机励磁装置故障	
	制动器未松开	
预选层站不停车	轿内选层继电器失灵	检查或更换元件、触头
	选层器减速动触头与静触头接触不良	
	预选层站的换速传感器损坏	更换
在未选的层站停车	快速保持回路接触不良	检查、修复回路中继电器与接触器触点
	选层器上层间信号、隔离二极管击穿	更换二极管
轿厢或厅门有麻电感	轿厢或厅门接地线松脱	检查接地电阻，其阻值不应大于 4 Ω
	线路上有漏电现象	检查绝缘电阻，其阻值不应低于 0.5 mΩ
门安全触板失灵	触板微动开关故障	检修
	微动开关接线短路	
轿厢运行到预定层站，换速点不能换速	换速感应器损坏或隔磁板位置不当	调整位置或更换感应器
	换速继电器损坏或电路故障	检修或更换元件
	选层器触头接触不良	
	快速接触器不复位	
轿厢到站，平层不能停靠	上、下平层感应器接触不良或隔磁板位置不妥	检查、调整
	上、下平层继电器或线路故障	
	上、下方向接触器不复位	

续表 6.11

故障现象	可 能 原 因	检 查 排 除
电梯不能启动运行	电源开关未接通，电源错相、断相、电压过低	查明原因，予以处理
	主回路或交、直流控制回路熔断器熔体断开	更换熔体
	电压继电器或安全保护开关接触不良或损坏	更换
	轿、厅门未关或门连锁触头接触不良或断线	关好层轿门，检修门锁开关
	电动机故障	检修电动机
电梯有快速换为慢速时有振动或台阶感严重	换速过晚	调整换速时间
	换速后串联的阻抗未接入或切除过早	检查相关继电器调整时间继电器延时动作时间
上行正常、下行无快车	下行限位开关触头接触不良或损坏	检修或更换元件
	下行控制继电器、接触器损坏或线路故障	
下行正常、上行无快车	上行限位开关触头接触不良	检修或更换元件
	上行控制继电器、接触器损坏或控制线路有故障	
轿门关闭时夹人	安全触板微动开关出故障	排除或更换
	微动开关短路	检查电路，排除短路点
	安全触板传动机构损坏	更换损坏零件
轿门开关速度过快，噪声大且不变速	开、关门短路分压电阻的开关接触不良，使电枢两端电压高且不能改变	修复接触不良的常开触点，损坏的予以更换
	开、关门分压电阻的滑片与电阻接触不良	清洁滑动电阻表面，调整滑片，使其与电阻接触良好
	分压电路或分压电阻断路	查找断路处，接好，修复或更换电阻
开关门速度过快，在行程末端无缓速	门电机励磁线圈串接电阻值过大	适当调小
	缓速开门接触不良；分流电阻抽头接触不良	检查调整
	门电机电枢回路所串电阻值过小	适当调整

思考题

1. 电梯的控制方式有哪几种？
2. 电梯的型号表达什么意义？
3. 电梯具有哪些机械安全保护系统和装置？
4. 电梯具有哪些电气安全保护装置？
5. 电梯的主要电器部件是指哪些？它们的作用各是什么？
6. 电梯电气控制电路由哪些基本控制环节组成？它们的相互关系怎样？

7. 厅外有人召唤电梯，电梯是如何应答的？
8. 电梯是如何实现定向选层的？
9. 电梯开关门过程中，是怎样避免发生撞击声的？
10. 电梯停车前，速度是如何减下来的？
11. 电梯是如何实现平层控制的？
12. 简述交流双速信号控制电梯的运行控制过程。

第七章 机-电-液联合控制实例

第一节 典型气动系统应用分析

随着机械化、自动化程度的不断加深，气动技术的应用也越来越广泛。气动系统是气动技术中的关键一环，它直接面向市场用户，根据用户的要求将各类气动元件进行组合，开发出了一个个崭新的应用领域。

一、轻工机械

1. 液体自动定量灌装气动系统

(1) 气动系统的工作原理

如图 7.1 所示，打开起动阀使阀 4 换至右位，继而气缸定量泵 A 向左移动吸入定量液体。当气缸定量泵移到左端碰到行程阀 3 时，向阀 4 发出复位信号（此时下料工作台 1 上灌装好的容器已取走，行程阀 7 复位，p_1 信号消失）；阀 4 复位时气缸定量泵右移，将液体注入带罐装的容器中。当罐装的液体重力使灌装台碰到行程阀 6 时，产生信号，使阀 5 左移切换，于是阀 5 换位，推动气缸 B 前进，将装满液体的容器推入下料工作台，而将空容器推入灌装台。被推出的容器碰到行程阀 7 时，又产生 p_1 信号，使阀 5 换向，推动气缸 B 后退至原位，而由输送机构将空容器运至空出的上料工作台 2，同时阀 4 换向，重复上述动作。

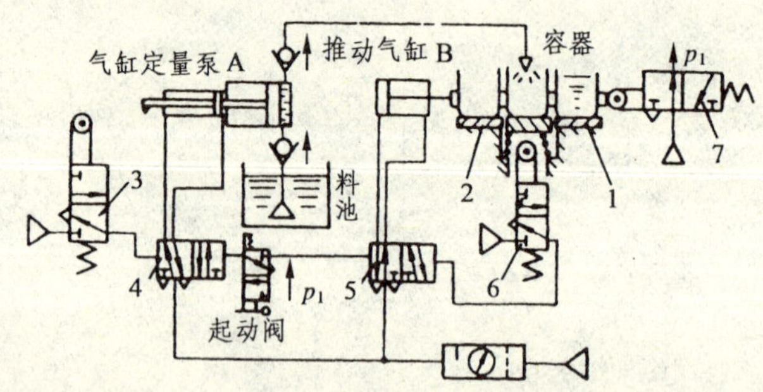

1—下料工作台；2—上料工作台；3、6、7—行程阀；4、5—阀

图 7.1 液体自动定量灌装机的气动系统

(2) 气动系统的特点

① 使用气缸定量泵能快速地提供大量液体，效率高。

② 空气能防火，故系统运行安全。

③ 结构简单、维修简便。

2. 液面自动控制装置气动系统

(1) 气动系统的工作原理

如图 7.2 所示，本装置用于将容器中的液体保持在一定高度范围内。打开启动阀 1，压缩空气经气动操作阀 2 使主阀 3 换向，输出压力 p_1，打开注水阀 7，从而对容器加水。当水位低于液面下限时，下限检测传感器 9 产生 p_1 信号，经先导阀 5 放大后关闭气动操作阀，使主阀右侧泄压，为换向作准备，此时仍保持记忆状态，使注水阀继续向容器内注水。当水位超过液面上限时，产生 p_2 信号，打开先导阀 4 时主阀换向，从而压力 p_1 消失，即关闭注水阀，而产生压力 p_2 打开放水阀 8。随着液体的流出，液面下降，p_2 信号消失，先导阀 4 复位，但主阀仍记忆在放水位置，直到液面下降至下限以下，p_1 信号消失，先导阀 5、气动操作阀复位，使主阀换向，再重复上述过程。

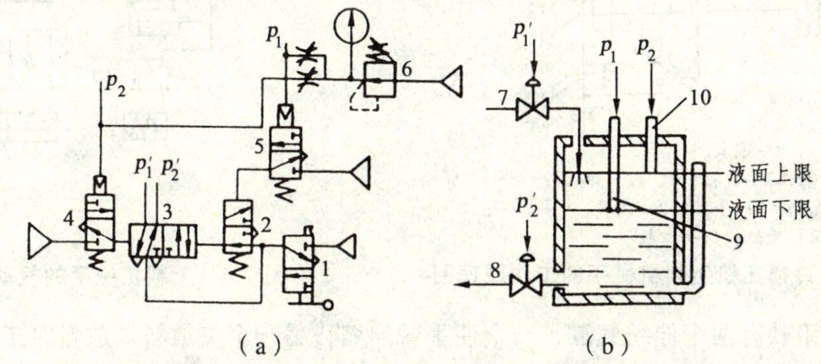

1—启动阀；2—气动操作阀；3—主阀；4、5—先导阀；6—调压阀；7—注水阀；8—放水阀；9—液面下限检测传感器；10—液面上限检测传感器

图 7.2　液面自动控制装置气动系统图

(2) 气动系统的特点

① 使用空气介质来检测液面高度，能适应恶劣的工作环境。

② 成本低、维修方便。

③ 液面变化速度极慢时，动作不大稳定。

④ 液面位置精度较低。

二、气动机械手

气压传动在工业机械手、特别是高速机械手中应用较多。它的压力一般在 0.4～0.6 MPa，个别达 0.8～1.0 MPa，臂力压力一般在 3.0 MPa 以下。下例是气压传动机械手在 160 t 冷挤压机上的应用情况介绍。

1. 气动系统工作原理图

160 t 冷挤压机用于生产活塞销，采用冷挤压的方法直接将毛坯挤压成型。挤压机两侧分别安装有上料和下料两台机械手。机械手采用的行程开关由固定程序控制，控制系统与机器控制系统配合，由上料机械手控制机器滑块的上压和原料补充，下料机械手则由机器滑块的回升来控制。

图 7.3 是上料机械手的动作原理图。气缸 1 推动齿条 2，带动齿轮 3 和锥形齿轮 12，同时带动立柱 11 旋转。这样，固定在立柱上的压料气缸 10 及手臂随之旋转。而锥齿轮 12 则经锥齿轮 4 带动手臂使其绕手臂轴 5 自转，从而使工件轴心线由水平为之转成垂直位置。然后手臂伸缩气缸 6 推动手臂伸出，使工件轴心线对正机器轴心线。压料气缸 10 随之推动压臂，将工件压入模孔，完成上料任务。最后各气缸反向动作复原，手臂伸缩气缸伸出手抓料并退回，完成一个动作循环。上料机械手的气动系统原理如图 7.4 所示。

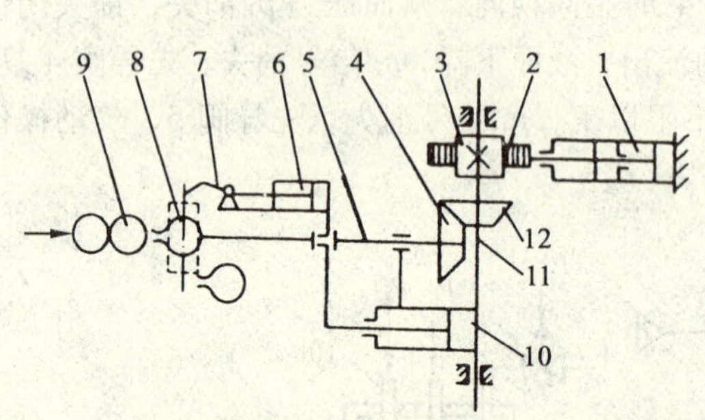

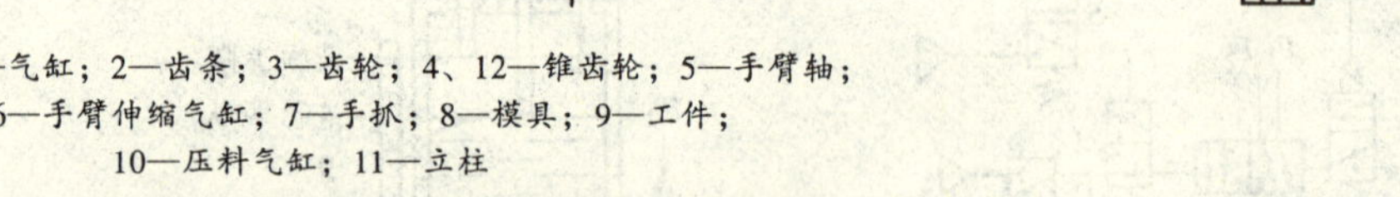

1—气缸；2—齿条；3—齿轮；4、12—锥齿轮；5—手臂轴；
6—手臂伸缩气缸；7—手抓；8—模具；9—工件；
10—压料气缸；11—立柱

图 7.3　160 t 冷挤压机上料机械手的工作原理图

图 7.4　上料机械手的气动系统原理图

下料机械手共有两个伸缩气缸，一个使手臂伸缩，另一个夹放料，放料时工件从料槽滑入料箱。此过程较简单，不再用图示说明。

2. 气动系统的特点

① 不用增速机构就能获得较高的运动速度，使其能快速自动地完成上下料动作。

② 结构简单、刚性好、成本低。

③ 空气泄漏基本无害，对管路要求低。

④ 为保证机械手的速度均匀、动作协调，系统中需要增设一定的气动辅助元件，如蓄压器、压力继电器等。

三、气动伺服系统

1. 气动伺服定位系统

(1) 系统的工作原理

气动伺服定位系统可以根据输出的电信号使气缸活塞在任意位置定位。目前，德国费斯托（FESTO）公司所研制的气动伺服定位系统定位精度达 ±0.2 mm，活塞最高速度可达 3 m/s。

图 7.5 为一气动伺服定位系统的工作图。其由电-气方向比例阀 1、气缸 2、位移传感器 3、控制放大器 4 等组成。该系统的基本原理是通过控制放大器、电-气比例阀、气缸的调节作用，使输入电压信号 u_e 与气缸位移反馈信号 u_f（u_f与气缸位移之间是线性关系）之差 Δu 减小至趋于零，从而实现气缸位移对输入信号的跟踪。

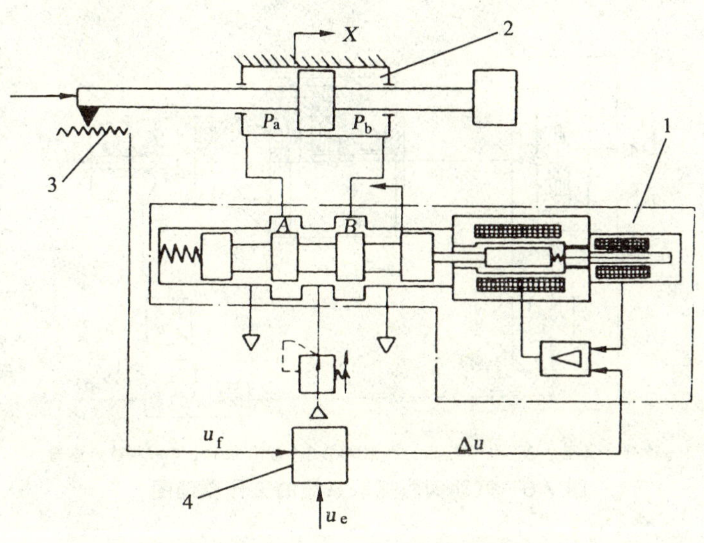

1—电—气方向比例阀；2—气缸；3—位移传感器；4—控制放大器

图 7.5　气缸伺服定位系统原理图

具体调节过程如下：当给定的输入信号 u_e 大于反馈信号 u_f，即 $\Delta u>0$ 时，控制放大器输出电流 I 增大，电-气比例阀的阀芯左移，气源口与 A 口之间的节流面积增大，从而使气缸 A 腔的压力 P_a 升高，推动气缸 2 的活塞右移。气缸活塞的右移使反馈电压信号 u_f 增大，电压偏差 Δu 随之减小。如此反复，直至 Δu 几乎为零。反之，当给定的输入信号 u_e 小于反馈信号 u_f，即 $\Delta u<0$ 时。通过与上述相反的调节过程使偏差趋向零。在达到稳定时，$\Delta u=0$，即 $u_e=u_f=kx$，式中 k 为比例系数，x 为气缸活塞位移。如此实现输入信号 u_e 对气缸活塞位移 x 的定位控制。

(2) 系统特点

气动伺服定位系统可在很短时间内实现跟踪定位，活塞行程短、动作快、成本低廉，且能保证一定的定位精度。

2. 气动伺服抓取系统

(1) 系统的工作原理

图 7.6 是气动伺服抓取系统的工作原理图。其由控制放大器 1、电—气压力伺服阀 2、抓取机构 3、滑移传感器 4 等组成。滑移传感器的作用是当滑轮转动时，产生输出电压信号 u_e。控制放大器的作用则是将滑移传感器输给的信号 u_e 与设定的初始电压信号 u_0 相加，并将两者之和 u_e+u_0 线性放大，再转换为电流信号输出。

系统工作过程如下：当抓取机构接近工件时，抓取系统开始工作。由于此时滑移传感器尚未动作，故 $u_e=0$，控制放大器仅输入初始电压信号 u_0，电—气压力伺服阀输出相位的初始气压 p_0，驱动抓取机构抓取工件。由于初始电压信号是根据工件质量范围的下限设定的，因此，开始抓取时由于抓取力不够使工件在抓取机构上滑动，从而带动滑移传感器的滑轮转动而产生电压信号 u_e，u_e 的加入使控制放大器的电流增大，电—气压力伺服阀输出气压随之增高，最终使抓紧力增大。这个过程一直持续到抓紧力增大到刚好能抓起工件为止。

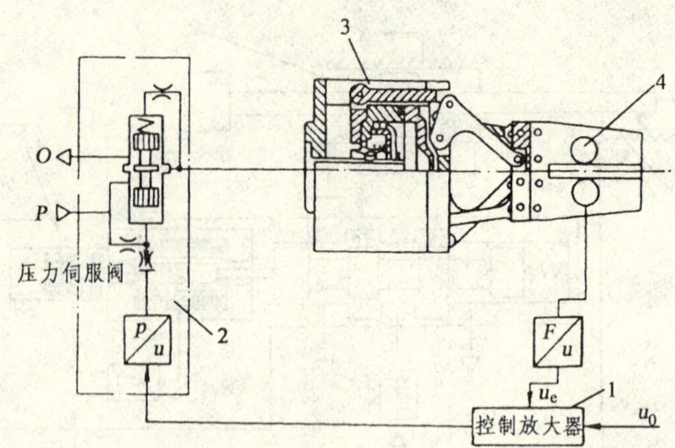

1—控制放大器；2—电—气压力伺服阀；3—抓取机构；4—滑移传感器

图 7.6 气动伺服抓取系统的工作原理图

(2) 系统特点

本系统能自动地根据被抓取对象的质量实时调节抓取力，工作可靠，且能保证工件表面不受破坏。利用这种气动伺服抓取系统，还可以使一台机器手完成多种任务，提高设备利用率。

第二节 典型液压传动系统

为了使液压设备实现特定的运动循环或工作，将能实现各种控制功能的阀和实现不同运动的执行元件及它们所组成的液压回路拼集、汇合起来，用液压泵集中供油，就构成了设备的液压传功系统，简称液压系统。

液压系统图表示了系统内所有种类液压元件的连接和控制情况，以及执行元件实现各种运动的工作原理。本节通过对典型液压系统的学习与分析，进一步加深对各种液压元件及回路的综合应用与理解，为调整、维护、使用液压系统打下基础。

分析和阅读液压传功系统图时，大致可按以下步骤进行:

① 了解液压传动的功用、加工工艺对液压系统的工作要求，以及液压设备的工作循环。

② 初步阅读液压系统原理图、并按执行元件将其分成若干个子系统，如进给系统、夹紧系统等。

③ 对每个子系统进行分析，了解组成每个子系统的基本回路、各液压元件在回路中的作用以及元件间的相互关系。按执行元件的运动工作循环和动作要求，搞清楚如何实现每步动作的进油和回油。

④ 分析各系统之间的联系，如顺序、同步、互锁或联动等，这些联系又是如何实现的。

⑤ 归纳出液压系统的特点和设备正常工作的要领，加深对整个液压系统的理解。

一、组合机床动力滑台液压系统

1. 概 述

组合机床液压动力滑台是组合机床上的主要通用部件，用来实现进给运动。只要在滑台上配置各种用途的主柱头，即可完成钻、扩、铰、镗、刮端面、倒角、攻螺纹等加工工序。

图 7.7 为液压动力滑台液压系统的原理图。该系统采用限压式变量叶片泵和两个调速阀组成的容积节流调速回路，用电液动阀实现换向，二位二通电磁实现两种工作进给的转换，快速进给采用差动连接回路，快进和工进的切换由行程阀来实现功能。

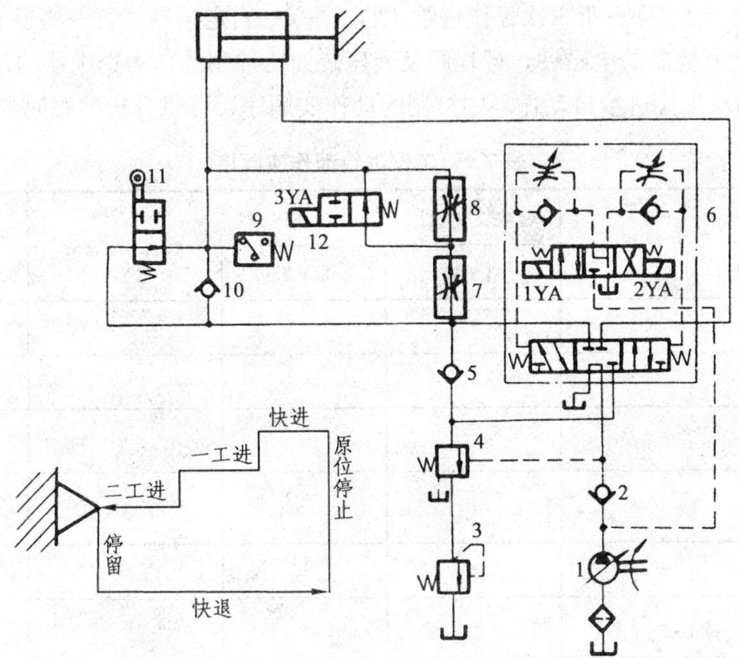

1—液压泵；2、5、10—单向阀；3—背压阀；4—顺序阀；6—电液动换向阀；7、8—调速器；9—压力继电器；11—行程阀；12—电磁换向阀

图 7.7　液压动力滑台的液压系统原理图

液压泵 1 为限压变量叶片泵，与调速阀 7、8 一起组成容积节流调速回路。

调速阀 7、8 串接在液压框的进油路上，形成进油节流调速。两阀分别调节第一次工进和第二次工进的速度。

二位二通电磁换向阀 12 用于换接两种不同的进给速度。

二位二通行程阀 11 和调速阀 7、8 并联，用于实现液压缸快进与工进的换接，即当行程挡铁未压到 11 的滚轮时，压力油经阀 11 进入液压缸，实现快进；当行程挡铁将行程阀 11 的滚轮压下时，压力油只能通过调速阀流入液压缸，实现工进。

液控顺序阀 4 阀口的打开与关闭受系统压力的控制。工进时，系统压力高，阀 4 打开，液压缸回油经此阀流回油箱。快进时，系统压力低，阀 4 关闭，液压缸有杆腔的回油只能流入无杆腔，形成差动联接，提高快进速度。

背压阀 3 串接在回油管路上，当工作进给结束碰到固定挡铁而停留时，进油压力升高，压力继电器动作，发出快退信号，使用磁铁 1YA 断电，2YA 通电，液压缸运动换向。

液压缸为缸体移动式单杆活塞缸，进、回油路从空心活塞杆的尾端接入（图中未画出）。

单向阀 2、5、10 起防止油液倒流的作用。其中单向阀 2 的作用是防止系统油液倒流，保护液压泵，若无此阀，则在电动机停止转动的瞬间，系统中的压力油会经过液压泵而流回油箱，加剧泵的磨损。

2. 系统的工作原理

本液压系统（见图 7.7）可以实现多种自动工作循环，较典型的工作循环是：快进→第一次工作进给（一工进）→第二次工作进给（二工进）→固定挡铁停留→快退→原位停止。自动循环是由挡铁所控制的电磁铁、行程阀及液压缸油压控制的压力继电器的动作来实现的。表 7.1 列出了两次工作进给自动循环中控制的动作实顺序，可供分析油路时参考。

表 7.1 工作进给动作实顺序

动作顺序	压力继电器	电磁铁			行程阀
		1YA	2YA	3YA	
快进	−	+	−	−	−
一工进	−	+	−	−	+
二工进	−	+	−	+	+
固定挡铁停留	+	+	−	+	+
快退	−	−	+	−	+
原位停止	−	−	−	−	−

注：“+”表示压力继电器发出电信号，电磁铁得电或行程阀压下；“−”表示压力继电器未发出电信号，电磁铁失电或行程阀松开。

(1) 快 进

按下启动按钮，电磁铁 1YA 通电，电液动换向阀 6 的先导阀阀芯向右移动使主阀芯向右移，换向阀 6 的左位接入系统，这时的油路为：

① 进油路：变量泵 1→单向阀 2→换向阀 6（左位）→行程阀 11（下位）→液压缸左腔。

② 回油路：液压缸右腔→换向阀 6（左位）→单向阀 5→行程阀 11（下位）→液压缸左腔。

由于这时液压缸的左右两腔都通有压力油，形成了差动联接回路，且此时滑台的负载较小，系统压力较低，所以变量泵 1 输出流量大，滑台快速前进（图中向左）。

(2) 第一次工作进给

当滑台快进入终了时，挡铁压下行程阀 11 的滚轮。压力油经调速阀 7 和电磁换向阀 12 流入液压缸的左腔，运动速度开始变慢，由于液压油流经调速阀，系统压力升高，将阀 4 打开，单向阀 5 的上部压力大于其下部压力，使单向阀 5 关闭，切断液压缸的差动回路，而其他元件的状态仍与快进时相同。回油经液控顺序阀 4 和背压阀 3 流向油箱，滑台转换为第一次工作进给。这时的油路为：

① 进油路：变量泵 1→单向阀 2→换向阀 6（左位）→调速阀 7→换向阀 12（右位）→液压缸左腔。

② 回右路：液压缸油腔→换向阀 6（左位）→顺序阀 4→背压阀 3→油箱。

因为工作进给时系统压力升高，所以变量泵 1 的流量自动减少，以适应工作进给时小流量的需求，进给量大小由调速阀 7 调节。

(3) 第二次工作进给

滑台第二次工作进给与第一次工作进给的情况基本相同。不同之处在于第一次工作结束时，挡铁压下相应的电气行程开关，使电磁阀 12 的电磁铁 3YA 通电，电磁阀 12 的右位接入系统，这时进油路需要经过 7 和 8 两个调速阀的进油量比阀 7 小，所以第二次工作进给的速度比第一次工作进给的速度低一些。

(4) 固定挡铁停留

滑台第二次工作进给结束后，碰到挡铁的动力滑台停留挡铁处，同时系统压力进一步升高，当压力高到压力继电器 9 的调定压力值时，压力继电器动作。经过继电器延时，再发出信号使滑台返回。滑台的停留时间由继电器进行调整。

(5) 快　退

时间继电器发出信号，使 2YA 通电，1YA、3YA 断电，这时换向阀 6 的右位接入系统，结果使滑台快速退回。这时的油路为：

① 进油路：液压泵 1→单向阀 2→换向阀 6（右位）→液压缸右腔。

② 回油路：液压缸左腔→单向阀 10→换向阀 6（左位）→油箱。

这时系统压力较低，变量泵 1 输出流量大，滑台快速退回。当滑台后退一定距离后（即到达一工进的起点），行程阀 11 松开，但对快速退回动作没有影响，只是使回油更畅通。

(6) 原位停止

所有电磁铁均断电，换向阀 6 和行程阀 11 处于图示位置。变量泵 1 输出的油液压力升高，液控顺序阀 4 打开，同时变量泵 1 的流量自动减至最小（约等于顺序阀 4 的泄漏量），经单向阀 2、换向阀 6 流回油箱，液压缸没有液压油流入，滑台停在原位。

二、数控机床液压系统

随着机电技术的发展，特别是数控技术的飞速发展，机床设备的自动化程度和精度越来越高，使适合于电控和自控的液压与气动技术得到了充分应用。无论是一般数控机床还是加工中心，液压与气动都是其有效的传动与控制方式。下面以数控车床为例说明液压技术在数控机床上的基本应用。

MJ50 数控车床的卡盘夹紧与松开、卡盘夹紧力的高低压转换、回转刀架的松开与夹紧、刀架刀盘的正转和反转、尾座套筒的伸出与退回，都是由液压系统驱动的。液压系统中各电磁阀电磁铁的动作是由数控系统的 PLC（可编程序控制器）控制实现的。图 7.8 所示为 MJ50 数控车床的液压系统原理图。

机床的液压系统采用单向变量液压泵，系统压力调至 4 MPa，由压力计 14 显示。泵出口的压力油经过单向阀进入控制油路，其工作原理分析如下。

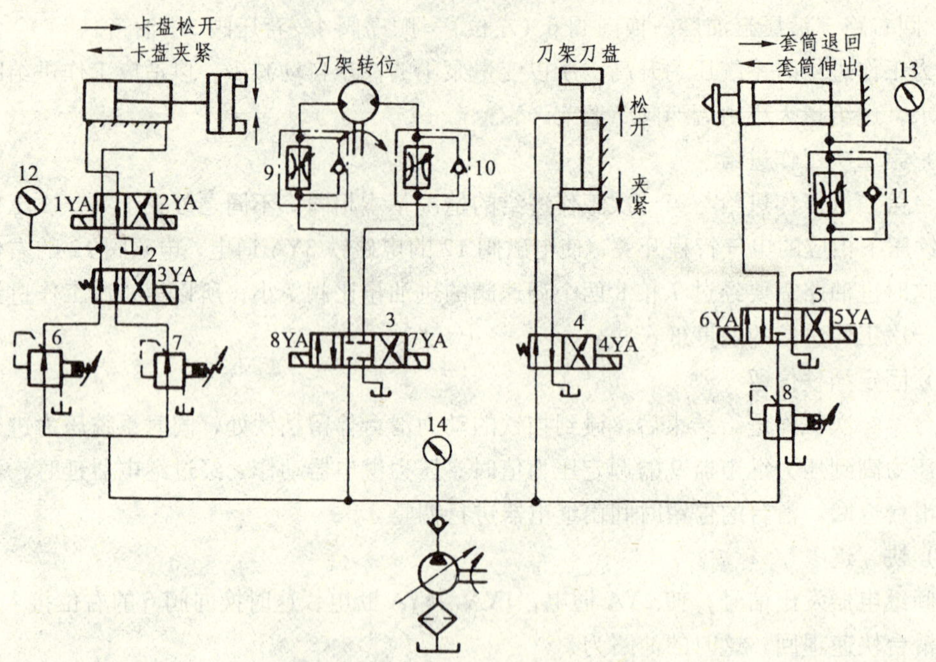

图 7.8 数控车床的液压系统图

1. 卡盘的夹紧与松开

当卡盘处于正卡（也称外卡）且高压夹紧状态下，夹紧力的大小由减压阀 6 来调整，由压力计 12 显示卡盘压力。3YA 断电、1YA 通电，系统压力油经阀 6→阀 2（左位）→阀 1（右位）→液压缸左腔→液压缸的右腔经阀 1（右位）直接回油箱。活塞杆右移，卡盘松开。

当卡盘处于正卡且在低压夹紧状态下，夹紧力的大小由减压阀 7 来调整。当 1YA、3YA 通电时，系统压力油经阀 7→阀 2（右位）→阀 1（左位）→液压缸右腔，卡盘夹紧；反之，当 1YA、3YA 通电时，系统压力油经阀 7→阀 2（左位）→液压缸左腔，卡盘松开。

2. 回转刀架动作

回转刀架换刀时的动作是：刀盘松开→刀盘转到指定的刀位→刀盘复位夹紧。

二位四通电磁阀 4 控制刀盘的夹紧与松开。三位四通电磁阀 3 控制刀盘的正转和反转，单向调速阀 9 和 10 控制刀盘的旋转速度。

当 4YA 通电时，阀 4 右位工作，刀盘松开；4YA 断电时，阀 4 在位工作，刀盘夹紧。当 8YA 通电时，系统压力油经阀 3（左位）→调速阀 9→液压马达，刀架正转；若 7YA 通电，系统压力油经阀 3（右位）→调速阀 10→液压马达，刀架反转。

3. 尾座套筒伸缩动作

尾座套筒的伸出与缩回由一个三位四通电磁阀 5 控制。当电磁铁 6YA 通电、5YA 断电时，系统压力油经减压阀 8→阀 5（左位）→液压缸左腔；液压缸右腔油液经单向阀 11→阀（左位）回油箱，套筒伸出。当电磁铁 6YA 和 5YA 都通电时，系统压力油经减压阀 8→电磁阀 5（右位）→阀 11；液压缸右腔的油液经电磁阀 5（右位）直接回油箱，套筒缩回。

套筒伸出时工作预紧力大小通过减速阀 8 来调整，并由压力计 13 显示；伸出速度由调速阀 11 控制。各电磁阀电磁铁的动作如表 7.2 所示。

表 7.2　电磁铁的动作顺序表

动作 \ 电磁铁线圈			1YA	2YA	3YA	4YA	5YA	6YA	7YA	8YA
卡盘正卡	高压	夹紧	+	−	−					
		松开	−	+	−					
	低压	夹紧	+	−	+					
		松开	−	+	+					
卡盘反卡	高压	夹紧	−	+	−					
		松开	+	−	−					
	低压	夹紧	−	+	+					
		松开	+	-	+					
回转刀架	刀架正转								−	+
	刀架反转								+	−
	刀盘松开					+				
	刀盘夹紧					−				
尾座	套筒伸出						−	+		
	套筒缩回						+	−		

注："+"表示电磁铁通电；"−"表示电磁铁断电。

第三节　机-电-液联合控制实例

在前面的学习过程中，已经讲述了电-液控制信号相互转换，实现设备有序动作的例子。本节通过对 CB7620 卡盘多刀半自动车床控制过程的介绍，加深对设备采用多种控制方式时其相互配合的重要性认识。

图 7.9 为 CB7620 车床的外形结构图。半自动车床主要用于加工盘类、环类工件，粗车和精车内外圆、端面、沟槽等，特别适合于批量生产。机床采用插销预选程序的继电器控制系统，刀架采用液压驱动，能实现各种半自动循环。机械部分有床身、主轴箱、前后两个刀架、液压卡盘、液压刹车等部分组成。在液压与电气的联合控制下，根据工件加工工艺要求，合理地选用所需要的动作循环。

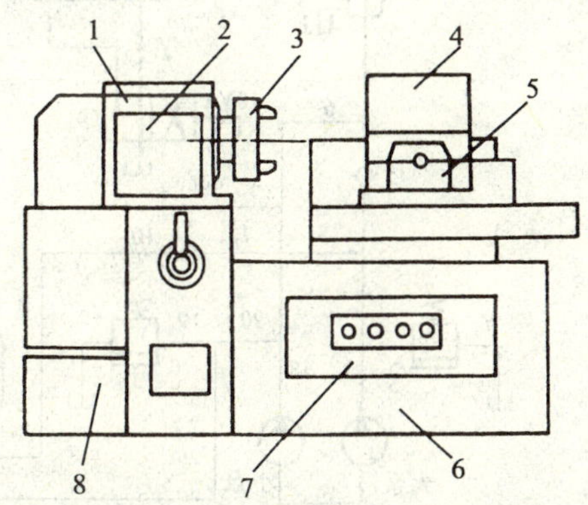

1—主轴箱；2—操纵板；3—卡盘；4—后刀架；5—前刀架；6—床身；7—液压阀；8—液压刹车

图 7.9　CB7620 车床的外形结构图

一、机械部分

1. 主轴箱

主轴箱内有 4 根轴，通过 3 个滑移齿轮副，变换 12 级速度，利用手柄换挡。

2. 刀　架

刀架由液压驱动，利用死挡铁来限定刀架最终的移动位置。

3. 夹紧液压缸

夹紧液压缸安装在主轴的后端，压力油经电磁换向阀由分油套进入液压缸的前后腔，推动活塞及拉杆前后移动，使斜楔式液压卡盘完成夹紧和松开的动作。

4. 刹车机构

压力油经二位四通电磁换向阀，进入刹车液压缸的前后腔，推动活塞及拉杆前后移动，使制动钳口开合，抱紧或松开制动盘，完成主轴的制动。

二、液压系统

CB7620 多刀半自动车床的液压系统如图 7.10 所示。它主要完成前后刀架的前进与后退、工件的夹紧和主轴的刹车制动等。

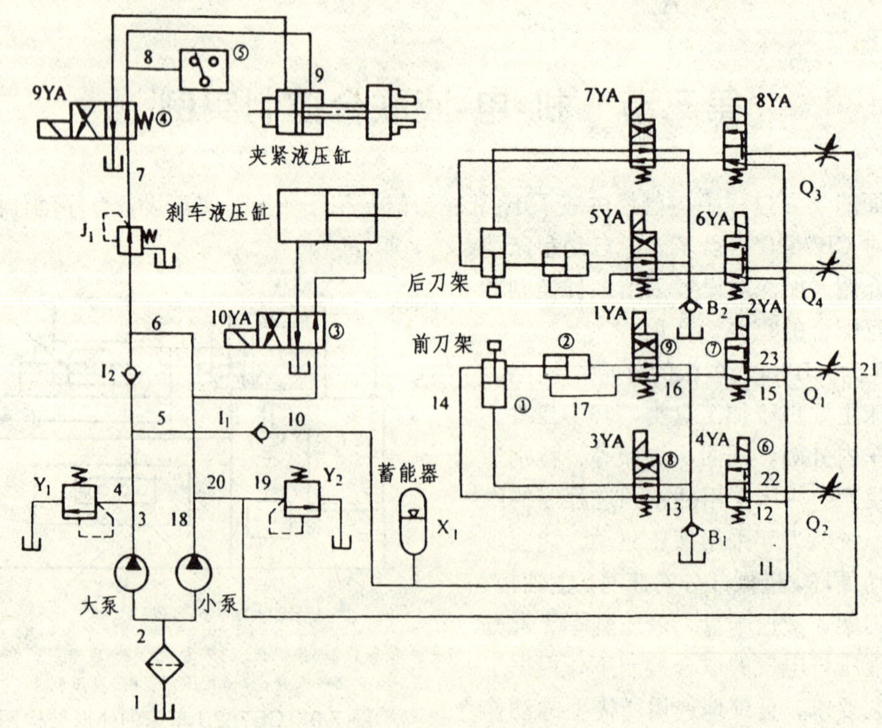

图 7.10　CB7620 车床的液压系统图

整个液压系统的动力由电动机拖动液压泵供油。本系统采用 YB25/6—63 双联叶片泵从油箱 1 中抽油，在工进时小泵供油，大泵则经 Y_1 溢流。在快退时，由于小泵流量不够，油压降低，此时大泵便推开单向阀 I_1 和 I_2，向系统供油，保证系统所需的流量。至于大泵何时开始供油，可用调节单向阀 I_1、I_2 的旋钮位置的办法确定。

1. 夹紧液压缸油路

来自小泵的压力油经减压阀 J_1 换向阀④进入夹紧液压缸小腔，活塞向左移动。在移动过程中，原管路油压下降，当低于大泵溢流阀 Y_1 所调整的压力时，大泵的压力油便推开单向阀 I_2 流入夹紧液压缸小腔内，加快活塞的左移速度。当活塞达到终点时，压力油又回升到原来值，由于管 6 的压力高于管 5 的压力，I_2 关闭，此时工件处于夹紧状态。当电磁铁 9YA 得电，电磁阀换向，压力油进入夹紧液压缸大腔，重复上述相同过程，活塞右移退回，工件松开。在夹紧液压缸与电磁阀④的管路之间，接有压力继电器⑤，工件未夹紧时，压力继电器不接通，由于电气的互锁作用，机床不能起动。

2. 主轴刹车油路

来自小泵经溢流阀 Y_2 所调定的压力油，经管 20 及电磁阀③进入刹车液压缸小腔，活塞左移，完成刹车。当电磁铁 10YA 通电时，电磁阀换向，压力油进入液压缸大腔，活塞右移，脱离制动。

3. 刀架油路

前后两个刀架是完全相同的节流调速系统。以前刀架为例，来自小泵的压力油，沿管路 20、21 经调速阀 Q_2 进入换向阀⑥。同样管路 21 的压力油也经调速阀 Q_1 进入电磁阀⑦，在电磁铁 1YA、2YA、3YA 和 4YA 都断电时（图中表示断电状态），小泵送来的压力油停留在阀体内。另一路大泵的压力油推开单向阀 I_1 到管路 10，经蓄能器 X_1 到管路 11，分别经阀⑥、⑦输入到二位四通阀⑧、⑨，再沿着管路 14、17 输入到横、纵液压缸①、②的腔内，此时活塞快速移动直到顶死，刀架退回原位。若 1YA、3YA 接通后，则换向阀改变油路方向，压力油进入大腔，刀架快进。当 2YA、4YA 通电时，阀⑥、⑦起作用，将原 12、15 的油路封闭，同时接通 22、23 的压力油，经阀⑧、⑨进入液压缸。由于管路 22、23 压力油是经阀 Q_1、Q_2 供给的，大泵的油路被封闭，因此刀架由快进变为工进。前后刀架的回油路分别经可调背压阀 B_1、B_2 回到油箱，提高刀架行程运动的稳定性。

要注意的是，车床的横向进给是径向（即 X 轴方向）的运动，纵向进给是轴向（即 Z 轴方向）的运动。

三、电气控制系统

机床的电气控制系统采用传统的继电器—接触器结构，用按钮和接触器控制液压泵电动机。主轴电动机的起停，用矩阵插销板编程，配合限位开关来决定工步的转换和刀架的动作。这里只介绍刀架运动的控制。

刀架纵向、横向进退，是自动车床的基本运动。在 CB7620 车床中，通过电磁阀控制液压缸的运动。根据液压系统原理图，表 7.3 列出了电磁阀的动作。

表 7.3 电 磁 阀 动 作 表

电磁铁序号			1	2	3	4	5	6	7	8	9	10
前刀架	快进	纵	+	−								
		横			+	−						
	工进	纵	+	+		(+)						
		横		(+)	+	+						
	快退	纵	−	−								
		横			−	−						
	工退	纵	−	+								
		横		(+)	−	(+)						
	停止		−	−	−	−						
后刀架	快进	纵					+	−				
		横							+	-		
	工进	纵					+	+		(+)		
		横							(+)	+	+	
	快退	纵					−	−				
		横							−	−		
	工退	纵					−	+				
		横							(+)	−	+	
	停止						−	−	−	−		
卡盘	夹紧										−	
	松开										+	
刹车	制动											−
	松开											+

注："+"表示电磁铁通电；"−"表示电磁铁未得电或断电；"(+)"表示因工艺需要而非逻辑所必需的动作，在这里表示防止横向运动时纵向液压缸发生泄漏，或纵向运动时横向液压缸发生泄漏而设定的动作。

电磁阀的通断由继电器控制，而动作的转换则由安装在机床上的限位开关撞块来实现。

各限位开关的作用如下：

SQ——卡盘夹紧时压合；

SQ1——纵向快进转为工进时被压下；

SQ2——横向快进转为工进时被压下；

SQ3——纵向进给末尾时被压下；

SQ4——横向进给末尾时被压下；

SQ5——纵向原点时被压下；

SQ6——横向原点时被压下；

SQ7——纵向工退转为快退时被压下。

在图 7.11 中表示一个工作循环中各限位开关的转换作用。需要说明的是：因工艺的需要加工一个具体工件时，并不一定选用所有的限位开关。另外，只有 SQ1、SQ2 和 SQ7 具有明确的工作性质的转换作用，例如 SQ1 就是将横向快进转为横向工进的限位开关。SQ3 和 SQ4 只是分别起到将纵向运动转向横向、横向运动转为纵向的转向限位开关，例如，图 7.3 中的 SQ3 并不一定总是将纵向工进转为横向快进，也可能将纵向工进转为横向工退。SQ5 和 SQ6 用于控制车刀的起点或终点的位置。

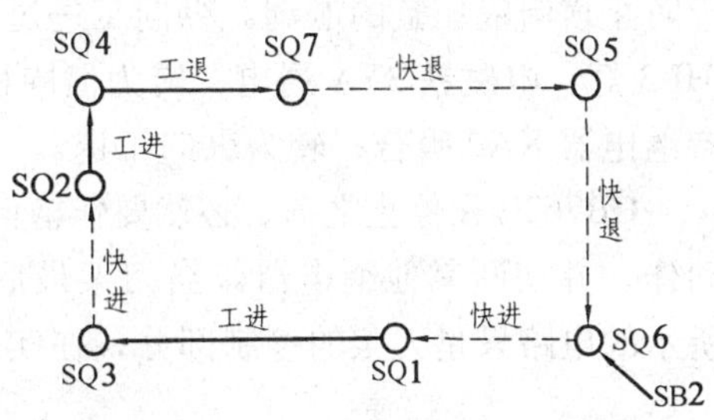

图 7.11　各限位开关的转换作用

图 7.12 (a) 所示为前刀架的编程和继电器控制电路部分，图中下半部分是插销编程板，横线表示转换信号按钮或限位开关，竖线表示 9 种不同的工作状态。图 7.12（b）所示为电磁铁驱动电路。

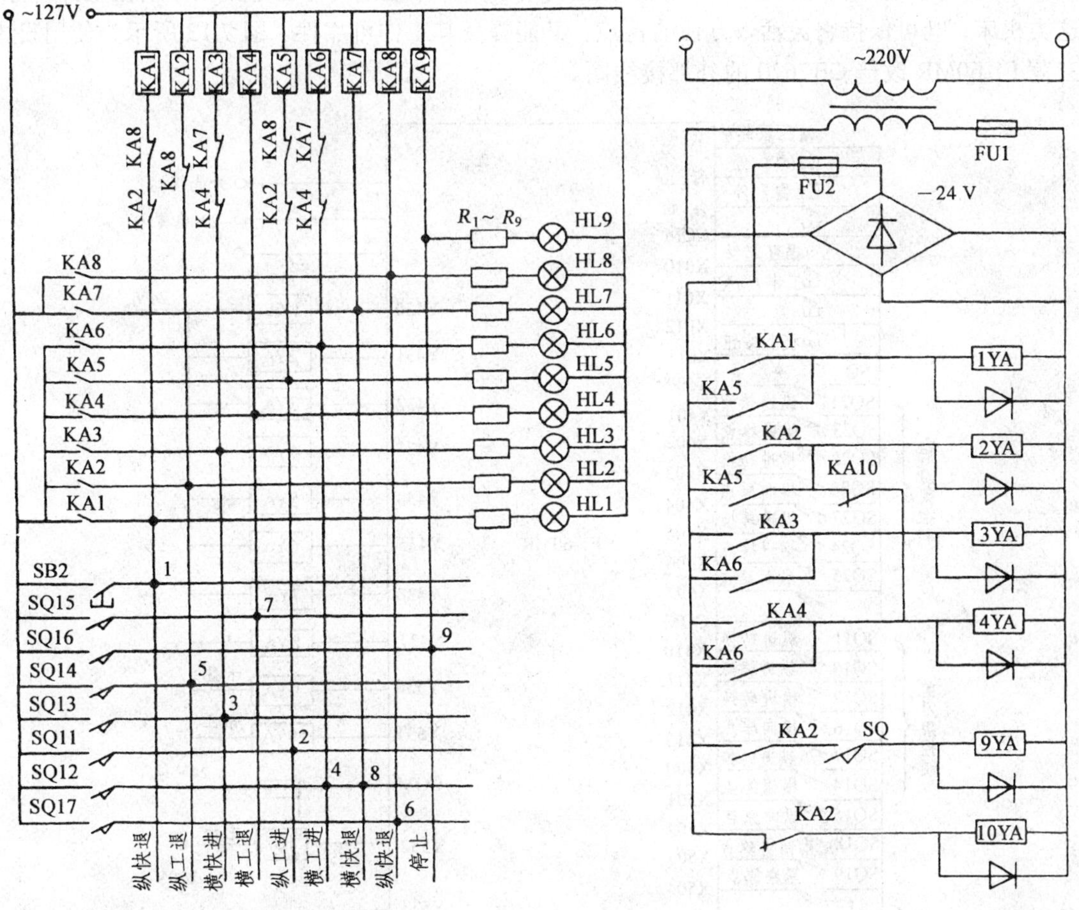

（a）

（b）

图 7.12　前刀架控制电路图

工作过程：按下起动按钮 SB2，继电器 KA1 吸合，并通过触电 KA1 自保，指示灯 HL1 亮，电磁铁 1YA 通电，刀架作纵向快进；压合限位开关 SQ11 后，继电器 KA5 吸合，并通过触点 KA5 自保，指示灯 HL5 亮，电磁铁 2YA 也通电，转为纵向工进；此时 4YA 也通电，用于防止横向液压缸的泄漏。纵向工进过程中压合限位开关 SQ13，继电器 KA3 吸合，指示灯 HL3 灯，电磁铁 3YA 通电，转为横向快进；压合 SQ14 后，切断继电器 KA1 和 KA5，仅保持继电器 KA2 吸合，转为纵向工退。

CB7620 在停止之前，必然要作横向或纵向的快退，KA7 和 KA8 这两个继电器执行相应动作，并切断其他继电器。当刀架最后压合 SQ16 时，KA9 吸合，机床停止工作。图 7.12 所示的电路只是刀架的控制部分，在实际电路中，各种关系的互锁比这要复杂得多。

四、用 PLC 改造 CB7620 继电器电气控制系统

CB7620 自动车床的结构及电气工作原理采用的是插销矩阵编程的方法，因而具有很大的灵活性，对于不同形状的工件，可以方便地变更插销的位置，提高了加工效率。但由于继电器较多，插销接触不良，工作可靠性较差。如用 PLC 来改造（将继电器和插销板全部拆除）这类机床，既可保持它灵活、方便的特点，又能提高其工作可靠性。图 7.13 所示为使用日本三菱 F1-60MR 改造 CB7620 的外部接线图。

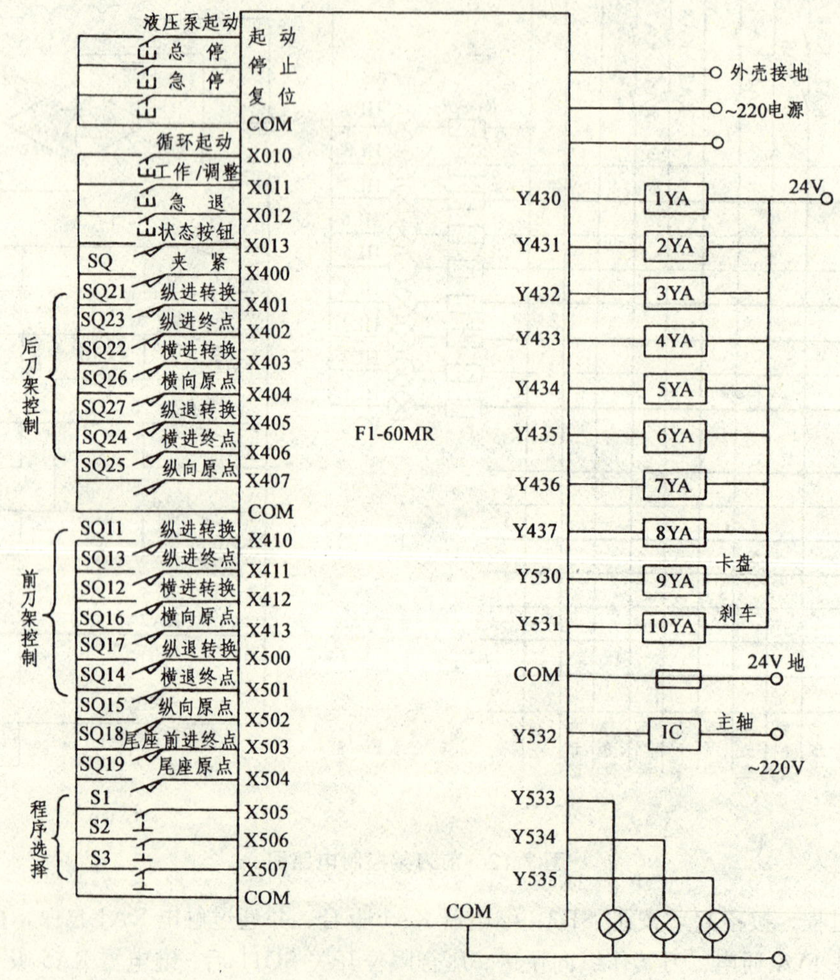

图 7.13 用 PLC 控制 CB7620 的外部接线图

所有的输入按钮和限位开关均利用原有设备，并保持原来的定义。除输入端口 Y532 单独外接电路以驱动主轴电动机的交流接触器外，用 Y430～Y531 输出端口直接驱动电磁阀 1YA～10YA。X505、X506、X507 3 个输入端口接 3 个拨动开关 S_1、S_2、S_3，组成 8 种状态。CB7620 有前后两把刀具，车削尺寸及最终位置都是用限位开关和挡铁严格控制的，用 PLC 改造后更能灵活地变更刀具运动的方向及顺序，完成各种简单工件的车削加工。图 7.14 所示为前刀架车削棒料的工艺过程。

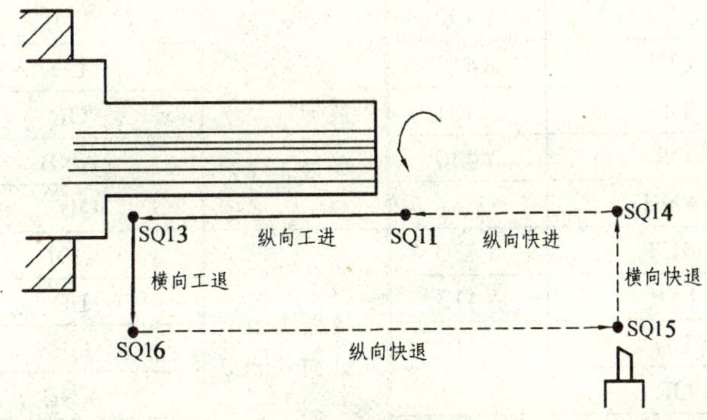

图 7.14 车削棒料的工艺过程

图 7.15 所示为前刀架车削控制电路图，图中也标出了 PLC 的触点号。车削前，必须将已选用的限位开关调整到正确位置。按下按钮 SB2 车削开始，刀架带动车刀先作横向快进，压合 SQ14 限位开关后，转为纵向快进；压合 SQ11 后，纵向快进变为工进，开始切削。纵向工进终点压合 SQ13，为保证棒料端面的质量，经 0.5 s 的延时后，车刀再横向工退；待退至横向原点处压合 SQ16，转为纵向快退，最终压合 SQ15 完成棒料车削过程。

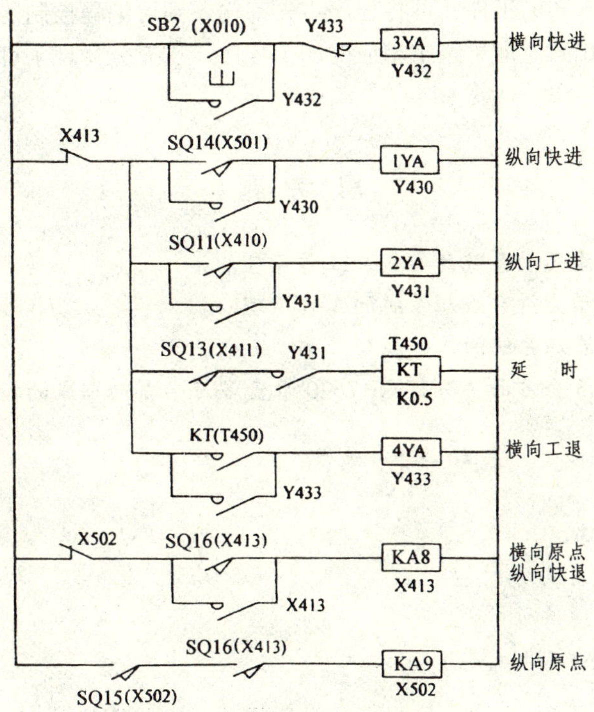

图 7.15 车削控制电路图

表 7.4 所示为对应图 7.15 电路图写出的车削指令表。

表 7.4 车 削 棒 料 指 令 表

加工过程	F1-60MR 指令	数据	加工过程	F1-60MR 指令	数据
横向进给	LD	X010	延时 0.5 s	ANB	T450
	OR	Y432		OUT	0.5
	ANI	Y433		K	X413
	OUT	Y432	横向工退	LDI	X450
纵向快进	LDI	X413		LD	Y433
	LD	X501		OR	
	OR	Y430		ANB	Y433
	ANB			OUT	X502
	OUT	Y430	横向原点纵向快退	LDI	X413
纵向工进	LDI	X413		LD	X413
	LD	X410		OR	
	OR	Y431		ANB	X413
	ANB			OUT	X502
	OUT	Y431	纵向原点车削结束	LD	X413
延时 0.5 s	LDI	X413		AND	X502
	LD	X411		OUT	
	AND	Y431		END	

对于两把车刀同时工作的程序，在上述方法编制基础上，多增加一些指令即可。如果一台车床需要加工几种不同的工件，可将程序事先都输入到可编程控制器的存储器内，拨动开关 S_1、S_2、S_3 至合适位置，即可选中相应的加工程序，这充分体现了可编程控制器灵活、方便的特点。

思 考 题

1. 试分析几种典型气动系统的组成和工作原理。
2. 分析组合机床动力滑台液压系统的工作原理。
3. 分析数控机床液压系统的工作原理。
4. 从机、电、液 3 个方面，分析 CB7620 卡盘多刀半自动车床的控制过程。

第八章 电动机控制技术

在机电控制系统中，直流电动机、交流电动机和步进电动机都是必不可少的执行元件、检测元件、放大元件和计算元件。从基本的电磁感应原理来说，3 种电动机并没有本质上的差别，但由于它们采用的电源（控制信号）不同，因此 3 种电动机的起动和运行特性是不一样的。在自动控制系统中，我们着重要求电动机的运行控制特性具有高精度、高可靠性和快速响应的特点。

第一节 直流电动机控制技术

本节重点讨论直流电动机的调速控制技术。直流电动机的调速方法有很多种。在调速性能要求低的场合，采用开环系统即可以满足要求；对要求精确调速和快速响应的场合，应采用闭环反馈调速系统；对稳态和动态性能要求很高且需制造出高质量产品的应用场合，可采用数字锁相环调速系统；若控制系统非常复杂且要求具有多功能运行的场合，宜采用计算机控制系统。目前由专用集成电路组成、由微处理器控制的数控直流调速系统，具有硬件简化、控制灵活、结构紧凑和安全可靠等一系列优点，是当代直流调速系统发展的方向之一。

一、相控晶闸管直流调速系统

1. 开环调速系统

图 8.1 为相控晶闸管开环调速系统原理图。调节触发电路 GT 的输入电压 U_c，使它的输出触发脉冲相位 α 作相应变化。晶闸管控制极在不同相位触发脉冲作用下，就会使整流器将单相或三相交流电整流为大小可控的电压 U_d，从而实现转速的平滑调速。图中平波电抗器 L 起滤波和续流作用，是改善系统性能的重要元件。

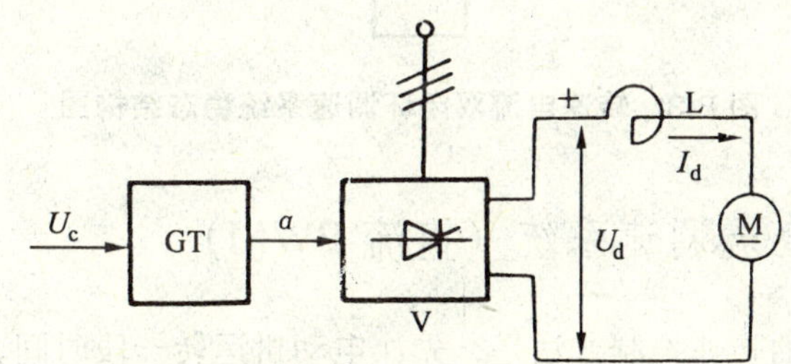

V—晶闸管可控整流器；GT—触发电路；M—电动机；L—平波电抗器

图 8.1 相控晶闸管开环调速系统

相控晶闸管调速系统一般分为单相和三相两种。单相拖动用于小容量场合，中容量和大容量的直流拖动都采用三相电源。

2. 单闭环相控晶闸管直流调速系统

开环相控晶闸管调速系统靠触发电路的控制电压调节转速，但这种控制方式的机械特性较软，即对应某一相位角 α，随着负载的增加，电动机的转速明显下降。

因此，开环系统不能满足有一定调速性能要求的设备需要。实际上，大多数调速系统都是采用闭环反馈控制的。这种系统精度高、动态响应快，对负载和电压的波动等扰动具有较强的抵抗能力。此外，闭环系统还能提供电路的保护作用。因此，高性能电气拖动系统必须采用闭环控制系统。

图 8.2 为转速负反馈闭环调速系统图，如把图中 R_1 串联一个电容到运算放大器（简称运放）的输出端，即为采用 PI 调节器的单闭环调速系统，可以消除静差。此外，还有电压负反馈调速系统、带电流正反馈的电压负反馈调速系统、具有电流截止负反馈的转速调速系统，以及转速电流双闭环调速系统（见图 8.3）等。

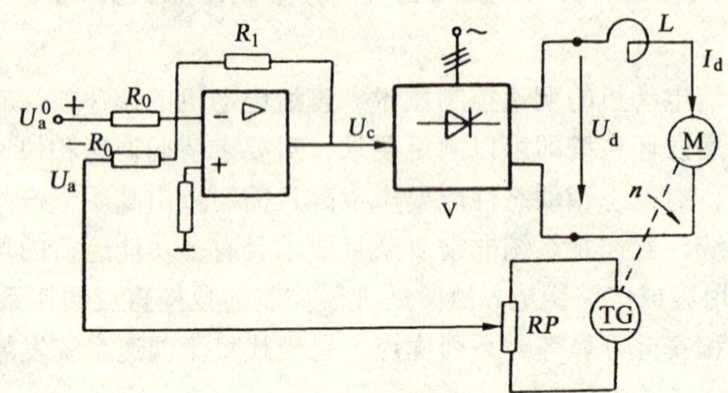

图 8.2 转速负反馈闭环调速系统

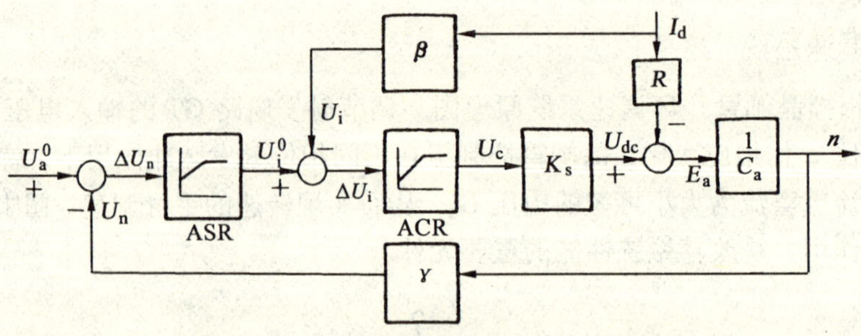

图 8.3 转速电流双闭环调速系统稳态结构图

二、脉冲宽度直流调速系统（直流 PWM）

小功率直流电动机的转速控制方法是：先让电动机运转一段时间，然后切断电源，由于惯性，电动机将继续转动一段时间；在电动机尚未停止之前，再次接通电源，于是电动机再次加速。这样，改变电动机通断时间的比例即可达到调速目的。

通常采用脉冲宽度直流调速，即直流 PWM。设脉冲宽度为 t，脉冲周期为 T，电动机的平均转速可用公式求得：

$$n_d = n_{max}D$$

其中，$D=t/T$，称为占空比。占空比越大，转速越高；反之转速越低。

1．开环 PWM 系统

图 8.4 为单片机实现的脉冲宽度调速控制系统。

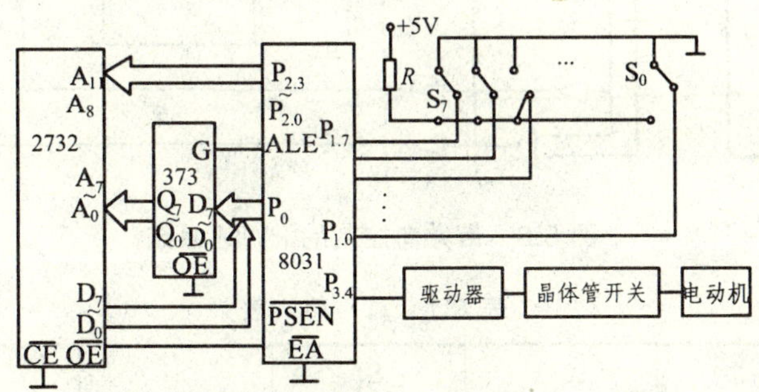

图 8.4　单片机 PWM 系统

这里，2732 用于固化控制程序，占用地址空间为 0000~0FFFH，片选控制端接地，处于常选状态。8031 的 4 个 I/O 端口 P_0 和 P_2 作为地址数据线。P_1 口作为输入口，读设定的开关数 N。$P_{3.4}$ 用作控制位，用于输入脉冲，经驱动器和晶体管开关加到电动机上。当 $P_{3.4}$ 输出"1"时，晶体管开关接通，电动机通电，当 $P_{3.4}$ 输出"0"时，晶体截止，电动机断电。

8 个单刀双掷开关作为占空比 D 的给定值。当开关拨到上方时，该位为"0"；当开关拨到下方时，该位为"1"。改变 S_7～S_0 中的 8 位二进制数的值，就能改变脉冲占空比 D。此时电动机的平均转速为

$$n_d = n_{max}D = n_{max}\ (N/256)$$

式中，N 为开关的给定值，当 $N=0$ 时，电动机的平均转速 $v_d=0$；当 $N=255$（即 FFH）时，$D=255/256\approx 1$。$n_d \approx n_{max}$。因此，只要根据所期望的平均转速求出开关的给定值，然后人工设定各开关的状态即可。

2．带方向控制 PWM 系统

在有些控制系统中，不仅要求电动机能正转，也要求能反转，此时可以将励磁或直流电动机的电枢电压作为控制信号，改变其极性就能完成换向任务。

在图 8.5 中，用 4 个继电器的常开触点为开关，在逻辑上保证任何情况下不使电源短路。同时接口电路也注意到单片机 I/O 接口的负载能力，使输出中又接一个 TTL 输入端，这样不会因为负载过重而使 I/O 接口的抗干扰能力降低。

由图可知，当 S_1 和 S_4 闭合时，电动机全速正转；当 S_2 和 S_3 闭合时，电动机全速反转，其工作状态如下表 8.1 所示。

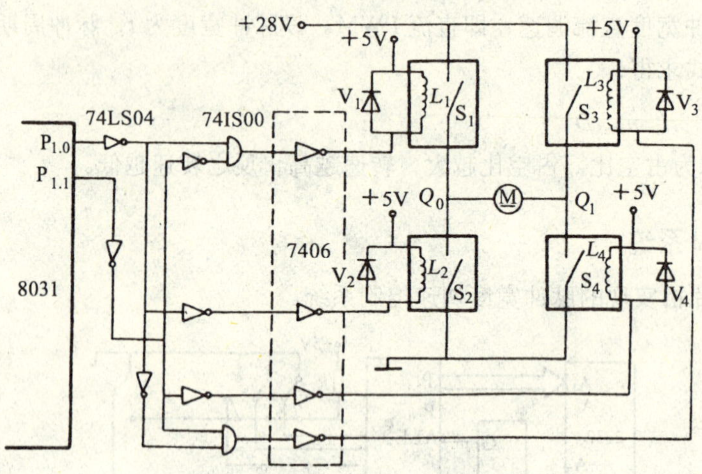

图 8.5 带方向控制的 PWM 系统

表 8.1 真 值 表

$P_{1.1}$	$P_{1.0}$	状态	S_1	S_2	S_3	S_4
1	0	正转	1	0	0	1
0	1	反转	0	1	1	0
1	1	刹车	0	1	0	1
0	0	滑行	0	0	0	0

假设 8031 单片机的 $P_{1.1}$ 和 $P_{1.0}$ 作控制位，当 P_1 口输出 02H 时，电动机正转，输出 01H 时反转，输出 03H 时刹车，输出 00H 时滑行。

当控制系统既要求控制电动机的转向，又要求控制转速时，不能用一般的继电器当开关。因为一般的继电器响应频率较低，闭合时会产生抖动，在 PWM 系统中工作不可靠，为此改成晶体管开关，其原理如图 8.6 所示。

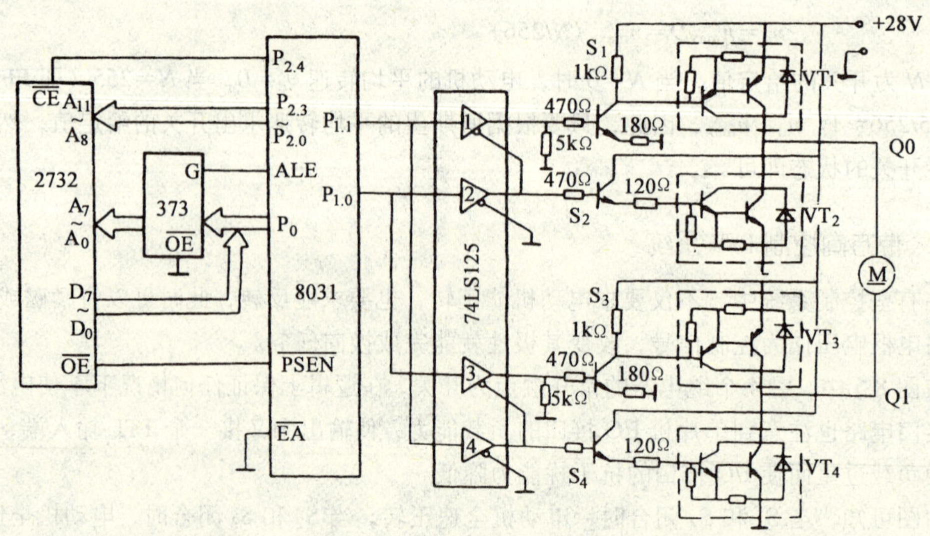

图 8.6 双向电动机脉冲宽度调速控制系统原理图

图中，当 P_1 口输出为 02H（$P_{1.1}=1$，$P_{1.0}=0$ 时，74LS125 四总线缓冲器的 4 号三态门打开，使 S_4 闭合；同理，2 号三态门的控制端为“0”，使 1 号三态门的控制端亦为“0”，1 号三态门也打开，所以开关晶体管导通（即 S_1 闭合）。晶体管开关 S_4 和 S_1 分别驱动两个达林顿功放管（一个为 PNP 型，另一个为 NPN 型），使电动机正转。

反之，当 P_1 口输出 01H 时，S_2 和 S_3 闭合，电动机反转。缓冲器 74S125 控制端连接的原因是保证误码时不使电源短路。

3．闭环直流 PWM 系统

为了进一步提高调速的控制精度和带负载能力，即使直流电动机的机械性能曲线变硬，很多场合使用闭环直流 PWM 系统。图 8.7 为这种系统的原理结构图。

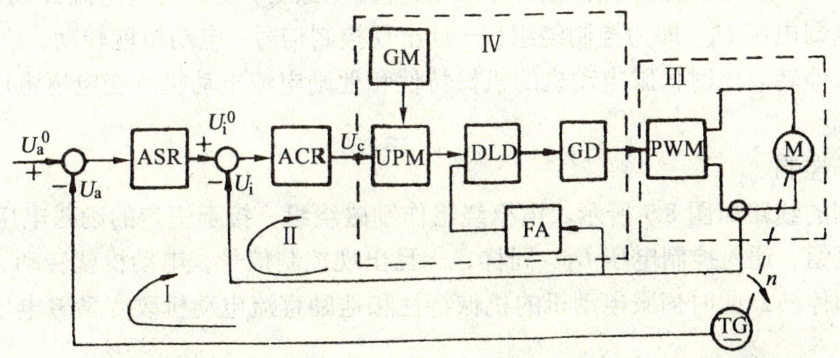

ASR、ACR—转速调节器和电流调节器；TG—直流测速发电机；UPM—脉宽调制器
GH—调制波发生器；DLD—逻辑延时环节；GD—大功率晶体管基极驱动器；
PWM—脉宽调制变换器；FA—瞬时动作限流保护电路

图 8.7　闭环直流 PWM 系统的原理结构图

图中回环Ⅰ为转速负反馈外环，回环Ⅱ为电路负反馈内环，虚环Ⅲ为 PWM 主电路，虚环Ⅳ为 PWM 控制电路。此电路也可采用 8031 单片微机控制，但使用接口较多，程序也相对复杂一些。

三、直流伺服电动机

伺服电动机亦称执行电动机，它具有一种根据控制信号的要求而动作的职能。在电信号输入之前，转子静止不动；电信号出现后，转子立即转动，且转向、转速随信号电压的方向和大小而改变，而且它还能带动一定大小的负载；电信号消失，转子能立刻自行停转，因此伺服电动机在自动控制系统中作为执行元件。

1．结构和分类

直流伺服电动机是功率、容量和体积都很小的微型他励直流电动机，其结构与工作原理都与他励直流电动机相同。所不同的是，直流伺服电动机的电枢电流很小，换向并不困难，因此不装换向磁极，并且转子细一些，使其容易启动和停止，转子与定子间气隙较小。

直流伺服电动机根据磁极的种类分为两种：① 永磁式：它的磁极是永久磁铁（磁钢），

省去了励磁绕组；② 电磁式：它的磁极是电磁铁，磁极套有励磁绕组。这两种形式都有独立供电的电枢绕组，只要励磁绕组通电产生了磁通，建立了磁场（第一种无需通电即有磁场），则电枢绕组输入电信号时，电枢电流与磁通相互作用，就产生了力矩，使伺服电动机投入工作。电枢绕组断电时，就立即停转。对电磁式伺服电动机任一绕组断电，电动机就立即停转。

2. 工作原理和控制方式

前面提到，直流电动机的转速可以通过改变电枢电压 U，或改变励磁电压 U_f 进行调节，直流伺服电动机也是根据这个原理制成的。改变电枢绕组电流或改变励磁电流都可以改变直流伺服电动机的工作运行特性。控制方式也可归结为电枢控制和磁场控制两种。

(1) 电枢控制

如图 8.8 把励磁绕组接于恒定电压为 U_f 的直流电源上，使其通过电流 I_f 以产生磁通。电枢绕组通入控制电压 U_k，即为控制绕组。一旦出现控制信号，电动机就转动；控制电压消失，电动机就立即停转。此时伺服电动机的机械特性和他励电流电动机改变电枢电压时的人为机械特性一样。

(2) 磁场控制

磁场控制的线路如图 8.9 所示。电枢绕组作励磁绕组，接于恒定的励磁电压 U_f，而励磁绕组作控制绕组，通入控制电压 U_k。同样，一旦出现控制信号，电动机就转动；控制电压消失，它就立即停转。此时伺服电动机的机械特性和他励直流电动机改变励磁电压时的人为机械特性一样。

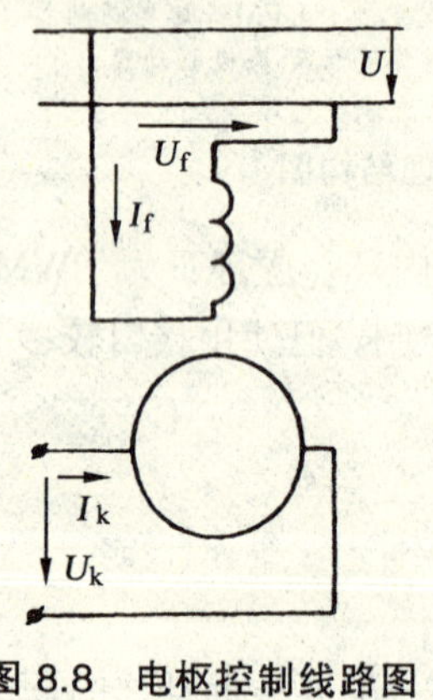

图 8.8 电枢控制线路图

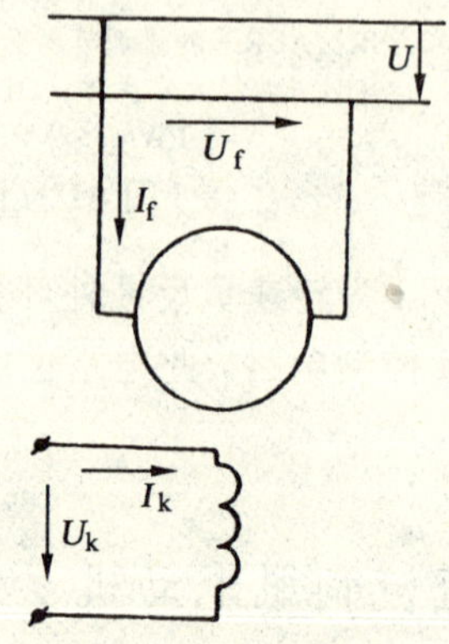

图 8.9 磁场控制线路图

(3) 两种控制方式比较

磁场控制的机械特性较电枢控制的平缓，即在转速变化大时，转矩变化较小，而且磁场控制时的最大机械功率与控制电压无关，这意味着即使在很小的控制电压时，也能得到较大的机械功率。磁场控制的缺点是磁极绕组电阻比电枢绕组电阻大，故控制功率不大，且与转速无关，调节特性不是线性的，易出现误动作，故很少采用。

电枢控制的优点是机械特性和调节特性为平行线性，且特性曲线的斜率固定。另外，由于励磁绕组进行励磁时所消耗的功率不大，而电枢电路的电感小、时间常数小、响应迅速，所以直流伺服电动机多采用电枢控制方式。对于永磁式直流伺服电动机更无其他方式可选。

第二节　交流电动机控制技术

各种生产机械的电力拖动系统中采用鼠笼式感应电动机是最普遍的，这是因为它具有结构简单、运行可靠、维修方便、价格便宜等一系列优点。但由于鼠笼式电动机本身的调速比较困难，需要调速时一般还需配备复杂而昂贵的机械变速箱，而且要停车换速，往往不能满足有更高调速要求的场合。长期以来，人们对鼠笼式电动机的调速做了大量研究与实践工作，得到了调压、变极、电磁转差离合器及变频等调速方法。尤其是近年来，电力半导体器件、大规模集成电路、电子技术、计算机技术的发展为鼠笼式电动机调速的高性能、高效率，以及减少装置体积、提高可靠性、降低成本等提供了广阔的前景。加上交流电动机可以制造得比直流电动机容量更大、电压和转速更高，以及适用于易燃、易爆、易蚀、潜水等恶劣环境，所以交流调速日益受到重视和广泛应用。

本节重点介绍晶闸管调压调速系统和晶闸管变频调速系统。要说明的是变频调速不仅适用于鼠笼式电动机，而且也适用于绕线式异步电动机和同步电动机。另外，绕线式异步电动机还可以用转子斩波器调速等方法。

一、晶闸管调压调速控制系统

典型晶闸管调压调速控制系统的结构如图 8.10 所示。

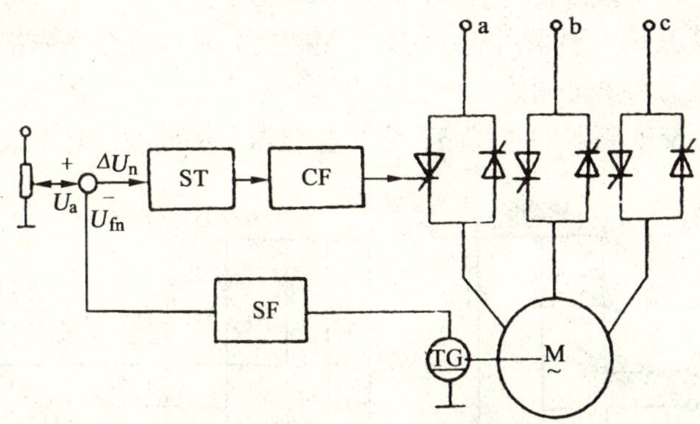

ST—转速调速器；CF—触发器；SF—转速反馈环节；TG—测速发电机；M—电动机

图 8.10　感应式电动机闭环调压调速系统

该系统主回路采用 Y 接法的三相调压电路，控制方式为带转速负反馈的闭环控制。直流测速发电机发出与电动机轴转速成正比例的电压反馈信号 U_{fn}，U_{fn}与转速给定的电压 U_g（基准电压）相比较，得到转速差信号 ΔU_n。用这个转速差信号，通过转速调节器去控制晶闸管的导通角。改变 U_g值，即可改变感应式电动机的定子端电压和轴转速。例如，当给定基准电压大于反馈电压时，调压器的控制角会因 $\Delta U_n = U_g - U_{fn}$ 的增加而变小，输出电压提高，转速升高。直到 U_{fn} 的大小与 U_g 相等，即 $\Delta U_n = U_g - U_{fn} = 0$ 时，电动机的转速就会稳定在给定基准电压所要求的转速上。相反，如果给定基准电压小于反馈电压，上述过程将向相反方向进行。

闭环调压调速系统可以得到比较硬的机械特性，当电网电压或者负载转矩出现波动时，转速不会因扰动而大幅度波动。给定转速为 a 点，当负载转矩由 M_1 变为 M_2 时，若开环控制则转

速下降为 b 点（n_2）；若闭环控制则发生下述过程：由于转速 n 下降，U_{fn} 下降而 U_g 不变，则转差信号 $\Delta U_n = U_g - U_{fn}$ 变大。调压器控制角前移，输出电压由 U_1 上升到 U_2，而电动机转速重新上升到 c 点，可见闭环之后得到了比较硬的机械特性。

如希望电动机反转，可以通过改变电源相序来改变电动机转向。一种是利用接触器改变定子绕组相序，但必须在去掉触发信号、定子电流已切断时进行。另一种方法是引进附加的晶闸管电压控制器，来改变定子电压的相序（见图 8.11）。正转、反转这两种工作状态的切换可由逻辑开关控制，也可用单片机控制。

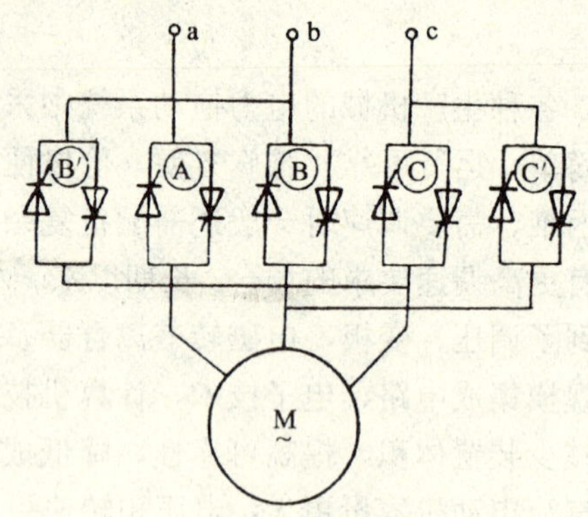

图 8.11　可逆运行时调压电路的接线

二、晶闸管变频调速控制系统

根据控制方式的不同，它可以有 3 种不同的变频调速方法：恒磁通变频调速、恒流变频调速和恒功率变频调速。恒磁通变频调速必须在变频的同时进行调压，并在低频时加以补偿，才可以获得恒磁通恒最大转矩的调速特性。恒流变频调速时的最大转矩较恒磁通变频时小，过载能力降低。恒功率变频调速是在电动机电压近似恒定的情况下，认定频率的增加相当于磁通减少，因而转矩减少，但转速增加，故可以认为功率恒定。

一般的变频调速系统主要采用交-直-交变频装置。基本思路是先把三相交流电变为直流电，再经过逆变器变为频率可调的三相交流电源。

图 8.12 为交-直-交变频器的主线路，它由整流器、中间滤波环节及逆变器 3 部分组成。

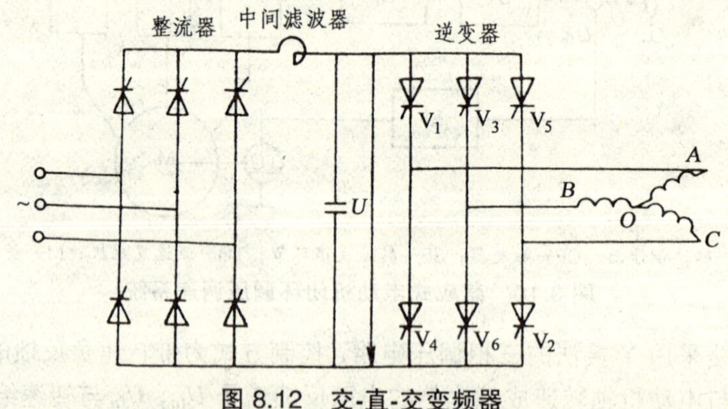

图 8.12　交-直-交变频器

1. 转速开环恒压频比控制的变频调速系统

改变定子频率 f_1 可以改变电动机转速。由于 f_1 提高时，气隙磁通减小，电磁转矩 M 随之减小，电动机利用率和过载能力下降，严重时使电动机堵转；反之，当 f_1 下降时，气隙磁通增大，电动机磁路饱和，引起损耗和发热增加，严重时损坏电动机。因此，在变频调速时应保持磁通为额定值不变，亦即保持比值 E_1/f_1 恒定不变。但 E_1 是一个难以直接控制的量，在忽略定子漏阻抗时，则 $U_1 = E_1$，因此可采用 U_1/f_1＝常数的恒压频比控制方式进行调速，即恒磁通变频调速。

变压变频电源装置目前应用较多的是交-直-交变频装置，它又可分为电压源、电流源、斩波型和脉宽调制（PWM）型等多种。下面以电压源交-直-交变频装置供电系统为例，简要介绍变频调速的基本工作原理。

图 8.13 为电压源变频调速系统，图中虚框 I 为电压控制部分，用来控制整流输出电压的大小。框中函数发生器 GF 作补偿定子压降用；电压负反馈环用以控制输出电压，使其具有符合要求的静态和动态特性；电流负反馈环用以控制动态电流，并起保护作用。虚框Ⅱ是频率控制部分，主要由恒频变换器 GVF、环形分配器 DRC 和脉冲放大器 AP 组成，其作用是将控制信号 U_{abs} 按其大小转变为具有相应频率的脉冲系列，并用以控制逆变器 VSI 的输出频率。电压和频率控制两部分的输入，用同一个控制信号 U_{abs}，这样可确保恒压频比的协调控制。虚框Ⅲ是电压源交-直-交变频装置，按恒压频比控制方式输出三相电压，驱动交流电动机调速运行。

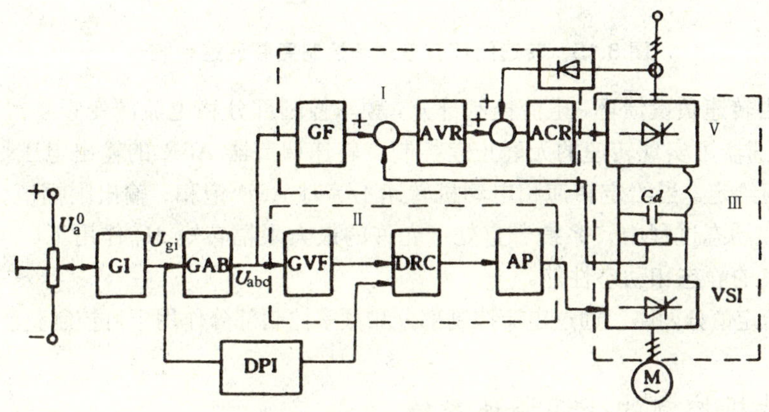

图 8.13　电压源变频调速系统

电压源交-直-交变频装置主要由可控整流器、逆变器和直流环节中的并联大电容组成。可控制整流器的工作原理与直流调速的相同。逆变器一般包括逆变电路和换流电路两部分。图 8.14 为三相串联电感式逆变器电路。这是一种结构较简单、性能较好、常用于中小功率或频率不高场合的变频装置。

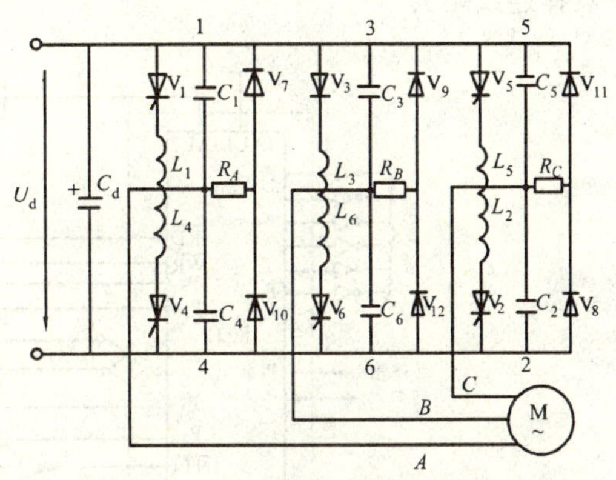

图 8.14　三相串联电感式逆变器电路

图中 V_1～V_6 为晶闸管；C_1～C_6 为换流电容器；L_1～L_6 是换流电感，$L_1=L_4$、$L_2=L_5$、$L_3=L_6$，构成全耦合结构；V_7～V_{12} 为反馈二极管；R_A、R_B、R_C 为衰减电阻；C_d 为滤波电容器。

该逆变电阻利用换流元件 C_1～C_6、L_1～L_6 的作用，使桥臂上下两管间相互强迫换流。当 V_1 导通时，V_4 关断；V_6 导通时，V_3 关断；V_5 导通时，V_2 关断，等等。每隔 60° 给 V_1～V_6 加上时序触发脉冲，则晶闸管依次导通。每给予 6 个脉冲，晶闸管自 V_1～V_6 以 360° 为一周循环导通一次。

2. 转速闭环转差频率控制的变频调速系统（见图 8.15）

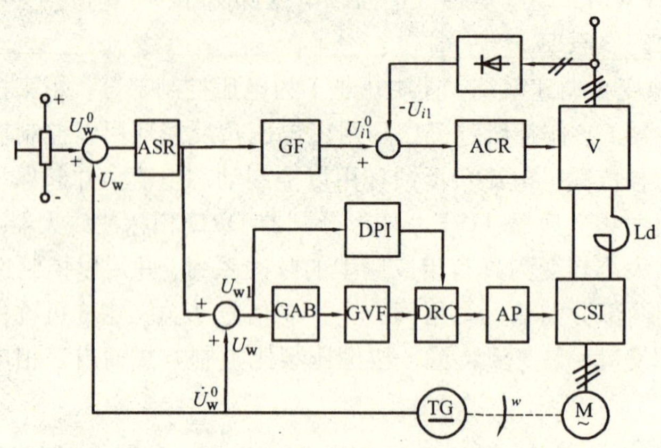

图 8.15 转速闭环转差频率控制变频调速系统

系统主要由转速负反馈环、电流控制部分、频率控制部分和电流源变频装置 4 部分组成。采用 PI 转速调速器可实现转速的无静止差控制。转速调节器 ASR 的输出电压是转差频率给定值，代表转矩给定。当给定转速和电动机转速不等时 ASR 饱和，输出限幅值，对应转矩最大值。因此，在动态过程中，系统一直处于允许的最大限幅转矩 M_m 作用下。可见，这种调速系统具有优良的静态和动态性能。

转差频率给定值分两路，通过电流控制部分和频率控制部分作用于可控制整流器和逆变器。

三、单片机控制的变频调速系统

单片机组成的 PWM 控制器的硬件结构如图 8.16 所示，其中虚框内表示 8031 的最小系统，具体连线略去。

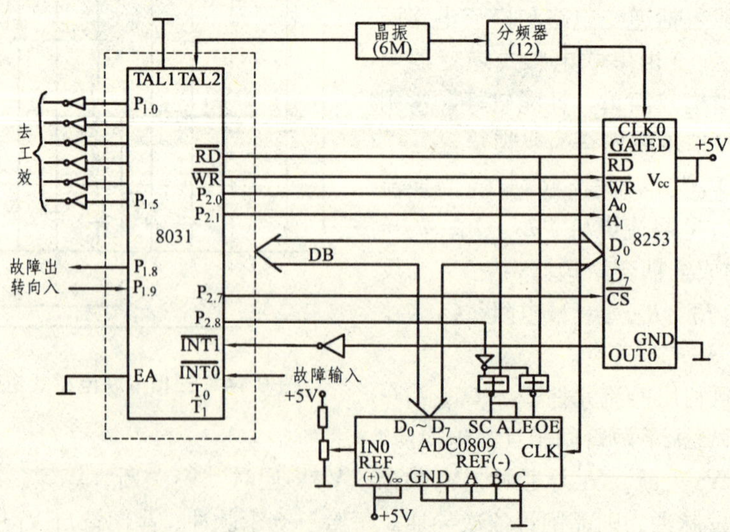

图 8.16 单片机 PWM 控制器的硬件结构

先简单介绍单片机部分的工作原理。由于产生三相 PWM 波需 3 个定时器通道，而 8031 只有 2 个 16 位的定时/计数器 T_0、T_1，所以扩充了一块定时/计数器 8253。8031 片内 T_0、T_1 工作于定时方式，计数频率为系统时钟的 1/12。为了同步，在系统时钟为 6 MHz 时，加在 8253 计数输入 CLK 端的是经过分频得到的 500 MHz 标准时钟，这样就使得 8253 的计数频率和 T_0、T_1 一致，分辨率也为 2 μs，可在 2 μs～131 ms 之间任意定时，它用于 PWM 波形的产生，其精度和定时范围已足够。

在未形成闭环的情况下，调制度 *M* 值暂以表格存入，其取值在允许的范围内变化，已模拟闭环时实时计算的 *M* 值。并外加一个 A/D 转换器作为频率给定输入，利用 8031 的 P_1 口作为三相 PWM 波形输出，其中 $P_{1.0}$～$P_{1.5}$ 用来输出三相 6 个桥臂的 PWM 触发波形，$P_{1.6}$ 为故障处理输出，$P_{1.7}$ 为给定转向输入端。

$\overline{\text{INT}}$ 为故障中断，级别最高，用于电源和主电路工作异常、过压过流等紧急事件的处理。$\overline{\text{INT}}$ 和 T_0、T_1 产生的中断用作 A、B、C 三相定时中断，采用互不嵌套方式，以简化程序编制，保证单片机的正常工作。

控制器电路的工作过程是：通过 A/D 给定频率后，取出所需 *M* 值。单片机通过查表和计算，一方面求得下次运行所需的数值；另一方面随相应中断，把以备妥的本次数据装入相应的定时/计数器，并改变接口相应位置的高、低电平输出，以产生连续 PWM 波形。每完成一项计算输出，会重新采样给定频率、*M* 值、转向值，以达到及时响应与快速转换要求。

PWM 控制器的这种结构，给形成闭环提供了方便。只需再增加一块 8031 和少量芯片，就可组成双单片机系统，一片用作 PWM 控制器，一片用作系统控制器。此时 A/D 转换器应与系统控制器相连，作电压电流反馈之用。而由系统控制器经数字测速、数字调节运算计算出的频率值 *f* 和调制度 *M* 值可通过串行通讯，方便传送，这就充分利用了单片机方便地组成多机系统优越性。

四、交流伺服电动机

直流电动机存在的换向问题限制了它的使用。随着交流伺服电动机性能的不断提高，它的应用越来越广泛。为了改善性能，交流伺服电动机所用电源的频率不一定是工频，而是采用较高的频率，以提高同步转速，保证伺服系统的动态误差较小。

1. 基本结构与工作原理

交流伺服电动机的基本机构也和异步电动机相似，由定子和转子两部分组成。定子包括定子铁心和定子绕组，定子绕组含励磁绕组与控制绕组。转子的结构有两种形式：一种为笼形转子，另一种为杯形转子，杯形转子的定子则由内外两个定子组成。杯形转子交流伺服电动机运转平滑、转动惯量小、摩擦转矩小、响应好、无抖动，但体积大，转矩小。目前多采用转矩大的笼形转子交流伺服电动机。

交流伺服电动机的工作原理与单相异步电动机相似，它的定子上装有空间相差 90° 电角度的两相分布绕组，一相为励磁绕组 *f*，一相为控制绕组 *k*，转子为鼠笼式。工作时，励磁绕组接单相交流电压 $\dot{U}_\text{f}$，控制绕组接控制信号电压 $\dot{U}_\text{k}$，两者频率相同。

控制电压为零时，气隙内磁场为脉振磁场，电动机无启动转矩，转子不能启动。若有控制电压加在控制绕组上，且控制绕组流过的电流和励磁绕组内的电流不相同，则在气隙内建立一定大小的椭圆形旋转磁场，像一台分相式的单相异步电动机。伺服电动机有了启动转矩，转子就旋转起来，起执行命令的作用。

为了解决在单相电源励磁下的自转问题，伺服电动机采取了适当加大转子电阻的方法，使正、反向的机械特性与原点相对称。当单相励磁时，在电动机运行范围内（$0<S_+<1$），出现制动性质的负转矩；在 $0<S_-<1$ 的反向运行范围内，出现制动性质的正转矩。这样在系统工作时，控制电压为零，即信号消失后，转子能立刻自行停转，不会误动作而产生自转现象。同时转子电阻增大，机械特性变软，扩大了伺服电动机的稳定运行范围。

2. 控制方法

改变控制电压 U_k 的大小与相位，即可实现对交流伺服电动机的转速与转向控制，主要有 3 种方法：幅值控制、相位控制和幅值-相位控制。

（1）幅值控制

通过改变加在控制绕组上的信号电压的幅值大小，来控制交流伺服电动机转速的控制方式称为幅值控制，如图 8.17 所示。

励磁绕组 f 直接连通交流电源，电压为额定值。控制绕组所加的信号电压为 $\dot{U}_k$，其相位与励磁绕相电压相差 90°（落后 90°），大小可以改变。a 为有效信号系数。当 $a=0$ 时，气隙为脉振磁场，转子不转；当 $0<a<1$ 时，气隙为椭圆旋转磁场，转子转速低，且 a 值越小，转速越低；当 $a=1$ 时，气隙为圆形旋转磁场，转子转速最高。

（2）相位控制

保持控制电压 $\dot{U}_k$ 的幅值不变，仅仅改变其相位来控制交流伺服电动机的转速，这种控制方式称为相位控制，如图 8.18 所示。励磁绕组接在交流电源上，大小为额定电压。控制绕组所加信号电压的大小亦为额定值，但相位可以改变。$\dot{U}_f$ 与 $\dot{U}_k$ 是同频率的，二者相位差为 β，$\beta=0\sim90°$。

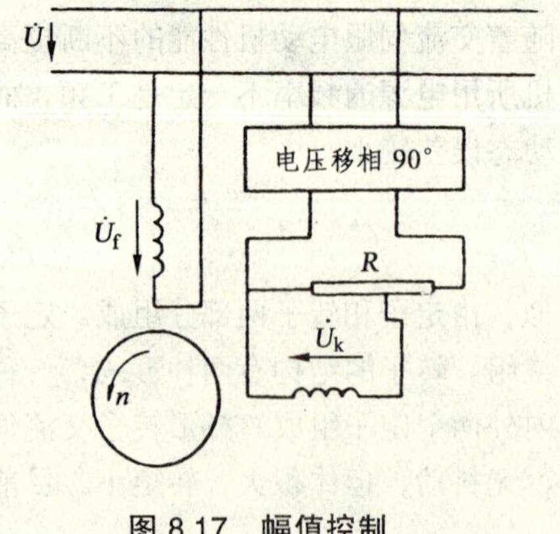

图 8.17 幅值控制

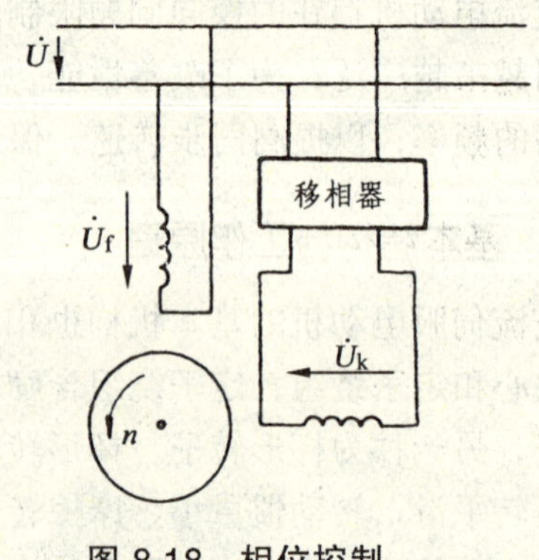

图 8.18 相位控制

（3）幅值-相位控制

幅值-相位控制是指同时改变幅值和相位来进行控制交流伺服电动机转速，如图 8.19 所示。

励磁绕组串联电容器后再接交流电源。控制绕组电压为$\dot{U}_k$，$\dot{U}_k$与电源电压同频率、同相位，其大小可以改变。与电容分相的单相异步电动机一样，交流伺服电动机在启动和运行时转差率 S 是变化的。

以上 3 种控制方式，当有效信号系数 $a=1$、相位控制信号系数 $\sin\beta=1$、电压信号系数为 a_0 时，以同一转速比较，幅值-相位控制的转矩大，输出功率具有最大值，且由于它的设备简单，不用移相装置，因而较多采用。

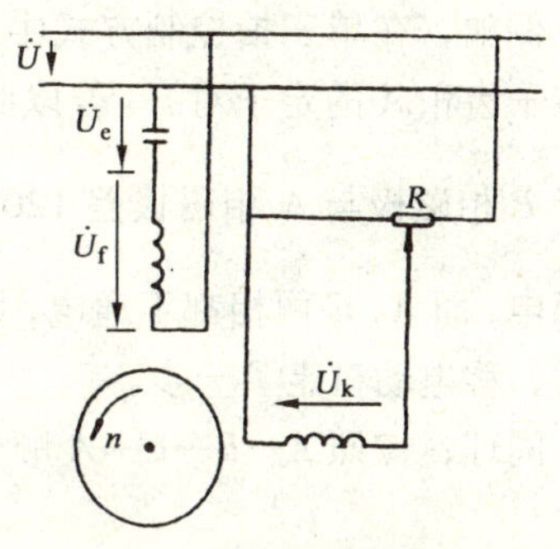

图 8.19　幅值-相位控制

第三节　步进电动机控制技术

随着数控技术和数控电子设备的发展，特别时电子计算机办公自动化、工业自动化和电信设备的发展，步进电动机的应用越来越广泛，而且往往成为这些设备中的关键元件。例如计算机外部设备和办公自动化设备中的打印机，以及传真的送纸机构、打印头、字盘系统、磁头驱动装置等大多采用永磁式步进电动机。磁阻步进电动机则适用于数控机床、计数指示装置、阀门控制、纺织机、工业缝纫机等开环数控系统。而在软磁盘和硬磁盘的磁头驱动系统中，大多采用混合式步进电动机。

一、步进电动机工作原理

步进电动机实际上是一个数字/角度转换器。其结构原理如图 8.20 所示。

从图中可以看出，电动机的定子上有 6 个等分的磁极，A、A'、B、B'、C、C'。相邻两个磁极间的夹角为 60°。相对的两个磁极组成一相，图 8.20 所示的结构为三相步进电动机（A-A' 相、B-B' 相、C-C' 相）。当某一绕组有电流通过时，该绕组相应的两磁极立即形成 N 极和 S 极，每个磁极上各有 5 个均匀分布的矩形小齿。

步进电动机的转子没有绕组，而是有 40 个矩形小齿均匀分布在圆周上，相邻两齿之间的夹角为 9°。当某相绕组通电时，对应的磁极就会产生磁场，并与转子形成磁路。若此时定子的小齿与转子的小齿没有对齐，则在磁场的作用下，转子转动一定的角度，使转子齿和定子齿对齐。由此可见，错齿是促使步进电动机旋转的根本原因。

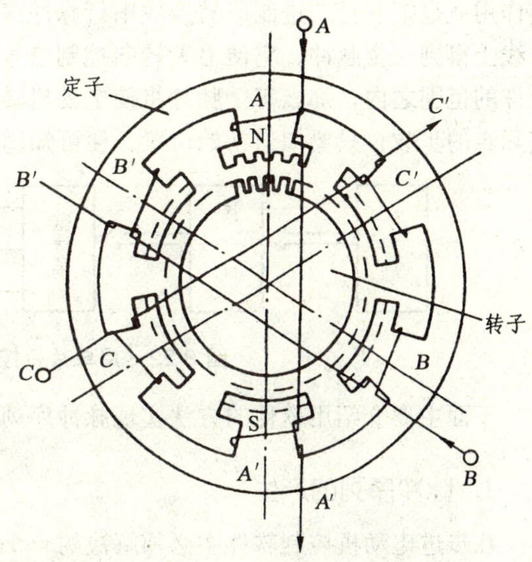

图 8.20　步进电动机的结构原理图

例如，在单三拍控制方式中，假如 A 相通电，B、C 两相都不通电，在磁场的作用下，使转子齿和 A 的定子对齐。若以此作为初始状态，设与 A 相磁极中心对齐的转子齿为 0 号齿，由于 B 相磁极与 A 相磁极差 120°，且 $120°/90°=1\frac{1}{3}$，不为整数，所以此时转子齿不能与 B 相通电，而 A、C 两相都不通电，则 B 相磁极迫使 13 号转子齿与之对齐，整个转子就转动 3°，此时，称电动机走了一步。

同理，按照 $A \to B \to C \to A$ 顺序通电一周，则转子转动 9°。

二、步进电动机的控制原理（见图 8.21）

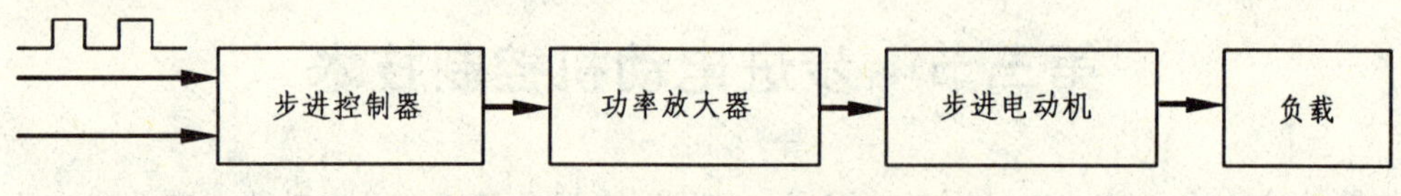

图 8.21　步进电动机控制系统的组成

步进电动机控制系统主要由步进控制器、功率放大器及步进电动机组成。步进控制器由缓冲寄存器、环形分配器、控制逻辑及正反转控制门等组成。它的作用就是把输入的脉冲转换成环型脉冲，以便控制步进电动机，并能进行正反向控制。功率放大器的作用是把步进控制器输出的环型脉冲加以放大，以驱动步进电动机转动。在这种控制方式中，由于步进控制器线路复杂、成本高，因而限制了它的应用。但是如果采用计算机控制系统，由软件代替上述步进控制，则问题将大大简化。不仅简化了线路，降低了成本，而且可靠性也大为提高。特别是采用单片机控制，更可以根据系统的需要，灵活改变步进电动机的控制方案，使用起来很方便。典型的单片机控制步进电动机的原理如图 8.22 所示。

图 8.22 与图 8.21 相比，主要区别在于用单片机代替了步进控制器。因此，单片机的主要作用就是把并行二进制码转换成串行脉冲序列，并实现方向控制。每当步进电动机脉冲输入线上得到一个脉冲，它便沿着转向控制信号确定的方向走一步，只要负载是在步进电动机允许的范围之内，那么每个脉冲将使电动机转动一个固定的步距角度。根据步距角的大小及实际走的步数，只要知道初始位置，便可知道步进电动机的最终位置。

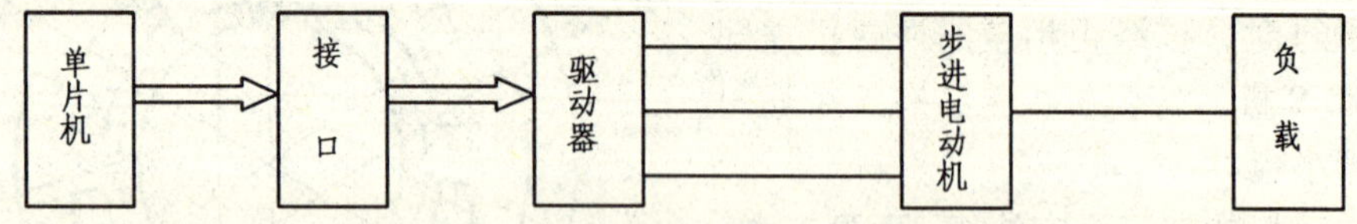

图 8.22　用单片机控制步进电动机原理图

下面主要介绍用软件的方法实现脉冲序列和步进电动机的方向控制。

1. 脉冲序列的产生

在步进电动机控制软件中必须解决的一个重要问题，就是产生一个周期性脉冲序列。

脉冲是用周期、脉冲高度、接通与断开电源的时间来表示的。对于一个数字线来说，脉冲高度是由使用的数字元件电平来决定的。例如一般 TTL 电平为 0～5 V，CMOS 的电平为

0～10 V，常用的接口电路中最多的为 0～5 V 等。接通和断开时间可用延时的办法来控制。例如，当向步进电动机相应的数字线送高电平（表示接通）时，步进电动机便开始步进；但由于步进电动机的“步进”是需要一定时间的，所以在送出一高脉冲后，需延长一段时间，以使步进电动机到达指定的位置。由此可见，用计算机控制步进电动机步进实际上是用计算机产生一系列脉冲波以达到控制的目的。

用软件实现脉冲波的方法是先输出一高电平，接着利用软件延时一段时间，再输出低电平，然后再延时。延时时间的长短由步进电动机的工作频率决定。

2. 方向控制

常用的步进电动机有三相、四相、五相、六相 4 种，其旋转方向与内部绕组的通电顺序有关，下边以三相步进电动机为例进行介绍。

三相步进电动机有 3 种工作方式：

① 单三拍，通电顺序为 →A→B→C→（循环）

② 双三拍，通电顺序为 →AB→BC→CA→（循环）

③ 三相六拍，通电顺序为 →A→AB→B→BC→C→CA→（循环）

如果按上述 3 种通电方式和通电顺序进行通电，则步进电动机正向旋转。反之，如果通电方向与上述相反，则步进电动机反向转动。例如，在单三拍中反向通电顺序为→A→C→B→A，其他两种方式可以此类推。

关于四相、五相、六相的步进电动机，其通电方式、通电顺序与三相步进电动机相似。

步进电动机的方向控制方法是：

(1) 用单片机输出口的每一位控制一相绕组。例如，用 8 位单片机控制三相步进电动机时，可用 $P_{1.0}$、$P_{1.1}$、$P_{1.2}$ 分别接至步进电动机的 A、B、C 三相绕组。

(2) 根据所选定的步进电动机及控制方式，给出相应控制方式的数学模型，例如，上面讲的 3 种控制方式的数组模型分别如表 8.2、表 8.3、表 8.4 所示。

表 8.2　三相单三拍模型

步序	控制位								工作状态	控制模型
	$P_{1.7}$	$P_{1.6}$	$P_{1.5}$	$P_{1.4}$	$P_{1.3}$	$P_{1.2}$ C 相	$P_{1.1}$ B 相	$P_{1.0}$ A 相		
1	0	0	0	0	0	0	0	1	A	01H
2	0	0	0	0	0	0	1	0	B	02H
3	0	0	0	0	0	1	0	0	C	03H

表 8.3　三相双三拍模型

步序	控制位								工作状态	控制模型
	$P_{1.7}$	$P_{1.6}$	$P_{1.5}$	$P_{1.4}$	$P_{1.3}$	$P_{1.2}$ C 相	$P_{1.1}$ B 相	$P_{1.0}$ A 相		
1	0	0	0	0	0	0	1	1	AB	03H
2	0	0	0	0	0	1	1	0	BC	06H
3	0	0	0	0	0	1	0	1	CA	05H

表 8.4 三相六拍模型

步序	控	制	位						工作状态	控制模型
	$P_{1.7}$	$P_{1.6}$	$P_{1.5}$	$P_{1.4}$	$P_{1.3}$	$P_{1.2}$ C 相	$P_{1.1}$ B 相	$P_{1.0}$ A 相		
	0	0	0	0	0	0	0	1	A	01H
1	0	0	0	0	0	0	1	1	AB	03H
2	0	0	0	0	0	0	1	0	B	02H
3	0	0	0	0	0	1	1	0	BC	06H
	0	0	0	0	0	1	0	0	C	04H
	0	0	0	0	0	1	0	1	CA	05H

以上为步进电动机正转时的控制顺序及数学模型。如果按上述逆顺序进行控制，则步进电动机将反向转动。由此可见，所谓步进电动机的方向控制，实际上就是按照某一控制方式（根据需要进行选定）所规定的顺序送脉冲序列，即可达到控制步进电动机方向的目的。

三、步进电动机的变速控制

前两种步进电动机程序中，步进电动机是以恒速定转速工作的，即在整个控制过程中步进电动机的速率不变。然而，对于大多数任务而言，总是希望能尽快地控制终点，这就要求步进电动机的速率尽可能快一些。但如果太快，则可能产生失步，因为步进电动机的响应频率 f 是比较低的（100～250 步每秒）。此外，一般步进电动机对空载的最高启动频率都有所限制。所谓空载最高启动频率，是指电动机空载时，转子从静止状态不失步地步入同步（即电机每秒转过的角度和控制脉冲频率相对应的工作状态）的最大控制脉冲频率。当步进电动机带有负载时，它的启动频率要低于最高启动频率。根据步进电动机的矩频特性可知，启动频率越高，启动转矩越小，带负载的能力越差；当步进电动机启动后，进入稳态时的工作频率又远大于启动频率。由此可见，一个静止的步进电动机不可能一下子稳定到较高的工作频率，必须在启动频率的瞬间采取加速的措施。一般来说，升频的时间约为 0.1～1 s。反之，从高速运行到停止也应该有减速的措施。减速时的加速度绝对值常比加速时的大。

为此引进一种变速控制程序，该程序的基本思想是在启动时，以低于响应频率的速度运行，然后慢慢加速，加速到一定速率后，就以此速率恒速运行。当要到达终点时，又使其慢慢减速，在低于响应频率 f 的速率下运行，直到走完规定的步数后停机。这样，步进电动机便以最快的速度走完所规定的步数，而又不出现失步。下面介绍几种变速控制方法。

1. 改变控制方法的变速控制

最简单的变速控制可利用改变电动机的控制方向来实现。例如，在三相步进电动机中，启动或停止时，用三相六拍；大约在 0.1 s 以后，改用三相三拍的分配方式；在快到终点时，再度采用三相六拍的控制方式，以达到减速控制的目的。

2. 均匀地改变脉冲时间间隔的变速控制

步进电动机的加速（或减速）控制，可以用均匀地改变脉冲时间间隔的方法来实现。例如，在加速控制中，可以均匀地减少延时时间间隔；再减速控制时，则可均匀地增加延时时间间隔。具体地说，就是均匀减少（或增加）延时程序中的延时时间常数。

由此可见，所谓步进电动机控制程序，实际上就是按一定的时间间隔输出不同的控制字。所以，改变传送控制字的时间间隔（亦即改变延时时间），即可改变步进电动机的控制频率。这种控制方法的优点是：由于延时的长短不受限制，因此使步进电动机的工作频率变化范围较宽。

3. 采用定时器的变速控制

为了提高单片机的工作效率，也可以用单片机内部的定时器来提供延时时间。具体方法是将定时器初始化后，每隔一定的时间，由定时器向 CPU 申请一次中断，CPU 响应中断后，便发出一次控制脉冲。此时，只要均匀地改变定时器的时间常数，即可达到加速（或减速）的目的。

思考题

1. 在直流电动机的调速控制中，开环和单闭环调速有什么不同？各自应用在什么场合？
2. PWM 调速系统是一种什么样的系统？平均转速 n 与占空比 D 之间的关系如何？
3. 直流伺服电动机的两种结构各自的特点是什么？
4. 直流伺服电动机的电枢控制与磁场控制各有哪些优缺点？
5. 三相鼠笼电动机有哪些调速方法？比较先进的方法是哪几种？各自特点如何？
6. 晶闸管调压调速控制电路中，如何实现电动机正反转控制？反转时要注意什么？
7. 交流电动机变频调速有哪 3 种变频方法？怎样可以实现恒磁通变频调速？
8. 简述变频调速的原理，转速闭环转差频率控制的变频调速系统由哪些部分组成？
9. 交流伺服电动机与普通交流异步电动机的区别在哪里？工作原理上有何不同？
10. 交流伺服电动机的 3 种控制方式中，哪种使用较多？为什么？
11. 步进电动机是怎样旋转的？其旋转的根本原因是什么？
12. 步进电动机的控制器由哪几部分组成？各部分作用怎么？
13. 如何实现步进电动机的变速控制？

附录1　常用液压与气动图形符号摘录

（摘自GB/T786.1—1993）

附表1.1　基本符号、管路及连接

名　称	符　号	名　称	符　号
工作管路		管口在液面以下的油箱	
控制管路		管端连接于油箱底部	
连接管路		直接排气口	
交叉管路		带连接排气口	
柔性管路		带单向阀快换接头	
组合元件线		不带单向阀快换接头	
管口在液面以上油箱		单通路旋转接头	

附表 1.2　控制机构和控制方法

名　称	符　　号	名　称	符　　号
按钮式人力控制	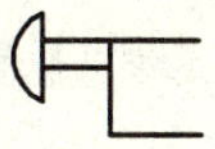	内部压力控制	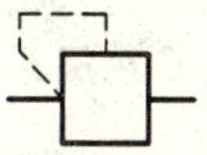
手柄式人力控制	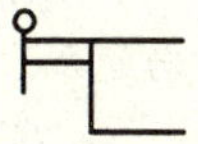	外部压力控制	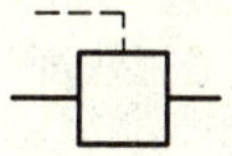
单向踏板式人力控制	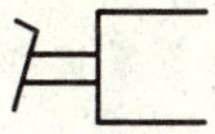	气压先导控制	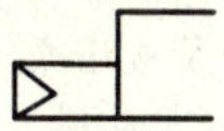
顶杆式机械控制	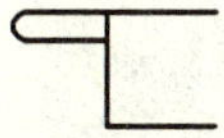	液压先导控制	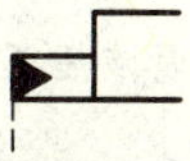
弹簧控制式机械控制		气—液先导控制	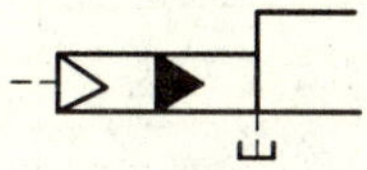
滚轮式机械控制	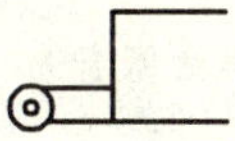	电—液先导控制	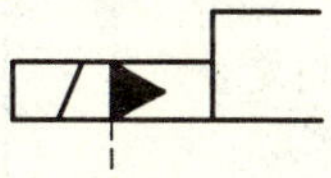
单向滚轮式机械控制	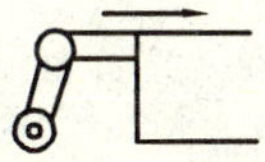	电—气先导控制	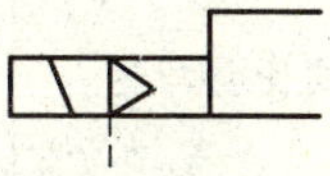
单作用电磁控制	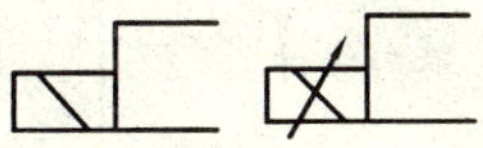	液压先导泄压控制	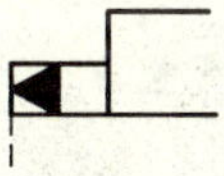
双作用电磁控制	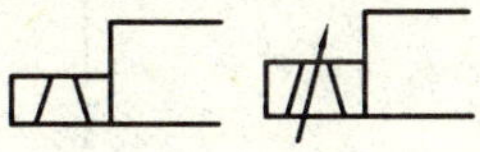	电反馈控制	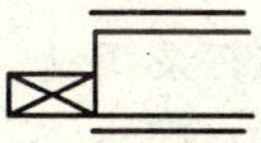
加压或卸压控制	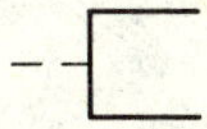	差动控制	2　1

附表 1.3 泵、马达和缸

名 称	符 号	名 称	符 号
单向定量液压泵		液压整体式传动装置	
双向定量液压泵		摆动马达	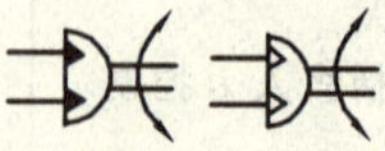
单向变量液压泵		单作用弹簧复位缸	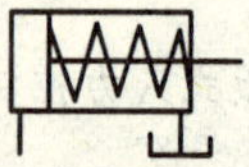
双向变量液压泵		单作用伸缩缸	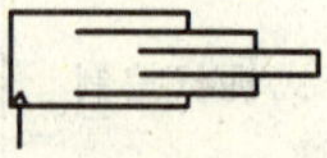
单向定量马达	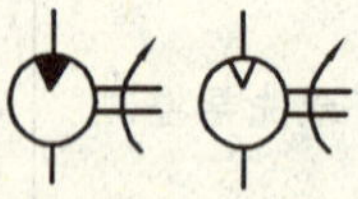	双作用伸缩缸	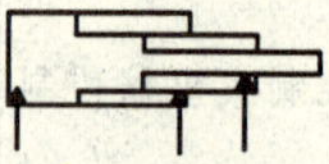
双向定量马达	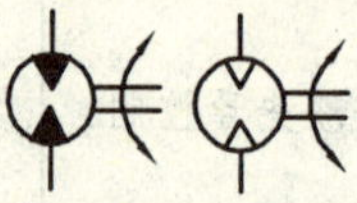	双作用单活塞杆缸	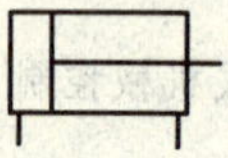
单向变量马达	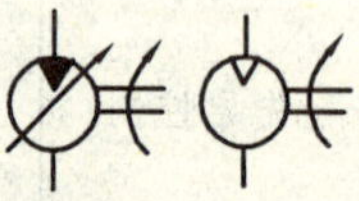	双作用双活塞杆缸	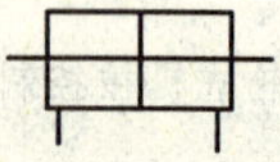
双向变量马达	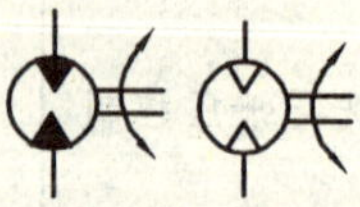	单向缓冲缸	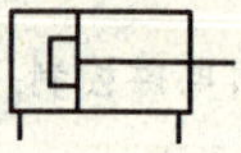
定量液压泵-马达		双向缓冲缸	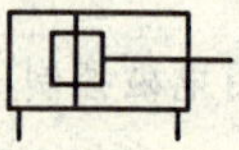
变量液压泵-马达		增压缸	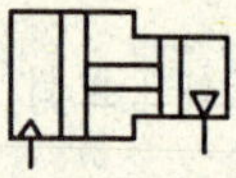

附表 1.4　控　制　元　件

名　称	符　　号	名　称	符　　号
直动型溢流阀	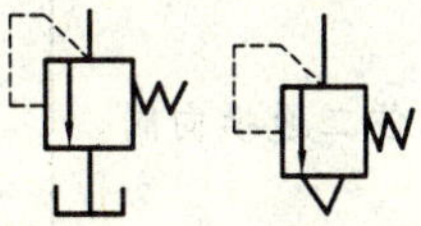	可调节流阀	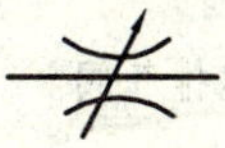
先导型溢流型	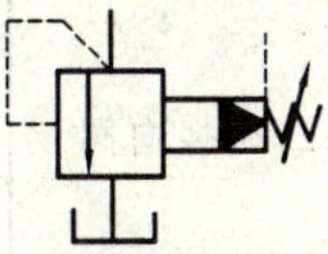	先导型比例电磁溢流阀	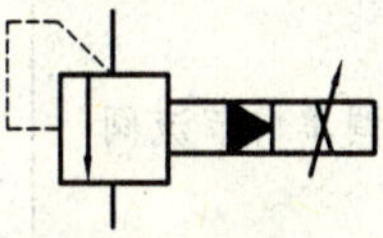
先导型减压阀	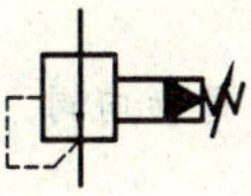	直动型减压阀	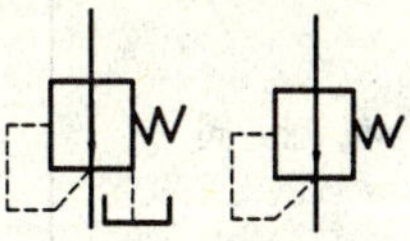
溢流减压阀	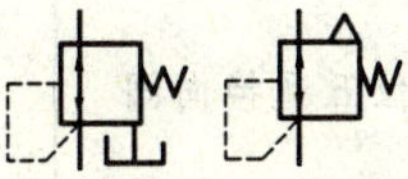	单向调速阀	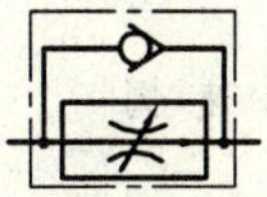
直动型顺序阀	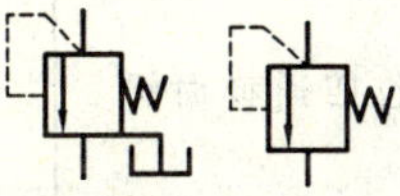	分　流　阀	
先导型顺序阀	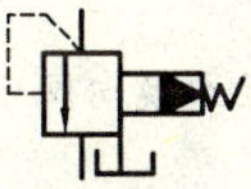	集　流　阀	
平衡阀（单向顺序阀）	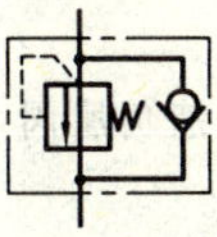	分流集流阀	
直动型卸荷阀	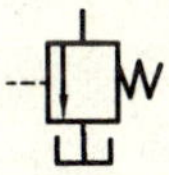	单　向　阀	
不可调节流阀		液控单向阀	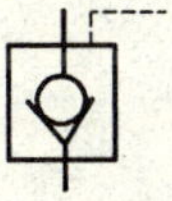
液　压　阀	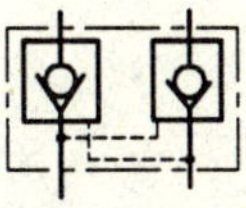	旁通型调速阀	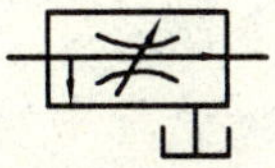

续附表 1.4

名　称	符　　号	名　称	符　　号
快速排气阀	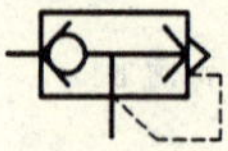	二位二通换向阀	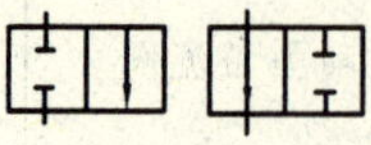
可调单向节流阀	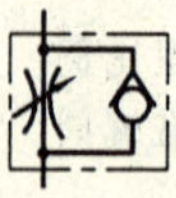	二位三通换向阀	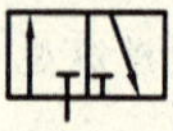
截 止 阀		二位四通换向阀	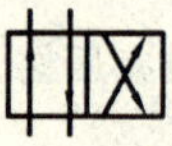
减 速 阀	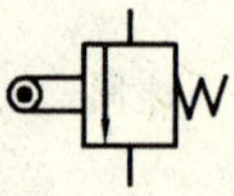	二位五通换向阀	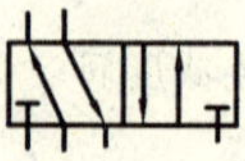
带消声器的节流阀		三位四通换向阀	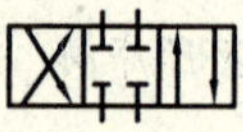
调 速 阀	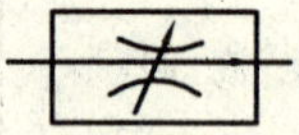	三位五通换向阀	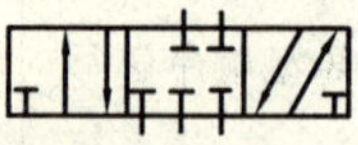
温度补偿调速阀	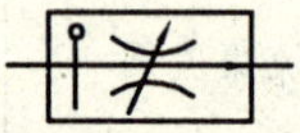	四通电液伺服阀	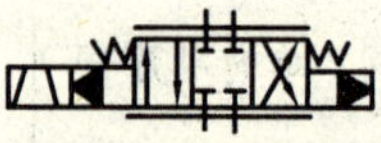

附表 1.5　辅助元件

名　称	符　　号	名　称	符　　号
过滤器		除油器	
磁芯过滤器		空气干燥器	
污染指示过滤器		油雾器	
分水排水管		气源调节装置	
气　罐		冷却器	
压力计		加热器	
液面计		蓄能器	
温度计		流量计	
空气过滤器		压力继电器	
消声器		电动机	M
液压源		原动机	M
气压源		气-液转换器	

附录 2　低压电器产品型号的编制方法

1. 适用范围

我国的低压电器产品型号适用于下列 12 大类产品：刀开关和转换开关、熔断器、断路器、控制器、接触器、起动器、控制继电器、主令电器、电阻器、变阻器、调整器和电磁铁。

2. 产品型号的组成形式与含义

低压电器产品型号类组代码见附表 2.1 所示。

低压电器产品型号通用派生代码见附表 2.2 所示。

特殊环境条件派生代码见附表 2.3 所示。

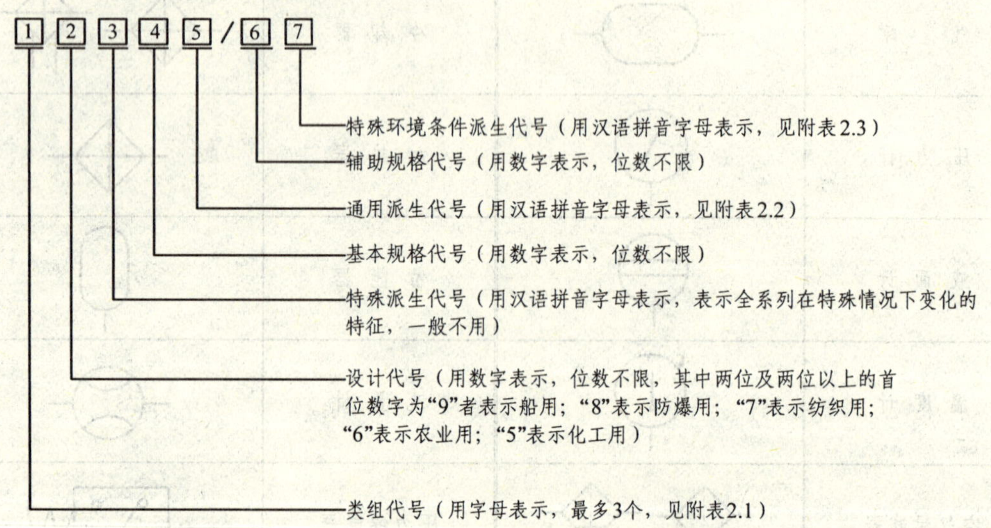

附表 2.1　低压电器产品型号类组代号表

代号	名称	A	B	C	D	G	H	J	K	L	M	P	Q	R	S	T	U	W	X	Y	Z
H	刀开关和转换开关				刀开关		封闭式负荷开关		开启式负荷开关					熔断式刀开关	刀形转换开关					其他	组合开关
R	熔断器			插入			低流排式			螺旋式	密封管式				快速	有填料管式			限流	其他	

续附表 2.1

代号	名称	A	B	C	D	G	H	J	K	L	M	P	Q	R	S	T	U	W	X	Y	Z
D	断路器									照明	灭磁				快速			框架式[i]	限流	其他	塑料外壳式[ii]
K	控制器					鼓形						平面				凸轮				其他	
C	接触器					高压		交流				中频			时间					其他	直流
Q	起动器	按钮式		磁力				减压							手动		油浸		星三角	其他	综合
J	控制继电器									电流				热	时间	通用		温度		其他	中间
L	主令电器	按钮							主令控制器						主令开关	足踏开关	旋钮	万能转换开关	行程开关	其他	
Z	电阻器		板形元件	冲片元件		管形元件									烧结元件	铸铁元件			电阻器	其他	
B	变阻器			旋臂式						励磁		频敏	起动		石墨	起动调速	油浸起动	液体起动	滑线式	其他	
T	调整器				电压																
M	电磁铁												牵引					起重			制动
A	其他		保护	插销	灯		接线盒			铃											

附表 2.2 通 用 派 生 代 号

派生字母	代 表 意 义
A、B、C、D、…	结构设计稍有改进或变化
J	交流，防溅式
Z	直流，自动复位，防震，重任务
W	无灭弧装置
N	可逆，逆向
S	有锁住机构，手动复位，防水式，三相，3 个电源，双线圈
P	电磁复位，防滴式，单相，两个电源，电压的，电动机操作
K	开启式
H	保护式，带缓冲装置
M	密封式，灭磁，母线式
Q	防尘式，手车式，柜式
L	电流的，漏电保护，单独安装式
F	高返回，带分励脱扣，纵缝灭弧结构式，防护盖式

附表 2.3 特殊环境条件派生代号

派生字母	说 明	备 注
T	按湿热带临时措施	此项派生代号加注在产品全型号后
TH	湿热带型	
TA	干热带型	
G	高原	
H	船用	
Y	化工防腐用	

参 考 文 献

1 张运波. 工厂电气控制技术. 北京：高等教育出版社，2001
2 武可庚. 机电设备控制技术. 北京：高等教育出版社，2002
3 李 超. 设备控制技术. 北京：机械工业出版社，2002
4 黄 谊，王积伟. 液压与气压传动. 北京：机械工业出版社，2001
5 许 缪. 电机与电气控制技术. 北京：机械工业出版社，2002
6 张 涛. 机电控制系统. 北京：高等教育出版社，1998
7 李益民. 电机与电气控制技术. 北京：高等教育出版社，2006